TIDAL THEORY AND CALCULATION
潮汐原理与计算

黄祖珂 黄 磊 编著

中国海洋大学出版社
·青岛·

内容简介

本书主要论述海洋潮汐现象及其成因,引潮势的各种展开,潮汐调和分析、谱分析及响应分析的原理和方法,太阳辐射潮,潮波数值计算,工程潮位,固体潮分析及海潮对固体潮的负荷效应等方面的内容。本书既可作为海洋学专业及其相关专业的研究生、本科生的教学参考书,也可作为海洋气象、海洋工程、海洋测绘、地球物理等学科的科研参考书。

图书在版编目(CIP)数据

潮汐原理与计算/黄祖珂,黄磊编著. —青岛:中国海洋大学出版社,2005.6

ISBN 978-7-81067-677-9 (2012.2重印)

Ⅰ. 潮… Ⅱ. ①黄… ②黄… Ⅲ. ①潮汐学 ②潮汐推算 Ⅳ. P731.23

中国版本图书馆 CIP 数据核字(2005)第 053428 号

潮汐原理与计算

黄祖珂　黄　磊　编著

出版发行	中国海洋大学出版社
社　　址	青岛市香港东路 23 号　　邮政编码　266071
网　　址	http://www2.ouc.edu.cn/cbs
电子信箱	cbsybs@ouc.edu.cn
订购电话	0532—82032573　82032644(传真)
责任编辑	孟显丽　　　　　　电　话　0532—82032121
印　　制	日照报业印刷有限公司
版　　次	2005 年 10 月第 1 版
印　　次	2012 年 2 月第 2 次印刷
开　　本	787mm×960mm　1/16
印　　张	19.125
字　　数	364 千
定　　价	32.00 元

版权所有　　侵权必究

前　言

早期人们根据航海活动的需求，从事海洋潮汐分析预报的研究，时至今日对天文潮的预报已经达到相当成熟的地步。随着科技的发展，对潮汐学的研究要求越来越高，例如在海洋污染物扩散、泥沙运动、水体交换等方面的研究，都要通过潮流数值计算掌握潮流场的分布变化规律后才能够完成。诸多海洋问题也需要从潮汐角度加以研究，例如闽浙沿岸上升流的产生原因，以往人们普遍认为是风和台湾暖流形成的，通过潮流数值研究，认为潮汐因素也能产生上升流，并且是产生上升流的经常性的动力因素。根据地震预测等学科研究的需要，我国大陆设立了许多固体潮观测站，进行连续观测，为固体潮的研究打下了坚实的基础。这要求海洋潮汐工作者与固体潮工作者共同研究海洋潮汐对固体潮的负荷影响及其相互作用。

本书前3章介绍了引潮力及引潮势的各种展开，第4,5章分别介绍潮汐谱分析及潮汐、潮流分析预报，第6章介绍潮汐响应分析，第7章介绍常用的几种潮波数值计算模式，第8,9章分别介绍基准面和工程潮位的计算，第10章介绍固体潮。青岛远洋船员学院黄磊副教授负责编写了本书的部分章节，并承担了大量计算和绘图工作。

在教学和科研的实践中，本书作者对所介绍的大部分理论方法编写了计算程序，用大量的海洋潮汐、潮流及固体潮的资料进行了计算研究，以求论证所介绍理论方法的可行性和科学性，并在研究生和本科生的教学基础上完成本书的编写。

本书的成稿和出版，始终得到海洋环境学院院、系领导和老师们的鼓励和支持，陈宗镛教授始终关心本书的编写并提出宝贵意见，在此谨表谢意。由于作者水平所限，书中难免存在错误和不足，敬请专家与读者指正。

作　者
2005年3月

目　　录

第1章　潮汐、潮流现象 …………………………………………… (1)

§1.1　绪言 ………………………………………………………… (1)
§1.2　潮汐现象 …………………………………………………… (3)
　　1.2.1　验潮概况 ………………………………………………… (3)
　　1.2.2　潮汐名词 ………………………………………………… (4)
§1.3　潮汐类型 …………………………………………………… (5)
§1.4　潮汐随月相和赤纬的变化 ………………………………… (7)
　　1.4.1　大潮和小潮 ……………………………………………… (7)
　　1.4.2　回归潮和分点潮 ………………………………………… (7)
§1.5　中国沿海的潮汐特点 ……………………………………… (8)
　　1.5.1　潮汐类型的分布 ………………………………………… (8)
　　1.5.2　高潮间隙的变化 ………………………………………… (8)
　　1.5.3　潮差分布 ………………………………………………… (9)
　　1.5.4　江河口潮汐 ……………………………………………… (9)
§1.6　潮流现象 …………………………………………………… (11)
　　1.6.1　旋转式潮流 ……………………………………………… (11)
　　1.6.2　往复式潮流 ……………………………………………… (12)
　　1.6.3　高、低潮与转流和最大潮流的关系 …………………… (12)
　　1.6.4　潮流类型 ………………………………………………… (13)

第2章　引潮力 ……………………………………………………… (16)

§2.1　天文常识 …………………………………………………… (16)
　　2.1.1　天球、黄道和白道 ……………………………………… (16)
　　2.1.2　赤道坐标系与黄道坐标系 ……………………………… (18)
　　2.1.3　年 ………………………………………………………… (18)
　　2.1.4　月 ………………………………………………………… (18)
　　2.1.5　日 ………………………………………………………… (19)

2.1.6 时 ……………………………………………………………… (19)
  2.1.7 地平视差 ………………………………………………………… (20)
§2.2 日、月运行轨道参量的计算 ……………………………………… (21)
  2.2.1 s, h, p, N, p_s 的计算 ………………………………………… (21)
  2.2.2 太阳和月球的余赤纬及陆地东经的计算 …………………… (23)
  2.2.3 $\dfrac{\overline{D}}{D}, \dfrac{\overline{D}_s}{D_s}$ 的计算 ……………………………………… (26)
§2.3 引潮力 ……………………………………………………………… (26)
  2.3.1 引潮力的产生原因 …………………………………………… (26)
  2.3.2 引潮力的公式 ………………………………………………… (28)
§2.4 垂直引潮力的球函数展开及计算 ………………………………… (30)

第3章 引潮势和平衡潮 …………………………………………… (33)

§3.1 引潮势 ……………………………………………………………… (33)
§3.2 平衡潮 ……………………………………………………………… (36)
§3.3 平衡潮的达尔文展开 ……………………………………………… (37)
§3.4 引潮势的杜德逊展开 ……………………………………………… (45)
§3.5 引潮势的精密展开 ………………………………………………… (51)
§3.6 分潮及 f, u 的计算公式 …………………………………………… (53)
  3.6.1 达尔文展开的分潮 …………………………………………… (54)
  3.6.2 杜德逊展开的分潮 …………………………………………… (58)
§3.7 引潮势的准调和分潮展开 ………………………………………… (63)
  3.7.1 实际分潮的合并 ……………………………………………… (63)
  3.7.2 平衡潮分潮的合并 …………………………………………… (64)
  3.7.3 O_1, K_1, M_2, S_2 准调和分潮 ………………………………… (65)
  3.7.4 M_4, MS_4 准调和分潮 ………………………………………… (71)
  3.7.5 实际的潮高公式 ……………………………………………… (71)
§3.8 太阳辐射势展开 …………………………………………………… (72)
§3.9 浅水分潮 …………………………………………………………… (74)

第4章 潮汐谱分析 ………………………………………………… (77)

§4.1 傅氏变换 …………………………………………………………… (77)
  4.1.1 傅氏分潮 ……………………………………………………… (77)
  4.1.2 傅氏变换 ……………………………………………………… (78)
§4.2 线谱 ………………………………………………………………… (78)

4.2.1　δ 函数 ··· (78)
　　4.2.2　线谱 ··· (79)
§4.3　折叠谱 ··· (79)
　　4.3.1　取样的时间间隔 Δt ··· (79)
　　4.3.2　折叠谱 ··· (80)
§4.4　两条谱线的分辨极限 ··· (81)
　　4.4.1　有限频带函数的截断 ·· (81)
　　4.4.2　分辨两条谱线的雷利准则 ··· (81)
§4.5　理想滤波 ·· (83)
　　4.5.1　理想滤波器 ··· (83)
　　4.5.2　卷积滤波 ·· (83)
　　4.5.3　吉布斯现象 ··· (84)
§4.6　低通滤波与平滑 ··· (84)
　　4.6.1　低通滤波 ·· (84)
　　4.6.2　平滑 ··· (87)
§4.7　带通滤波及窗函数 ·· (87)
§4.8　杜德逊滤波器 ··· (89)
§4.9　功率谱与互谱 ··· (92)
　　4.9.1　功率谱 ··· (92)
　　4.9.2　互谱 ··· (93)
§4.10　快速傅氏变换 ·· (94)

第5章　潮汐、潮流分析和预报 ··· (100)
§5.1　潮汐调和常数 ·· (101)
§5.2　一年潮汐分析的最小二乘法(1) ··· (103)
　　5.2.1　分潮的选取 ··· (104)
　　5.2.2　求解 A,B 的线性方程组 ·· (104)
　　5.2.3　右端项 C_i,D_i 的计算 ·· (106)
　　5.2.4　赛德尔迭代求解 A_i,B_i ·· (108)
　　5.2.5　$f_i(V_0+u)$ 的计算 ·· (109)
　　5.2.6　对缺测资料的处理 ··· (110)
§5.3　一年潮汐分析的最小二乘法(2) ··· (110)
§5.4　浅水港口潮汐分析和预报的一个方法 ······································ (112)
§5.5　高低潮数据的调和分析 ·· (116)

§5.6 一个月潮汐资料的分析方法 ………………………………… (118)
 5.6.1 分潮的选取 ………………………………………………… (119)
 5.6.2 线性方程组的建立 ………………………………………… (119)
 5.6.3 次要分潮的订正 …………………………………………… (124)
 5.6.4 次要分潮调和常数的计算 ………………………………… (125)
 5.6.5 σ, f, V_0, u 的计算 ……………………………………… (127)

§5.7 潮汐"波面"分析法 …………………………………………… (127)
 5.7.1 潮汐"波面" ………………………………………………… (127)
 5.7.2 非整点潮高值的摘取 ……………………………………… (128)
 5.7.3 分潮族及分潮的分离 ……………………………………… (131)

§5.8 潮汐预报 ………………………………………………………… (133)
 5.8.1 逐时潮位的计算 …………………………………………… (133)
 5.8.2 优选法计算高、低潮 ……………………………………… (134)

§5.9 19年潮汐分析及潮汐分析的稳定性 ………………………… (135)
 5.9.1 19年潮汐资料的总体分析 ………………………………… (135)
 5.9.2 潮汐分析的稳定性 ………………………………………… (137)
 5.9.3 极潮 ………………………………………………………… (140)

§5.10 单周日潮汐、潮流资料的准调和分析 ……………………… (141)
 5.10.1 计算原理 …………………………………………………… (141)
 5.10.2 良好天文观测日期的选择 ………………………………… (145)

§5.11 潮流椭圆要素及潮流频率统计 ……………………………… (146)
 5.11.1 潮流椭圆要素 ……………………………………………… (146)
 5.11.2 潮流频率统计 ……………………………………………… (147)

第6章 潮汐响应分析 ……………………………………………… (151)

§6.1 引力潮 …………………………………………………………… (151)
 6.1.1 引潮势的球函数展开 ……………………………………… (151)
 6.1.2 卷积滤波 …………………………………………………… (154)
 6.1.3 天文变量的计算 …………………………………………… (155)

§6.2 太阳辐射潮 ……………………………………………………… (156)

§6.3 非线性潮 ………………………………………………………… (159)
 6.3.1 线性天文变量的组合 ……………………………………… (160)
 6.3.2 一级预报水位的组合 ……………………………………… (162)

§6.4 响应权函数 ……………………………………………………… (162)

§6.5　潮汐导纳 ·· (165)

第7章　潮波数值计算 ·· (167)
§7.1　潮波数值计算的 ADI 法 ································· (168)
　　7.1.1　运动方程和连续方程 ·································· (168)
　　7.1.2　差分 ·· (170)
　　7.1.3　前半时间步长 ζ,u,v 的计算 ······················ (173)
　　7.1.4　后半时间步长 ζ,v,u 的计算 ······················ (174)
　　7.1.5　潮波数值计算的边界条件 ······························ (176)
　　7.1.6　计算参量 ·· (179)
　　7.1.7　计算结果分析 ·· (179)
§7.2　Leendertse 三维非线性潮波数值模式 ····················· (181)
　　7.2.1　三维潮波微分方程 ···································· (181)
　　7.2.2　差分 ·· (185)
　　7.2.3　切应力的计算 ·· (187)
　　7.2.4　边界条件 ·· (188)
　　7.2.5　计算参量 ·· (188)
§7.3　Backhaus 三维非线性潮波数值模式 ······················· (189)
　　7.3.1　控制方程 ·· (189)
　　7.3.2　层积分方程 ·· (190)
　　7.3.3　运动方程的差分 ······································ (193)
　　7.3.4　连续方程的差分及水位 ζ 的求解 ·················· (195)
　　7.3.5　垂直隐式系统求解 U^{n+1},V^{n+1} ··················· (197)
　　7.3.6　垂直流速 w ·· (198)
　　7.3.7　边界条件的处理 ······································ (198)
　　7.3.8　计算参量 ·· (199)
§7.4　潮流数值预报 ·· (199)
　　7.4.1　方法 1 ··· (199)
　　7.4.2　方法 2 ··· (200)
§7.5　海洋潮波 ·· (201)
　　7.5.1　中国近海潮波的分布状况 ······························ (202)
　　7.5.2　长方形海湾的旋转潮波 ································ (205)
　　7.5.3　摩擦对海湾无潮点的影响 ······························ (208)
　　7.5.4　M_2 无潮点处的潮汐、潮流类型 ······················· (209)

7.5.5 大洋潮波 …………………………………………… (209)
§7.6 烟台海域潮汐、潮流类型相异的原因 ……………… (210)
§7.7 渤海潮波系统的变迁 ………………………………… (211)
§7.8 潮汐岬角锋 …………………………………………… (212)
§7.9 东海沿岸潮致上升流 ………………………………… (214)

第8章 海平面和海图基准面 …………………………… (216)
§8.1 平均海面和国家高程基准 …………………………… (216)
  8.1.1 黄海平均海水面 …………………………………… (217)
  8.1.2 1985国家高程基准 ………………………………… (217)
§8.2 海平面高度的分布 …………………………………… (220)
§8.3 太阳辐射潮对月平均海面变化的影响 ……………… (221)
  8.3.1 中国沿岸潮汐的低频振动 ………………………… (221)
  8.3.2 零族潮位的响应分析 ……………………………… (221)
§8.4 海平面的长期变化 …………………………………… (224)
  8.4.1 平均海面的长周期变化 …………………………… (224)
  8.4.2 海平面的上升趋势 ………………………………… (225)
§8.5 短期验潮站年平均海面的确定 ……………………… (227)
  8.5.1 水准联测法 ………………………………………… (227)
  8.5.2 同步改正法 ………………………………………… (227)
§8.6 海图基准面 …………………………………………… (228)
  8.6.1 概况 ………………………………………………… (229)
  8.6.2 理论深度基准面 …………………………………… (229)
  8.6.3 浅水分潮订正 ……………………………………… (232)
  8.6.4 平均海面季节订正 ………………………………… (232)

第9章 工程潮位 …………………………………………… (233)
§9.1 潮汐特征值 …………………………………………… (233)
  9.1.1 潮汐类型 …………………………………………… (233)
  9.1.2 潮龄 ………………………………………………… (233)
  9.1.3 涨潮时间与落潮时间 ……………………………… (234)
  9.1.4 潮信表 ……………………………………………… (235)
  9.1.5 从实测资料中统计潮汐特征值 …………………… (236)
§9.2 设计高、低水位 ……………………………………… (237)
  9.2.1 长期站设计高、低水位的计算方法 ……………… (237)

9.2.2　短期站设计高、低水位的计算方法 ……………………… (239)
§9.3　多年一遇的高、低水位 ……………………………………… (239)
　　9.3.1　长期站多年一遇高、低水位的计算 ……………………… (239)
　　9.3.2　短期站多年一遇高、低水位的计算 ……………………… (244)
§9.4　乘潮水位 ……………………………………………………… (244)

第10章　固体潮 …………………………………………………… (246)
§10.1　倾斜潮汐分析及海潮负荷效应 …………………………… (246)
　　10.1.1　零点漂移 ………………………………………………… (246)
　　10.1.2　倾斜潮的调和分析 ……………………………………… (247)
　　10.1.3　倾斜潮的响应分析 ……………………………………… (249)
§10.2　LOVE数及负荷LOVE数 ………………………………… (252)
　　10.2.1　LOVE数 ………………………………………………… (252)
　　10.2.2　负荷LOVE数 …………………………………………… (253)
§10.3　重力潮 ………………………………………………………… (255)
　　10.3.1　重力潮理论值的计算方法 ……………………………… (255)
　　10.3.2　重力固体潮的分析 ……………………………………… (256)
§10.4　海潮对固体潮的负荷影响 ………………………………… (258)
　　10.4.1　格林函数 ………………………………………………… (258)
　　10.4.2　海潮对倾斜、重力潮的影响 …………………………… (260)
§10.5　考虑到固体潮、平衡潮的潮波数值计算 ………………… (261)
§10.6　潮汐触发地震 ……………………………………………… (263)
§10.7　黏性潮汐形变在地球自转长期减速中的作用 ………… (264)

附表 ………………………………………………………………… (266)
　附表1　杜德逊的引潮势展开式 ………………………………… (266)
　附表2　一年潮汐分析的170个分潮一览表 …………………… (278)

参考文献 …………………………………………………………… (287)

第 1 章 潮汐、潮流现象

§1.1 绪 言

牛顿(1687)首先应用万有引力定律解释了地球的潮汐现象,在他的《自然哲学的数学原理》中,牛顿得出在假设的理想条件下,天体引力会使地球上的海洋表面形成一个平衡潮面,这个面在对着和背着天体的点形成高潮。这解释了地球上大部分海域一天之中有两个高潮和两个低潮的现象。同时解释了由于天体偏离赤道,造成潮汐日不等现象。他还指出,潮差的大小与天体的质量成正比,而与天体到地球距离的三次方成反比,由此说明了月球引潮力比太阳引潮力大,地球的潮汐主要是由月球引起的。

将潮汐理论进一步向前发展的是拉普拉斯(1775—1776),他提出了潮汐动力学理论,且引入地球偏转力,对几种理想的全球海洋进行求解。

拉普拉斯的理论被后人作了若干修改和发展,例如考虑了摩擦效应以及地潮对海洋潮汐的影响等,但其基本理论未变。拉普拉斯之后,艾里(Airy G. B.,1845)、杜德逊和普劳德曼(Doodson A. T. and Proudman J.,1936—1940)等都对理想形状的大洋求得了潮汐的分布,这对深入了解和解释大洋潮汐起到了重要作用。

汤姆森(Thomson W.,1879)研究了地转作用下无限长等深沟渠中的长波,得出了著名的开尔文波。泰勒(Taylor G. I.,1920)得出了海湾和矩形海域中潮波的解。陈宗镛(1965)、方国洪等(1966)以不同的方式考虑了摩擦对潮波的影响,解释了无潮点偏向左岸的成因。

对潮波微分方程求解析解时,只能将海区形状简单化以解决求解方程的困难。但这样做不能得到符合实际的潮波分布。为了克服这一缺点,20世纪50年代开始了潮波微分方程的数值解。汉森(Hansen W.,1952)首先开展了二维潮波数值计算。电子计算机问世以后,潮波数值计算蓬勃发展起来。通过潮波数值计算可以充分掌握海区的潮汐、潮流的分布变化规律,甚至达到了潮汐、潮流数值预报的程度。

通过潮波微分方程的解析解和数值解了解海区的潮汐、潮流情况,而通过对某一港口的实测潮汐资料进行调和分析,以达到预报潮汐的目的。汤姆森(即开尔文)1868年首先设计了调和方法。达尔文(Darwin G.,1883—1886)发展了调和方法,对平衡潮进行了调和展开,得到了主要分潮的频率,设计了调和分析方法,他对各主要分潮的命名至今仍在使用。杜德逊(Doodson A. T.,1921)对引潮势进一步展开为纯调和分潮,引用了月球运动的Brown系数和Newcomb表,使引潮势展开的结果更为精确。1928年,他设计了依据一年潮汐资料用于手工计算相对简单的分析60个分潮的分析方法,同时提出了15天、29天、1天或2天潮汐资料的分析方法。方国洪于1960年发展了杜德森短期观测的分析方法,对引潮势进行了准调和展开,提出了潮汐分析和预报的准调和分潮方法(1974,1976,1981),为我国的潮流、潮汐分析预报工作作出了重要贡献。随着电子计算机的应用,现在对1月、1年、19年潮汐资料的分析能够更快更好地完成,分析的分潮数更多更合理,能够相当精确地预报潮汐。

芒克(Munk W. H.)和卡特赖特(Cartwright D. E.)于1966年提出了潮汐响应分析法。响应法不必事先规定存在何种频率的振动,就能客观地分析出各种可能的振动,可以在一定程度上将频率相同而来源不同的各种振动分离开。虽然这种方法用于潮汐预报太麻烦,但对于潮汐的研究有其特殊的价值。

月球和太阳引潮力不仅能够引起海洋潮汐,还能引起地面倾斜潮汐、重力潮汐以及地球应变潮汐,后三者通称为固体潮或简称体潮。海洋潮汐对固体潮还存在着负荷效应,其影响是相当明显的。许厚泽、毛伟建(1988)在研究大洋潮汐对中国大陆的负荷效应时,依据大洋潮波图求出地球各点对单位质量负荷的响应函数,即格林函数,然后利用格林函数对不规律的负荷作褶积积分,从而得到负荷潮。计算表明,对倾斜潮的影响达到甚至超过体潮的影响,对重力潮可以达到体潮的5%,应变潮的50%。黄祖珂、陈宗镛(1992)依据固体潮观测站一年逐时的倾斜潮资料利用响应分析将倾斜引力潮(体潮)和倾斜负荷潮分离开,表明海洋潮汐对沿海地面倾斜的负荷效应达到了体潮的量级,对内陆的影响较小,但能达到内陆很远的地方。虽然国内有专门的机构和学者研究固体潮,但是海洋潮汐和固体潮之间的相互作用研究,需要所有的潮汐工作者共同努力。有报道称,当海洋潮汐出现天文大潮,特别是其与风暴潮同时出现时容易引起固体潮的异常变化,有可能诱发地震。

在近代我国的潮汐研究和教学中,郑文振(1959)的《实用潮汐学》、陈宗镛(1980)的《潮汐学》和方国洪等(1986)合著的《潮汐和潮流的分析和预报》等专著发挥了重要作用。

§1.2 潮汐现象

海水受到月球和太阳引潮力的作用产生规律性的上升下降运动,这种海面的升降现象叫做海洋潮汐。海洋潮汐的周期大约为半天或一天。海洋潮汐还具有半月、月、年、18.61年等长周期变化。由引潮力引起的潮汐称为引力潮。另外,太阳热辐射的周期性变化会引起气象的周期性变化,从而间接地引起海面的周期性升降运动,这叫做太阳辐射潮。太阳辐射潮通常比引力潮小得多,但是在海面的年周期变化过程中太阳辐射潮起着主要作用。另外,风、气压等气象因子还能引起海面的增减水现象。

引潮力的周期性变化能够引起地面倾斜、重力以及地球应力的潮汐变化,它们分别称为倾斜潮汐、重力潮汐和应变潮汐,总称为固体潮。海洋潮汐与固体潮汐之间存在明显的相互作用。

1.2.1 验潮概况

通过潮汐观测(验潮)获取潮汐资料。我国设有若干长期验潮站,进行长期连续观测。为了完成海道测量、港口建设等项目,还设立了大量的短期验潮站,只进行短期的验潮。

如图1.2.1所示,短期验潮站可以设立水尺进行人工观测。每个验潮站均确定自己的水尺零点(水位零点),作为水位的起始面。水尺零点的位置相对来说是任取的,一般定在低潮线之下的某一高度上。各站的水尺零点不在同一水平上。水尺零点一经确定,不能随意变动,以便保持资料的连续性和完整性。再设立永久水准点或临时水准点,通过测量水尺零点与水准点之间的高度差来确定水尺零点的位置并检查其是否变动。当潮差较大,一根水尺不够用时,可以设立数根水尺,不同时段在不同的水尺上读数,但最后均应归化至该站的水尺零点上。

长期验潮站建有验潮井,采用验潮仪进行自记观测。井壁设有管孔与井外海水相通,使井内的水面与海面同步升降,而又能消掉海浪的影响。井内外各设有水尺以检验井内外的水位是否一致和验潮仪的水尺零点是否变动。

现在我国已经使用电子仪器进行验潮,例如安得拉水位仪能够自动地记录置于其上水柱压力的变化,从而换算成潮汐资料。这种自记水位仪能够消除海浪的影响,但也需要设立水尺以检验仪器零点(水尺零点)的位置及其变动情况。

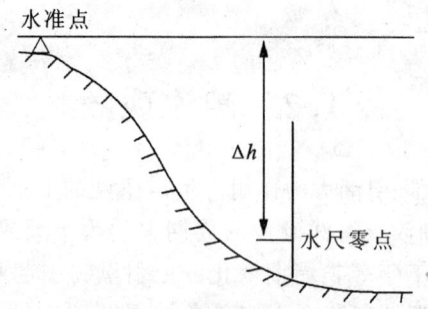

图 1.2.1　验潮站示意图

依据每月的验潮资料整理成潮汐月报表,记录每天 24 h 的潮位值、高低潮的潮时和潮高以及有关的潮汐特征值。

1.2.2　潮汐名词

1. 高潮和低潮

在海面升降的一个潮周期中,海面上升到最高时称为高潮,海面下降到最低时称为低潮。

2. 平潮和停潮

当海面达到高潮的时候,海面暂时停止升降的现象称为平潮。在低潮时海面暂时停止升降的现象称为停潮。平潮和停潮的时间长短因地而异,有几分钟或几十分钟,最长可达一二个小时。一般取平潮(停潮)的中间时刻为高潮时(低潮时),其对应的潮位高度称为高潮高(低潮高)。

3. 涨潮和落潮

从低潮到高潮,海面逐渐上升称为涨潮;自高潮至低潮,海面逐渐下降为落潮。从低潮时至高潮时所经历的时间,称为涨潮时间;从高潮时至低潮时所经历的时间,称为落潮时间。

4. 高高潮、低高潮、低低潮、高低潮

一天之中的两个高潮和两个低潮中,高的高潮为高高潮,低的高潮为低高潮,低的低潮为低低潮,高的低潮为高低潮。

5. 潮差

相邻的高潮与低潮之潮位高度差为潮差。潮差的平均值是平均潮差。月平均潮差等于月平均高潮高与月平均低潮高之差。

6. 日潮不等

一天之中两次高潮高不相等,或两次低潮高不相等的现象叫日潮不等现象。

7. 高、低潮间隙

从月中天到高潮时的时间间隔叫做高潮间隙，从月中天到低潮时的时间间隔叫做低潮间隙。其平均值是平均高（低）间隙。高（低）潮间隙因地而异，而且同一地点的高（低）潮间隙也随月相的变化而略有差异。对半日潮海区，平均高潮间隙在 0~12 h 25 min 之间变化。

§1.3 潮汐类型

依据各海区高、低潮的变化情况将潮汐变化分为以下几种类型。潮汐类型也称为潮汐性质。

1. 正规半日潮

这种类型的潮汐在一个太阴日（24 h 50 min）内有两次高潮和两次低潮，潮汐日不等现象不明显，且相邻两个高潮（低潮）的时间间隔（周期）约为 12 h 25 min。图 1.3.1 的(A)图是坎门 1998 年 3 月 1 日至 3 月 31 日的潮汐变化过程图，该站属于正规半日潮类型。

在浅水和江河口海域，潮波在传播过程中由于受到浅水效应的作用而变形，普遍会出现涨潮时间短、落潮时间长的现象，而且浅水分潮具有明显的量值。如果是在半日潮海区，随着 H_{M_4}/H_{M_2} 比值的增加，涨、落潮时间差会变大，如果 $H_{M_4}/H_{M_2} > 0.5$，则在一太阴日中就可能出四次高潮和四次低潮的现象。浅水效应明显的半日潮类型属于非正规的半日浅海潮类型。

2. 不正规半日潮混合潮

在一太阴日内有两次高潮和两次低潮，但相邻的两高潮（低潮）高度不相等，而且涨潮时间与落潮时间也不相等，这种潮汐日不等现象还每天变化。图 1.3.1 的(B)图属不正规半日潮类型。

3. 不正规日潮混合潮

如图 1.3.1 的(C)图所示，此种类型的潮汐在一月之中的部分日子里，每天出现一次高潮、一次低潮的现象。

不正规半日潮和不正规日潮通常为混合潮类型。

4. 正规日潮

在一个月的多数日子里，一天之内只有一次高潮和一次低潮，少数日子里有两次高潮和两次低潮。

实际工作中依据潮汐调和常数来计算（见§9.1），与上面的规定基本相符。

在图 1.3.1 及图 1.3.2 中，(A)、(B)、(C)、(D)显示出坎门、龙口、三亚、涠洲四个港口的潮汐类型分别为正规半日潮、不正规半日潮、不正规日潮和正规日潮。

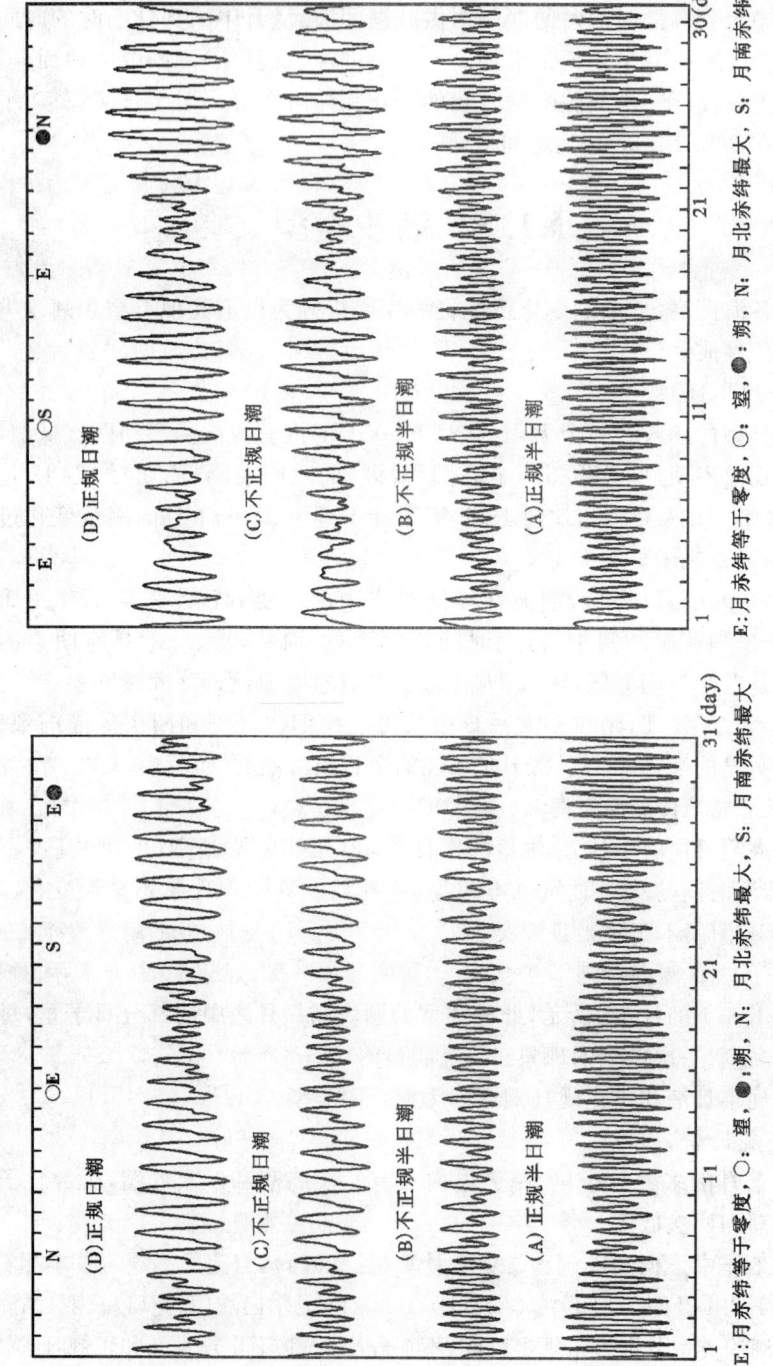

图1.3.1 潮汐变化过程图（1998年3月1日~31日）

图1.3.2 潮汐变化过程图（1998年6月1日~30日）

§1.4 潮汐随月相和赤纬的变化

1.4.1 大潮和小潮

在一个朔望月(29.530 6天)中,当朔或望时,月球和太阳的引潮力方向一致,半日潮海区产生的潮差最大,称为大潮。上、下弦月时,月、日引潮力的方向相反,产生的潮差最小,称为小潮。从图1.3.1和图1.3.2的A,B图来看,在半日潮海区一个朔望月出现两次朔望大潮和两次小潮。实际的海洋潮汐,大潮发生在朔、望后二三天(见图1.3.1)。从朔、望到发生大潮的时间间隔为半日潮龄。

1.4.2 回归潮和分点潮

在一回归年(365.242 2天)中,太阳于春分和秋分两次经过赤道上空,太阳赤纬等于零度。于夏至和冬至太阳赤纬分别达到北赤纬最大和南赤纬最大。在一回归月(27.321 58天)内,月球两次位于赤道上空,月赤纬等于零度。当月球达到北赤纬最大后,再经过半个回归月达到南赤纬最大。由于回归月与朔望月的长度不相等,每月达到北、南最大赤纬的日期是不同的。

当月球位于赤道上空时,由月球引起的潮汐,其潮汐日不等现象很不明显。随着赤纬的增大,日不等现象越来越明显,当月球达到最大赤纬时,日不等现象最明显,此时一天之中的两个高潮(低潮)的高度相差最大。在一年之中由于太阳引起的潮汐部分,于春分和秋分时日不等现象不明显,而当夏至和冬至时日不等现象最明显。图1.3.1为1998年3月的潮汐变化图,它很少受到太阳赤纬的影响,而主要受月球赤纬变化的影响。图中N,S分别表示月球达到北、南最大赤纬的时刻,在之后的几天里,日潮区每天只有一次高潮和一次低潮。图中E表示月球赤纬等于零度的时刻,在之后的几天里一天有两次高潮和两次低潮。即便是在半日潮区的A港中,月球赤纬最大时也有较明显的日不等现象。图1.3.2是1998年6月的潮汐变化图,它同时受到月球和太阳赤纬的影响,C,D两港一天只有一次高潮和一次低潮的天数更多,A港也具有明显的日不等现象。

对于日潮海区,一回归月内有两次回归大潮和两次小潮。大潮发生在月球北、南最大赤纬之后二三天的时间里,这段时间间隔为日潮龄。

月球位于赤道附近,一天之中两个高潮(低潮)的高度大约相等,此时的潮汐叫分点潮。

月相及月、日赤纬的变化使得潮汐的变化极为复杂。

§1.5 中国沿海的潮汐特点

中国近海的潮波主要是由太平洋传入的,月、日引潮力直接在中国近海引起的潮汐很小。

潮波由太平洋传入东中国海,在地形和科氏力的作用下,半日分潮波在黄、渤海形成了4个绕无潮点按逆时针方向旋转的潮波系统(见§7.5)。无潮点分别位于秦皇岛外、旧黄河口岸边、成山头外以及苏北外海。从无潮点向外潮汐的振幅逐渐增大。日分潮波在黄海南部及渤海海峡各有一个无潮点。

东中国海以半日潮波为主,日分潮波较小。

1.5.1 潮汐类型的分布

渤海大部分海域为不正规半日潮类型,只有在秦皇岛外、旧黄河口外无潮点区为正规日潮,向外依次为不正规日潮和不正规半日潮,渤海海峡为正规半日潮。

黄海以正规半日潮为主,整个黄海沿岸,只有丹东港、威海至成山角再到靖海角为不正规半日潮。黄海的半日分潮无潮点附近为不正规日潮和不正规半日潮。

东海主要为正规半日潮海区,只有杭州湾南部、宁波以及舟山岛的西岸和南岸为不正规半日潮。台湾海峡的北部和中部为正规半日潮,南部为不正规半日潮和不正规日潮。

南海以不正规日潮为主。汕头至海门以东,珠江口至雷州半岛东岸,海南岛东北部为不正规半日潮。海门湾至三都澳、东沙岛、海南岛铜鼓嘴至莺歌嘴,雷州半岛北段以及西沙、南沙群岛为不正规日潮。神泉至甲子、感恩角至新盈港、雷州半岛南段、广西沿岸为正规日潮区。[36]

1.5.2 高潮间隙的变化

从月上(下)中天到发生高潮的时间间隔为高潮间隙。在半日潮海区,平均高潮间隙 $= g_{M_2}/\sigma_{M_2}$,式中 g_{M_2} 为 M_2 分潮的迟角,$\sigma_{M_2} = 28.984\ 1°/h$ 为 M_2 分潮的角速度。黄、渤海以半日分潮为主,M_2 分潮波的波峰线在一周期(12 h 25 min)内绕无潮点按逆时针方向旋转一周。由于波峰线到达的时刻是高潮发生的时刻,在黄海发生高潮的时间由朝鲜半岛南端开始,向北逐渐延迟。群山的平均高潮间隙为 3 h 9 min,仁川为 4 h 47 min,辽宁省的大鹿岛为 8 h 19 min,大连为 10 h 2 min,烟台为 10 h 6 min,成山头为 11 h 58 min,在北黄海高潮间隙完成了一个周期的变化。从山东半岛的南岸至苏北沿岸发生高潮的时间逐渐延迟。在渤海发生高潮的时间从辽宁省的南端开始,以逆时针方向沿着渤海岸边呈逐渐增加的趋势,高潮间隙在渤海沿岸完成了两个周期的变化。在浙江南部和福建省,从北往南发生高潮的时间逐渐延迟,高潮间隙逐渐增加。在广东沿岸,发生高潮的时间(指分点潮而言)从东往西逐渐延迟。

1.5.3 潮差分布

我国沿海潮差分布总的趋势是东海最大,黄、渤海次之,南海最小[36]。

渤海沿岸的平均潮差为 0.70～2.71 m,最大潮差为 2.45～4.37 m。秦皇岛和旧黄河口位于半日分潮无潮点区,潮差最小。

黄海沿岸的平均潮差为 0.79～3.71 m,最大潮差为 1.81～9.28 m。辽宁省南岸自旅顺向鸭绿江口潮差逐渐增大,丹东港平均潮差为 2.49 m,最大潮差为 4.46 m,朝鲜半岛的西岸潮差更大。山东半岛沿岸自烟台向成山角潮差逐渐减小。从成山角向南,再沿山东半岛向西至连云港,潮差逐渐增大。从连云港向南至射阳河口附近潮差又逐渐减小,向南又逐渐增大,到小羊口潮差最大,最大潮差 8 m 以上,吕泗为 7.20 m。

东海的潮差普遍较大,平均潮差为 1.65～5.54 m,最大潮差为 3.16～8.87 m。长江口附近潮差较小,杭州湾潮差最大,平均潮差为 5.54 m,澉浦最大潮差为 8.87 m。浙江宁波以南潮差由北向南逐渐增大,至福建三都澳潮差达最大,平均潮差为 5.35 m,再向南潮差又逐渐减少,至东山平均潮差为 2.29 m。

南海潮差较小,平均潮差为 0.73～2.48 m。汕头至湛江潮差由东向西增大,平均潮差为 0.90～2.17 m。海南岛以清澜为最小,平均潮差为 0.73 m。北部湾沿岸潮差由南往北逐渐增大,湾顶最大,石头埠的平均潮差为 2.54 m。西沙的平均潮差为 0.89 m,南沙为 1.51 m 左右。

1.5.4 江河口潮汐

我国入海的江河较多,较大的有鸭绿江、辽河、海河、黄河、长江、钱塘江、闽江、珠江等。由于受到洪水、流量、河床等因素的影响,江河的潮汐不同于海洋潮汐。

表 1.5.1 列出了钱塘江和长江的河口潮汐。杭州湾的地形呈喇叭形,湾口宽湾内窄,潮波进入湾内由于海湾逐渐变窄变浅,潮波能量集中使得潮差逐渐变大,至澉浦平均潮差达到 5.66 m。再往湾里,由于海湾急剧变窄变浅,潮波能量消耗太多使得潮差变小,至海宁平均潮差只有 2.38 m,七堡仅为 0.37 m。河口潮的涨潮时间短,落潮时间长,而且越往上游相差越大。杭州湾口的乍浦,平均涨潮时间为 5 h 24 min,平均落潮时间为 7 h 24 min;而海宁,平均涨潮时间仅为 2 h 2 min,平均落潮时间则为 10 h 23 min。从湾口至上游发生高潮的时间也逐渐延迟了。

杭州湾具有世界闻名的涌潮现象。潮波从东海传入杭州湾后,由于杭州湾特定的海底地形的影响,使得本来是连续的潮波波面产生了不连续面。在海宁观潮,当海面缓慢地降到低潮位时,见到一条上下翻滚的一二米高的垂直涌潮带吼鸣着从东方奔腾而来,水位突然升高 1 m 多,之后海面再较快地升高,2 h 后达到高潮,再缓慢地下降,等待第 2 次涌潮的到来。

潮波从东海传入长江后,能传到上游很远的地方,长江口三条港的平均潮差为 3.11 m,南京为 0.45 m,远离长江口的芜湖也有 0.20 m 的平均潮差。潮汐能影响到芜湖,海水并不能到达芜湖。从长江口至芜湖,平均涨潮时间从 4 h 51 min 缩短为 3 h 48 min,平均落潮时间从 7 h 34 min 增加为 8 h 36 min。三条港的平均高潮间隙为 12 h 17 min,到堡镇为下一潮周期的 0 h 17 min,增加了 25 min。从三条港至芜湖,平均高潮间隙增加了 13 h 23 min,就是说潮波波峰从长江口传播到芜湖要经历 13 多个小时。

表 1.5.1 江、河的潮汐沿程变化统计表

河名	潮汐站名	平均潮差(m)	最大潮差(m)	平均涨潮历时 h	min	平均落潮历时 h	min	平均高潮间隙 h	min
钱塘江	乍浦	4.67	7.15	05	24	07	02	00	44
	澉浦	5.66	8.87	05	32	06	54	01	23
	尖山	5.44	5.73	03	44	08	42	01	34
	海宁	2.38		02	02	10	23	02	21
	七堡	0.37		01	59	10	22	02	25
	闸口	0.36		01	46	10	38	05	02
	窄溪	0.33		02	26	09	53		
长江	三条港	3.11	5.50	04	51	07	34	12	17
	堡镇	2.59	4.67	04	48	07	38	00	17
	高桥	2.42	4.39	04	44	07	41	00	07
	徐六泾	1.97	3.77	04	07	08	18	02	29
	天生港	1.90	3.62	04	01	08	21	03	41
	江阴	1.66	3.16	03	25	09	00	04	26
	镇江	0.95	2.14	03	15	09	10		
	南京	0.45	1.38	03	45	08	40		
	马鞍山	0.33	1.23	03	48	08	37	11	58
	芜湖	0.20	1.03	03	48	08	36	00	50

注:摘自文献[36]

§1.6 潮流现象

海水在月球和太阳引潮力的作用下,除了能够产生潮汐现象外,还能产生周期性的水平运动,这种现象叫潮流。

海水的流动不仅有周期性的潮流,还有非周期性的风海流、密度流等海流。实际的潮流观测中所测的流向、流速是潮流和海流的总体。

潮流的流向是指海水流去的方向,向北流为 $0°$,向东为 $90°$,向南为 $180°$,向西为 $270°$。流速以 cm/s, m/s, n mile/h, 节为单位。

潮流以流向的变化可划分为旋转式和往复式两种。

1.6.1 旋转式潮流

在开阔的海域,潮流流向一般呈现旋转式变化。它不是指水质点的旋转,而是指不同时刻在同一地点潮流流向的旋转。北半球潮波在科氏力和海底地形的作用下波峰线一般呈逆时针方向旋转,而潮流流向可能呈逆时针方向旋转,也可能呈顺时针方向旋转。例如渤海湾及辽东湾潮流呈逆时针方向旋转,而渤海中部潮流呈顺时针方向旋转。

图 1.6.1 绘出了渤海中部偏北一点 1999 年 9 月 22 日 4 时至 15 时逐时的潮流矢量图(图中记为 0,1,…,11),显示该点潮流呈顺时针方向旋转。半日潮流海区,平均在 12 h 25 min 内旋转一周,流速也具有周期性的变化。一周期内,流速两次达到最大流速,其流向大体相反,两次最小流速的方向也大体相反。对海区的特定地点,每天的最大流速方向大体一致,但其流速具有长周期的变化。

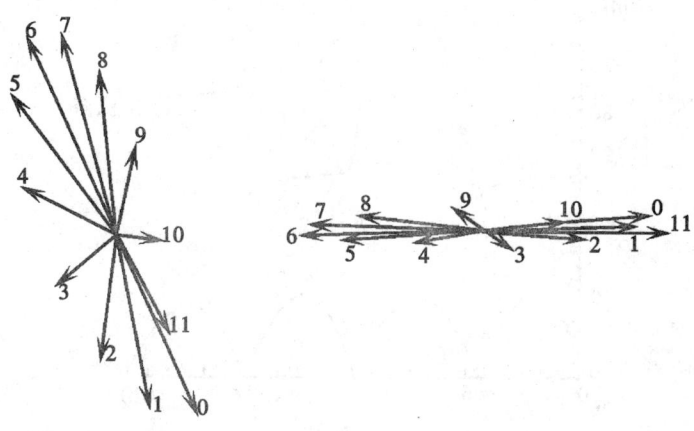

图 1.6.1 旋转流　　　　图 1.6.2 往复流

1.6.2 往复式潮流

往复式潮流也称来往式潮流。在海峡、水道或狭窄的海湾内,受地形的影响,潮流不能旋转,而只能呈现往复式的变化形式。在半日潮流海区,半个周期(平均 6 h 12.5 min)内,潮流大体上向一个方向流动,而在另外半个周期内,潮流向相反的方向流动。潮流流速呈周期性的变化,一周期内两次达到最大流速。在两次潮流转向的时刻,流速很小,甚至流速为零,此时称为转流或憩流。图1.6.2是渤海海峡中部一点在一周期内的潮流变化图,大体上表现为往复流。

1.6.3 高、低潮与转流和最大潮流的关系

对于驻波变化形式的海湾区域,从低潮至高潮的涨潮期间,潮流向湾内流动。海面升至半潮面时,潮流流速达到最大。海面位于高潮和低潮时,流速为零,为转流时刻。从高潮至低潮的落潮期间,潮流向湾外流动,海面落至半潮面时,向湾外流动的流速达到最大。图1.6.3是通过潮流数值预报得到的辽东湾中部在一个潮周期内的潮位、流向、流速曲线图。从中可以看出,海面达到高潮和低潮时,流速很小,为转流时刻。海面处于涨潮中间时,潮流向辽东湾内流动,此时流速达到最大。落潮期间潮流向湾外流动,在落潮中间时刻潮流达到最大。

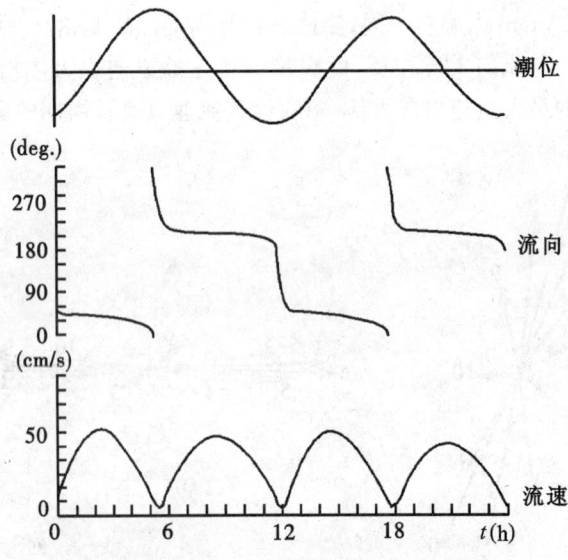

图1.6.3　驻波海区的潮位、流向、流速曲线图

在前进波海区,海面位于半潮面之上时,潮流流向与潮波传播方向一致,为涨潮流。当海面达到高潮时,涨潮流流速最大。海面位于半潮面之下时,流向与潮波传播方向相反,为落潮流。海面达到低潮时,落潮流速最大。图1.6.4为辽东湾外东部一点的潮位、流向、流速曲线图。图中显示,该站的潮流流向随时间而增加,属顺时针方向旋转流。高、低潮之后1 h左右流速达到最大。

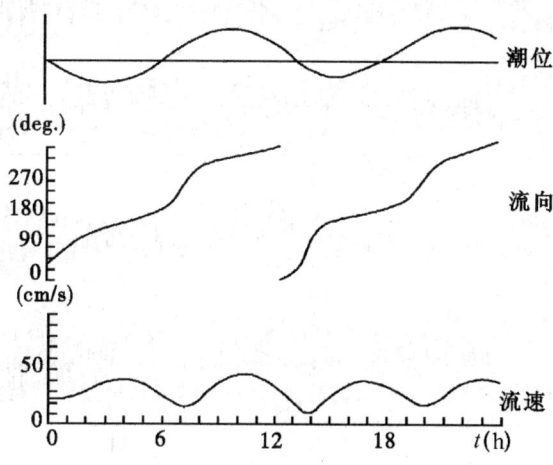

图1.6.4　前进波海区的潮位、流向、流速曲线图

1.6.4　潮流类型

与潮汐分类的方法类似,潮流依据变化情况分为正规半日潮流、不正规半日潮流、不正规日潮流和正规日潮流4种潮流类型。图1.6.5和图1.6.6分别是A,B两站1998年3月和6月的北(N)、东(E)分量的流速变化图。A站是正规半日潮流$\left(\dfrac{W_{K_1}+W_{O_1}}{W_{M_2}}=0.30\right)$,$B$站是不正规半日潮流$\left(\dfrac{W_{K_1}+W_{O_1}}{W_{M_2}}=0.65\right)$,式中的$W$是分潮流的平均最大流速。对正规半日潮流海区,一太阴日内发生两个周期的变化,出现两次最大涨、落潮流。两次最大涨(落)潮流的流速差别很小。而不正规半日潮流虽然在一太阴日内也有两次最大涨、落潮流,但潮流的日不等现象比较明显。不正规日潮流和正规日潮流依据一月之中每天出现一次涨、落潮流和二次涨、落潮流的天数来确定。

如图1.6.5和图1.6.6所示,半日潮流海区,在望(○)和朔(●)之后二三天出现大潮潮流,上、下弦过后出现小潮潮流,月球北赤纬最大(N)和月球南赤纬最大(S)之后几天潮流日不等现象最明显。月球赤纬为0°时,潮流的日不等现象最不明显。图1.6.6显示,6月份太阳的赤纬最大,因此6月的潮流日不等现象更为明显。在日潮流海区,回归大潮期间潮流最强。

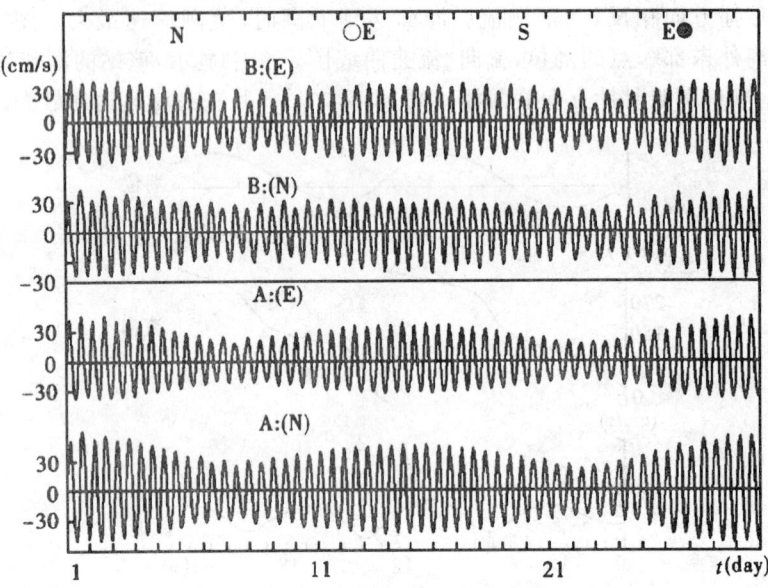

图 1.6.5　潮流北(N)、东(E)分量曲线图(1998 年 3 月)

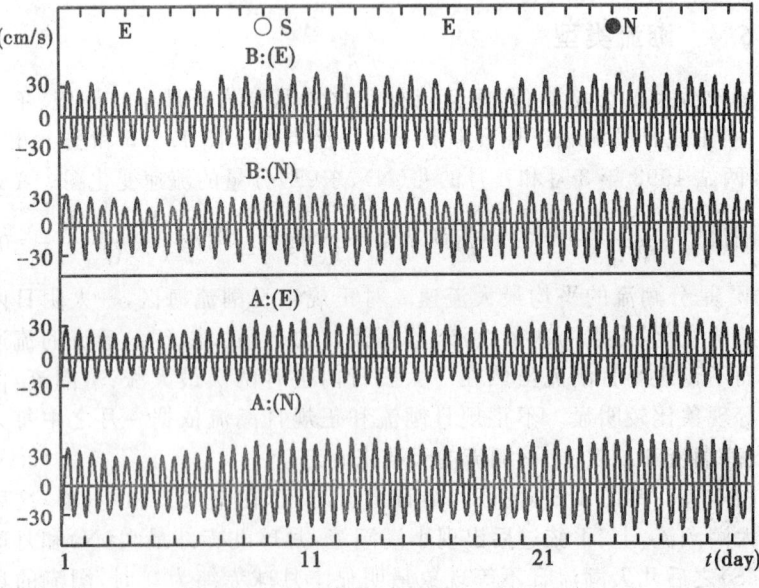

图 1.6.6　潮流北(N)、东(E)分量曲线图(1998 年 6 月)

第1章 潮汐、潮流现象

渤海的辽东湾、渤海湾、莱州湾的西部为正规半日潮流,渤海中部为不正规半日潮流。而渤海大部分海区的潮汐为不正规半日潮。黄海北部及南黄海、东海沿岸为正规半日潮流,南海多为日潮流海区。

在渤海的秦皇岛外、旧黄河口外以及成山头外海域,虽然潮汐为正规日潮和不正规日潮类型,但潮流为正规半日潮流。而在烟台附近海域,情况恰恰相反,潮汐为正规半日潮,潮流却为正规日潮流和不正规日潮流,这是由于当地的潮波特性造成的,它的产生原因将在第 7 章讨论。

第 2 章 引潮力

本章讨论引潮力的产生原因及其计算,介绍一般天文常识[52]和月、日运行轨道参量的计算。

§2.1 天文常识

太阳是太阳系的中心天体,离地球 $1.5×10^8$ km。太阳的半径等于地球半径的 109 倍,质量等于地球的 33 万倍。地球是太阳系的一个行星,同其他行星一样绕太阳转动。地球是接近球形的,略扁,赤道半径 6 378 km,极半径约短 21 km。

环绕太阳转动的较大的行星有 9 个,按照离太阳的远近,从近到远依次是水星、金星、地球、火星、木星、土星、天王星、海王星和冥王星。两头的比较小,中间的比较大。最大的是木星,半径等于地球的 11 倍,地球在 9 个行星中位居第 5。行星绕太阳转动的轨道是椭圆,但接近于正圆形,只有水星和冥王星的轨道比较扁一些。行星的轨道几乎都是在同一平面上。

月球是地球惟一的卫星,它离地球只有 $3.8×10^5$ km,它的半径只有地球的 1/4。

太阳系所在的星系叫银河系,它包括 10^{11} 个以上的恒星,还有许多云雾状的星云。银河系的恒星和星云集中在一个扁扁圆圆的体积内,它的长径为 10^5 光年,短径为 10^4 光年。太阳位于离边缘约 23 000 光年,离中心约 27 000 光年的地方。因而我们观测天空各个方向的星数不一样多,沿着银河系对称面朝各个方向望去,显得星星特别多,像一条银河。银河系以外还有许许多多的星系,它们共同组成了一个称为总星系的巨大星系集团。总星系仍是有限的,有边界的。宇宙中包含有许许多多的总星系。

2.1.1 天球、黄道和白道

1. 天球

人们观察天空时,发现天空像一个巨大的半球。仰望星空时,感觉到在我们头上高耸着一个半球形的圆顶,在它上面布满了无数闪闪发光的星星。由于所有的天体离我们太远了,我们的眼睛无法分辨它们的远近,感觉到它们都位于遥远的同一距离假想的球面上,人们将这一假想的球面称为天球,作为研究天体的视位置和视运动的辅助工具。由于天体的视位置是人们对于天体的视线在假想球面上的投影,所以这个假想球面的半径长度对我们来说无关紧要,因此天球可以描述为以适当点(例如地心)为球心、以任意长为半径的上面分布着我们所讨论天体的球面。

以地球中心作为天球中心,这样的天球被称为地心天球。在地心天球中将地轴无限延长与天球相交的两个点分别为北天极和南天极。将地球赤道面无限扩展与天球相交的大圆称为天赤道。通过天球中心和观测点作一连线无限延长与天球相交的两个点,一个恰好在观测者的头顶上,该点称为天顶,和天顶正相对的另一个交点位于观测者的脚下,称为天底。

2. 黄道

地球在一年中绕太阳公转一周,运动轨道是椭圆。如果以地球作为静止点,观测到太阳在一年之中沿椭圆轨道相对运转一周,将这个轨道面无限扩展与天球相交的大圆称为黄道。如图 2.1.1 所示,黄道面与天赤道面不相重合,两者的夹角为 23°27′,太阳的视位置在黄道上运行,由南向北穿过天赤道的交点叫春分点(Υ),由北往南穿过的交点叫秋分点,黄道最北和最南面的点叫夏至点和冬至点。

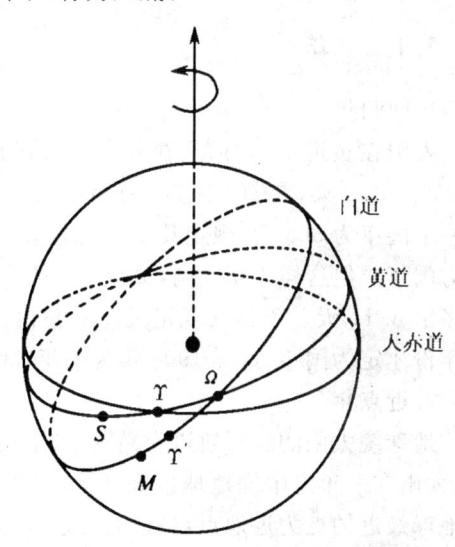

图 2.1.1 黄道与白道

3. 白道

月球绕地球运转的轨道是椭圆,将这个椭圆面无限扩展与天球相交的大圆称为白道。白道与黄道的交角在 4°57′ 到 5°19′ 之间变化,平均为 5°9′。月球从黄道的南面向北穿过黄道的交点叫升交点(Ω),从北向南穿过黄道的点叫降交点。升(降)交点的位置是变化的,以 18.61 年的周期向西退行一周。当升交点与春分点重合时,白赤交角(I)等于黄赤交角(ω)加上黄白交角(i),约为 23°27′+5°9′=28°36′,当升交点与秋分点重合时,白赤交角约等于 23°27′−5°9′=18°18′。

在 18.61 年时间内，白赤交角从 28°36′变化至 18°18′，再变化至 28°36′。

2.1.2 赤道坐标系与黄道坐标系

在潮汐学中通常以赤道坐标系和黄道坐标系来确定天体在天球上的视位置。

赤道坐标系中以赤纬和赤经确定天体的视位置。以天赤道为赤纬 0°，从天赤道往北至北天极赤纬从 0°变化至 90°，从天赤道往南至南天极赤纬从 0°变化至 −90°。从北天极穿过春分点至南天极的子午圈为赤经 0°，自西往东将天球分为 360 等分，赤经从 0°变化至 360°。

黄道坐标系中以黄纬和黄经确定天体的视位置。以黄道为黄纬 0°，从黄道至北黄极黄纬 0°变化至 90°，从黄道至南黄极黄纬由 0°变化至 −90°。以北黄极经过春分点至南黄极为黄经 0°，以此将天球分为 360 等分，自西往东黄经从 0°变化至 360°。

2.1.3 年

1. 回归年

太阳在黄道上运行，从春分点再回到春分点所需的时间为回归年，其长度为 365.242 2 天，取 365 天为一平年。这样每 4 年将少 0.968 8 天，因而每 4 年有一个闰年为 366 天，规定凡是 4 的整数倍的年份定为闰年，即 1904，1908，…均为闰年。但这样 4 年一闰，又会造成 4 个回归年多出 0.031 1 天，即 400 年里要多出 3.11 天。于是又规定凡 100 整倍数的年份仍是平年，只有 400 整倍数的年份才定为闰年，这样 1900 年为平年，2000 年才是闰年。

2. 近点年

地球绕太阳的运行轨道为椭圆，太阳位于其中的一个焦点上。相对运动而言，太阳在一年之中绕地球做椭圆运动，地球位于一个焦点上。一年之中太阳离地球最近的点为近地点，最远点为远地点。太阳从近地点出发又回到近地点所需的时间为近点年，周期为 365.259 6 天。连接近地点和远地点的连线在 20 940 年内转运一周，就是说近日点的位置每年向前移动 0.017°。由于一年之中近地点向前移动了一小段距离，因而近点年的长度略大于回归年的长度。

3. 恒星年

以天球上某恒星为背影，太阳在黄道上运行，前后两次通过它的时间间隔为恒星年，长度为 365.256 4 天，它是地球绕太阳运动的真正周期。

2.1.4 月

1. 回归月

月球从白赤交点开始在白道上运行再回到白赤交点所需的时间为回归月，其长度为 27.321 58 天。

2. 近点月

月球绕地球运转的轨道是椭圆，地球位于一个焦点上，月球从近地点开始运转一周再回到近地点所需的时间为近点月，长 27.554 55 天。由于月球近地点和远地点的连线在 8.85 年内转动一周。近地点每月向前移动一段距离，因而近点月的长度大于回归月的长度。

3. 朔望月

月球从朔开始经过上弦、望、下弦再回到朔的时间长度为朔望月，共 29.530 59 天。

2.1.5 日

地球对着太阳自转一周的时间为一个太阳日，也就是我们所感觉到的每天太阳东升西落视运动一周的时间。由于太阳在近地点运行的速度快，在远地点运行的速度慢，因而一年之中每天的时间长度不等，最多可以相差 50 多秒钟。为了解决这一问题，设想在黄道上有一个作等速运动的辅助点，其运行速度等于太阳视运动的平均速度，并和太阳同时经过近地点和远地点。再引入一个沿天赤道作等速运动的第二个辅助点，它的运行速度和黄道上的辅助点的速度相同，并同时通过春分点，第 2 个辅助点称为平太阳。地球对着平太阳自转一周的时间称为平太阳日，它的 1/24 为平太阳时。地球对着月球自转一周的时间为太阴日，它比平太阳日平均长 50 min，它的 1/24 为平太阴时，每太阴时等于 1.035 050 h。

2.1.6 时

通过北、南天极和天顶、天底的大圈叫天子午圈。天顶与天体之间的角距离称为天体的天顶距。当天体在天子午线上时为上中天（此时天体离天顶较近）或下中天（此时天体离天底较近）。通过北、南天极和天体的半个大圆叫时圈，天子午线与时圈的夹角称为时角。在天体自东向西的周日视运动过程中，天体经过上中天时，天体时角等于零度，经过下中天时天体时角为 180°。太阳时角和月球时角分别在一平太阳日和一平太阴日内变化 360°。

一天之中，平太阳位于某地上中天叫平正午，记作 12 时，位于下中天称为平子夜，记为 0 时，依此确定一天 24 h，确定的时间为地方平时。由于不同子午圈上各点的地方时不一致,实际使用时不方便。有一种全世界通用的世界时,也就是格林威治地方平时。采用世界时对日常生活仍感不便,因而提出区时系统。根据这一系统,以每隔15°的经线将地球东、西半球各分为12个时区,采用每时区的中央子午线的地方平时作为该时区的区时,以格林威治子午线为零时区的中央子午线,向东依次为东1、东2……时区,它们的中央子午线相应为15°、30°,…,对应的区时为东1、东2……区时。同样由格林威治子午线向西每隔15°为西1、西2……时区,对应的时间为西1、西2,……区时。一个国家为方便起见,虽然其面积能够横跨几个时区,但仍采用其中一个区时作为该国的统一时间。我国采用东8区时作为我国的统一时间,也称为北京时间,或写为－8 h。

由于太阳时角是从正午算起的,向西计算为正,因此,太阳时角(T)与时间(t)的关系为

$$T = 15°t - 180°$$

2.1.7　地平视差

经常用所谓地平视差来表示天体和地球的距离。通过天体作与地球相切的切线和地月中心的连线,两条线的夹角称为地平视差,因此

$$\sin\psi = \frac{a}{D}$$

式中,a 为地球半径,D 为地心与天体之间的距离,ψ 为地平视差。严格地说,不同地点的 a 值稍有不同,天文上通常取赤道半径,即等于6 378 km。由于 ψ 很小,$\sin\psi$ 近似等于 ψ 的弧度值。由于 a 是确定的,因而地平视差与天体至地心的距离成反比关系,从而地平视差的大小可以体现天体与地球的距离。太阳的平均地平视差为 $8''.794$,月球的平均地平视差为 $3\ 422''.70$。

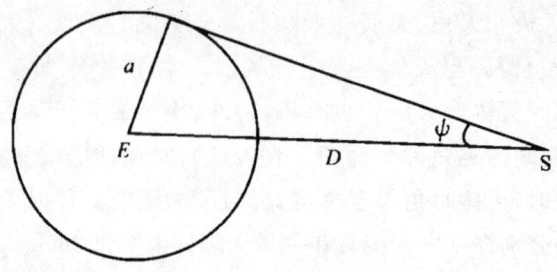

图 2.1.2　地平视差

§2.2　日、月运行轨道参量的计算

2.2.1　s, h, p, N, p_S 的计算

在图 2.1.1 白道上取 Υ' 点，使 $\widehat{\Upsilon\Omega}=\widehat{\Upsilon'\Omega}$，$\Upsilon'$ 称为辅助春分点。天文变量 s 为从 Υ' 起算的月球平均经度，h 为从春分点 Υ 起算的太阳平均经度，p 是从 Υ' 起算的月球近地点平均经度，N 是从 Υ 起算的月球升交点的平均经度，p_S 是从 Υ 起算的太阳近地点的平均经度。s, h, p, p_S 的变量随时间呈线性增加，而 N 的量值随时间而减小，这是由于月球升交点西退的原因所造成的。

Doodson 在引潮势展开和调和分析中依据式(2.3.1)计算天文变量。[71]

$$\begin{cases} s=277°.024\ 8+481\ 267°.890\ 6T+0°.002\ 0T^2 \\ h=280°.189\ 5+36\ 000°.768\ 9T+0°.000\ 3T^2 \\ p=334°.385\ 3+4\ 069°.034\ 0T-0°.010\ 3T^2 \\ p_S=281°.220\ 9+1°.719\ 2T+0°.000\ 5T^2 \\ N'=100°.843\ 2+1\ 934°.142\ 0T-0°.002\ 1T^2 \end{cases} \quad (2.2.1)$$

式中，$N'=-N$，等式右边第一项是 1900 年 1 月 1 日格林威治 0 时 s, h, p, p_S，N' 的量值，第 2 项的数值是天文变量在一儒略世纪(36 525 日)的变化量，T 是从 1900 年 1 月 1 日 0 时起算至计算时刻之间的儒略世纪数，

$$T=\frac{(Y-1\ 900)\times 365+D_1+L+t/24}{36\ 525} \quad (2.2.2)$$

式中，Y 是计算日所在的年份，D_1 是从 Y 年 1 月 1 日 0 时起算至计算日 0 时之间的总天数，$L=(Y-1\ 901)/4$ 的整数部分，它是从 1900 年年首至 Y 年元旦 0 时之间的闰年数，t 是时间。

式(2.2.3)是 Mnnk 和 Cartwright 在潮汐响应分析中以弧度为单位计算天文变量的公式[112]，

$$\begin{cases} s=4.720\ 008\ 9+8\ 399.709\ 274\ 5T+0.000\ 034\ 6T^2 \\ h=4.881\ 628\ 0+628.331\ 950\ 9T+0.000\ 005\ 2T^2 \\ p=5.835\ 152\ 6+71.018\ 041\ 2T-0.000\ 180\ 1T^2 \\ N=4.523\ 601\ 6-33.757\ 146\ 3T+0.000\ 036\ 3T^2 \\ p_S=4.908\ 229\ 5+0.030\ 005\ 3T+0.000\ 007\ 9T^2 \end{cases} \quad (2.2.3)$$

等式右边第 1 项是 1899 年 12 月 31 日格林威治 12 时天文变量的量值，T 是 1899 年 12 月 31 日 12 时起算至计算时刻的儒略世纪数，因而在依据式

(2.2.2)计算 T 值时应将分子加 0.5 日。

如果依儒略世纪计算天文变量感到不便,也可以按式(2.2.4)计算。

$$\begin{cases} s=277°.025+129°.384\ 81(Y-1\ 900)+13°.176\ 40(D_1+L) \\ h=280°.190-0°.238\ 72(Y-1\ 900)+0°.985\ 65(D_1+L) \\ p=334°.385+40°.662\ 49(Y-1\ 900)+0°.111\ 40(D_1+L) \\ p_s=281°.221+0°.017\ 18(Y-1\ 900)+0°.000\ 047\ 1(D_1+L) \\ N=259°.157-19°.328\ 18(Y-1\ 900)-0°.052\ 95(D_1+L) \end{cases} \quad (2.2.4)$$

等式右边第 1 项是 1900 年 1 月 1 日格林威治 0 时的天文变量,右边第 2 项的数值是天文变量在一平年中的变化量,第 3 项的数值是一天的变化量,其余同上。

由于 2000 年仍是闰年,以上各式可以应用至 2099 年。

根据 IUGG 第十届全体会议决议,1984 年起采用新的天文常数[33],属于 J2000.0 系统;其计算公式为

$$\begin{cases} s=218°.316\ 43+481\ 267°.88\ 128T-0°.001\ 61T^2+0°.000\ 005T^3 \\ h=280°.466\ 07+36\ 000°.769\ 80T+0°.000\ 30T^2 \\ p=83°.353\ 45+4\ 069°.013\ 88T-0°.010\ 31T^2-0°.000\ 01T^3 \\ p_s=282°.938\ 35+1°.719\ 46T+0°.000\ 46T^2+0°.000\ 003T^3 \\ N=125°.044\ 52-1\ 934°.136\ 26T+0°.002\ 07T^2+0°.000\ 002T^3 \end{cases} \quad (2.2.5)$$

等式右边第一项表示为 2000 年 1 月 1 日格林威治 12 时天文变量的量值,T 是自 2000 年 1 月 12 时起算的儒略世纪数

$$T=\frac{(Y-2\ 000)\times 365+D_1+L-0.5}{36\ 525} \quad (2.2.6)$$

式中,$L=\left(\dfrac{Y-2\ 001}{4}+1\right)$ 的整数部分,为 2000 年首至计算年年首的闰年数,D_1 仍为计算年首至计算日零时之间的天数。

表 2.2.1 和表 2.2.2 分别列出了利用 J1900.0 系统的公式(2.2.1)和 J2000.0 系统的公式(2.2.5)计算的 21 世纪 6 天的天文变量,表明两者计算的结果相差很小,说明在潮汐分析和预报中 J1900.0 系统的公式可以应用至 2099 年。

表 2.2.1 利用 J1900.0 系统的公式计算的天文变量

日期	s (°)	h (°)	p (°)	p_s (°)	N (°)
2000-01-01	211.750 00	279.972 66	83.297 36	282.940 55	125.069 82
2001-01-01	354.312 50	280.718 75	124.071 29	282.957 79	105.688 72
2002-01-01	123.687 50	280.480 47	164.733 40	282.974 98	86.360 60

(续表)

日期	s (°)	h (°)	p (°)	p_S (°)	N (°)
2004-05-01	176.812 50	39.265 63	259.538 09	283.015 08	41.296 88
2050-01-01	12.250 00	280.851 56	317.857 42	283.800 81	237.975 10
2099-12-31	146.437 50	279.757 81	192.189 45	284.661 19	350.987 06

表 2.2.2 利用 J2000.0 系统的公式计算的天文变量

日期	s (°)	h (°)	p (°)	p_S (°)	N (°)
2000-01-01	211.728 24	279.973 24	83.297 74	282.938 32	125.070 99
2001-01-01	354.289 06	280.720 15	124.071 43	282.955 57	105.689 92
2002-01-01	123.673 83	280.481 45	164.733 72	282.972 75	86.361 79
2004-05-01	176.787 11	39.267 33	259.538 12	283.012 82	41.298 15
2050-01-01	12.250 00	280.851 56	317.857 91	283.798 19	237.976 93
2099-12-31	146.437 50	279.757 81	192.189 94	284.658 20	350.989 75

2.2.2 太阳和月球的余赤纬及陆地东经的计算

在潮汐响分析和引潮力计算中需要计算太阳和月球的余赤纬及陆地东经。太阳(月球)的余赤纬是指北天极至太阳(月球)的弧长。从北天极至南天极余赤纬从 0°变化至 180°。太阳(月球)的陆地东经是指从格林威治子午线至太阳(月球)子午线之间的弧长。

1. 太阳余赤纬 Z_S

依图 2.2.1 中的 $\triangle \Upsilon s s_0$ 得：

$$\frac{\sin\delta_S}{\sin\omega_S} = \frac{\sin l_S}{\sin 90°}$$

$$\sin\delta_S = \cos Z_S = \sin l_S \sin\omega_S \tag{2.2.7}$$

式中，δ_S 是太阳赤纬，$\omega_S = 23°.452$ 是黄赤交角，$l_S = \widehat{\Upsilon s}$ 是太阳的真经度

$$l_S = h + 2e_S \sin(h - p_S) + \frac{5}{4} e_S^2 \sin 2(h - p_S) + \cdots \tag{2.2.8}$$

太阳偏心率

$$e_S = 0.016\ 751\ 04 - 0.000\ 041\ 80T - 0.000\ 000\ 126T^2 \tag{2.2.9}$$

T 是从 1899 年 12 月 31 日 12 时起始的儒略世纪数。依式(2.2.7)太阳余赤纬

Z_S 可求。

2. 太阳的陆地东经 L_S

图 2.2.1 中，取 $\psi_S = \widehat{\Upsilon S_0}$，在 $\triangle \Upsilon S S_0$ 中，依球面三角纳皮尔公式

$$\tan \frac{1}{2}\psi_S = \frac{\sin \frac{1}{2}(90°+\omega_S)}{\sin \frac{1}{2}(90°-\omega_S)} \tan \frac{1}{2}[l_S-(90°-Z_S)]$$

ψ_S 可求。G 点（格林威治子午线）的赤经（从春分点往西为负）。

$$\psi_G = -[180°-(h+15°t)]$$
$$= 15°(t-12)+h \qquad (2.2.10)$$

因而 $\qquad L_S = \psi_S - \psi_G = \psi_S - 15°(t-12) - h \qquad (2.2.11)$

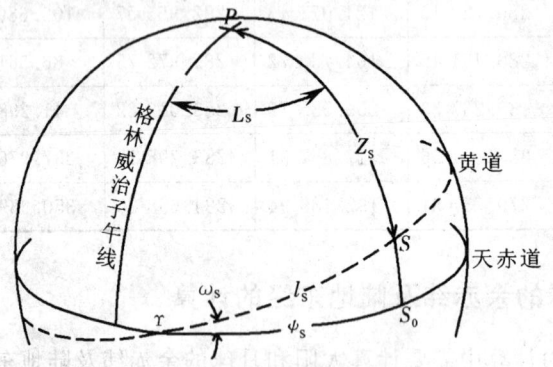

$l_S = \widehat{\Upsilon S}$ 太阳黄经
$\psi_S = \widehat{\Upsilon S_0}$ 太阳赤经
$\delta_S = \widehat{S S_0}$ 太阳赤纬
$\omega_S = 23°.452$ 黄赤交角
$Z_S = \widehat{PS}$ 太阳的余赤纬

图 2.2.1 太阳的余赤纬和陆地东经

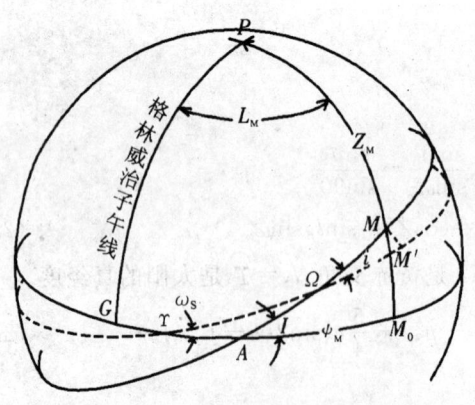

$Z_M = \widehat{PM}$ 月球余赤纬
$\delta_M = \widehat{MM_0}$ 月球赤纬
$\psi_M = \widehat{AM_0}$
$\nu = \widehat{\Upsilon A}$

图 2.2.2 月球的余赤纬和陆地东经

3. 月球的余赤纬 Z_M

图 2.2.2 中以 A 表示白赤交点，I 表示白赤交角。在 $\triangle \Upsilon\Omega A$ 中依球面三角形的余弦定理得

$$\cos(180°-I) = -\cos\omega\cos i + \sin\omega\sin i\cos N \quad (2.2.12)$$

依球面三角的正弦定理得

$$\frac{\sin\nu}{\sin i} = \frac{\sin N}{\sin(180°-I)}$$

$$\sin\nu = \sin N\sin i/\sin I \quad (2.2.13)$$

式中，$\nu = \widehat{\Upsilon A}$。

$$\frac{\sin\widehat{A\Omega}}{\sin\omega} = \frac{\sin N}{\sin(180°-I)}$$

$$\sin\widehat{A\Omega} = \sin N\sin\omega/\sin I \quad (2.2.14)$$

依球面三角余弦定理

$$\cos\widehat{A\Omega} = \cos N\cos\nu + \sin N\sin\nu\cos\omega \quad (2.2.15)$$

得

$$\tan\frac{1}{2}\widehat{A\Omega} = \frac{\sin\widehat{A\Omega}}{1+\cos\widehat{A\Omega}} \quad (2.2.16)$$

式中，ω,i 为已知，月球升交点经度 N 依式（2.2.1）至式（2.2.5）可求，$I,\nu,\widehat{A\Omega}$ 依以上各式可求。

月球在白道上从 A 点起算的平均经度

$$\sigma_M = \widehat{A\Omega} + S - N \quad (2.2.17)$$

从辅助春分点 Υ' 起算的月球在白道上的真经度

$$l_M = \sigma_M + 2e_M\sin(s-p) + \frac{5}{4}e_M^2\sin 2(s-p) + me_M\left(\frac{15}{4} + \frac{263}{16}m\right)\sin(s-2h+p) +$$

$$m^2\left(\frac{11}{8} + \frac{59}{12}m + \frac{75e_M^2}{16m}\right)\sin 2(s-h) + \frac{17}{8}m^2 e_M\sin(3s-2h-p) +$$

$$\frac{77}{16}m^2 e\sin(2s-h+p_S) \quad (2.2.18)$$

月球轨道偏心率 $e_M = 0.054\,900$，$m = 0.074\,804$ 是太阳与月球运行速度的比值。

由 $\triangle AMM_0$ 知

$$\frac{\sin\delta_M}{\sin I} = \frac{\sin l_M}{\sin 90°}$$

$$\sin\delta_M = \sin l_M\sin I$$

则

$$\cos Z_M = \sin l_M\sin I \quad (2.2.19)$$

月球余赤纬可求。

4. 月球的陆地东经 L_M

图 2.2.2 中取 $\psi_M = \overset{\frown}{AM_0}$，由 $\triangle AMM_0$ 依球面三角纳皮尔公式

$$\tan \frac{1}{2}\psi_M = \frac{\sin \frac{1}{2}(90°+I)}{\sin \frac{1}{2}(90°-I)} \tan \frac{1}{2}(l_M + Z_M - 90°) \qquad (2.2.20)$$

那么月球的陆地东经

$$\begin{aligned}L_M &= \nu + \psi_M - \psi_G \\ &= \nu + \psi_M - 15°(t-12) - h\end{aligned} \qquad (2.2.21)$$

2.2.3 $\dfrac{\overline{D}}{D}, \dfrac{\overline{D_S}}{D_S}$ 的计算

以 $\overline{D}, D$ 表示地月的平均距离和瞬时距离；$\overline{D_S}, D_S$ 表示地日的平均距离和瞬时距离。

$$\frac{\overline{D_S}}{D_S} = 1 + e_S \cos(h-p_S) + e_s^2 \cos 2(h-p_S) + \cdots \qquad (2.2.22)$$

$$\begin{aligned}\frac{\overline{D}}{D} =& 1 + \left(1 + \frac{1}{6}m^2\right)^{-1} \Big[e_M \cos(s-p) + e_M^2 \cos 2(s-p) + \\ & me_M\left(\frac{15}{8} + \frac{329}{64}m\right)\cos(s-2h+p) + m^2\left(1 + \frac{19}{6}m + \frac{15 e_M^2}{4 m}\right)\cos 2(s-h) + \\ & \frac{33}{16}m^2 e_M \cos(3s-2h-p) + \frac{7}{2}m^2 e_S \cos(2s-3h+p_S)\Big]\end{aligned} \qquad (2.2.23)$$

§2.3 引潮力

2.3.1 引潮力的产生原因

地球上任意一点单位质量的物体受到月球的引力为 $\mu_0 \dfrac{M}{L^2}$。其中，M 是月球质量，L 是该点与月球之间的距离，μ_0 是万有引力常数。

1 个月之中，月球绕地球运转一周。地月之间存在着一个公共质心，该质心位于地球内部距地球中心为 0.73 地球半径处。严格地说，月球在 1 个月之中绕地月公共质心运转一周。如果不考虑地球的自转，地球将保持着平移运动。如图 2.3.1 所示，当月球位于 M_1 时，地心位于 E_1。1/4 月后，月球位于 M_2，地心移至 E_2，$E_1 P_1$ 平移至 $E_2 P_2$。再过 1/4 月，月球在 M_3 点，地心在 E_3，P_2 移至 P_3。当月球位于 M_4，地心便移至 E_4，P_3 移至 P_4。由于地球是平移运动的，

P_1E_1,P_2E_2,P_3E_3,P_4E_4 互相平行,因而在 1 个月之中,地心绕地月公共质心 O 点运转一周,而 P_1 点绕它自己的圆心点运转一周。由于这两个圆周大小相等,并保持同步旋转,因而在这两点上所产生的惯性离心力量值相等、方向一致。当月球在 M_1 时,地心和 P_1 点的惯性离心力的方向如图 2.3.1 所示均平行于地月中心的连线,且背离月球。同理可证明地球上任何一点都围绕着各自的圆心做圆周运动,因此各点的惯性离心力量值相等,方向一致。

月球对地球的总吸引力为 $\mu_0 \dfrac{ME}{D^2}$。其中,E 为地球质量,D 为地月中心之距离。地球所受惯性离心力的总和为 EN。N 为单位质量物体所受的惯性离心力。地月之间作为二体运动,既不分离又不碰撞,应该满足

$$EN = \mu_0 \frac{ME}{D^2}$$

得
$$N = \mu_0 \frac{M}{D^2}$$

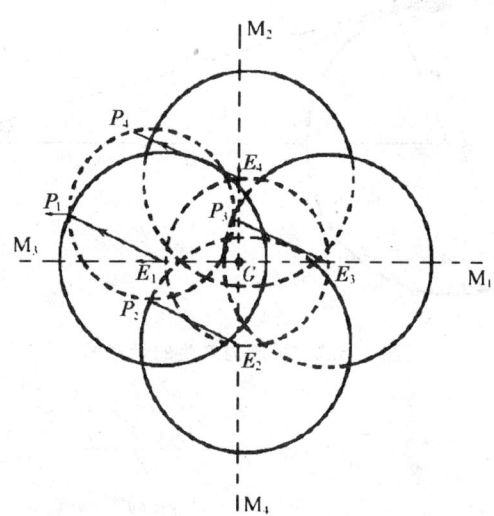

图 2.3.1 惯性离心力产生示意图

从而说明了在地球中心,单位质量的物质受到的月球吸引力与惯性离心力量值相等、方向相反,在地心两者的合力为零。而地球上其他各点所受的月球吸引力与惯性离心力方向不同,量值也不相等。

地球上单位质量的物质受到的月球吸引力与惯性离心力之合力为月球引潮力。太阳引潮力的产生原因与月球类同。

2.3.2 引潮力的公式

图 2.3.2 是通过地月中心连线及观测点所作的地球剖面。M 点指月球，P 为观测点，L 为 P 点至月球中心的距离，D 为地月中心距离，r 为观测点至地球中心的距离，$\Theta = \angle PEM$ 是月球天顶距。在 P 点月球引潮力的垂直分量和水平分量为

$$F_V = \mu_0 \frac{M}{L^2}\cos(\Theta+\psi) - \mu_0 \frac{M}{D^2}\cos\Theta$$

$$F_H = \mu_0 \frac{M}{L^2}\sin(\Theta+\psi) - \mu_0 \frac{M}{D^2}\sin\Theta$$

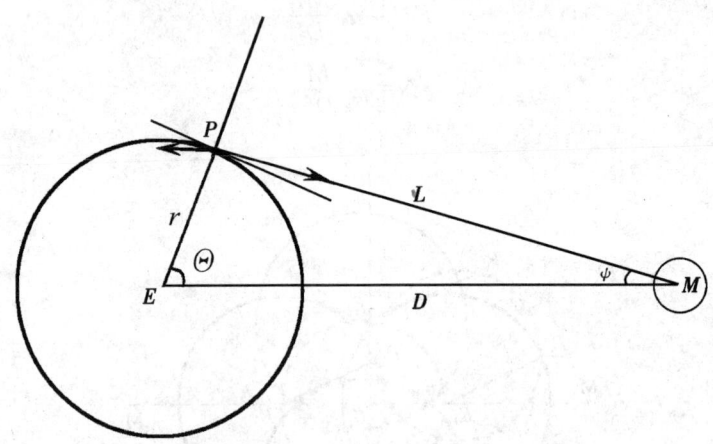

图 2.3.2　引潮力产生的示意图

$$\cos(\Theta+\psi) = \frac{D\cos\Theta - r}{L}$$

$$\sin(\Theta+\psi) = \frac{D\sin\Theta}{L}$$

引潮力的两个分量为

$$F_V = \frac{\mu_0 M}{D^2}\left[\frac{D^3}{L^3}\left(\cos\Theta - \frac{r}{D}\right) - \cos\Theta\right] \tag{2.3.1}$$

$$F_H = \frac{\mu_0 M}{D^2}\left[\frac{D^3}{L^3}\sin\Theta - \sin\Theta\right] \tag{2.3.2}$$

式中，M 为月球质量。由图 2.3.2 的 $\triangle EMP$ 知

$$\frac{1}{L} = \frac{1}{D}\left[1 - 2\left(\frac{r}{D}\right)\cos\Theta + \left(\frac{r}{D}\right)^2\right]^{-\frac{1}{2}} \qquad (2.3.3)$$

因为 $r \ll D$，可对式(2.3.3)作二项式展开得

$$\frac{1}{L} = \frac{1}{D}\left[1 + \left(\frac{r}{D}\right)\cos\Theta + \left(\frac{r}{D}\right)^2 \frac{1}{2}(3\cos^2\Theta - 1) + \frac{1}{2}\left(\frac{r}{D}\right)^3(5\cos^3\Theta - 3\cos\Theta) + \cdots\right]$$

$$= \frac{1}{D}\sum_{n=0}^{\infty}\left(\frac{r}{D}\right)^n P_n(\cos\Theta) \qquad (2.3.4)$$

$$\frac{1}{L^3} = \frac{1}{D^3}\left[1 + 3\left(\frac{r}{D}\right)\cos\Theta + \frac{3}{2}\left(\frac{r}{D}\right)^2(3\cos^2\Theta - 1) + 3\left(\frac{r}{D}\right)^2\cos^2\Theta + \cdots\right]$$

式中，勒让德多项式 $P_n(\cos\Theta)$

$$P_0(\cos\Theta) = 1$$

$$P_1(\cos\Theta) = \cos\Theta$$

$$P_2(\cos\Theta) = \frac{1}{2}(3\cos^2\Theta - 1)$$

$$P_3(\cos\Theta) = \frac{1}{2}(5\cos^3\Theta - 3\cos\Theta) \qquad (2.3.5)$$

从 $n=4$ 开始的勒让德多项式为

$$P_{j+1}(\cos\Theta) = \frac{2j+1}{j+1}\cos\Theta P_j(\cos\Theta) - \frac{j}{j+1}P_{j-1}(\cos\Theta) \qquad (2.3.6)$$

式(2.3.4)代入式(2.3.1)得垂直引潮力

$$F_V = \frac{\mu_0 M}{D^2}\left\{\left[\sum_{n=0}^{\infty}\left(\frac{r}{D}\right)^n P_n(\cos\Theta)\right]^3 \left[P_1(\cos\Theta) - \frac{r}{D}\right] - P_1(\cos\Theta)\right\}$$

$$(2.3.7)$$

水平引潮力

$$F_H = \frac{\mu_0 M}{D^2}\left\{\left[\sum_{n=0}^{\infty}\left(\frac{r}{D}\right)^n P_n(\cos\Theta)\right]^3 \sin\Theta - \sin\Theta\right\} \qquad (2.3.8)$$

如果式(2.3.7)，(2.3.8)取至 $n=2$，并消掉 $\left(\frac{r}{D}\right)^2$ 及其以上的项，那么

$$F_V = \frac{\mu_0 M}{D^2}\left\{\left[\sum_{n=0}^{2}\left(\frac{r}{D}\right)^n P_n(\cos\Theta)\right]^3 \left[P_1(\cos\Theta) - \frac{r}{D}\right] - P_1(\cos\Theta)\right\}$$

$$= \frac{\mu_0 M}{D^2}\left[\left(1 + \frac{r}{D}\cos\Theta\right)^3\left(\cos\Theta - \frac{r}{D}\right) - \cos\Theta\right]$$

$$= \frac{\mu_0 Mr}{D^3}(3\cos^2\Theta - 1) \qquad (2.3.9)$$

$$F_H = \frac{\mu_0 M}{D^2}\left\{\left[\sum_{n=0}^{2}\left(\frac{r}{D}\right)^n P_n(\cos\Theta)\right]^3 \sin\Theta - \sin\Theta\right\}$$

$$= \frac{\mu_0 M}{D^2}\left[\left(1+\frac{r}{D}\cos\Theta\right)^3 \sin\Theta - \sin\Theta\right]$$

$$= \frac{3}{2}\frac{\mu_0 Mr}{D^3}\sin 2\Theta \tag{2.3.10}$$

式(2.3.9),(2.3.10)是月球引潮力的主要项($n=2$)。

同理,太阳引潮力分量

$$F'_V = \frac{\mu_0 Er}{D_S^3}(3\cos^2\Theta_S - 1) \tag{2.3.11}$$

$$F'_H = \frac{3\mu_0 Er}{2D_S^3}\sin 2\Theta_S \tag{2.3.12}$$

式中,E表示太阳的质量,D_S表示地日中心之间的距离,Θ_S为太阳天顶距。

式(2.3.9)显示,对于月球垂直引潮力的主要项,当$\Theta=0°$(向月点)和$\Theta=180°$(背月点)的垂直引潮力正值最大且相等,引潮力垂直向上。在$\Theta=90°$和$270°$处,引潮力负值最大且相等,方向指向地心。$\Theta=54.7°,125.3°,234.7°,305.3°$处,垂直引潮力为零。式(2.2.10)显示,$\Theta=0°,90°,180°,270°$处,$F_H=0$,$\Theta=45°,135°,225°,315°$处,$F_H$的绝对值最大,$\Theta=45°,225°$处为正值,$\Theta=135°,315°$处为负值,显示出在地球上向月的半球上水平引潮力大体上朝向月球方向,背月的半球上大体上背向月球方向。引潮力与天体的质量成正比,与距离的三次方成反比,所以虽然太阳的质量比月球的质量大很多,但由于地球离太阳的距离遥远,因而太阳引潮力小于月球引潮力,仅为月球引潮力的0.46倍。另外从月球、太阳引潮力公式中还可以看出,当地、月、日三者在一条连线上时,引潮力为两者之代数和,引潮力最大,而当三者的连线成垂直状态时,引潮力最小。

§2.4 垂直引潮力的球函数展开及计算

利用球函数展开的方法计算引潮力可以计算至高阶项,从而达到更高的计算精度,且计算快速方便[42]。

依式(2.3.1),(2.3.4),在地球表面处$r=a$,a为地球半径,它的月球垂直引潮力

$$F_V = \frac{\mu_0 M}{D^2}\left[\frac{D^3}{L^3}\left(\cos\Theta - \frac{a}{D}\right) - \cos\Theta\right]$$

$$= \frac{\mu_0 M}{D^2}\left(\frac{\overline{D}}{D}\right)^2 \left\{\left[\sum_{n=0}^{\infty}\left(\frac{a}{D}\right)^n\left(\frac{\overline{D}}{D}\right)^n P_n(\cos\Theta)\right]^3 \left[P_1(\cos\Theta) - \frac{a}{D}\frac{\overline{D}}{D}\right] - P_1(\cos\Theta)\right\} \tag{2.4.1}$$

对勒让德多项式作球函数展开

$$P_n(\cos\Theta) = \frac{4\pi}{2n+1}\sum_{m=-n}^{n} Y_n^m(\theta,\lambda) Y_n^m(Z,L)^*$$
$$n\geqslant 0, |m|\leqslant n \tag{2.4.2}$$

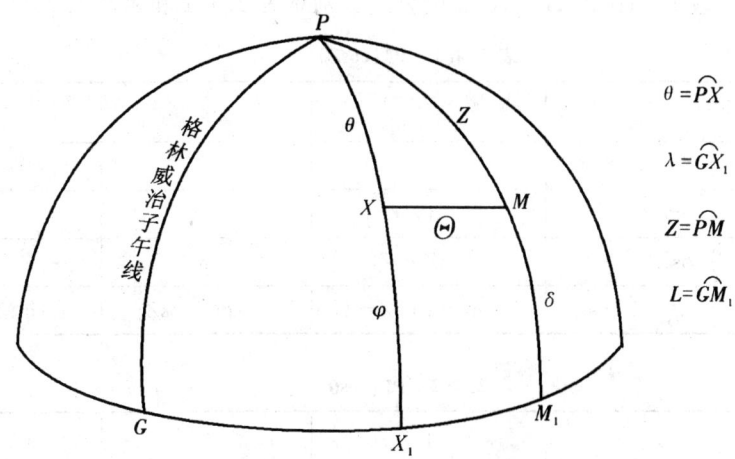

图 2.4.1 月球和观测点的坐标示意图

式中,θ,λ 分别是图 2.4.1 中所示观测点的余纬度和陆地东经;Z,L 是月球的余赤纬和陆地东经;* 表示共轭。球函数

$$Y_n^m(\theta,\lambda) = U_n^m(\theta,\lambda) + iV_n^m(\theta,\lambda)$$
$$Y_n^m(Z,L) = U_n^m(Z,L) + iV_n^m(Z,L)$$

将式(2.4.2)写为

$$P_n(\cos\Theta) = \frac{4\pi}{2n+1}\Big[\sum_{m=-n}^{-1} Y_n^m(\theta,\lambda) Y_n^m(Z,L)^* + Y_n^0(\theta,\lambda) Y_n^0(Z,L)^* +$$
$$\sum_{m=1}^{n} Y_n^m(\theta,\lambda) Y_n^m(Z,L)^*\Big]$$

由于
$$Y_n^{-m}(\theta,\lambda) = (-1)^m Y_n^m(\theta,\lambda)^*$$
$$Y_n^{-m}(Z,L) = (-1)^m Y_n^m(Z,L)^*$$

那么 $$P_n(\cos\Theta) = \frac{4\pi}{2n+1} A \sum_{m=0}^{n} [U_n^m(\theta,\lambda) U_n^m(Z,L) + V_n^m(\theta,\lambda) V_n^m(Z,L)]$$
$$m=0, A=1; m\neq 0, A=2 \tag{2.4.3}$$

对球函数再作进一步展开

$$\begin{cases} Y_n^m(\theta,\lambda) = (-1)^m \left(\frac{2n+1}{4\pi}\right)^{1/2} \left[\frac{(n-m)!}{(n+m)!}\right]^{1/2} P_n^m(\cos\theta) e^{im\lambda} \\ Y_n^m(Z,L) = (-1)^m \left(\frac{2n+1}{4\pi}\right)^{1/2} \left[\frac{(n-m)!}{(n+m)!}\right]^{1/2} P_n^m(\cos Z) e^{imL} \end{cases} \quad (2.4.4)$$

关联勒让德函数 $P_n^m(\cos Z)$, $P_n^m(\cos\theta)$ 的公式分别见表 2.4.1 和表 2.4.2。

表 2.4.1 $P_n^m(\cos Z)$

n \ m	0	1	2	3
0	1			
1	$\cos Z$	$\sin Z$		
2	$\frac{3}{2}\cos^2 Z - \frac{1}{2}$	$3\sin Z\cos Z$	$3\sin^2 Z$	
3	$\frac{5}{2}\cos^3 Z - \frac{3}{2}\cos Z$	$\frac{3}{2}\sin Z(5\cos^2 Z - 1)$	$15\sin^2 Z\cos Z$	$15\sin^3 Z$

表 2.4.2 $P_n^m(\cos\theta)$

n \ m	0	1	2	3
0	1			
1	$\sin\varphi$	$\cos\varphi$		
2	$\frac{3}{2}\sin^2\varphi - \frac{1}{2}$	$3\cos\varphi\sin\varphi$	$3\cos^2\varphi$	
3	$\frac{5}{2}\sin^3\varphi - \frac{3}{2}\sin\varphi$	$\frac{3}{2}\cos\varphi(5\sin^2\varphi - 1)$	$15\cos^2\varphi\sin\varphi$	$15\cos^3\varphi$

式(2.4.4)代入式(2.4.3)求得

$$P_n(\cos\Theta) = A\sum_{m=0}^{n} \frac{(n-m)!}{(n+m)!} P_n^m(\cos Z) P_n^m(\cos\theta) \cos m(L-\lambda)$$

$$m=0, A=1; m\neq 0, A=2 \quad (2.4.5)$$

依据表 2.4.1 和表 2.4.2 及式(2.4.5)可以计算地球任一点的 $P_0(\cos\Theta)$ 至 $P_3(\cos\Theta)$。$n=4,5,\cdots$ 的 $P_n(\cos\Theta)$ 依下式计算：

$$P_{n+1}(\cos\Theta) = \frac{2n+1}{n+1}\cos\Theta P_n(\cos\Theta) - \frac{n}{n+1}P_{n-1}(\cos\Theta) \quad (2.4.6)$$

将式(2.4.5)代入式(2.4.1)即可计算至任一阶的垂直引潮力。式中月球的余赤纬(Z)及陆地东经(L)和其他有关天文变量的计算见§2.2。

太阳垂直引潮力的计算与月球的计算类同。

垂直引潮力以微伽为单位。

$$1 \text{ 伽} = 1 \text{ cm/s}^2$$

$$1 \text{ 微伽} = 10^{-6} \text{ 伽}$$

第 3 章　引潮势和平衡潮

本章通过引潮势导出平衡潮潮高公式,再对平衡潮或引潮势进行展开。1883 年达尔文·G·H 利用早期的月球运动理论对平衡潮进行了展开。月球和太阳的平衡潮各展开成 63 项,每一项称为一个调和分潮。严格地说它还不能被称为调和分潮,因为它的振幅随时间缓慢地变化。虽然这个展开已经显得古老,但是有关分潮的周期、角速度、节点因子和相角 u 等基本参量至今仍在应用。1921 年 Doodson 按照 Brown 月球理论对月球和太阳的引潮势作了进一步地展开,共有 386 个调和分潮,它们的振幅不随时间变化。在 1954 年的国际潮汐会议上,它被认为是标准的展开。由于它的分辨率高,可以用于 19 年的潮汐分析,但在用于一年潮汐资料的分析时,需将一年资料不能分离的有关分潮再合并为一个分潮,并计算其 f, u。它的计算精度高于达尔文的 f, u 的精度。1971~1973 年 Cartwright 采用谱分析方法对引潮势进行展开,其结果与 Doodson 展开的结果相差甚小。Cartwright 还对太阳辐射势进行了展开[63]。郗钦文(1987,1991,1992)鉴于固体潮和地震研究的需要,在 Doodson 展开的基础上对引潮势进行精密展开,展开成 3 070 个分潮。方国洪(1974)为了提高短期潮汐、潮流分析和预报的精度,对引潮势进行了准调和分潮展开。

§3.1　引潮势

在保守力场中,力矢 $\boldsymbol{F}$ 和势 V 之间的关系为

$$\boldsymbol{F} = -\nabla V \tag{3.1.1}$$

式中,$\nabla = \boldsymbol{i}\frac{\partial}{\partial x} + \boldsymbol{j}\frac{\partial}{\partial y} + \boldsymbol{k}\frac{\partial}{\partial z}$ 为梯度算子。位势 V 是一个标量,而 $\boldsymbol{F}$ 是一个矢量。式(3.1.1)中的 V 可以包含任意常数,即 $V + V_0$ 所确定的力与 V 所确定的力相同。因此位势中的任意常数是没有物理意义的,可以不必考虑。另外由于势是一个标量,因而两个力的矢量相加可以由它的位势标量相加来实现。以 $\boldsymbol{F}_M, \boldsymbol{F}_S$ 表示月球和太阳的引潮力;V_M, V_S 表示月球和太阳的引潮势,那么

$$\boldsymbol{F}_M + \boldsymbol{F}_S = -\nabla(V_M + V_S) \tag{3.1.2}$$

我们首先讨论月球对地球各点的吸引力 $F_{引}$ 和它相应的引力势 $V_{引}$ 之间的关系

$$F = -\frac{\partial V}{\partial L}$$

式中，L 为月球至地球观测点之间的距离。对该式积分得

$$V = \frac{\mu_0 M}{L} + C$$

由于对无限远处，月球引力的影响为零，那里的 $V=0$，因而 $C=0$。

$$V = \frac{\mu_0 M}{L} \tag{3.1.3}$$

由于

$$\frac{1}{L} = \frac{1}{D} \sum_{n=0}^{\infty} \left(\frac{r}{D}\right)^n P_n(\cos\Theta)$$

月球的引力势

$$\begin{aligned} V_{引} &= \frac{\mu_0 M}{D} \sum_{n=0}^{\infty} \left(\frac{r}{D}\right)^n P_n(\cos\Theta) \\ &= V_0 + V_1 + V_2 + \cdots \end{aligned} \tag{3.1.4}$$

式中

$$V_0 = \frac{\mu_0 M}{D}$$

$$V_1 = \frac{\mu_0 M}{D} \left(\frac{r}{D}\right) \cos\Theta$$

$$V_2 = \frac{\mu_0 M}{D} \left(\frac{r}{D}\right)^2 \frac{1}{2}(3\cos^2\Theta - 1)$$

$$V_3 = \frac{\mu_0 M}{D} \left(\frac{r}{D}\right)^3 \frac{1}{2}(5\cos^3\Theta - 3\cos\Theta)$$

现在逐项进行讨论。V_0 是常数项，不予考虑。为了讨论 V_1 项，在图 3.1.1 中取地心至地表的任一点作为直角坐标的原点 P。该直角坐标的 x 轴平行于地月中心的连线，Z 轴平行于地轴。坐标原点至地心的距离为 r。

$$r\cos\Theta = -x$$
$$r\sin\Theta = -z$$

那么

$$V_1 = -\frac{\mu_0 M}{D^2} x$$

代入式(3.1.1)得

$$\boldsymbol{F} = -\nabla V_1 = -\left(\boldsymbol{i}\frac{\partial}{\partial x} + \boldsymbol{j}\frac{\partial}{\partial y} + \boldsymbol{k}\frac{\partial}{\partial z}\right)\left(-\frac{\mu_0 M}{D^2} x\right)$$

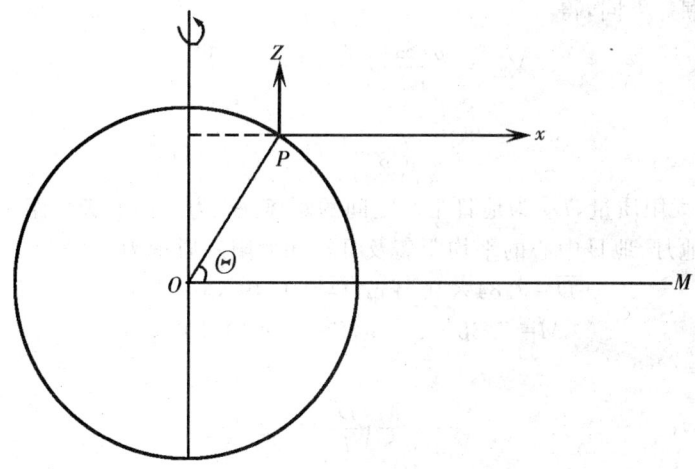

图 3.1.1 引潮势计算示意图

$$F_1 = \frac{\mu_0 M}{D^2} \quad (3.1.5)$$

式(3.1.5)说明月球引力势中 V_1 部分对应的力平行于地月中心的连线,指向 x 正向。该力与引潮力中的惯性离心力量值相等,方向相反,两者抵消。就是说月球引力势中,V_1 与引潮力中惯性离力对应的势抵消了,因而可以得到地球表面各点月球引潮势

$$V_M = \frac{\mu_0 M}{D} \sum_{n=2}^{\infty} \left(\frac{a}{D}\right)^n P_n(\cos\Theta) \quad (3.1.6)$$

同理,太阳引潮势

$$V_S = \frac{\mu_0 S}{D_1} \sum_{n=2}^{\infty} \left(\frac{a}{D_1}\right)^n P_n(\cos\Theta_1) \quad (3.1.7)$$

依式(3.1.6)知

$$V_{2M} = \frac{\mu_0 M a^2}{D^3}\left(\frac{3}{2}\cos^2\Theta - \frac{1}{2}\right) \quad (3.1.8)$$

$$V_{3M} = \frac{\mu_0 M a^3}{D^4}\left(\frac{5}{2}\cos^3\Theta - \frac{3}{2}\cos\Theta\right) \quad (3.1.9)$$

取

$$\mu_0 = \frac{ga^2}{E}, \quad G = \frac{3}{4}g\frac{M}{E}\left(\frac{a}{\overline{D}}\right)^3 a$$

得

$$V_{2M} = \frac{2}{3}G\left(\frac{\overline{D}}{D}\right)^3 (3\cos^2\Theta - 1)$$

$$V_{3M} = \frac{2}{3}G\left(\frac{\overline{D}}{D}\right)^4\left(\frac{a}{D}\right)(5\cos^3\Theta - 3\cos\Theta)$$

太阳的引潮势类同,得

$$V_{2S} = \frac{\mu_0 S a^2}{D_S^3} \left(\frac{3}{2} \cos^2 \Theta_S - \frac{1}{2} \right)$$

$$V_{3S} = \frac{\mu_0 S a^3}{D_S^4} \left(\frac{5}{2} \cos^3 \Theta_S - \frac{3}{2} \cos \Theta_S \right)$$

式中,S 为太阳质量,D_S 为地日中心之间的距离,Θ_S 为太阳的天顶距。

已知地月、地日中心的平均距离及月球和太阳的质量为

$$\overline{D} = 3.84 \times 10^5 \text{ km}, \overline{D_S} = 1.49 \times 10^8 \text{ km}$$

$$M = 7.38 \times 10^{25} \text{ g}, S = 1.991 \times 10^{33} \text{ g}$$

取 $\Theta = \Theta_S = 0°$,

$$\frac{V_{2M}}{V_{2S}} = \frac{M}{S} \left(\frac{D_S}{D} \right)^3 = 2.1$$

表明月球的引潮势为太阳引潮势的两倍多,说明了地球上的潮汐主要是由月球引起的。

§3.2 平衡潮

17 世纪后半叶,牛顿利用万有引力定律解释潮汐现象,并提出平衡潮理论。这一理论经过柏努利、欧拉等人的研究得到了进一步完善。平衡潮理论假定地球表面完全被海水覆盖,并且不考虑摩擦和惯性。在引潮力的作用下,海面离开原先的平衡位置,并假定在任一瞬间海面处处随时与引潮力和重力的合力相垂直,从而达到随时新的平衡。由于引潮力的周期性变化,使得海面具有周期性的上升下降变化,这样一个海面状态被称为平衡潮。平衡潮完全是一个假想的状态,实际的海洋潮汐由于受到陆地、摩擦、惯性各种因素的影响,呈现非常复杂的变化。但是平衡潮仍能解释若干潮汐现象。

平衡潮的高度为 $\overline{\zeta}$,由于规定向上为正,海面处的重力势 $W = -g \overline{\zeta}$,此时应满足

$$-g \overline{\zeta} + V = c$$

由于 $\overline{\zeta} = 0$ 时,$V = 0$,因而 $c = 0$。如果仅考虑引潮势中的 V_2,依式(3.1.8)得到月球的平衡潮潮高为

$$\overline{\zeta}_M = \frac{V}{g} = \frac{3}{2} \frac{\mu_0 M a^2}{g D^3} \left(\cos^2 \Theta - \frac{1}{3} \right) \qquad (3.2.1)$$

太阳的平衡潮潮高

$$\overline{\zeta}_S = \frac{3}{2} \frac{\mu_0 S a^2}{g D_S^3} \left(\cos^2 \Theta_S - \frac{1}{3} \right)$$

取地球平均半径 a 和平均重力 g 代入上式,得到月球平衡潮平均潮差为53.32 cm,太阳平衡潮平均潮差为24.61 cm,在朔和望时平均潮差为78.13 cm。

实际的潮汐远较平衡潮复杂,例如北美洲的芬地湾,最大潮差为 18 m,我国沿岸的潮差普遍有数米之多,杭州湾的最大潮差接近9 m。但是大洋的情况比较接近于平衡潮假定的条件,大洋的潮差与平衡潮计算的潮差相差较小。

$$\cos\Theta = \sin\delta\sin\varphi + \cos\delta\cos\varphi\cos T_1$$

代入式(3.2.1)可以展成

$$\bar{\zeta}_M = \frac{3}{4}\frac{Ma^4}{ED^3}\left[3\left(\sin^2\varphi - \frac{1}{3}\right)\left(\sin^2\delta - \frac{1}{3}\right) + \sin2\varphi\sin2\delta\cos T_1 + \cos^2\varphi\cos^2\delta\cos 2T_1\right] \tag{3.2.2}$$

式中,T_1 是月球时角,在一太阴日内变化 $360°$。从展开的长周期、日周期和半日周期三部分潮汐看出,在 1 个月之中当月球赤纬 δ 为 $0°$ 时,日周期部分为零,此时一天之中两个高潮(或低潮)的高度相等。随着月球赤纬的增加,日周期部分逐渐变大,半日周期部分逐渐变小,使得一天之中的两个高潮(或低潮)的高度不等,至月球赤纬最大时,日不等现象达到最明显的程度。实际的潮汐资料显示了这一特性。

平衡潮理论还能解释大、小潮现象以及潮汐的长周期变化规律,但是不能解释诸如高潮间隙、潮令等现象。平衡潮理论认为当月球位于观测点上中天时,当地应该出现高潮,但实际上要落后一段时间,它被称为高潮间隙,而且各地的高潮间隙不同。这是由于海底地形的不同所造成。另外平衡潮理论认为朔望时月日引潮力的方向一致,应该发生大潮,实际发生大潮的时间要落后一二天。平衡潮理论最大的不足是它所计算的潮高不符合实际,不能用以进行潮汐预报。

§3.3 平衡潮的达尔文展开

已知引潮势中 V_2 对应的平衡潮潮高为

$$\bar{\zeta}_M = \frac{3}{2}\frac{\mu_0 Ma^2}{gD^3}\left(\cos^2\Theta - \frac{1}{3}\right) = \frac{3}{2}\frac{Ma^4}{ED^3}\left(\cos^2\Theta - \frac{1}{3}\right) \tag{3.3.1}$$

图 3.3.1 中,X 为观测点,M 为月球的质量,S 为太阳的质量,Υ 为春分点,Υ' 为辅助春分点,月球天顶距 $\Theta = \widehat{MX}$,$T_1 = \widehat{X_1M_1}$ 为月球时角,地理纬度 $\varphi = \widehat{X_1X}$,月球赤纬 $\delta = \widehat{M_1M}$。取 $x = \widehat{IX_1}$,$l = \widehat{IM}$ 为月球的真经度。

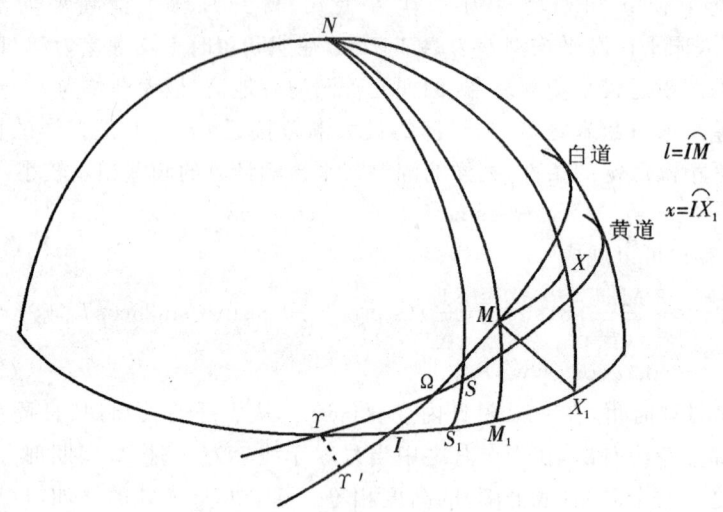

图 3.3.1 天文变量示意图

在 $\triangle MIM_1$ 中依球面三角正弦定理得

$$\frac{\sin\delta}{\sin I} = \frac{\sin l}{\sin 90°}$$

$$\sin\delta = \sin l \sin I$$

在 $\triangle MM_1X_1$ 中依球面三角余弦定理

$$\cos \widehat{MX_1} = \cos\delta\cos T_1 + \sin\delta\sin T_1\cos 90°$$
$$= \cos\delta\cos T_1$$

在 $\triangle MIX_1$ 中

$$\cos \widehat{MX_1} = \cos l\cos x + \sin l\sin x\cos I$$

得 $\qquad \cos\delta\cos T_1 = \cos l\cos x + \sin l\sin x\cos I$

在 $\triangle NMX$ 中

$$\cos\Theta = \cos(90°-\delta)\cos(90°-\varphi) + \sin(90°-\delta)\sin(90°-\delta)\cos T_1$$
$$= \sin l\sin I\sin\varphi + (\cos l\cos x + \sin l\sin x\cos I)\cos\varphi$$

得 $\cos^2\Theta = \left(\frac{1}{2}-\frac{3}{2}\sin^2\varphi\right)\left(\frac{1}{3}-\frac{1}{2}\sin^2 I\right) + \left(\frac{1}{2}-\frac{3}{2}\sin^2\varphi\right)\frac{1}{2}\sin^2 I\cos 2l +$

$\qquad \frac{1}{2}\sin 2\varphi\sin I\cos^2\frac{I}{2}\sin(2l-x) + \frac{1}{2}\sin 2\varphi\sin I\sin x\cos I +$

$\qquad \frac{1}{2}\sin 2\varphi\sin I\sin^2\frac{I}{2}\sin(2l+x) + \frac{1}{2}\cos^2\varphi\cos^4\frac{I}{2}\cos(2l-2x) +$

$$\frac{1}{4}\cos^2\varphi\sin^2 I\cos 2x + \frac{1}{2}\cos^2\varphi\sin^4\frac{I}{2}\cos(2l+2x) + \frac{1}{3} \tag{3.3.2}$$

将 $\cos^2\Theta$ 代入式(3.3.1)得

$$\zeta_M = \frac{3}{4}\frac{M}{E}\frac{a^4}{D^3}(1-3\sin^2\varphi)\left(\frac{1}{3}-\frac{1}{2}\sin^2 I\right) +$$

$$\frac{3}{4}\frac{M}{E}\frac{a^4}{D^3}(1-3\sin^2\varphi)\left(\frac{1}{2}\sin^2 I\cos 2l\right) +$$

$$\frac{3}{4}\frac{M}{E}\frac{a^4}{D^3}\sin 2\varphi\sin I\cos^2\frac{I}{2}\cos\left(2l-x-\frac{\pi}{2}\right) +$$

$$\frac{3}{4}\frac{M}{E}\frac{a^4}{D^3}\sin 2\varphi\frac{\sin 2I}{2}\cos\left(x-\frac{\pi}{2}\right) +$$

$$\frac{3}{4}\frac{M}{E}\frac{a^4}{D^3}\sin 2\varphi\sin I\sin^2\frac{I}{2}\cos\left(2l+x-\frac{\pi}{2}\right) +$$

$$\frac{3}{4}\frac{M}{E}\frac{a^4}{D^3}\cos^2\varphi\cos^4\frac{I}{2}\cos(2l-2x) +$$

$$\frac{3}{4}\frac{M}{E}\frac{a^4}{D^3}\cos^2\varphi\frac{\sin^2 I}{2}\cos 2x +$$

$$\frac{3}{4}\frac{M}{E}\frac{a^4}{D^3}\cos^2\varphi\sin^4\frac{I}{2}\cos(2l+2x) \tag{3.3.3}$$

太阳平衡潮

$$\zeta_S = \frac{1}{4}\frac{S}{E}\frac{a^4}{D_S^3}(1-\sin^2\varphi)(1-3\sin^2\delta_S) +$$

$$\frac{3}{4}\frac{S}{E}\frac{a^4}{D_S^3}\sin 2\varphi\sin 2\delta_S\cos T +$$

$$\frac{3}{4}\frac{S}{E}\frac{a^4}{D_S^3}\cos^2\varphi\cos^2\delta_S\cos 2T$$

式中,S 为太阳质量,δ_S 为太阳赤纬,T 为太阳时角。

图 3.3.1 中取 $\nu = \widehat{\Upsilon I}, \xi = \widehat{\Upsilon' I}$。取 s' 表示从 Υ' 起算的月球在白道上的真经度,以 s 表示从 Υ' 起算的月球在白道上的平均经度,太阳时角 $T = \widehat{X_1 S_1}$。那么

$$l = \widehat{IM} = s' - \xi = s + \varepsilon - \xi \tag{3.3.4}$$

$$x = \widehat{IX_1} = T + h - \nu \tag{3.3.5}$$

式中

$$\varepsilon = s' - s$$

$$= 2e\sin(s-p) + \frac{5}{4}e^2\sin 2(s-p) +$$

$$\frac{15}{4}me\sin(s-2h-p)+\frac{11}{8}m^2\sin2(s-h)+\cdots \qquad (3.3.6)$$

式中，$e=0.05490$ 是月球轨道偏心率，p 是从 Υ' 起算的月球近地点的平均经度，$m=0.0748$ 是日、月在轨道上运行速度之比值，h 是太阳的平均经度。式(3.3.3)中

$$\frac{1}{D}=\frac{1}{\bar{D}}[1+e\cos(s-p)+e^2\cos2(s-p)+\frac{15}{8}me\cos(s-2h+p)+$$
$$m^2\cos2(s-h)+\cdots] \qquad (3.3.7)$$

将式(3.3.6)代入式(3.3.4)，将式(3.3.4)，(3.3.5)，(3.3.7)代入式(3.3.3)，最后得到月球平衡潮的展开结果。

表 3.3.1　月球平衡潮展开的公式

序号	分潮		系数
		$\bar{\xi}_M=\frac{3}{2}\frac{M}{E}\left(\frac{a}{\bar{D}}\right)^3 a\left(\frac{1}{2}-\frac{3}{2}\sin^2\varphi\right)$	
1		$\left[\left(\frac{1}{3}+\frac{1}{2}e^2\right)\left(1-\frac{3}{2}\sin^2 I\right)+\right.$	0.4404
2	M_m	$e\left(1-\frac{3}{2}\sin^2 I\right)\cos(s-p)+$	0.0722
3		$\frac{3}{2}e^2\left(1-\frac{3}{2}\sin^2 I\right)\cos(2s-2p)+$	0.0059
4		$\frac{15}{8}me\left(1-\frac{3}{2}\sin^2 I\right)\cos(s-2h+p)+$	0.0101
5	MS_f	$m^2\left(1-\frac{3}{2}\sin^2 I\right)\cos(2s-2h)+$	0.0074
6	M_f	$\left(\frac{1}{2}-\frac{5}{4}e^2\right)\sin^2 I\cos(2s-2\xi)+$	0.1356
7		$\frac{7}{4}e\sin^2 I\cos(3s-p-2\xi)+$	0.0263
8		$\frac{1}{4}e\sin^2 I\cos(s+p-2\xi+180°)+$	0.0037
9		$\frac{17}{4}e^2\sin^2 I\cos(4s-2p-2\xi)+$	0.0035
10		$\frac{105}{32}me\sin^2 I\cos(3s-2h+p-2\xi)+$	0.0037
11		$\frac{15}{32}me\sin^2 I\cos(s+2h-p-2\xi+180°)+$	0.0005

(续表)

序号	分潮		系数
12		$\frac{23}{16}m^2\sin^2 I\cos(4s-2h-2\xi)+$	0.002 2
13		$\frac{1}{16}m^2\sin^2 I\cos(2h-2\xi)]+$	0.000 1
		$\frac{3}{2}\frac{M}{E}\left(\frac{a}{\overline{D}}\right)^3 a\sin 2\varphi$	
14	O_1	$\left[\left(\frac{1}{2}-\frac{5}{4}e^2\right)\sin I\cos^2\frac{I}{2}\cos(T-2s+h+2\xi-\nu+90°)+\right.$	0.326 6
15	Q_1	$\frac{7}{4}e\sin I\cos^2\frac{I}{2}\cos(T-3s+h+p+2\xi-\nu+90°)+$	0.063 2
16	$[M_1]$	$\frac{1}{4}e\sin I\cos^2\frac{I}{2}\cos(T-s+h-p+2\xi-\nu-90°)+$	0.009 0
17	$2Q_1$	$\frac{17}{4}e^2\sin I\cos^2\frac{I}{2}\cos(T-4s+h+2p+2\xi-\nu+90°)+$	0.008 4
18	ρ_1	$\frac{105}{32}me\sin I\cos^2\frac{I}{2}\cos(T-3s+3h-p+2\xi-\nu+90°)+$	0.008 9
19		$\frac{15}{32}me\sin I\cos^2\frac{I}{2}\cos(T-s-h+p+2\xi-\nu-90°)+$	0.001 3
20		$\frac{23}{16}m^2\sin I\cos^2\frac{I}{2}\cos(T-4s+3h+2\xi-\nu+90°)+$	0.005 3
21		$\frac{1}{16}m^2\sin I\cos^2\frac{I}{2}\cos(T-h+2\xi-\nu+90°)+$	0.000 2
22	OO_1	$\left(\frac{1}{2}-\frac{5}{4}e^2\right)\sin I\sin^2\frac{I}{2}\cos(T+2s+h-2\xi-\nu-90°)+$	0.014 1
23		$\frac{7}{4}e\sin I\sin^2\frac{I}{2}\cos(T+3s+h-2\xi-\nu-90°)+$	0.002 7
24		$\frac{1}{4}e\sin I\sin^2\frac{I}{2}\cos(T+s+h+p-2\xi-\nu+90°)+$	0.000 4
25		$\frac{17}{4}e^2\sin I\sin^2\frac{I}{2}\cos(T+4s+h-2p-2\xi-\nu-90°)+$	0.000 4
26		$\frac{105}{32}me\sin I\sin^2\frac{I}{2}\cos(T+3s-h+p-2\xi-\nu-90°)+$	0.000 4
27		$\frac{15}{32}me\sin I\sin^2\frac{I}{2}\cos(T+s+3h-p-2\xi-\nu+90°)+$	0.000 1
28		$\frac{23}{16}m^2\sin I\sin^2\frac{I}{2}\cos(T+4s-h-2\xi-\nu-90°)+$	0.000 2

(续表)

序号	分潮		系数
29		$\frac{1}{16}m^2\sin I\sin^2\frac{I}{2}\cos(T+3h-2\xi-\nu-90°)+$	0.000 1
30	$[K_1]$	$\left(\frac{1}{4}+\frac{3}{8}e^2\right)\sin 2I\cos(T+h-\nu-90°)+$	0.316 4
31	J_1	$\frac{3}{8}e\sin 2I\cos(T+s+h-p-\nu-90°)+$	0.025 9
32	$[M_1]'$	$\frac{3}{8}e\sin 2I\cos(T-s+h+p-\nu-90°)+$	0.025 9
33		$\frac{9}{16}e^2\sin 2I\cos(T+2s+h-2p-\nu-90°)+$	0.002 1
34		$\frac{9}{16}e^2\sin 2I\cos(T-2s+h+2p-\nu-90°)+$	0.002 1
35		$\frac{45}{64}me\sin 2I\cos(T+s-h+p-\nu-90°)+$	0.003 6
36		$\frac{45}{64}me\sin 2I\cos(T-s+3h-p-\nu-90°)+$	0.003 6
37		$\frac{3}{8}m^2\sin 2I\cos(T+2s-h-\nu-90°)+$	0.002 6
38		$\frac{3}{8}m^2\sin 2I\cos(T-2s+3h-\nu-90°)]+$	0.002 6
39	M_2	$\frac{3}{2}\frac{M}{E}\left(\frac{a}{D}\right)^3 a\cos^2\varphi$ $\left[\left(\frac{1}{2}-\frac{5}{4}e^2\right)\cos^4\frac{I}{2}\cos(2T-2s+2h+2\xi-2\nu)+\right.$	0.786 9
40	N_2	$\frac{7}{4}e\cos^4\frac{I}{2}\cos(2T-3s+2h+p+2\xi-2\nu)+$	0.152 4
41	$[L_2]$	$\frac{1}{4}e\cos^4\frac{I}{2}\cos(2T-s+2h-p+2\xi-2\nu+180°)+$	0.021 8
42	$2N_2$	$\frac{17}{4}e^2\cos^4\frac{I}{2}\cos(2T-4s+2h+2p+2\xi-2\nu)+$	0.020 3
43	ν_2	$\frac{105}{32}me\cos^4\frac{I}{2}\cos(2T-3s+4h-p+2\xi-2\nu)+$	0.021 4
44	λ_2	$\frac{15}{32}me\cos^4\frac{I}{2}\cos(2T-s+p+2\xi-2\nu+180°)+$	0.003 1
45	μ_2	$\frac{23}{16}m^2\cos^4\frac{I}{2}\cos(2T-4s+4h+2\xi-2\nu)+$	0.012 8

(续表)

序号	分潮		系数
46		$\frac{1}{16}m^2\cos^4\frac{I}{2}\cos(2T+2\xi-2\nu)+$	0.000 6
47		$\left(\frac{1}{2}-\frac{5}{4}e^2\right)\sin^4\frac{I}{2}\cos(2T+2S+2h-2\xi-2\nu)+$	0.001 5
48		$\frac{7}{4}e\sin^4\frac{I}{2}\cos(2T+3s+2h-p-2\xi-2\nu)+$	0.000 3
49		$\frac{1}{4}e\sin^4\frac{I}{2}\cos(2T+s+2h-2\xi-2\nu+180°)+$	0.000 04
50		$\frac{17}{4}e^2\sin^4\frac{I}{2}\cos(2T+4s+2h-2\xi-2\nu-2p)+$	0.000 04
51		$\frac{105}{32}m\sin^4\frac{I}{2}\cos(2T+3s+2h+p-2\xi-2\nu)+$	0.000 04
52		$\frac{15}{32}me\sin^4\frac{I}{2}\cos(2T+s+4h-p-2\xi-2\nu+180°)+$	0.000 01
53		$\frac{23}{16}m^2\sin^4\frac{I}{2}\cos(2T+4s-2\xi-2\nu)+$	0.000 02
54		$\frac{1}{16}m^2\sin^4\frac{I}{2}\cos(2T+4h-2\xi-2\nu)+$	0.000 001
55	[K_2]	$\left(\frac{1}{4}+\frac{3}{8}e^2\right)\sin^2 I\cos(2T+2h-2\nu)+$	0.068 6
56		$\frac{3}{8}e\sin^2 I\cos(2T+s+2h-p-2\nu)+$	0.005 6
57	[L_2]′	$\frac{3}{8}e\sin^2 I\cos(2T-s+2h+p-2\nu)+$	0.005 6
58		$\frac{9}{16}e^2\sin^2 I\cos(2T+2s+2h-2p-2\nu)+$	0.000 5
59		$\frac{9}{16}e^2\sin^2 I\cos(2T-2s+2h+2p-2\nu)+$	0.000 5
60		$\frac{45}{64}me\sin^2 I\cos(2T+s+p-2\nu)+$	0.000 8
61		$\frac{45}{64}me\sin^2 I\cos(2T-s+4h-p-2\nu)+$	0.000 8
62		$\frac{3}{8}m^2\sin^2 I\cos(2T+2s-2\nu)+$	0.000 6
63		$\frac{3}{8}m^2\sin^2 I\cos(2T-2s+4h-2\nu)]$	0.000 6

太阳平衡潮的展开与月球类同,只是将上式中的 M,e,I 改为太阳质量 S、

地球轨道偏心率 e_1 和黄赤交角 ω，另外太阳展开式中的 $\xi=\nu=0°$。其展开的主要项见表 3.3.2。

表 3.3.2 太阳平衡引潮的公式

序号	分潮		系数
		$\bar{\zeta}_S = \frac{3}{2}\frac{S}{E}\left(\frac{a}{\bar{D}_S}\right)^3 a\left(\frac{1}{2}-\frac{3}{2}\sin^2\varphi\right)$	
1		$\left[\left(\frac{1}{3}+\frac{1}{2}e_1^2\right)\left(1-\frac{3}{2}\sin^2\omega\right)+\right.$	0.205 7
2		$e_1\left(1-\frac{3}{2}\sin^2\omega\right)\cos(h-p_S)+$	0.010 3
6	Ssa	$\left.\left(\frac{1}{2}-\frac{5}{4}e_1^2\right)\sin^2\omega\cos(2h)\right]+$	0.064 0
		$\frac{3}{2}\frac{S}{E}\left(\frac{a}{\bar{D}_1}\right)^3 a\sin2\varphi$	
14	P_1	$\left[\left(\frac{1}{2}-\frac{5}{4}e_1^2\right)\sin\omega\cos^2\frac{\omega}{2}\cos(T-h+90°)+\right.$	0.154 2
22		$\left(\frac{1}{2}-\frac{5}{4}e_1^2\right)\sin\omega\sin^2\frac{\omega}{2}\cos(T+3h-90°)+$	0.006 6
30	$[K_1]'$	$\left.\left(\frac{1}{4}+\frac{3}{8}e_1^2\right)\sin2\omega\cos(T+h-90°)\right]+$	0.147 8
		$\frac{3}{2}\frac{S}{E}\left(\frac{a}{\bar{D}_S}\right)^3 a\cos^2\varphi$	
39	S_2	$\left[\left(\frac{1}{2}-\frac{5}{4}e_1^2\right)\cos^4\frac{\omega}{2}\cos(2T)+\right.$	0.371 6
40	T_2	$\frac{7}{4}e_1\cos^4\frac{\omega}{2}\cos(2T-h+p_S)+$	0.021 8
41	R_2	$\frac{1}{4}e_1\cos^4\frac{\omega}{2}\cos(2T+h-p_S+90°)+$	0.003 1
55	$[K_2]'$	$\left.\left(\frac{1}{4}+\frac{3}{8}e_1^2\right)\sin^2\omega\cos(2T+2h)\right]$	0.032 1

以上月球和太阳平衡潮的展开式中，每一项为一个分潮，其中给出了部分分潮的名称。每个分潮右边所列数值是 I 取平均值时该分潮的最大潮高值（英尺），以此显示分潮的大小。

§3.4 引潮势的杜德逊展开[71]

由于引潮势除以重力加速度 g 即为平衡潮,对引潮势展开与对平衡潮展开,其实质是相同的。

由式(3.1.6)知月球引潮势

$$V_M = \frac{\mu_0 M}{D} \sum_{n=2}^{\infty} \left(\frac{a}{D}\right)^n P_n(\cos\Theta)$$

$$\mu_0 = \frac{ga_1^2}{E}$$

式中,a_1 是地球的平均半径,a 是观测点的地球半径。令月球常数

$$G = \frac{3}{4}\frac{M}{E}\frac{ga_1^2 a^2}{\overline{D}^3}$$

月球引潮势为

$$V_M = G \sum_{n=2}^{\infty} \frac{4}{3}\left(\frac{a}{D}\right)^{n-2}\left(\frac{\overline{D}}{D}\right)^{n+1} P_n(\cos\Theta) \tag{3.4.1}$$

依式(2.3.4),勒让德多项式

$$P_n(\cos\Theta) = \frac{4\pi}{2n+1} A \sum_{m=0}^{n} [U_n^m(Z,L)U_n^m(\theta,\lambda) + V_n^m(Z,L)V_n^m(\theta,\lambda)]$$

$$m=0, A=1; m\neq 0, A=2$$

式中,L, λ 是从格林威治子午线起算的月球和观测点的陆地东经。若改为以观测点子午线为起算点的经度[47],那么

$$P_n(\cos\Theta) = \frac{4\pi}{2n+1} A \sum_{m=0}^{n} [U_n^m(Z,-T_1)U_n^m(\theta,0) + V_n^m(Z,-T_1)V_n^m(\theta,0)]$$

$$\tag{3.4.2}$$

式中,T_1 是月球时角。球函数

$$Y_n^m(Z,-T_1) = U_n^m(Z,-T_1) + iV_n^m(Z,-T_1)$$

$$= (-1)^m \left(\frac{2n+1}{4\pi}\right)^{1/2} \left[\frac{(n-m)!}{(n+m)!}\right]^{1/2} P_n^m(\cos Z) e^{im(-T_1)}$$

$$Y_n^m(\theta,0) = U_n^m(\theta,0) + iV_n^m(\theta,0)$$

$$= (-1)^m \left(\frac{2n+1}{4\pi}\right)^{1/2} \left[\frac{(n-m)!}{(n+m)!}\right]^{1/2} P_n^m(\cos\theta) e^{im0}$$

由于

$$V_n^m(\theta,0) \equiv 0$$

那么

$$P_n(\cos\Theta) = \frac{4\pi}{2n+1} A \sum_{m=0}^{n} U_n^m(Z,-T_1) U_n^m(\theta,0)$$

$$= A \sum_{m=0}^{n} \frac{(n-m)!}{(n+m)!} P_n^m(\cos Z) P_n^m(\cos\theta) \cos m T_1 \qquad (3.4.3)$$

式中,关联勒让德函数 $P_n^m(\cos Z)$,$P_n^m(\cos\theta)$ 见表 2.4.1 和表 2.4.2。

式(3.4.3)代入式(3.4.1)得

$$V_M = G \sum_{n=2}^{\infty} \frac{4}{3} \left(\frac{a}{D}\right)^{n-2} \left(\frac{\overline{D}}{D}\right)^{n+1} A \sum_{m=0}^{n} \frac{(n-m)!}{(n+m)!} P_n^m(\cos Z) P_n^m(\cos\theta) \cos m T_1$$

$$(3.4.4)$$

依此式可以得到对应于 $n=2,3,4$ 月球引潮势的 V_2,V_3,V_4。

$$\begin{cases} V_2 = G \dfrac{4}{3} \left(\dfrac{\overline{D}}{D}\right)^3 A \sum_{m=0}^{2} \dfrac{(2-m)!}{(2+m)!} P_2^m(\cos Z) P_2^m(\cos\theta) \cos m T_1 \\ V_3 = G \dfrac{4}{3} \left(\dfrac{a}{D}\right) \left(\dfrac{\overline{D}}{D}\right)^4 A \sum_{m=0}^{3} \dfrac{(3-m)!}{(3+m)!} P_3^m(\cos Z) P_3^m(\cos\theta) \cos m T_1 \\ V_4 = G \dfrac{4}{3} \left(\dfrac{a}{D}\right)^2 \left(\dfrac{\overline{D}}{D}\right)^5 A \sum_{m=0}^{4} \dfrac{(4-m)!}{(4+m)!} P_4^m(\cos Z) P_4^m(\cos\theta) \cos m T_1 \end{cases} \quad (3.4.5)$$

将关联勒让德函数代入后,取

$$\begin{cases} G_2^0 = \dfrac{1}{2} G(1-3\sin^2\varphi) \\ G_2^1 = G\sin 2\varphi \\ G_2^2 = G\cos^2\varphi \end{cases} \qquad (3.4.6)$$

$$\begin{cases} G_3^0 = 1.11803 G \sin\varphi(3-5\sin^2\varphi) \\ G_3^1 = 0.72618 G \cos\varphi(1-5\sin^2\varphi) \\ G_3^2 = 2.59808 G \sin\varphi\cos^2\varphi \\ G_3^3 = G\cos^3\varphi \end{cases} \qquad (3.4.7)$$

$$\begin{cases} G_4^0 = 0.12500 G(3-30\sin^2\varphi+35\sin^4\varphi) \\ G_4^1 = 0.47346 G \sin 2\varphi(3-7\sin^2\varphi) \\ G_4^2 = 0.77778 G \cos^2\varphi(1-7\sin^2\varphi) \\ G_4^3 = 3.07920 G \sin\varphi\cos^3\varphi \\ G_4^4 = G\cos^4\varphi \end{cases} \qquad (3.4.8)$$

$$\begin{cases} H_2^0 = \dfrac{2}{3} - 2\cos^2 Z \\ H_2^1 = \sin 2Z \cos T_1 \\ H_2^2 = \sin^2 Z \cos 2T_1 \end{cases} \qquad (3.4.9)$$

第 3 章 引潮势和平衡潮

$$\begin{cases} H_3^0 = \cos Z(3-5\cos^2 Z) \\ H_3^1 = \sin Z(1-5\cos^2 Z)\cos T_1 \\ H_3^2 = \sin^2 Z \cos Z \cos 2T_1 \\ H_3^3 = \sin^3 Z \cos 3T_1 \end{cases} \quad (3.4.10)$$

$$\begin{cases} H_4^0 = 3-30\cos^2 Z + 35\cos^4 Z \\ H_4^1 = \sin 2Z(3-7\cos^2 Z)\cos T_1 \\ H_4^2 = \sin^2 Z(1-7\cos^2 Z)\cos 2T_1 \\ H_4^3 = \sin^3 Z \cos Z \cos 3T_1 \\ H_4^4 = \sin^4 Z \cos 4T_1 \end{cases} \quad (3.4.11)$$

式中,φ 是地理纬度,Z 是月球的余赤纬。式(3.4.5)变为

$$\begin{cases} V_2 = \left(\dfrac{\overline{D}}{D}\right)^3 (G_2^0 H_2^0 + G_2^1 H_2^1 + G_2^2 H_2^2) \\ V_3 = \left(\dfrac{\overline{D}}{D}\right)^4 (0.004\,947 G_3^0 H_3^0 + 0.011\,425 G_3^1 H_3^1 + \\ \qquad 0.031\,935 G_3^2 H_3^2 + 0.013\,828 G_3^3 H_3^3) \\ V_4 = \left(\dfrac{\overline{D}}{D}\right)^5 (0.000\,046 G_4^0 H_4^0 + 0.000\,121 G_4^1 H_4^1 + 0.000\,148 G_4^2 H_4^2 + \\ \qquad 0.000\,522 G_4^3 H_4^3 + 0.000\,201 G_4^4 H_4^4) \end{cases}$$

$$(3.1.12)$$

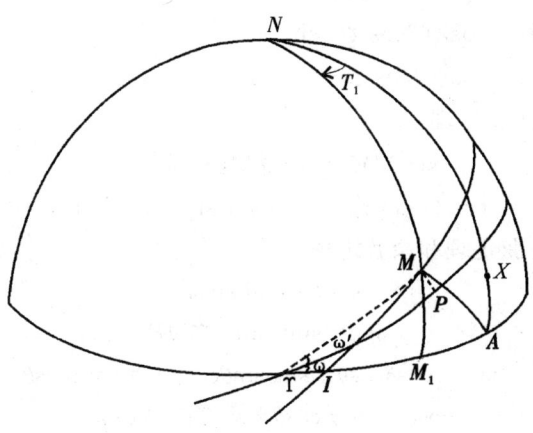

图 3.4.1 引潮势展开的天体坐标示意图

图 3.4.1 中 M 点表示月球,X 点为观测点。通过春分点 Υ 与 M 点在天球

上做一辅助线。取

$$\delta = \stackrel{\frown}{PM} \text{月球黄纬}$$
$$\theta = \stackrel{\frown}{\Upsilon P} \text{月球黄经}$$
$$\theta' = \stackrel{\frown}{\Upsilon M}$$
$$\omega' = \angle M\Upsilon P$$
$$\zeta = \stackrel{\frown}{MA}$$
$$Z = \stackrel{\frown}{MN} \text{月球余赤纬}$$
$$\chi = \stackrel{\frown}{\Upsilon A}$$
$$\omega = \angle A\Upsilon P \text{ 黄赤交角}$$

在球面 $\triangle NMA$ 中

$$\cos\zeta = \cos Z\cos 90° + \sin Z\sin 90°\cos T_1$$
$$= \sin Z\cos T_1$$

那么式(3.4.9),(3.4.10)变为

$$\begin{cases} H_2^0 = \dfrac{2}{3} - 2\cos^2 Z \\ H_2^1 = 2\cos Z\cos\zeta \\ H_2^2 = 2\cos^2\zeta - \sin^2 Z \end{cases} \quad (3.4.13)$$

$$\begin{cases} H_3^0 = \cos Z(3-\cos^2 Z) \\ H_3^1 = \cos\zeta(1-5\cos^2 Z) \\ H_3^2 = \cos Z(2\cos^2\zeta - \sin^2 Z) \\ H_3^3 = \cos\zeta(4\cos^2\zeta - 3\sin^2 Z) \end{cases} \quad (3.4.14)$$

在 $\triangle \Upsilon MM_1$ 中依余弦定理

$$\sin \stackrel{\frown}{MM_1} = \sin \stackrel{\frown}{\Upsilon M}\sin(\omega' + \omega)$$

即 $\quad \cos Z = \sin\theta'\sin\omega'\cos\omega + \sin\theta'\cos\omega'\sin\omega \quad (3.4.15)$

在 $\triangle M\Upsilon P$ 中依正弦定理和余弦定理

$$\sin\delta = \sin\theta'\sin\omega'$$
$$\sin\theta = \sin\theta'\sin\angle \Upsilon MP$$
$$\cos\theta' = \cos\delta\cos\theta + \sin\delta\sin\theta\cos 90° = \cos\delta\cos\theta$$
$$\cos\delta = \cos\theta'\cos\theta + \sin\theta'\sin\theta\cos\omega'$$

将上式两边乘以 $\sin\angle \Upsilon MP$,得

$$\cos\delta\sin\angle \Upsilon MP = \cos\omega'$$

以上各式代入式(3.4.15)得

$$\cos Z = \sin\omega\sin\theta\cos\delta + \cos\omega\sin\delta \quad (3.4.16)$$

在 $\triangle M\Upsilon A$ 中
$$\cos\zeta=\cos\theta'\cos\chi+\sin\theta'\sin\chi\cos(\omega'+\omega)$$
代入以上各式
$$\cos\zeta=\cos\delta\cos\theta\cos\chi+(\cos\omega\cos\delta\sin\theta-\sin\omega\sin\delta)\sin\chi \tag{3.4.17}$$

对 $\cos Z$ 和 $\cos\zeta$ 进行展开时，首先利用杜德逊展开的文献[71]中所列表 I 及表 II 给出的月球经度 $(\theta-s)$ 和纬度 (δ) 的展开式，它们分别展成 101 个和 76 个调和项。以月球纬度为例，可以表示为

$$\delta=\sum_{}^{76} C\sin\varphi$$

式中，C 表示各项的振幅，即文献[71]表 II 中的系数，以弧度为单位，取至小数点后 6 位。它的表 II 中只有一项以完整的小数形式表示，其系数为 0.089 504，其余各项均将小数点及其后面的零省略了。表中各项的幅角数表示为可以依此计算各项的相角 φ。有关幅角数的定义及计算在本节后面介绍。将月球经度和纬度的展开式代入式(3.4.16)，(3.4.17)，再取 1900 年 1 月 1 日的 $\omega=23°27'8''26$，另外

$$\begin{aligned}\chi&=15°t+h-180°-L\\ \tau&=\chi-s+180°=15°t+h-s-L\end{aligned} \tag{3.4.18}$$

式中，t 是格林威治平太阳时，τ 是地方平太阴时，h 是太阳平均经度，s 是月球平均经度，L 是观测点陆地东经。最后 $\cos Z$，$\cos\zeta$ 的展开式列于文献[71]的表 IV 及表 V 中。

$$\begin{aligned}\cos Z&=\sum_{}^{167} C\sin\varphi\\ \cos\zeta&=\sum_{}^{221} C\cos\varphi\end{aligned} \tag{3.4.19}$$

$\cos Z$ 展成 167 个调和项，$\cos\zeta$ 展成 221 个调和项，各项振幅取至小数点后 6 位，依幅角数计算各项的相角 φ。将式(3.4.19)代入式(3.4.13)和式(3.4.14)，再进一步代入式(3.4.12)。式中 $\left(\dfrac{\overline{D}}{D}\right)^3$，$\left(\dfrac{\overline{D}}{D}\right)^4$ 的计算依文献[71]中的表的展开结果计算。最终得到了月球引潮势 V_2，V_3 的展开结果。V_4 项太小，未予考虑。

太阳引潮势的展开较简单，由于太阳的黄纬等于零度，而不必展开。太阳经度的展开也只有几项，其值为

$$\begin{aligned}\theta_1=&h+0.033\ 501\sin(h-p_S)+0.000\ 351\sin 2(h-p_S)+\\ &0.000\ 005\sin 3(h-p_S)+\cdots\end{aligned} \tag{3.4.20}$$

式中的 p_S 是太阳近地点的平均经度。地日的平均距离与距离的比值

$$\frac{\overline{D_S}}{D_S}=1+0.016\ 750\cos(h-p_S)+0.000\ 281\cos2(h-p_S)+$$
$$0.000\ 005\cos3(h-p_S)+\cdots \qquad (3.4.21)$$

太阳常数
$$G_S=\frac{3}{4}\frac{S}{E}\frac{ga_1^2a^2}{\overline{D_S^3}}=\frac{S}{M}\left(\frac{\overline{D}}{\overline{D_S}}\right)^3 G=0.460\ 40G \qquad (3.4.22)$$

杜德逊对月球、太阳引潮势的展开结果,去掉了许多小量项,保留386项,每项称为一个分潮,见附表1。对引潮势展开的结果可以归纳为

$$V=\sum_{m=0,2}\left[G_2^m(\varphi)\sum_i A_2^i\cos\theta_i+G_3^m(\varphi)\sum_j B_3^j\sin\theta_j\right]+$$
$$\sum_{m=1,3}\left[G_2^m(\varphi)\sum_i B_2^i\sin\theta_i+G_3^m(\varphi)\sum_j A_3^j\cos\theta_j\right] \qquad (3.4.23)$$

式中,φ 是观测点地理纬度;$G_2^m(\varphi)$,$G_3^m(\varphi)$ 的公式分别见式(3.4.6),式(3.4.7);A,B 为各分潮的系数,保留到小数点后5位,见附表1第4,5列,省略了小数点;相角

$$\theta=n_1\tau+n_2s+n_3h+n_4p+n_5N'+n_6p_S \qquad (3.4.24)$$

式中,τ 是地方平太阴时,s 是月球的平均经度,h 是太阳的平均经度,p 是月球近地点的平均经度,$N'=-N$,N 是月球升交点的平均经度,p_S 是太阳近地点的平均经度。式中的 $n_1,\cdots,n_6$ 是 τ,s,h,p,N',p_S 的系数,见附表1第2列。

杜德逊以幅角数表示各分潮的相角。幅角数的第1位是 n_1,第2至第6位是将 n_2 至 n_6 各加5。例如相角为

$$2\tau-3s+4h+p-2N'+2p_S$$

其幅角数为229.637。

对于 ≥ 5 和 ≤ -5 者,采取 -6 用 L 表示,-5 用 O 表示,5 用 X 表示,6 用 E 表示。由于绝大部分的数值在 -4 至 4 之间,因而很少出现以上情况。幅角数也称为杜德逊数。

幅角数第1位相同的各分潮组成一个分潮族,0表示为零族(长周期分潮族),1表示1族(日周期分潮族),2表示2族(半日周期分潮族),3表示3族(1/3日周期分潮族)。

幅角数前2位相同的分潮组成一个分潮群。幅角数前3位相同的分潮组成一个分潮组,具有相同的分潮数。例如分潮265.555,它的相角 $\theta=2\tau+s$。其

    幅角数:265.555
    分潮数:265
    群 数:26 或写为(2,1)群
    族 数:2

在一年的潮汐分析中需将分潮数相同的分潮合并为一个分潮参与分析,而在 19 年潮汐分析中,杜德逊展开的所有分潮均可以参与分析。

附表 1 给出了引潮势的杜德逊展开的结果。分为零族、1 族、2 族和 3 族四部分。列出了各分潮的幅角数 $n_1,\cdots,n_6$ 和部分分潮的名称,以及各分潮的 A 或 B 值。A,B 表示分潮振幅的量值。例如 165.555 分潮,分潮表达式为

$$-0.530\,50 G_2^1(\varphi)\sin(\tau+s)$$

可变为

$$0.530\,50 G_2^1(\varphi)\cos(\tau+s+90°)$$

又如 165.565 分潮可写为

$$-0.071\,82 G_2^1(\varphi)\sin(\tau+s+N')$$
$$=0.071\,82 G_2^1(\varphi)\cos(\tau+s+N'+90°)$$

§3.5 引潮势的精密展开

杜德逊展开中引用的天文数据来自 Brown 及 Newcomb 表,其天文数据为 1900 年 1 月 1 日之值。目前 Brown 系数已重新计算,黄赤交角每世纪相对变化 5×10^{-4},地球轨道偏心率每世纪相对变化 25×10^{-4},由此引起的潮波振幅的长趋势变化已可辨别。

根据计算得知,以重力为例,要得到误差小于 0.001 μGal 的重力计算值,对月球的赤经、赤纬的计算误差必须小于 0.5″,$\overline{D}/D$ 的计算误差必须小于 2.47×10^{-6}。可以看出,要得到高精度的固体潮理论值,对天文数据的计算应有更高的精度要求。

随着高精度固体潮观测仪器的不断出现与更新,尤其是超导重力仪的出现,使固体潮的观测精度达到一个新的高度。这些观测中包含了许多地球内部信息及资料,为了有效地分析与提取这些信息,高精度的引潮势展开就成为一个非常重要的问题。

郗钦文(1987)采用 Eckert,Jones 和 Clark 表(简称 EJC)及 2 000.0 年的黄赤交角和地球轨道偏心率数值,按照杜德逊的展开方法对引潮势进行了展开。其中增加了月亮历书所需的调和项,但引潮势展开系数仅给出小数点后 5 位,共展成1 178项[32]。1991 年郗钦文再次改进了引潮势展开,分潮振幅给到小数点后第 6 位,共得 3 070 个分潮[33]。

引潮势精密展开中计算月球、太阳、月球近地点、月球升交点、太阳近地点平均经度和黄赤交角的计算公式为

$$\begin{cases} s = 218.316\ 43° + 481\ 267.881\ 28°T - 0.001\ 61°T^2 + 0.000\ 005°T^3 \\ h = 280.466\ 07° + 36\ 000.769\ 80°T + 0.000\ 30°T^2 \\ p = 83.353\ 45° + 4\ 069.013\ 88°T - 0.010\ 31°T^2 - 0.000\ 01°T^3 \\ N = 125.044\ 52° - 1\ 934.136\ 26°T + 0.002\ 07°T^2 + 0.000\ 002°T^3 \\ p_S = 282.938\ 35° + 1.719\ 46°T + 0.000\ 46°T^2 + 0.000\ 003°T^3 \\ \omega = 23.439\ 29° - 0.013\ 00°T - 0.000\ 000\ 16°T^2 + 0.000\ 000\ 5T^3 \end{cases}$$

(3.5.1)

式中,儒略世纪(Julian)T 自 2000 年 1 月 1 日 12 时算起。

采用新的天文常数系统及新的地球物理与地球形状参数如下:

地球赤道半径 a	6 378 140 m
地球扁率 α	1/298.257
地心引力常数 fE	$3.986\ 005 \times 10^{20}$ cm^3/s^2
赤道重力加速度 g_0	978.03 18 cm/s^2
月球视差正弦常数 $\sin\pi = \dfrac{a}{D}$	0.016 592 51(3 422.451″)
月地质量比 $\mu = \dfrac{M}{E}$	0.012 300 02
太阳地平视差 $\pi_S(\sin\pi_S = \dfrac{a}{D_1})$	8.794 148″
日地质量比 $\dfrac{S}{E}$	332 946.0

$$\frac{\rho}{a} = 1 - 0.003\ 324\ 79\sin^2\varphi + \frac{H}{a}$$

ρ 为观测点地球半径,φ 为观测点地心纬度,H 为大地高。新的杜德逊常数

$$G = G(\rho) = \frac{3}{4}fM\frac{\rho^2}{D^3} = \frac{3}{4}fE\frac{M}{E}\left(\frac{a}{\overline{D}}\right)^3 \frac{1}{a}\left(\frac{\rho}{a}\right)^2 = G(a)\left(\frac{\rho}{a}\right)^2 \quad (3.5.2)$$

$$D = G(a) = \frac{3}{4}fE\frac{M}{E}\left(\frac{a}{\overline{D}}\right)^3 \frac{1}{a} = 263\ 35.838 \text{ cm}^2/\text{s}^2 \quad (3.5.3)$$

$$G_S(\rho) = \frac{3}{4}fS\frac{\rho^2}{D_S^3} = \left(\frac{\overline{D}}{\overline{D}_S}\right)^3 \frac{S}{M}G(\rho) = \frac{\left(\dfrac{a}{\overline{D}_S}\right)^3 \dfrac{S}{E}}{\left(\dfrac{a}{\overline{D}}\right)^3 \dfrac{M}{E}} G(\rho) = 0.459\ 237\ 80G(\rho)$$

(3.5.4)

式中,M, S 分别为月球、太阳的质量;$\overline{D}, \overline{D}_S$ 分别为月地、日地中心平均距离。太阳常数为杜德逊常数的 0.459 237 80 倍,而杜德逊展开中为 0.460 40。

按照下式计算太阳黄经 λ_s 及 $\left(\dfrac{\overline{D}}{D}\right)_s$：

$$\lambda_s = h + (2e - \frac{1}{4}e^3)\sin(h - p_S) + \frac{5}{4}e^2\sin 2(h - p_S) +$$
$$\frac{13}{12}e^3 \sin 3(h - p_S) + \cdots \tag{3.5.5}$$

$$\left(\dfrac{\overline{D}}{D}\right)_s = 1 + (e - \frac{1}{8}e^3)\cos(h - p_S) + e^2\cos 2(h - p_S) +$$
$$\frac{9}{8}e^3 \cos 3(h - p_S) + \cdots \tag{3.5.6}$$

式中,地球轨道偏心率 e 采用归化到 J2000.0 的数值 0.016 709 113,则上式变为

$$\lambda_S = h + 0.033\,417\sin(h - p_S) + 0.000\,349\sin 2(h - p_S) +$$
$$0.000\,005\sin 3(h - p_S) + \cdots \tag{3.5.7}$$

$$\left(\dfrac{\overline{D}}{D}\right)_s = 1 + 0.016\,709\cos(h - p_S) + 0.000\,279\cos 2(h - p_S) +$$
$$0.000\,005\cos 3(h - p_S) + \cdots \tag{3.5.8}$$

对引潮势的 V_2, V_3, V_4 部分进行了精密展开。其中零族有 639 项,1 族 1 135 项,2 族 1 036 项,3 族 227 项,4 族 33 项,共 3 070 项。由于篇幅太大,书中未予附录,可参看文献[33]。

以零族序号第 3 和第 4 这两个分潮为例说明展开的结果。

序号	幅角数	n	m	角速度	振幅
3	055.565	2	0	0.002 206 41	−65 504
4	055.565	4	0	0.002 206 41	−33

第 3 个分潮 $n=2, m=0$,说明它是由 V_2 引潮势展开得到的零族的分潮,第 4 个分潮是由 V_4 展开的。它们的角速度为 $0°.002\,206\,41/h$。振幅分别为 0.065 504 和 0.000 033。每一项的地理因子与杜德逊的地理因子 $G_n^m(\varphi)$ 相同(见式(3.4.6)至式(3.4.8))。展开结果中,凡 $n+m$ 为偶数者,其分潮函数为余弦,计算时不加相位改正;凡 $n+m$ 为奇数者,其分潮函数为正弦,计算时应加相位 $-\dfrac{\pi}{2}$ 改正。另外还需依据振幅项中的正负号进行相位订正。

§3.6 分潮及 f, u 的计算公式

本节介绍有关分潮的内容,以及依据达尔文展开和杜德逊展开计算 f, u 的

方法。

3.6.1 达尔文展开的分潮

在达尔文展开结果中，以 M_2, O_1 分潮为例，其分潮表达式

$$\zeta_{O_1} = \frac{3}{2} G \sin 2\varphi \left(1 - \frac{5}{2}e^2\right) \sin I \cos^2 \frac{I}{2} \cos(T - 2s + h + 2\xi - \nu + 90°)$$

$$\zeta_{M_2} = \frac{3}{2} G \cos^2 \varphi \left(1 - \frac{5}{2}e^2\right) \cos^4 \frac{I}{2} \cos(2T - 2s + 2h + 2\xi - 2\nu)$$

其通式为

$$\begin{aligned}\zeta' &= R \cos \varphi \\ &= G G_1(\varphi) G_2(I) \cos(n_1 T + n_2 s + n_3 h + n_4 p + n_5 p_S + \Delta' + n'_1 \xi + n'_2 \nu)\end{aligned} \quad (3.6.1)$$

式 $G = \frac{1}{2} \frac{M}{E} \left(\frac{a}{D^3}\right)$ 中 a 为常数项，φ 是观测点地理纬度，I 是白赤交角，e 是月球轨道偏心率，$G_1(\varphi)$ 是地理纬度的函数部分，$G_2(I)$ 是轨道参数部分。T, s, h, p, p_S 分别是太阳时角、月球平均经度、太阳平均经度、月球近地点平均经度和太阳近地点平均经度。$n_1, n_2, \cdots, n_5$ 是 $T, s, \cdots, p_S$ 的系数，Δ' 是一角度，ξ 是辅助春分点至白赤交点的弧长，ν 是春分点至白赤交点的弧长，n'_1, n'_2 是 ξ, ν 的系数。

由于 T, s, h, p, p_S 随时间的变化是线性的，而 ξ, ν 具有三角函数的变化。将相角分为线性变化部分 V 和非线性变化部分 u。

$$\varphi = V + u$$

式中
$$\begin{aligned}V &= n_1 T + n_2 s + n_3 h + n_4 p + n_5 p_S + \Delta' \\ &= \sigma t + V_0\end{aligned}$$

角速度
$$\sigma = n_1 \sigma_T + n_2 \sigma_s + n_3 \sigma_h + n_4 \sigma_P + n_5 \sigma_{P_S} \quad (3.6.2)$$

初相
$$V_0 = n_1 T_0 + n_2 s_0 + n_3 h_0 + n_4 p_0 + n_5 p_{S_0} + \Delta'$$

由于 $T_0 = 180°$

取 $\Delta = n_1 T_0 + \Delta'$

$$V_0 = n_2 s_0 + n_3 h_0 + n_4 p_0 + n_5 p_{S_0} + \Delta \quad (3.6.3)$$

天文变量 T, s, h, p, N, p_S 以及太阴时角 τ 的角速度为：

$$\begin{cases}
\sigma_T = \dfrac{360°}{24} = 15°/\text{平太阳时} \\[4pt]
\sigma_S = \dfrac{360°}{27.321\,582 \times 24} = 0°.549\,016\,53/\text{平太阳时} \\[4pt]
\sigma_h = \dfrac{360°}{365.242\,199 \times 24} = 0°.041\,068\,64/\text{平太阳时} \\[4pt]
\sigma_p = \dfrac{360°}{8.847\,32 \times 365.25 \times 24} = 0°.004\,641\,83/\text{平太阳时} \\[4pt]
\sigma_N = \dfrac{360°}{18.612\,9 \times 365.25 \times 24} = 0°.002\,206\,41/\text{平太阳时} \\[4pt]
\sigma_{P_S} = \dfrac{360°}{20\,940 \times 365.25 \times 24} = 0°.000\,001\,961/\text{平太阳时} \\[4pt]
\sigma_\tau = \dfrac{360°}{24.841\,202\,41} = 14°.492\,052\,12/\text{平太阳时}
\end{cases} \qquad (3.6.4)$$

$$u = n'_1 \xi + n'_2 \nu$$
$$\xi = 11°.87\sin N - 1°.34\sin 2N + 0.19°\sin 3N$$
$$\nu = 12°.94\sin N - 1°.34\sin 2N + 0.19°\sin 3N$$
$$\varphi = \sigma t + V_0 + u$$

达尔文展开的各分潮的振幅

$$R = GG_1(\varphi)G_2(I)$$
$$= \frac{GG_1 G_2}{[GG_1 G_2 \cos u]_0}[GG_1 G_2 \cos u]_\circ$$

式中,[ ]$_0$ 表示为 18.61 年的平均值。

取

$$\overline{H'} = [GG_1 G_2 \cos u]_0$$

为分潮的平均振幅,又称平均系数,取

$$\overline{H} = [G_2 \cos u]_0 \qquad (3.6.5)$$

为分潮的相对平均系数。取分潮的节点因子

$$f = \frac{GG_1 G_2}{[GG_1 G_2 \cos u]_0} = \frac{G_2}{[G_2 \cos u]_0} \qquad (3.6.6)$$

以 M_2 为例

$$f_{M_2} = \frac{\cos^4 \dfrac{I}{2}}{\left[\cos^4 \dfrac{I}{2} \cos(2\xi - 2\nu)\right]_0}$$

$$\cos^4 \dfrac{I}{2} = \dfrac{1}{4}(1 + 2\cos I + \cos^2 I)$$

依球面角的余弦定理得
$$\cos I = \cos\omega\cos i - \sin i \sin\omega\cos N$$
依球面三角纳皮尔公式得
$$\cos(2\xi-2\nu)$$
$$=[1-2\sin^2 i(\cot^2\omega+\csc^2\omega)\sin^2 N]4\sin^2 i\cot\omega\csc\omega\sin^2 N$$
$$[\cos^4\frac{I}{2}\cos(2\xi-2\nu)]_\circ = 0.9154$$

得到
$$f_{M_2}=1.0004-0.0373\cos N+0.0002\cos 2N$$

月球平衡潮潮高的达尔文展开中

第 1~5 项,其中有 Mm,Ms_f 分潮
$$f=\frac{1-\frac{3}{2}\sin^2 I}{[1-\frac{3}{2}\sin^2 I]_\circ}=\frac{1-\frac{3}{2}\sin^2 I}{0.7532}$$

第 6~13 项,有 M_f 分潮
$$f=\frac{\sin^2 I}{[\sin^2 I\cos 2\xi]_\circ}=\frac{\sin^2 I}{0.1578}$$

第 14~21 项,有 $O_1,Q_1,[M_1],2Q_1,\rho_1,\sigma_1$ 分潮
$$f=\frac{\sin I\cos^2\frac{I}{2}}{[\sin I\cos^2\frac{I}{2}\cos(2\xi-\nu)]_\circ}=\frac{\sin I\cos^2\frac{I}{2}}{0.3800}$$

第 22~29 项,有 OO_1 分潮
$$f=\frac{\sin I\sin^2\frac{I}{2}}{[\sin I\sin^2\frac{I}{2}\cos(2\xi+\nu)]_\circ}=\frac{\sin I\sin^2\frac{I}{2}}{0.0164}$$

第 30~38 项,有 $[K_1],J_1,[M_1],\theta_1,\chi_1,SO_1,MP_1$ 分潮
$$f=\frac{\sin 2I}{[\sin 2I\cos\nu]_\circ}=\frac{\sin 2I}{0.7214}$$

第 39~46 项,有 $M_2,N_2,[L_2],2N_2,\nu_2,\lambda_2,\mu_2$ 分潮
$$f=\frac{\cos^4\frac{I}{2}}{[\cos^4\frac{I}{2}\cos(2\xi-2\nu)]_\circ}=\frac{\cos^4\frac{I}{2}}{0.9154}$$

第 47~54 项,各分潮太小,潮汐分析中未采用

$$f=\frac{\sin^4\frac{I}{2}}{\left[\sin^4\frac{I}{2}\cos(2\xi+2\nu)\right]_0}$$

第 55~63 项,有[K_2],KJ_2,[L_2]分潮

$$f=\frac{\sin^2 I}{[\sin^2 I\cos 2\nu]_0}=\frac{\sin^2 I}{0.1565}$$

以上各式均可推导成以 N 为变量的函数公式,以方便计算。各分潮的 f 公式见表 3.6.1。其通式为

$$\begin{cases}f=n_0+n_1\cos N+n_2\cos 2N+n_3\cos 3N\\ u=k_1\sin N+k_2\sin 2N+k_3\sin 3N\end{cases} \quad (3.6.7)$$

将各式中的 I 换成 ω 即可得到太阳各分潮的 f 公式。由于它所对应的 ξ,ν 等于零,又因为 ω 是常数,则太阳分潮的 $f\equiv 1$。

在一年的潮汐分析中,月球的[M_1]和[M_1]′分离不开,将二者合并为 M_1。同理将月球的[L_2]和[L_2]′合并为 L_2 分潮。月球的[K_1]与太阳的[K_1]′合并为 K_1,月球的[K_2]与太阳的[K_2]′合并为 K_2。

表 3.6.1 f,u 公式

分潮	f				u		
	(n_0)	$\cos N$ (n_1)	$\cos 2N$ (n_2)	$\cos 3N$ (n_3)	$\sin N$ (k_1)	$\sin 2N$ (k_2)	$\sin 3N$ (k_3)
M_m	1.000	−0.1300	0.0013	0	0	0	0
M_f	1.0429	0.4135	−0.0040	0	−23°.74	2°.68	−0°.38
O_1	1.0089	0.1871	−0.0147	0.0014	10°.80	−1°.34	0°.19
K_1	1.0060	0.1150	−0.0088	0.0006	−8°.86	0°.68	−0°.07
J_1	1.0129	0.1676	−0.0170	0.0016	−12°.94	1°.34	−0°.19
OO_1	1.1027	0.6504	0.0317	−0.0014	−36°.68	4°.02	−0°.57
M_2	1.0004	−0.0373	0.0002	0	−2°.14	0	0
K_2	1.0241	0.2863	0.0085	0.0015	−17°.74	0°.68	−0°.04
M_3	$-0.5+1.5f_{M_2}$						
M_1	$f\cos u=2\cos p+0.4\cos(p-N)$ $f\sin u=\sin p+0.2\sin(p-N)$						

L_2	$f\cos u=1.000-0.2505\cos 2p-0.1103\cos(2p-N)-$
	     $0.0156\cos(2p-2N)-0.0366\cos N+0.0047\cos(2p+N)$
	$f\sin u=-0.2505\sin 2p-0.0013\sin(2p-N)-$
	     $0.0156\sin(2p-2N)-0.0366\sin N+0.0047\sin(2p+N)$						

依式(3.6.5)判断各分潮振幅的大小,例如

$$\overline{H}_{M_2} = \left[\left(1-\frac{5}{2}e^2\right)\cos^4\frac{I}{2}\cos(2\xi-2\nu)\right]_\circ$$
$$= \left(1-\frac{5}{2}e^2\right)\left[\cos^4\frac{I}{2}\cos(2\xi-2\nu)\right]_\circ$$
$$= 0.9085$$

$$\overline{H}_{N_2} = \left[\frac{7}{2}e\cos^4\frac{I}{2}\cos(2\xi-2\nu)\right]_\circ = 0.1759$$

平衡潮的达尔文展开可以归纳为

$$\overline{\zeta}(t) = \sum_j f_j \overline{H}_j \cos[\sigma_j t + (V_0+u)_j] \quad (3.6.8)$$

其中日族中大的分潮有 K_1,O_1,P_1,Q_1 分潮;半日族有 M_2,S_2,N_2,K_2 分潮。

3.6.2 杜德逊展开的分潮

杜德逊对引潮势,或者说是对平衡潮(V/g)进行了展开,其展开结果见附表1。如果以余弦形式表示,那么平衡潮

$$\overline{\zeta}(t) = \sum_j R_j \cos\theta_j$$
$$= \sum_j G(\varphi)\overline{H}_j\cos(n_1\tau + n_2 s + n_3 h + n_4 p + n_5 N' + N_6 p_S + \Delta)_j$$
$$= \sum_j G(\varphi)\overline{H}_j\cos(\sigma_j t + V_{0j}) \quad (3.6.9)$$

式中,$\overline{H}$ 是分潮的系数 A 或 B。分潮的角速度和初相为

$$\sigma = n_1\sigma_\tau + n_2\sigma_s + n_3\sigma_h + n_4\sigma_p + n_5\sigma_{N'} + n_6\sigma_{p_S} \quad (3.6.10)$$
$$V_0 = n_1\tau_0 + n_2 s_0 + n_3 h_0 + n_4 p_0 + n_5 N'_0 + n_6 p_{s0} + \Delta \quad (3.6.11)$$

杜德逊展开的分潮中 $f \equiv 1, u \equiv 0$,这是由于杜德逊展开的分辨率高的结果。

在一年的潮汐分析中,由于分辨率低,要求 $\Delta\sigma \geqslant 0.041°/h$,因而需要将分潮相角中 τ, s, h 相同的各分潮合并成一个分潮。严格地说,合并后的分潮不再是一个调和分潮,但是实际工作中仍称其为调和分潮。以 L_2 分潮为例,它所包含的分潮见表 3.6.2,其中 265.455 的振幅最大,它的角速度、周期与达尔文展开的 L_2 分潮一致。现在要将这些分潮合并为 L_2 分潮。合并后分潮的 $f \neq 1, u \neq 0$。由于半日族的 $G_2^m(\varphi) = G\cos^2\varphi, G_3^m(\varphi) = 2.59808G\sin\varphi\cos^2\varphi$,两者地理因子不同,在合并 L_2 分潮时,去掉 $n=3$ 的 265.545, 265.555, 265.565 三个分潮,依下式进行分潮合并并计算合并后分潮的 f, u[22]。

$$\cos V + \sum_i l_i \cos(V+\theta_i) = f\cos(V+u) \quad (3.6.12)$$

表 3.6.2 L_2 分潮

幅角数	τ n_1	s n_2	h n_3	p n_4	N' n_5	p_s n_6	A	B	l	$V+\theta$
265.445	2	1	0	−1	−1	0	0.000 95		−0.036 62	$V+N$
265.455	2	1	0	−1	0	0	−0.025 67		1.0	V
265.545	2	1	0	0	−1	0		−0.000 31		
265.555	2	1	0	0	0	0		0.005 25		
265.565	2	1	0	0	1	0		0.000 99		
265.645	2	1	0	1	−1	0	−0.000 12		0.004 67	$V+2P+N$
265.655	2	1	0	1	0	0	0.006 43		−0.250 49	$V+2P$
265.665	2	1	0	1	1	0	0.002 83		−0.110 25	$V+2P-N$
265.675	2	1	0	1	2	0	0.000 40		−0.015 58	$V+2P-2N$

本例式中 V 是 L_2 分潮(265.455)的相角，θ_i 是其他分潮与 L_2 分潮的相角之差，表中 $N'=-N$，l 是以 L_2 分潮的系数为 1 的相对系数。陈宗镛等[68]得出 35 个天文分潮的 f,u 公式见表 3.6.3。它们不仅是升交点 N 的函数，而且是月球、太阳近地点的函数，从而能够使计算的 f,u 更为精确。表 3.6.3 中的分潮序号是一年潮汐分析 170 个分潮的序号，见附表 2。其他还有 23 个分潮，作为气象分潮、天文—气象分潮及浅水分潮处理，它们的公式在表 3.6.3 未予列出。

表 3.6.3 f,u 的公式

4.
$f\cos u = 1 - 0.136\ 79\cos N - 0.009\ 50\cos(2p-N) - 0.003\ 80\cos(2p-2N)$
$f\sin u = -0.006\ 33\sin N + 0.009\ 50\sin(2p-N) + 0.003\ 80\sin(2p-2N)$

5. Mm
$f\cos u = 1 - 0.130\ 60\cos N + 0.000\ 85\cos 2N - 0.053\ 43\cos 2p - 0.021\ 81\cos(2p-N) -$
$\qquad 0.005\ 94\cos(2p-2N)$
$f\sin u = -0.000\ 72\sin N + 0.000\ 85\sin 2N - 0.053\ 43\sin 2p - 0.021\ 81\sin(2p-N) -$
$\qquad 0.005\ 94\sin(2p-2N)$

6.
$f\cos u = 1 + 0.504\ 35\cos N + 0.086\ 96\cos 2N$
$f\sin u = -0.504\ 35\sin N - 0.086\ 96\sin 2N$

8. M_f
$f\cos u = 1 + 0.414\ 33\cos N + 0.038\ 73\cos 2N - 0.000\ 83\cos 3N + 0.043\ 20\cos 2p -$
$\qquad 0.002\ 81\cos(2p+N) - 0.002\ 30\cos(2p-N)$
$f\sin u = -0.414\ 33\sin N - 0.038\ 73\sin 2N + 0.000\ 83\sin 3N - 0.043\ 20\sin 2p +$
$\qquad 0.002\ 81\sin(2p+N) + 0.002\ 30\sin(2p-N)$

(续表)

10. M_n

$f\cos u = 1 + 0.414\,22\cos N + 0.038\,38\cos 2N - 0.004\,01\cos(2p-2N) - 0.003\,00\cos(2p-p_S+N) - 0.003\,00\cos(2p+p_S+N) + 0.018\,02\cos 2p - 0.001\,67\cos(2p-3N)$

$f\sin u = -0.414\,22\sin N - 0.038\,38\sin 2N - 0.004\,01\sin(2p-2N) + 0.003\,00\sin(2p-p_S+N) + 0.003\,00\sin(2p+p_S+N) - 0.018\,02\sin 2p - 0.001\,67\sin(2p-3N)$

12.

$f\cos u = 1 + 0.414\,23\cos N + 0.037\,66\cos 2N + 0.054\,39\cos 2p$

$f\sin u = -0.414\,23\sin N - 0.037\,66\sin 2N - 0.054\,39\sin 2p$

13.

$f\cos u = 1 + 0.414\,14\cos N + 0.037\,88\cos 2N$

$f\sin u = -0.414\,14\sin N - 0.037\,88\sin 2N$

14.

$f\cos u = 1 + 0.413\,79\cos N$

$f\sin u = -0.413\,79\sin N$

15. $2Q_1$

$f\cos u = 1 + 0.188\,48\cos N - 0.006\,28\cos 2N - 0.006\,28\cos(2p-2N)$

$f\sin u = 0.188\,48\sin N - 0.006\,28\sin 2N + 0.006\,28\sin(2p-2N)$

16. σ_1

$f\cos u = 1 + 0.188\,37\cos N - 0.006\,08\cos 2N - 0.008\,68\cos 2p$

$f\sin u = 0.188\,37\sin N - 0.006\,08\sin 2N - 0.008\,68\sin 2p$

18. Q_1

$f\cos u = 1 + 0.188\,44\cos N - 0.005\,68\cos 2N - 0.002\,77\cos 2p - 0.003\,88\cos(2p-2N) + 0.000\,83\cos(p-p_S) - 0.000\,69\cos(2p-3N)$

$f\sin u = 0.188\,44\sin N - 0.005\,68\sin 2N - 0.002\,77\sin 2p + 0.003\,88\sin(2p-2N) - 0.000\,83\sin(p-p_S) + 0.000\,69\sin(2p-3N)$

20. ρ_1

$f\cos u = 1 + 0.188\,18\cos N - 0.057\,62\cos 2p + 0.017\,51\cos(2p-N) - 0.005\,84\cos 2N$

$f\sin u = 0.188\,18\sin N - 0.057\,62\sin 2p + 0.017\,51\sin(2p-N) - 0.005\,84\sin 2N$

23. O_1

$f\cos u = 1 + 0.188\,52\cos N - 0.005\,78\cos 2N - 0.006\,45\cos 2p - 0.001\,03\cos(2p-N) + 0.000\,19\cos(2p+N)$

$f\sin u = 0.188\,52\sin N - 0.005\,78\sin 2N - 0.006\,45\sin 2p - 0.001\,03\sin(2p-N) + 0.000\,19\sin(2p+N)$

(续表)

26. ν_1

$$f\cos u = 1 + 0.226\ 62\cos N$$
$$f\sin u = 0.222\ 62\sin N$$

28. χ_1

$$f\cos u = 1 + 0.190\ 47\cos N$$
$$f\sin u = -0.246\ 91\sin N$$

29. π_1

$$f\cos u = 1 - 0.007\ 78\cos N$$
$$f\sin u = 0.007\ 78\sin N$$

30. P_1

$$f\cos u = 1 - 0.011\ 23\cos N - 0.000\ 40\cos 2p_s - 0.001\ 48\cos 2P - 0.000\ 29\cos(2p - N) + 0.000\ 80\cos 2N$$
$$f\sin u = -0.011\ 23\sin N - 0.000\ 40\sin 2p_s - 0.001\ 48\sin 2P - 0.000\ 29\sin(2p - N) + 0.000\ 80\sin 2N$$

31. S_1

$$f\cos u = 1 + 0.353\ 37\cos 2p_s - 0.026\ 44\cos N$$
$$f\sin u = -0.353\ 37\sin 2p_s + 0.026\ 44\sin N$$

32. K_1

$$f\cos u = 1 + 0.115\ 73\cos N - 0.002\ 81\cos 2N + 0.000\ 19\cos(2p - N)$$
$$f\sin u = -0.155\ 39\sin N + 0.003\ 03\sin 2N - 0.000\ 19\sin(2p - N)$$

33. ψ_1

$$f\cos u = 1 + 0.018\ 96\cos N$$
$$f\sin u = -0.018\ 96\sin N$$

34. ϕ_1

$$f\cos u = 1 + 0.013\ 25\cos 2p_s - 0.038\ 41\cos N - 0.018\ 54\cos 2N + 0.034\ 44\cos 2p + 0.010\ 60\cos(2p + N),$$
$$f\sin u = -0.013\ 25\sin 2p_s + 0.038\ 41\sin 2N + 0.018\ 54\sin 2N - 0.034\ 44\sin 2p - 0.010\ 60\sin(2p + N)$$

35. θ_1

$$f\cos u = 1 + 0.167\ 54\cos N + 0.029\ 98\cos(2p - N)$$
$$f\sin u = -0.231\ 04\sin N - 0.029\ 98\sin(2p - N)$$

36. J_1

$$f\cos u = 1 + 0.168\ 65\cos N - 0.004\ 72\cos 2N - 0.015\ 18\cos 2p - 0.009\ 78\cos(2p - N) - 0.005\ 74\cos(2p - 2N)$$
$$f\sin u = -0.227\ 39\sin N + 0.004\ 72\sin 2N - 0.015\ 18\sin 2p - 0.009\ 78\sin(2p - N) - 0.005\ 74\sin(2p - 2N)$$

(续表)

39. OO_1

$f\cos u = 1 + 0.639\ 78\cos N + 0.134\ 24\cos 2N + 0.008\ 62\cos 3N - 0.003\ 69\cos(2p-N) + 0.149\ 63\cos 2P + 0.029\ 56\cos(2p+N)$

$f\sin u = -0.639\ 78\sin N - 0.134\ 24\sin 2N - 0.008\ 62\sin 3N + 0.003\ 69\sin(2p-N) - 0.149\ 63\sin 2P - 0.029\ 56\sin(2p+N)$

48. $2N_2$

$f\cos u = 1 - 0.037\ 38\cos N - 0.006\ 08\cos(2p-2N)$

$f\sin u = -0.037\ 38\sin N + 0.006\ 08\sin(2p-2N)$

49. μ_2

$f\cos u = 1 - 0.037\ 46\cos N$

$f\sin u = -0.037\ 46\sin N$

52. N_2

$f\cos u = 1 - 0.037\ 33\cos N + 0.000\ 52\cos 2N + 0.000\ 81\cos(p-p_S) - 0.003\ 85\cos(2p-2N)$

$f\sin u = -0.037\ 33\sin N + 0.000\ 52\sin 2N - 0.000\ 81\sin(p-p_S) + 0.003\ 85\sin(2p-2N)$

54. ν_2

$f\cos u = 1 - 0.037\ 25\cos N + 0.004\ 24\cos 2p - 0.003\ 63\cos(2p-N)$

$f\sin u = -0.037\ 25\sin N + 0.004\ 24\sin 2p - 0.003\ 63\sin(2p-N)$

58. M_2

$f\cos u = 1 - 0.037\ 33\cos N + 0.000\ 52\cos 2N + 0.000\ 58\cos 2p + 0.000\ 21\cos(2p-N)$

$f\sin u = -0.037\ 33\sin N + 0.000\ 52\sin 2N + 0.000\ 58\sin 2p + 0.000\ 21\sin(2p-N)$

63. λ_2

$f\cos u = 1 - 0.044\ 78\cos N$

$f\sin u = -0.044\ 78\sin N$

64. L_2

$f\cos u = 1 - 0.036\ 62\cos N + 0.004\ 67\cos(2p+N) - 0.250\ 49\cos 2p - 0.110\ 25\cos(2p-N) - 0.015\ 58\cos(2p-2N)$

$f\sin u = -0.036\ 62\sin N + 0.004\ 67\sin(2p+N) - 0.250\ 49\sin 2p - 0.110\ 25\sin(2p-N) - 0.015\ 58\sin(2p-2N)$

67. S_2

$f\cos u = 1 + 0.002\ 25\cos N + 0.000\ 14\cos 2p$

$f\sin u = +0.002\ 25\sin N + 0.000\ 14\sin 2p$

68. R_2

$f\cos u = 1 - 0.253\ 52\cos 2p_S + 0.014\ 08\cos(2p_S-N)$

$f\sin u = -0.253\ 52\sin 2p_S + 0.014\ 08\sin(2p_S-N)$

69. K_2

(续表)

	$f\cos u=1+0.285\ 18\cos N+0.032\ 35\cos 2N$
	$f\sin u=-0.310\ 74\sin N-0.032\ 35\sin 2N$
80. M_3	
	$f\cos u=1-0.056\ 40\cos N$
	$f\sin u=-0.056\ 40\sin N$

§3.7 引潮势的准调和分潮展开

对于只有一天或数天的潮汐、潮流资料进行分析时，其分辨率很低，不能采用达尔文和杜德逊展开的分潮进行分析。通常是对引潮势进行准调和展开，展开成几个准调和分潮，利用短期的资料计算几个准调和分潮的调和常数。

杜德逊等(1941)曾经根据实际潮汐的特点，将所有较大的日分潮合并为 O_1 和 K_1 两个分潮，将所有较大的半日分潮合并为 M_2 和 S_2 分潮。合并所得分潮的振幅和角速率不再是常数，亦即分潮不再是调和项，它被称为准调和分潮。杜德逊给出的计算准调和分潮的振幅系数 BC 和相角 $b+c$ 的公式是相当粗略的。误差主要来自两个方面，一个是用月亮中天时刻表示黄经，另一个是没有考虑视差潮令。方国洪(1974)对引潮势进行了严格的准调和展开，给出了计算准调和分潮的振幅系数和更准确的迟角订正公式，同时引进了浅水准调和分潮[2]。

3.7.1 实际分潮的合并

周期相近的一群分潮之和为

$$\sum_j f_{t,j} H_{P,j} \cos(\sigma_j t - \varepsilon_j - g_{P,j}) \tag{3.7.1}$$

式中，t 是时间，P 表示地点，j 表示分潮的代号，其中主要分潮的代号以 L 表示。上式等于

$$\sum_j f_{t,j} \frac{H_{P,j}}{H_{P,L}} H_{P,L} \cos\{(15nt - g_{P,L}) - [(15n - \sigma_j)t + \varepsilon_j + (g_{P,j} - g_{P,L})]\}$$

$$\tag{3.7.2}$$

式中，n 是分潮的族数；H,g 为地点 P 和分潮 j 的函数；f 是 t 和 j 的函数；初相 ε 是 j 的函数。

令

$$\begin{cases} K_{P,j} = \dfrac{H_{P,j}}{H_{P,L}} \\ k_{P,j} = g_{P,j} - g_{P,L} \end{cases} \tag{3.7.3}$$

上式变为

$$\sum_j f_{t,j} K_{P,j} H_{P,L} \{\cos(15nt-g_{P,L})\cos[(15n-\sigma_j)t+\varepsilon_j+k_{P,j}]+$$
$$\sin(15nt-g_{P,L})\sin[(15n-\sigma_j)t+\varepsilon_j+k_{P,j}]\}$$
$$=f_{t,P,L} H_{P,L} \cos(15nt-\varepsilon_{t,P,L}-g_{P,L})$$

式中
$$\begin{cases} \sum_j f_{t,j} K_{P,j} \cos[(15n-\sigma_j)t+\varepsilon_j+k_{P,j}]=f_{t,P,L}\cos\varepsilon_{t,P,L} \\ \sum_j f_{t,j} K_{P,j} \sin[(15n-\sigma_j)t+\varepsilon_j+k_{P,j}]=f_{t,P,L}\sin\varepsilon_{t,P,L} \end{cases} \quad (3.7.4)$$

取
$$\begin{cases} K_j = \dfrac{C_j}{C_L} \\ k_j = T(\sigma_j-\sigma_L) \end{cases} \quad (3.7.5)$$

近似地以 K_j 代替 $K_{P,j}$，k_j 代替 $k_{P,j}$，即以平衡潮分潮平均振幅之比代替实际分潮的平均振幅之比，以潮令 T 计算两个分潮的迟角差 k_j。式(3.7.5)代入式(3.7.4)得

$$\begin{cases} \dfrac{1}{C_L}\sum_j f_{t,j} C_L \cos[(15n-\sigma_j)t+\varepsilon_j+(\sigma_j-\sigma_L)T]=f_{t,L}\cos\varepsilon_{t,L} \\ \dfrac{1}{C_L}\sum_j f_{t,j} C_L \sin[(15n-\sigma_j)t+\varepsilon_j+(\sigma_j-\sigma_L)T]=f_{t,L}\sin\varepsilon_{t,L} \end{cases} \quad (3.7.6)$$

式(3.7.4)表示一群 j 分潮合并为 L 分潮后的 f 和 ε 不仅是时间 t 的函数，而且是地点 P 的函数。引入平衡潮有关量值后，式(3.7.6)的 f,ε 仅是时间 t 的函数了。当然不同分潮 L 的 f,ε 具有不同的量值。

上式等号左边相角中±$15nT$，再对等号两边的相角中减去$(15n-\sigma_L)T$，得

$$\begin{cases} \dfrac{1}{C_L}\sum_j f_{t,j} C_j \cos[(15n-\sigma_j)(t-T)+\varepsilon_j]=f_{t,L}\cos[\varepsilon_{t,L}-(15n-\sigma_L)T] \\ \dfrac{1}{C_L}\sum_j f_{t,j} C_j \sin[(15n-\sigma_j)(t-T)+\varepsilon_j]=f_{t,L}\sin[\varepsilon_{t,L}-(15n-\sigma_L)T] \end{cases}$$
$$(3.7.7)$$

至此式(3.7.7)表示的一群周期相近的分潮合并为一个 L 分潮

$$\sum_j f_{t,j} H_{P,j} \cos(\sigma_j t-\varepsilon_j-g_{P,j})$$
$$=f_t H_P \cos(15nt-\varepsilon_t-g_P) \quad (3.7.8)$$

式中，去掉了下标 L。H,g 为潮汐调和常数。

3.7.2 平衡潮分潮的合并

平衡潮展开中周期相近的一群分潮之和

第 3 章 引潮势和平衡潮

$$\sum_j f_j C_j \cos(\sigma_j t - \varepsilon_j)$$
$$= C_L \sum_j f_j \frac{C_j}{C_L} \cos\{15nt - [(15n - \sigma_j)t + \varepsilon_j]\}$$

令

$$\begin{cases} \dfrac{1}{C_L} \sum_j f_j C_j \cos[(15n - \sigma_j)t + \varepsilon_j] = f'_{t,L} \cos\varepsilon'_{t,L} \\ \dfrac{1}{C_L} \sum_j f_j C_j \sin[(15n - \sigma_j)t + \varepsilon_j] = f'_{t,L} \sin\varepsilon'_{t,L} \end{cases} \quad (3.7.9)$$

从而得到一群平衡潮分潮可以合并为一个 L 分潮。

$$\sum_j f_j C_j \cos(\sigma_j t - \varepsilon_j) = f'_{t,L} C_L \cos(15nt - \varepsilon'_{t,L}) \quad (3.7.10)$$

以 $t - T$ 代替 t，式(3.7.9)可变为

$$\begin{cases} \dfrac{1}{C_L} \sum_j f_j C_j \cos[(15n - \sigma_j)(t - T) + \varepsilon_j] = f'_{t-T,L} \cos\varepsilon'_{t-T,L} \\ \dfrac{1}{C_L} \sum_j f_j C_j \sin[(15n - \sigma_j)(t - T) + \varepsilon_j] = f'_{t-T,L} \sin\varepsilon'_{t-T,L} \end{cases} \quad (3.7.11)$$

比较式(3.7.7)和式(3.7.11)，得

$$\begin{cases} f_t = f'_{t-T} \\ \varepsilon_t = \varepsilon'_{t-T} + (15n - \sigma_L)T \end{cases} \quad (3.7.12)$$

式中，f,ε 是一群实际分潮合并为一个主要分潮的交点因子(f)及初相(ε)。f',ε' 是一群平衡潮分潮合并为一个主要分潮的交点因子及初相。

3.7.3　O_1, K_1, M_2, S_2 准调和分潮

式(3.3.3)是月球平衡潮展开的中间结果。式中 $l = \widehat{IM}, \chi = \widehat{IX}$，见图 3.3.1，取

$$l = \lambda - \xi$$
$$\chi = \tau + h - \nu + 180° \quad (3.7.13)$$

式中，λ 表示以 Υ' 起算的月球真经度，$\xi = \widehat{\Upsilon'I}, \nu = \widehat{\Upsilon I}$。上式代入式(3.3.3)，得

$$\bar{\xi}_M = \frac{3}{4} \frac{M}{E} \frac{a^4}{\overline{D}^3} \left(\frac{1}{2} - \frac{3}{2}\sin^2\varphi\right) \left(\frac{\overline{D}}{D}\right)^3 \left(\frac{2}{3} - \sin^2 I\right) +$$
$$\frac{3}{4} \frac{M}{E} \frac{a^4}{\overline{D}^3} \left(\frac{1}{2} - \frac{3}{2}\sin^2\varphi\right) \left(\frac{\overline{D}}{D}\right)^3 \sin^2 I \cos(2\lambda - 2\xi) +$$
$$\frac{3}{4} \frac{M}{E} \frac{a^4}{\overline{D}^3} \sin 2\varphi \left(\frac{\overline{D}}{D}\right)^3 \sin I \cos^2 \frac{I}{2} \cos[\tau - (2\lambda - h + \nu - 2\xi + 90°)] +$$

$$\frac{3}{4}\frac{M}{E}\frac{a^4}{\overline{D}^3}\sin2\varphi\left(\frac{\overline{D}}{D}\right)^3\frac{1}{2}\sin2I\cos[\tau-(-h+\nu-90°)]+$$

$$\frac{3}{4}\frac{M}{E}\frac{a^4}{\overline{D}^3}\sin2\varphi\left(\frac{\overline{D}}{D}\right)^3\sin I\sin^2\frac{I}{2}\cos[\tau-(-2\lambda-h+\nu+2\xi-90°)]+$$

$$\frac{3}{4}\frac{M}{E}\frac{a^4}{\overline{D}^3}\cos^2\varphi\left(\frac{\overline{D}}{D}\right)^3\cos^4\frac{I}{2}\cos[2\tau-(2\lambda-2h+2\nu-2\xi)]+$$

$$\frac{3}{4}\frac{M}{E}\frac{a^4}{\overline{D}^3}\cos^2\varphi\left(\frac{\overline{D}}{D}\right)^3\frac{1}{2}\sin^2I\cos[2\tau-(-2h+2\nu)]+$$

$$\frac{3}{4}\frac{M}{E}\frac{a^4}{\overline{D}^3}\cos^2\varphi\left(\frac{\overline{D}}{D}\right)^3\sin^4\frac{I}{2}\cos[2\tau-(-2\lambda-2h+2\nu+2\xi)] \quad (3.7.14)$$

类似地，太阳平衡潮为

$$\overline{\zeta}_S=\frac{3}{4}\frac{S}{E}\frac{a^4}{\overline{D}_S^3}\left(\frac{1}{2}-\frac{3}{2}\sin^2\varphi\right)\left(\frac{\overline{D}_S}{D_S}\right)^3\left(\frac{2}{3}-\sin^2\omega\right)+$$

$$\frac{3}{4}\frac{S}{E}\frac{a^4}{\overline{D}_S^3}\left(\frac{1}{2}-\frac{3}{2}\sin^2\varphi\right)\left(\frac{\overline{D}_S}{D_S}\right)^3\sin^2\omega\cos2\lambda_s+$$

$$\frac{3}{4}\frac{S}{E}\frac{a^4}{\overline{D}_S^3}\sin2\varphi\left(\frac{\overline{D}_S}{D_S}\right)^3\sin\omega\cos^2\frac{\omega}{2}\cos[\tau-(2\lambda_s-h+90°)]+$$

$$\frac{3}{4}\frac{S}{E}\frac{a^4}{\overline{D}_S^3}\sin2\varphi\left(\frac{\overline{D}_S}{D_S}\right)^3\frac{1}{2}\sin2\omega\cos[\tau-(-h-90°)]+$$

$$\frac{3}{4}\frac{S}{E}\frac{a^4}{\overline{D}_S^3}\sin2\varphi\left(\frac{\overline{D}_S}{D_S}\right)^3\sin\omega\sin^2\frac{\omega}{2}\cos[\tau-(-2\lambda_s-h-90°)]+$$

$$\frac{3}{4}\frac{S}{E}\frac{a^4}{\overline{D}_S^3}\cos^2\varphi\left(\frac{\overline{D}_S}{D_S}\right)^3\cos^4\frac{\omega}{2}\cos[2\tau-(2\lambda_s-2h)]+$$

$$\frac{3}{4}\frac{S}{E}\frac{a^4}{\overline{D}_S^3}\cos^2\varphi\left(\frac{\overline{D}_S}{D_S}\right)^3\frac{1}{2}\sin^2\omega\cos[2\tau-(-2h)]+$$

$$\frac{3}{4}\frac{S}{E}\frac{a^4}{\overline{D}_S^3}\cos^2\varphi\left(\frac{\overline{D}_S}{D_S}\right)^3\sin^4\frac{\omega}{2}\cos[2\tau-(-2\lambda_s-2h)] \quad (3.7.15)$$

式中，$\overline{\zeta}_M,\overline{\zeta}_S$ 为月球、太阳平衡潮潮高；

M,S 为月球、太阳质量；

a 为地球半径；

D,D_S 为月球、太阳与地球中心的距离；

$\overline{D},\overline{D}_S$ 为月球、太阳与地球中心的平均距离；

φ 为地理纬度；

I,ω 为白道、黄道与赤道的交角；

τ 为由子夜零时起算的平太阳时（以度表示），即平太阳的时角加上

180°；

λ, λ_S 为月球、太阳在其轨道上的真经度；

h 为太阳的平均经度；

ν 为从春分点至白赤交点；

ξ 为从辅助春分点至白赤交点。

以上两式的前两项是长周期部分，不予考虑，第八项是极小的项，其振幅分别约为 M_2 和 S_2 的 0.2%，可略去不计。其余的每一项被称为子分潮，将这些子分潮合并为 O_1, K_1, M_2, S_2 四个准调和分潮。将各个子分潮的系数（不包含公共系数 $\frac{3}{4}\frac{M}{E}\frac{a^4}{\overline{D}^3}$ 及地理因子）和子分潮的相角列于表 3.7.1。表中 $G = \frac{S}{M}(\frac{\overline{D}}{\overline{D}_S})^3$，表的右边是各个子分潮所包含的主要的调和分潮。

表 3.7.1 子分潮的系数及相角

准调和分潮	子分潮	系数	相角	包含的主要调和分潮
O_1	O_1	$(\frac{\overline{D}}{D})^3 \sin I \cos^2 \frac{I}{2}$	$\tau - (2\lambda - h + \nu - 2\xi + 90°)$	$O_1, Q_1, \rho_1, [M_1], 2Q_1, \sigma_1, \cdots$
K_1	K_{1a}	$(\frac{\overline{D}}{D})^3 \frac{1}{2}\sin 2I$	$\tau - (-h + \nu - 90°)$	$[K_1], J_1, [M_1], \chi_1, \theta_1, \cdots$
	K_{1b}	$(\frac{\overline{D}}{D})^3 \sin I \sin^2 \frac{I}{2}$	$\tau - (-2\lambda_S - h + \nu + 2\xi - 90°)$	$OO_1, \cdots$
	K_{1c}	$(\frac{\overline{D}_S}{D_S})^3 G \sin \omega \cos^2 \frac{\omega}{2}$	$\tau - (2\lambda_S - h + 90°)$	$P_1, \pi_1, \cdots$
	K_{1d}	$(\frac{\overline{D}_S}{D_S})^3 G \frac{1}{2}\sin 2\omega$	$\tau - (-h - 90°)$	$[K_1], \psi_1, \cdots$
	K_{1e}	$(\frac{\overline{D}_S}{D_S})^3 G \sin \omega \sin^2 \frac{\omega}{2}$	$\tau - (-2\lambda_S - h - 90°)$	$\varphi_1, \cdots$
M_2	M_2	$(\frac{\overline{D}}{D})^3 \cos^4 \frac{I}{2}$	$2\tau - (2\lambda - 2h + 2\nu - 2\xi)$	$M_2, N_2, [L_2], 2N_2, \nu_2, \lambda_2, \mu_2, \cdots$
S_2	S_{2a}	$(\frac{\overline{D}}{D})^3 \frac{1}{2}\sin^2 I$	$2\tau - (-2h + 2\nu)$	$[K_2], [L_2], \cdots$
	S_{2b}	$(\frac{\overline{D}_S}{D_S})^3 G \cos^4 \frac{\omega}{2}$	$2\tau - (2\lambda_S - 2h)$	$s_2, T_2, R_2, \cdots$
	S_{2c}	$(\frac{\overline{D}_S}{D_S})^3 G \frac{1}{2}\sin^2 \omega$	$2\tau - (-2h)$	$[K_2], \cdots$

对各子分潮的系数(振幅)作类似于式(3.6.6)的处理,得到各子分潮的 D' (相当于调和分潮的交点因子 f)的公式如下:

$$\begin{cases} D'_{O_1} = \dfrac{1}{C_{O_1}} \left(\dfrac{\overline{D}}{D}\right)^3 \sin I \cos^2 \dfrac{I}{2} = 2.6518 \left(\dfrac{\overline{D}}{D}\right)^3 \sin I \cos^2 \dfrac{I}{2} \\[6pt] D'_{K_{1a}} = \dfrac{1}{C_{K_1}} \left(\dfrac{\overline{D}}{D}\right)^3 \dfrac{1}{2} \sin 2I = 0.9425 \left(\dfrac{\overline{D}}{D}\right)^3 \sin 2I \\[6pt] D'_{K_{1b}} = \dfrac{1}{C_{K_1}} \left(\dfrac{\overline{D}}{D}\right)^3 \sin I \sin^2 \dfrac{I}{2} = 1.8850 \left(\dfrac{\overline{D}}{D}\right)^3 \sin I \sin^2 \dfrac{I}{2} \\[6pt] D'_{K_{1c}} = \dfrac{1}{C_{K_1}} G \left(\dfrac{\overline{D}_S}{D_S}\right)^3 \sin \omega \cos^2 \dfrac{\omega}{2} = 0.3310 \left(\dfrac{\overline{D}_S}{D_S}\right)^3 \\[6pt] D'_{K_{1d}} = \dfrac{1}{C_{K_1}} G \left(\dfrac{\overline{D}_S}{D_S}\right)^3 \dfrac{1}{2} \sin 2\omega = 0.3167 \left(\dfrac{\overline{D}_S}{D_S}\right)^3 \\[6pt] D'_{K_{1e}} = \dfrac{1}{C_{K_1}} G \left(\dfrac{\overline{D}_S}{D_S}\right)^3 \sin \omega \sin^2 \dfrac{\omega}{2} = 0.0143 \left(\dfrac{\overline{D}_S}{D_S}\right)^3 \\[6pt] D'_{M_2} = \dfrac{1}{C_{M_2}} \left(\dfrac{\overline{D}}{D}\right)^3 \cos^4 \dfrac{I}{2} = 1.1007 \left(\dfrac{\overline{D}}{D}\right)^3 \cos^4 \dfrac{I}{2} \\[6pt] D'_{S_{2a}} = \dfrac{1}{C_{S_2}} \left(\dfrac{\overline{D}}{D}\right)^3 \dfrac{1}{2} \sin^2 I = 1.1829 \left(\dfrac{\overline{D}}{D}\right)^3 \sin^2 I \\[6pt] D'_{S_{2b}} = \dfrac{1}{C_{S_2}} G \left(\dfrac{\overline{D}_S}{D_S}\right)^3 \cos^4 \dfrac{\omega}{2} = 1.0007 \left(\dfrac{\overline{D}_S}{D_S}\right)^3 \\[6pt] D'_{S_{2c}} = \dfrac{1}{C_{S_2}} G \left(\dfrac{\overline{D}_S}{D_S}\right)^3 \dfrac{1}{2} \sin^2 \omega = 0.0862 \left(\dfrac{\overline{D}_S}{D_S}\right)^3 \end{cases} \quad (3.7.16)$$

式中根据 Schureman(1941)给出 $\omega, G, C_{O_1}, C_{K_1}, C_{M_2}, C_{S_2}$ 之值分别为 $23°.452$, $0.4602, 0.3771, 0.5305, 0.9085, 0.4227$。

以 d' 代替式(3.7.12)中的 ε'_t。

第 3 章 引潮势和平衡潮

$$\begin{cases} d'_{O_1} = 2\lambda - h + \nu - 2\xi + 90° \\ d'_{K_{1a}} = -h + \nu - 90° \\ d'_{K_{1b}} = -2\lambda - h + \nu + 2\xi - 90° \\ d'_{K_{1c}} = 2\lambda_s - h + 90° \\ d'_{K_{1d}} = -h - 90° \\ d'_{K_{1e}} = -2\lambda_s - h - 90° \\ d'_{M_2} = 2\lambda - 2h + 2\nu - 2\xi \\ d'_{S_{2a}} = -2h + 2\nu \\ d'_{S_{2b}} = 2\lambda_s - 2h \\ d'_{S_{2c}} = -2h \end{cases} \quad (3.7.17)$$

以 D, d 代替式(3.7.12)的 f, ε 得到准调和分潮 D, d。

$$O_1: \begin{cases} D_{O_1} = (D'_{O_1})_{t-T_{O_1}} \\ d_{O_1} = (d'_{O_1})_{t-T_{O_1}} + (15° - \sigma_{O_1})T_{O_1} = (d'_{O_1})_{t-T_{O_1}} + 1°.0570 T_{O_1} \end{cases} \quad (3.7.18)$$

$$K_1: \begin{cases} D'_{K_1} \cos d'_{K_1} = \sum_{i=a,b,c,d,e} D'_{K_{1i}} \cos d'_{K_{1i}} \\ D'_{K_1} \sin d'_{K_1} = \sum_{i=a,b,c,d,e} D'_{K_{1i}} \sin d'_{K_{1i}} \end{cases} \quad (3.7.19)$$

$$\begin{cases} D_{K_1} = (D'_{K_1})_{t-T_{K_1}} \\ d_{K_1} = (d'_{K_1})_{t-T_{K_1}} + (15° - \sigma_{K_1})T_{K_1} = (d'_{K_1})_{t-T_{K_1}} - 0°.0411 T_{K_1} \end{cases} \quad (3.7.20)$$

$$M_2: \begin{cases} D_{M_2} = (D'_{M_2})_{t-T_{M_2}} \\ d_{M_2} = (d'_{M_2})_{t-T_{M_2}} + (30° - \sigma_{M_2})T_{M_2} = (d'_{M_2})_{t-T_{M_2}} + 1°.0159 T_{M_2} \end{cases} \quad (3.7.21)$$

$$S_2: \begin{cases} D'_{S_2} \cos d'_{S_2} = \sum_{i=a,b,c} D'_{S_{2i}} \cos d'_{S_{2i}} \\ D'_{S_2} \sin d'_{S_2} = \sum_{i=a,b,c} D'_{S_{2i}} \sin d'_{S_{2i}} \end{cases} \quad (3.7.22)$$

$$\begin{cases} D_{S_2} = (D'_{S_2})_{t-T_{S_2}} \\ d_{S_2} = (d'_{S_2})_{t-T_{S_2}} + (30° - \sigma_{S_2})T_{S_2} = (d'_{S_2})_{t-T_{S_2}} \end{cases} \quad (3.7.23)$$

考虑到我国沿海海域的具体情况,对 $T_{O_1}, T_{K_1}, T_{M_2}, T_{S_2}$ 可近似地取为 48 h。

以上各式中 s, h, p, N, p_s 的量值可依据 §2.2 的有关公式计算。文献[2]对 $\lambda_s, \overline{D}_S/D_S, \lambda, \overline{D}/D, I, \nu, \xi$ 采用以下各式计算。

$$\lambda_S = h + 1°.92\sin(h-p_S) + 0°.02\sin2(h-p_S)$$

$$\frac{\overline{D_S}}{D_S} = 1 + 0.016\ 8\cos(h-p_S) + 0.000\ 3\cos2(h-p_S)$$

$$\lambda = s + 6°.29\sin(s-p) + 0°.22\sin2(s-p) +$$
$$1°.17\sin(s-2h+p) + 0°.62\sin2(s-h)$$

$$\frac{\overline{D}}{D} = 1 + 0.050\ 4\cos(s-p) + 0.003\ 0\cos2(s-p) +$$
$$0.009\ 3\cos(s-2h+p) + 0.007\ 8\cos2(s-h)$$

$$I = \arccos(\cos\omega\cos i - \sin\omega\sin i\cos N) = \arccos(0.913\ 69 - 0.035\ 69\sin N)$$

$$\nu = \arcsin(\sin i\sin N/\sin I) = \arcsin(0.089\ 68\sin N/\sin I)$$

$$\xi = \arcsin[(\cos\omega - \sin\omega\tan\frac{1}{2}i\cos N)\sin\nu]$$

$$= \arcsin[(0.917\ 39 - 0.017\ 88\cos N)\sin\nu] \quad (3.7.24)$$

表 3.7.2 给出了 $d°, D$ 的计算实例。

表 3.7.2 准调和分潮的天文变量 ($d°, D$)

日期	分期	J1900.0		J2000.0	
		$d°(°)$	D	$d°(°)$	D
1999-12-31	O_1	213.3	0.902 0	213.2	0.902 0
	K_1	1.0	1.300 7	1.0	1.300 7
	M_2	216.1	1.015 5	216.1	1.015 5
	S_2	359.3	0.818 5	359.3	0.818 5
	M_4	72.3	1.031 3	72.2	1.031 3
	MS_4	213.1	0.721 9	213.0	0.721 9
2004-05-01	O_1	24.9	1.097 6	24.8	1.097 5
	K_1	219.7	0.988 9	219.7	0.988 8
	M_2	263.0	0.930 5	262.9	0.930 5
	S_2	348.4	1.143 8	348.4	1.143 8
	M_4	165.9	0.865 8	165.9	0.865 8
	MS_4	260.9	0.912 9	260.9	0.912 8

3.7.4 M_4, MS_4 准调和分潮

对于浅水效应明显的海域,进行潮汐分析时需计算浅水分潮。对于周日或多周日分析时,只考虑 1/4 日分潮即可。

半日分潮中以 M_2, S_2 为主,它们产生的 1/4 日周期的分潮有 3 个。一个是准调和分潮 M_2 的倍潮,包含有 M_4, MN_4, …,用 M_4 分潮表示。另一个是准调和分潮 M_2 和 S_2 的复合潮,以 MS_4 表示。再一个是准调和分潮 S_2 的倍潮,记以 S_4。这 3 个分潮中以 M_4 最大,MS_4 次之,S_4 很小。保留 M_4, MS_4 2 个分潮,将 S_4 合并到 MS_4 中。

依潮波动力学的原理,M_4, MS_4 的 D, d 依下式计算。

$$\begin{cases} D_{M_4} = D_{M_2}^2 \\ d_{M_4} = 2d_{M_2} \end{cases} \quad (3.7.25)$$

对 MS_4 与 S_4 合并为 MS_4 时,引入差比数,$H'_{MS_4} = H_{S_4}/H_{MS_4}$,$g'_{MS_4} = g_{S_4} - g_{MS_4}$。对中国海域可近似地取 $H'_{MS_4} = 0.17$,$g'_{MS_4} = 52°$。以下式进行合并计算 MS_4 的 D 和 d。

$$\begin{cases} D_{MS_4} \cos d_{MS_4} = D_{M_2} D_{S_2} \cos(d_{M_2} + d_{S_2}) + D_{S_2}^2 H'_{MS_4} \cos(2d_{S_2} + g'_{MS_4}) \\ D_{MS_4} \sin d_{MS_4} = D_{M_2} D_{S_2} \sin(d_{M_2} + d_{S_2}) + D_{S_2}^2 H'_{MS_4} \sin(2d_{S_2} + g'_{MS_4}) \end{cases}$$

$$(3.7.26)$$

3.7.5 实际的潮高公式

实际的潮高公式为

$$\zeta(t) = A_0 + \sum_j D_j H_j \cos(15°nt - d_j - g_j) \quad (3.7.27)$$

式中,j 表示 O_1, K_1, M_2, S_2, M_4, MS_4 6 个分潮;H, g 是这 6 个分潮的调和常数。n 为族数:对 O_1, K_1, $n=1$; M_2, S_2, $n=2$; M_4, MS_4, $n=4$。A_0 为平均海面,它包含有长周期分潮的影响。

$15°nt - d$ 随时间而变,对时间求导数即是分潮的角速率 σ,潮高公式近似地为

$$\zeta(t) = A_0 + \sum_j \overline{D}_j H_j \cos(\sigma_j t - d_j^0 - g_j) \quad (3.7.28)$$

式中,$\overline{D}_j (j=O_1, K_1, M_2, S_2)$ 为分析期间中间时刻 t_m 的 D_j 值,$d_j^0 = \overline{d}_j - (15°n - \sigma_j)t_m$,$\overline{d}_j$ 为 t_m 时刻的 d_j 值。式(3.7.27)与式(3.7.28)相比较,当 $t=t_m$ 时,两者各分潮的振幅和相角完全不变,当 $t \neq t_m$ 时,在 $t - t_m$ 的量值不大时,该差也不大。为方便起见,$\overline{D}$, d^0 的数值可取与 t_m 最接近的零时的 D, d 值。

§3.8 太阳辐射势展开

由引潮力引起的潮汐变化,通常叫做引力潮或天文潮。地球上气象因素的变化也能引起水位的周期性变化,这是直接或间接由于太阳辐射作用的结果。由气象因素引起的水位周期性变化被称为太阳辐射潮。辐射潮具有不可忽略的量值。

对太阳辐射潮的研究首先是由 Munk 和 Cartwright[112] 在对潮汐进行响应分析时开始的,而后 Cartwright 和 Taylor[63] 又对太阳辐射势进行了展开,以便在潮汐调和分析中引入气象分潮。

Munk 和 Cartwright 定义太阳辐射势为

$$V_{辐} = \begin{cases} s\left(\dfrac{\overline{D}_S}{L}\right)\cos\Theta_S, & 0 \leqslant \Theta_S \leqslant \dfrac{\pi}{2}(白天) \\ 0, & \dfrac{\pi}{2} \leqslant \Theta_S \leqslant \pi(晚上) \end{cases} \quad (3.8.1)$$

式中,s 为太阳辐射常数,Θ_S 为太阳天顶距,$\overline{D}_S$ 为日地平均距离,L 为观测点与太阳的距离。对式(3.8.1)按勒让德多项式展开得到:

$$V_{辐} = S\left(\dfrac{\overline{D}_S}{D_S}\right)\left[\dfrac{1}{4} + \dfrac{1}{2}P_1(\cos\Theta_S) + \dfrac{5}{16}P_2(\cos\Theta_S) - \dfrac{3}{32}P_4(\cos\Theta_S) + \cdots\right]$$

$$= S\left(\dfrac{\overline{D}_S}{D_S}\right)\left[\dfrac{1}{4} + \dfrac{1}{2}\cos\Theta_S + \dfrac{5}{32}(3\cos^2\Theta_S - 1) -\right.$$

$$\left. \dfrac{3}{256}(35\cos^4\Theta_S - 30\cos^3\Theta_S + 3) + \cdots\right] \quad (3.8.2)$$

上式右边第 1 项代表太阳辐射的平均值,不会引起潮汐现象。Cartwright 对式(3.8.2)的第 2 项和第 3 项进行了展开。将 $\cos\Theta_S$ 和 $\left(\dfrac{\overline{D}_S}{D_S}\right)_S$ 展开后代入式 (3.8.2)得到如表 3.8.1 所示的一系列辐射分潮。其中 1 级辐射势($V_{1辐}$,式 3.8.2的第 2 项)展开有 10 个辐射分潮,2 级辐射势(第 3 项)展开有 21 个辐射分潮。在 1 级辐射势中年周期 Sa 辐射分潮(056.555)的振幅为 0.406 94,半年周期的 Ssa 辐射分潮(057.554)为 0.010 22,说明了 Sa 的振幅远大于 Ssa。而在天文潮中却是 Sa(056.554)小于 Ssa(057.555)。实际潮汐分析中得到的 Sa 大于 Ssa,潮汐具有明显的年变化过程,这说明了实际潮汐的年周期变化过程主要是由太阳辐射潮引起的。从表 3.8.1 看出 2 级辐射势对 Sa 的影响较小,但是对半日周期的 S_2 分潮(273.555)却有相当大的影响,其振幅为 0.557 41。Cartwright(1966)发现,某些海区,S_2 分潮中辐射影响为引力潮的 18%。

第 3 章 引潮势和平衡潮

表 3.8.1 太阳辐射分潮

辐射势	幅角数	τ (n_1)	s (n_2)	h (n_3)	p (n_4)	N' (n_5)	p_S (n_6)	分潮	系数
$V_{1辐}$	055.556	0	0	0	0	0	1		−0.003 41
	056.555	0	0	1	0	0	0	Sa	0.406 94
	057.554	0	0	2	0	0	−1	Ssa	0.010 22
	058.553	0	0	3	0	0	−2		0.000 24
	163.556	1	1	−2	0	0	1	P_1	−0.034 82
	164.555	1	1	−1	0	0	0	S_1	−1.387 10
	165.554	1	1	0	0	0	−1		0.011 61
	165.556	1	1	0	0	0	1		0.000 50
	166.555	1	1	1	0	0	0	ψ_1	−0.059 69
	167.554	1	1	2	0	0	−1		−0.001 50
$V_{2辐}$	055.555	0	0	0	0	0	0		−0.188 94
	056.554	0	0	1	0	0	−1	Sa	−0.003 16
	056.556	0	0	1	0	0	1		0.001 48
	057.555	0	0	2	0	0	0	Ssa	−0.058 79
	058.554	0	0	3	0	0	−1		−0.002 46
	162.556	1	1	−3	0	0	1		0.009 67
	163.555	1	1	−2	0	0	0	P_1	0.231 40
	164.554	1	1	−1	0	0	−1	S_1	−0.005 81
	165.556	1	1	−1	0	0	1		−0.001 85
	165.555	1	1	0	0	0	0	K_1	−0.221 44
	166.554	1	1	1	0	0	−1	ψ_1	−0.001 85
	166.556	1	1	1	0	0	1		0.000 25
	167.555	1	1	2	0	0	0		−0.009 96

(续表)

辐射势	幅角数	τ (n_1)	s (n_2)	h (n_3)	p (n_4)	N' (n_5)	p_s (n_6)	分潮	系数
	168.554	1	1	3	0	0	-1		-0.00042
	272.556	2	2	-3	0	0	1		0.02333
	273.555	2	2	-2	0	0	0	S_2	0.55741
	274.554	2	2	-1	0	0	-1	R_2	-0.01400
	274.556	2	2	-1	0	0	1		0.00040
	275.555	2	2	0	0	0	0	K_2	0.04800
	276.554	2	2	1	0	0	-1		0.00040
	277.555	2	2	2	0	0	0		0.00103

§3.9 浅水分潮

潮波进入浅水后，引起潮波变形，从而产生一系列浅水分潮。潮波动力学认为浅水分潮的大小与原潮波的 $\left(\dfrac{R}{h}\right)^2$，$\left(\dfrac{R}{h}\right)^3$，…成比例。就是说原潮波的振幅越大，产生的浅水分潮越大，而水深越大，浅水分潮越小。任何两个分潮在非线性效应作用下均能产生许多浅水分潮，以 M_2 和 S_2 分潮为例。

平衡潮分潮表达式

$$\zeta = R\cos\varphi = f\overline{H}\cos[\sigma t+(V_0+u)]$$

$$\begin{aligned}
(\zeta_{M_2}+\zeta_{S_2})^2 &= \tfrac{1}{2}f_{M_2}^2\overline{H}_{M_2}^2 + \tfrac{1}{2}f_{S_2}^2\overline{H}_{S_2}^2 + \\
&\quad \tfrac{1}{2}f_{M_2}^2\overline{H}_{M_2}^2\cos[2\sigma_{M_2}t+2(V_0+u)_{M_2}] + \\
&\quad \tfrac{1}{2}f_{S_2}^2\overline{H}_{S_2}^2\cos[2\sigma_{S_2}t+2(V_0+u)_{S_2}] + \\
&\quad f_{M_2}f_{S_2}\overline{H}_{M_2}\overline{H}_{S_2}\cos[(\sigma_{S_2}+\sigma_{M_2})t+(V_{0S_2}+V_{0M_2})+(u_{S_2}+u_{M_2})] + \\
&\quad f_{M_2}f_{S_2}\overline{H}_{M_2}\overline{H}_{S_2}\cos[(\sigma_{S_2}-\sigma_{M_2})t+(V_{0S_2}-V_{0M_2})+(u_{S_2}-u_{M_2})] \\
&= \tfrac{1}{2}f_{M_2}^2\overline{H}_{M_2}^2 + \tfrac{1}{2}f_{S_2}^2\overline{H}_{S_2}^2 + \\
&\quad f_{M_4}\overline{H}_{M_4}\cos[\sigma_{M_4}t+(V_0+u)_{M_4}] +
\end{aligned}$$

$$f_{S_4}\overline{H}_{S_4}\cos[\sigma_{S_4}t+(V_0+u)_{S_4}]+$$
$$f_{MS_4}\overline{H}_{MS_4}\cos[\sigma_{MS_4}t+(V_0+u)_{MS_4}]+$$
$$f_{MS_f}\overline{H}_{MS_f}\cos[\sigma_{MS_f}t+(V_0+u)_{MS_f}] \tag{3.9.1}$$

从上式看出,与 M_2,S_2 二次方有关的浅水分潮,有 M_2 的倍潮 M_4,S_2 的倍潮 S_4, M_2 和 S_2 的复合潮 MS_4 和 MS_f。$\overline{H}_{M_2}$,$\overline{H}_{S_2}$ 的平均系数分别为 0.908 和 0.423。 $\overline{H}_{M_4}=\frac{1}{2}\overline{H}_{M_2}=0.41$。$S_4$,$MS_4$,$MS_f$ 的 $\overline{H}$ 分别为 0.09,0.38,0.38。这 4 个浅水分潮中以 M_4 最大,S_4 最小。$f_{M_4}=f_{M_2}^2$,$\sigma_{M_4}=2\sigma_{M_2}$,$V_{0M_4}=2V_{0M_2}$,$u_{M_4}=2u_{M_2}$,其他 3 个分潮依此类推。$M_4$,$S_4$,$MS_4$ 的周期为 6 h 左右,称为 1/4 日分期。MS_f 的周期为 14.76 天,它与天文分潮 MS_f 的频率相同。

与 M_2,S_2 三次方有关的浅水分潮有

$$(\zeta_{M_2}+\zeta_{S_2})^3$$
$$=\frac{1}{4}f_{M_2}^3\overline{H}_{M_2}^3\cos[3\sigma_{M_2}t+3(V_0+u)_{M_2}]+$$
$$\frac{1}{4}f_{S_2}^3\overline{H}_{S_2}^3\cos[3\sigma_{S_2}t+3(V_0+u)_{S_2}]+$$
$$\frac{3}{4}f_{M_2}^2 f_{S_2}\overline{H}_{M_2}^2\overline{H}_{S_2}\cos[(2\sigma_{M_2}+\sigma_{S_2})t+(2V_{0M_2}+V_{0S_2})+(2u_{M_2}+u_{S_2})]+$$
$$\frac{3}{4}f_{M_2} f_{S_2}^2\overline{H}_{M_2}\overline{H}_{S_2}^2\cos[(\sigma_{M_2}+2\sigma_{S_2})t+(V_{0M_2}+2V_{0S_2})+(u_{M_2}+2u_{S_2})]+$$
$$\left(\frac{1}{4}f_{M_2}^3\overline{H}_{M_2}^3+\frac{1}{2}f_{M_2}\overline{H}_{M_2}f_{S_2}^2\overline{H}_{S_2}^2\right)\cos[\sigma_{M_2}t+(V_0+u)_{M_2}]+$$
$$\left(\frac{1}{2}f_{M_2}^2\overline{H}_{M_2}^2 f_{S_2}\overline{H}_{S_2}+\frac{1}{4}f_{S_2}^3\overline{H}_{S_2}^3\right)\cos[\sigma_{S_2}t+(V_0+u)_{S_2}]+$$
$$\frac{1}{4}f_{M_2}^2\overline{H}_{M_2}^2 f_{S_2}\overline{H}_{S_2}\cos[(2\sigma_{M_2}-\sigma_{S_2})t+(2V_{0M_2}-V_{0S_2})+(2u_{M_2}-u_{S_2})]+$$
$$\frac{1}{4}f_{M_2}\overline{H}_{M_2} f_{S_2}^2\overline{H}_{S_2}^2\cos[(2\sigma_{S_2}-\sigma_{M_2})t+(2V_{0S_2}-V_{0M_2})+(2u_{S_2}-u_{M_2})]$$
$$=f_{M_6}\overline{H}_{M_6}\cos[\sigma_{M_6}t+(V_0+u)_{M_6}]+$$
$$f_{S_6}\overline{H}_{S_6}\cos[\sigma_{S_6}t+(V_0+u)_{S_6}]+$$
$$f_{2MS_6}\overline{H}_{2MS_6}\cos[\sigma_{2MS_6}t+(V_0+u)_{2MS_6}]+$$
$$f_{2SM_6}\overline{H}_{2SM_6}\cos[\sigma_{2SM_6}t+(V_0+u)_{2SM_6}]+$$
$$f_{M_2}\overline{H}_{M_2}\cos[\sigma_{M_2}t+(V_0+u)_{M_2}]+$$
$$f_{S_2}\overline{H}_{S_2}\cos[\sigma_{S_2}t+(V_0+u)_{S_2}]+$$
$$f_{2MS_2}\overline{H}_{2MS_2}\cos[\sigma_{2MS_2}t+(V_0+u)_{2MS_2}]+$$

$$f_{2SM_2}\overline{H}_{2SM_2}\cos[\sigma_{2SM_2}t+(V_0+u)_{2SM_2}] \tag{3.9.2}$$

与3次方有关的浅水分潮有 M_6, S_6, $2MS_6$, $2SM_6$ 4个1/6日分潮; $2MS_2$, $2SM_2$, M_2, S_2 4个1/2日分潮。其中浅水分潮 M_2, S_2 与原潮波 M_2, S_2 的频率相同。

在浅水海域, K_1, O_1, P_1, Q_1, M_2, S_2, N_2, K_2 天文分潮波之间的相互干挠能够产生一系列浅水分潮,这些浅水分潮的 f, σ, V_0, u 的确定与上面所举例子类同。只要知道浅水分潮的名字即可确定它们有关的参量。例如:

MSN_2 分潮:

$f=f_{M_2}f_{S_2}f_{N_2}$, $\sigma=\sigma_{M_2}+\sigma_{S_2}-\sigma_{N_2}$, $V_0=V_{0M_2}+V_{0S_2}-V_{0N_2}$,
$u=u_{M_2}+u_{S_2}-u_{N_2}$.

MSN_6 分潮:

$f=f_{M_2}f_{S_2}f_{N_2}$, $\sigma=\sigma_{M_2}+\sigma_{S_2}+\sigma_{N_2}$, $V_0=V_{0M_2}+V_{0S_2}+V_{0N_2}$,
$u=u_{M_2}+u_{S_2}+u_{N_2}$.

$2MNS_4$ 分潮:

$f=f_{M_2}^2 f_{N_2}f_{S_2}$, $\sigma=2\sigma_{M_2}+\sigma_{N_2}-\sigma_{S_2}$, $V_0=2V_{0M_2}+V_{0N_2}-V_{0S_2}$,
$u=2u_{M_2}+u_{N_2}-u_{S_2}$.

$2KN2S_2$ 分潮:

$f=f_{K_2}^2 f_{N_2}f_{S_2}^2$, $\sigma=2\sigma_{K_2}+\sigma_{N_2}-2\sigma_{S_2}$, $V_0=2V_{0K_2}+V_{0N_2}-2V_{0S_2}$,
$u=2u_{K_2}+u_{N_2}-2u_{S_2}$.

依以上方式可以编写出从零族到12族一系列浅水分潮,供潮汐分析之用。

第 4 章　潮汐谱分析

本章介绍潮汐谱分析的一些概念,以便理解潮汐分析中遇到的问题,同时介绍若干潮汐滤波的原理和方式[51,89]。

§4.1　傅氏变换

4.1.1　傅氏分潮

对潮汐资料 $\zeta(t)$ 在区间 $[-N,N]$ 上作傅氏级数展开,每一项被称为一个傅氏分潮。傅氏分潮的系数为

$$A_n = \frac{2}{2N+1}\sum_{t=-N}^{N}\zeta(t)\cos\omega_n t$$

$$= \frac{2}{2N+1}\sum_{t=-N}^{N}\zeta(t)\cos 2\pi\nu_n t \tag{4.1.1}$$

$$B_n = \frac{2}{2N+1}\sum_{t=-N}^{N}\zeta(t)\sin\omega_n t$$

$$= \frac{2}{2N+1}\sum_{t=-N}^{N}\zeta(t)\sin 2\pi\nu_n t \tag{4.1.2}$$

式中,角速率 $\omega_n = \frac{2\pi n}{2N+1}$,频率 $\nu_n = \frac{n}{2N+1}$,n 是傅氏分潮的序号。各傅氏分潮的频率(角速率)是成倍数增加的,而引潮势展开的分潮频率是独立的。傅氏分潮的振幅 R 和初相 θ 为

$$R_n = (A_n^2 + B_n^2)^{1/2}$$

$$\tan\theta_n = \frac{B_n}{A_n}$$

依据傅氏分潮的 R,θ 得到潮位的回算值

$$\zeta(t) = \sum_{n=0}^{m} R_n \cos(\omega_n t - \theta_n)$$

$$= \sum_{n=0}^{m} (A_n \cos 2\pi\nu_n t + B_n \sin 2\pi\nu_n t) \qquad (4.1.3)$$

对潮汐资料进行傅氏级数展开后，通过分析傅氏分潮振幅的分布情况，可以检验潮汐调和分析中是否遗漏了需要分析的分潮，特别是对浅水分潮的选取有一定的指导意义。

4.1.2 傅氏变换

如果函数 $x(t)$ 在区间 $(-N, N)$ 上有定义且其绝对值在该区间可积，则它可以表示为傅氏级数

$$x(t) = \sum_{n=-\infty}^{\infty} C_n e^{i2\pi\nu_1 t}$$

式中

$$C_n = \frac{1}{2N} \int_{-N}^{N} x(t) e^{-i2\pi\nu_1 t} dt$$

当 $N \to \infty$ 时，取

$$X(\nu) = \int_{-\infty}^{\infty} x(t) e^{-i2\pi\nu t} dt \qquad (4.1.4)$$

那么

$$C_n = \frac{1}{2N} X(\nu)$$

由于基频

$$\nu_1 = \frac{1}{2N}, \nu_n = \nu_1 n, 那么$$

$$\Delta\nu_n = \nu_{n+1} - \nu_n = \nu_1 = \frac{1}{2N}$$

$$x(t) = \sum_{n=-\infty}^{\infty} \frac{1}{2N} X(\nu_n) e^{i2\pi\nu_n t}$$

$$= \sum_{n=-\infty}^{\infty} X(\nu_n) e^{i2\pi\nu_n t} \Delta\nu_n$$

当 $N \to \infty$ 时，

$$x(t) = \int_{-\infty}^{\infty} X(\nu) e^{i2\pi\nu t} d\nu \qquad (4.1.5)$$

$X(\nu)$ 叫做 $x(t)$ 的傅氏变换，而 $x(t)$ 叫做 $X(\nu)$ 的反傅氏变换，记为

$$x(t) \leftrightarrow X(\nu)$$

§4.2 线谱

4.2.1 δ 函数

对频率为 ν_0 的一个谐波项 $e^{i2\pi\nu_0 t}$ 进行傅氏变换

第 4 章 潮汐谱分析

$$Z_N(\nu) = \int_{-N}^{N} e^{i2\pi\nu_0 t} e^{-i2\pi\nu t} dt$$
$$= \int_{-N}^{N} e^{-i2\pi(\nu-\nu_0)t} dt$$
$$= \frac{\sin 2\pi N(\nu-\nu_0)}{\pi(\nu-\nu_0)} \tag{4.2.1}$$

当 $N \to \infty$ 时，$e^{i2\pi\nu_0 t}$ 的傅氏变换

$$X(\nu) = \lim_{N \to \infty} X_N(\nu)$$
$$= \delta(\nu-\nu_0) = \begin{cases} \infty, \nu=\nu_0 \\ 0, \nu\neq\nu_0 \end{cases} \tag{4.2.2}$$

$\delta(\nu-\nu_0)$ 称为 δ 函数或单位脉冲函数，它仅在 $\nu=\nu_0$ 处不为零。这说明了一个谐波经傅氏变换得到的是一个 δ 函数，有一个谱值。

4.2.2 线谱

一个由许多谐波项构成的函数

$$\zeta(t) = \sum_{n=-N}^{N} X_n e^{i2\pi\nu_n t}$$

其傅氏变换为

$$Z(\nu) = \int_{-\infty}^{\infty} \zeta(t) e^{-i2\pi\nu t} dt$$
$$= \sum_{n=-N}^{N} X_n \int_{-\infty}^{\infty} e^{-i2\pi(\nu-\nu_n)t} dt$$
$$= \sum_{n=-N}^{N} X_n \delta_{(\nu-\nu_n)} \tag{4.2.3}$$

该式说明了一个由许多谐波叠加构成的函数在无限长的区间内进行傅氏变换，它在任意给定的频率 ν_n 上均有一个谱值，在整个频率区间上有一系列谱值，$X(\nu)$ 是一个线谱。

§4.3 折叠谱

4.3.1 取样的时间间隔 Δt

对连续信号（例如潮汐资料）进行离散化取样时，应满足以下两个条件：

(1) $X(\nu)$ 有截频 ν_c，即当 $|\nu| \geqslant \nu_c$ 时，$X(\nu)=0$； \hfill (4.3.1)

(2) 取样间隔 $\Delta t \leqslant \dfrac{1}{2\nu_c}$，或 $\nu_c \leqslant \dfrac{1}{2\Delta t}$。 \hfill (4.3.2)

对于潮汐资料,一般认为截频 $\nu_c = \frac{1}{2} c/h$,它对应的周期 $T_c = 2$ h,那么允许的最大取样间隔 $\Delta t_0 = 1$ h。我国沿海长期验潮站上报的潮汐月报表,其观测的间隔时间普遍为 1 小时,满足了潮汐分析的要求。对于个别内河港口,在 1/13 日和 1/14 日的频率区间内仍有一定的谱值,可以通过缩小取样间隔来满足它的分析要求。

4.3.2 折叠谱

在给定取样间隔 Δt 的情况下,取 $\nu_N = \frac{1}{2\Delta t}$,称 ν_N 为奈魁斯特频率。当满足取样间隔的两个条件时,在奈魁斯特频率范围以内,即当 $|\nu| \leqslant \nu_N$ 时,离散信号 $x(n\Delta t)$ 的频谱 $X_\Delta(\nu)$ 与连续信号 $x(t)$ 的频谱 $X(\nu)$ 是相等的。而当取样间隔 Δt 太大而不能满足取样条件时,离散信号的频谱 $X_\Delta(\nu)$ 变为由连续信号的频谱

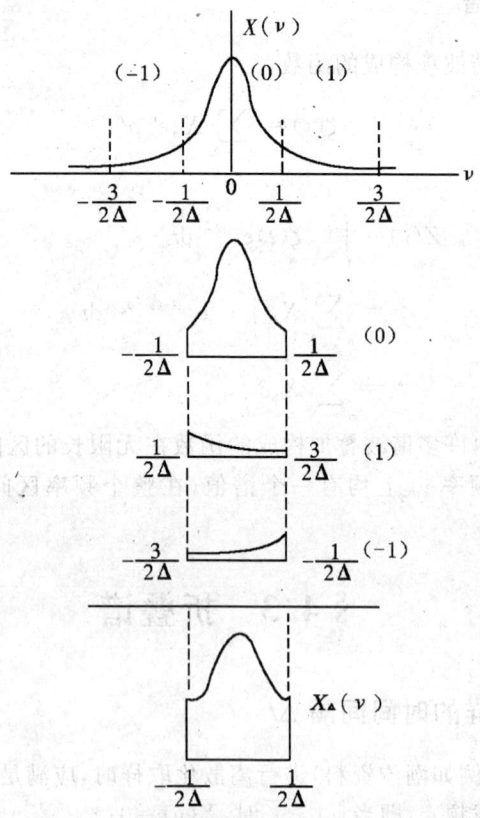

图 4.3.1 折叠谱的示意图(摘自文献[51])

$X(\nu)$ 折叠而成。其表示式为

$$X_\Delta(\nu) = \sum_{m=-\infty}^{\infty} X\left(\nu + \frac{m}{\Delta t}\right) \qquad (4.3.3)$$

图 4.3.1 显示出折叠的结果[51]。其上图在频率 $\left[-\frac{1}{2\Delta t}, \frac{1}{2\Delta t}\right]$ 区间内显示的频谱 $X(\nu)$ 是对应于依据连续信号得到的频谱,而由于不合理的取样间隔,使得其他频率区间(−1)段和(1)段的谱折叠过来形成了下图折叠谱 $X_\Delta(\nu)$ 的形状,从而造成失真。

§4.4 两条谱线的分辨极限

4.4.1 有限频带函数的截断

依据合理的取样间隔摘取的离散资料能够得到合理的频谱。但是它要求具有无限长的时间序列,这是做不到的。实际工作中只能依据有限长的取样资料进行计算,此时

$$X_{2N+1}(\nu) = \Delta t \sum_{n=-N}^{N} x(n\Delta t) e^{-i2\pi\nu n\Delta t}$$

它被称为截断在 $2N+1$ 项的频谱。它对于 $X_\Delta(\nu)$ 产生什么变化呢?下面讨论这一问题。由于

$$x(n\Delta t) = \int_{-\frac{1}{2\Delta t}}^{\frac{1}{2\Delta t}} X(\nu') e^{i2\pi\nu' n\Delta t} d\nu'$$

那么

$$X_{2N+1}(\nu) = \Delta t \sum_{n=-N}^{N} \int_{-\frac{1}{2\Delta t}}^{\frac{1}{2\Delta t}} X(\nu') e^{i2\pi n\Delta t(\nu'-\nu)} d\nu'$$

其中

$$\sum_{n=-n}^{N} e^{i2\pi n\Delta t(\nu'-\nu)} = \frac{\sin[(2N+1)\pi\Delta t(\nu'-\nu)]}{\sin[\pi\Delta t(\nu'-\nu)]}$$

得

$$X_{2N+1}(\nu) = \Delta t \int_{-\frac{1}{2\Delta t}}^{\frac{1}{2\Delta t}} X(\nu') \frac{\sin[(2N+1)\pi\Delta t(\nu-\nu')]}{\sin[\pi\Delta t(\nu-\nu')]} d\nu' \qquad (4.4.1)$$

该式显示出取样个数截断在 $2N+1$ 项后的频谱。$X_{2N+1}(\nu) \neq X(\nu)$,它由线谱变成了连续谱。图 4.4.1 给出了一个由线谱变成连续谱的图例[89]。

4.4.2 分辨两条谱线的雷利准则

在潮汐分析过程中由于不能无限多的取样,因而如果存在着两个谱线的频率间隔太小时,两个谱线不能分离开来。图 4.4.2(1)显示当两条谱线的频率间隔达到一定的距离时,它们的连续谱的相互影响为零,从而达到了刚好分辨开

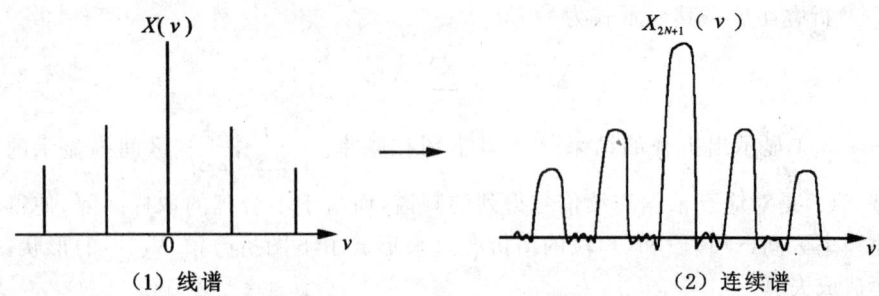

(1) 线谱　　　　　　　　　　　　(2) 连续谱

图 4.4.1　由线谱变为连续谱的示意图（摘自文献[89]）

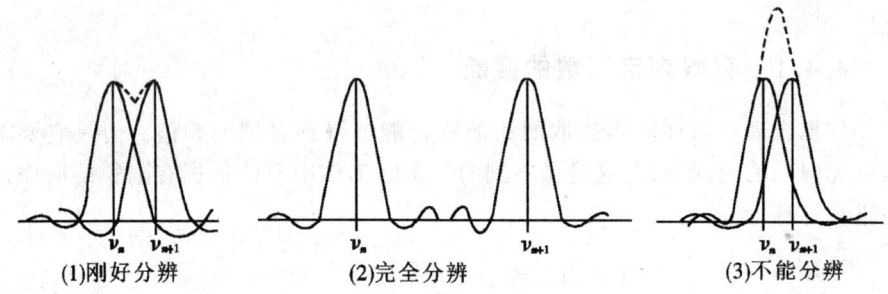

(1)刚好分辨　　　　(2)完全分辨　　　　(3)不能分辨

图 4.4.2　分辨两条谱线的雷利准则（摘自文献[89]）

的程度。此时式(4.4.1)中

$$\nu - \nu' = \nu_{n+1} - \nu_n = \pm \frac{1}{\Delta t(2N+1)}$$

即可使得

$$\sin[(2N+1)\pi\Delta t(\nu-\nu')]$$
$$= \sin(\pm\pi) = 0$$

图 4.4.2(3)显示两条谱线的频率间隔太小时,两条谱线不能分离。图 4.4.2(2)显示当两条谱线的频率间隔更大时,两条谱线更能够分离开来。因而可以认为两条谱线的分离标准是

$$|\nu_{n+1} - \nu_n| \geqslant \frac{1}{\Delta t(2N+1)} \quad (4.4.2)$$

式中的 n 表示谱线的序号。

在潮汐分析中,如果资料的取样间隔 $\Delta t = 1$ h,又由于角速度 $\sigma = 2\pi\nu$,那么式(4.4.2)变为

$$|\sigma_{n+1} - \sigma_n| \geqslant \frac{360°}{2N+1} \quad (4.4.3)$$

依此式得到在 369 天的潮汐分析中,要求两个相邻分潮的角速度之差 $\Delta\sigma \geqslant 0°.041/h$,一个月的分析中,$\Delta\sigma \geqslant 0°.50/h$。

潮汐资料的时间序列越长,其分辨率越高,19 年的潮汐分析中,$\Delta\sigma \geqslant 0°.002\ 2/h$。而资料的取样间隔 Δt 决定着截断频率。当 $\Delta t = 1\ h$,可以分析最短的分潮周期 $T = 2\ h$。对于高频振动,需要更短的取样间隔。例如在研究周期仅为十几分钟至数十分钟的假潮时,取样间隔应该为数分钟。否则会在两次取样之间将短周期的振动漏掉并产生谱的折叠。

对于有的河口港,在周期为 1/13 日,1/14 日的频率上仍有一定的潮汐谱值,如果对于这些高频潮族仍要考虑,那么就必须采用时间间隔小于 1 h 的潮汐资料,例如每隔半小时的潮汐样本。

§4.5 理想滤波

4.5.1 理想滤波器

在实际工作中所收到的信号 $x(t)$,一般都包含两种成分。一种是有效信号 $s(t)$,它是我们需要的,另一种是我们不需要的干扰信号 $n(t)$。

$$x(t) = s(t) + n(t)$$

滤波的目的就是从测得的实测信号中,消除或削弱干扰信号 $n(t)$,增强或保持有效信号 $s(t)$。根据实际资料的分析,发现在许多情况下,干扰信号的频谱 $N(\nu)$ 与有效信号的频谱 $S(\nu)$ 不在同一频率段上。在这种情况下,我们可以设计一个滤波器 $H(\nu)$,满足

$$H(\nu) = \begin{cases} 1 & \text{当}\quad S(\nu) \neq 0 \text{ 时} \\ 0 & \text{当}\quad S(\nu) = 0 \text{ 时} \end{cases}$$

将它与实际信号的频谱相乘得到滤波后的频谱

$$\begin{aligned} Y(\nu) &= X(\nu) H(\nu) \\ &= S(\nu) H(\nu) + N(\nu) H(\nu) \\ &= S(\nu) \end{aligned} \tag{4.5.1}$$

$H(\nu)$ 是一个很理想的滤波器,可以消除不需要的频谱而完全保留需要的频谱。

4.5.2 卷积滤波

对滤波后的频谱进行反傅氏变换得到滤波后的信号时间表达式:

$$y(t) = \int_{-\infty}^{\infty} Y(\nu) e^{i2\pi\nu t} d\nu$$

$$= \int_{-\infty}^{\infty} X(\nu) \left[\int_{-\infty}^{\infty} h(\tau) e^{-i2\pi\nu\tau} d\tau \right] e^{i2\pi\nu t} d\nu$$

$$= \int_{-\infty}^{\infty} h(\tau) \left[\int_{-\infty}^{\infty} X(\nu) e^{i2\pi\nu(t-\tau)} d\nu \right] d\tau$$

$$= \int_{-\infty}^{\infty} h(\tau) x(t-\tau) d\tau \tag{4.5.2}$$

$y(t)$ 是滤波后有效信号的时间表达式,称为 $x(t)$ 与 $h(t)$ 的卷积。记为

$$y(t) = x(t) * h(t) = \int_{-\infty}^{\infty} h(\tau) x(t-\tau) d\tau \tag{4.5.3}$$

整个滤波过程可以如下示意出来。

	输入函数	滤波器	输出函数
时间域滤波	$x(t)$	$h(t)$	$y(t) = x(t) * h(t)$
频率域滤波	$X(\nu)$	$H(\nu)$	$Y(\nu) = X(\nu) H(\nu)$

4.5.3 吉布斯现象

由上面讨论得知,理想滤波器的时间表达式 $h(t)$ 的长度是无限的,即 t 从 $-\infty$ 变化到 ∞,由此才能得到理想滤波器的频谱。图 4.5.1(1) 是一个理想的带通滤波器的频谱 $H_\Delta(\nu)$。由于在实际滤波中只能取滤波器时间表达式 $h(n)$ 的有限部分,即取 n 从 $-N$ 到 N 之间的 $h(n)$ 值,由此得到的滤波器的频谱 $H_N(\nu)$ 变成了如图 4.5.1(2) 所示的图形。它已经不是一个理想的滤波器,在 $-\nu_2$,$-\nu_1$,ν_1,ν_2 处频谱产生了较为严重的振动现象,这种现象称为吉布斯现象。

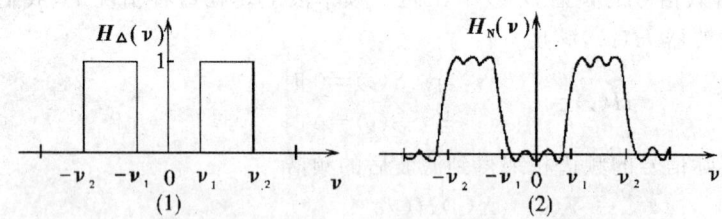

图 4.5.1 吉布斯现象示意图(摘自文献[51])

§4.6 低通滤波与平滑

4.6.1 低通滤波

在潮汐分析中如果要求将潮汐的长周期低频(0~0.8 c/d)部分分离出来,

第 4 章 潮汐谱分析

可以通过对潮汐资料进行低通滤波来求得。

取滤波器的时间表达式

$$h(k) = \begin{cases} 1/n, & |k| < \frac{1}{2}n \\ 0, & |k| \geqslant \frac{1}{2}n \end{cases} \tag{4.6.1}$$

与取样间隔 $\Delta t = 1$ h 的潮位观测值 $\zeta(t)$ 进行卷积,得

$$\begin{aligned}\zeta_n(t) &= \sum_{k=-\infty}^{\infty} h(k)\zeta(t-k) \\ &= \frac{1}{n}\sum_{k=-\frac{1}{2}(n-1)}^{\frac{1}{2}(n-1)} \zeta(t-k)\end{aligned} \tag{4.6.2}$$

$$n = 24, \mathscr{A}_{24}(t) = \sum_{k=11.5}^{-11.5} \zeta(t-k)$$

$$n = 25, \mathscr{A}_{25}(t) = \sum_{k=12}^{-12} \zeta(t-k)$$

对潮位进行 2 次 $n=24$,1 次 $n=25$,共 3 次卷积滤波,得到一系列零族的潮位值,记为

$$\zeta^0(t) = \frac{1}{24^2}\frac{1}{25}\mathscr{A}_{24}^2\mathscr{A}_{25} \qquad t = 0,1,\cdots \tag{4.6.3}$$

依上式滤波时,资料的两端各损失 35 个小时的资料。

时间域的卷积滤波相当于频率域上资料的频谱与滤波器的频谱相乘。为了检验滤波效果,求滤波器的谱

$$\begin{aligned}H(\nu) &= \sum_{k=-\infty}^{\infty} h(k)\mathrm{e}^{-\mathrm{i}2\pi\nu k} \\ &= \frac{1}{n}\sum_{k=-\frac{1}{2}(n-1)}^{\frac{1}{2}(n-1)} \cos 2\pi\nu k - \frac{\mathrm{i}}{n}\sum_{k=-\frac{1}{2}(n-1)}^{\frac{1}{2}(n-1)} \sin 2\pi\nu k\end{aligned}$$

上式等号右边第二项为零。当 $n=24$ 时,

$$\begin{aligned}H_{24}(\nu) &= \frac{1}{24}\sum_{k=-11.5}^{11.5} \cos 2\pi\nu k \\ &= \frac{1}{12}\sum_{k=1}^{12} \cos 2\pi\nu(k-0.5) \\ &= \frac{1}{12}\left[\frac{\sin 12\pi\nu \cos(12+1)\pi\nu}{\sin\pi\nu}\cos\pi\nu + \frac{\sin 12\pi\nu \sin(12+1)\pi\nu}{\sin\pi\nu}\sin\pi\nu\right] \\ &= \frac{\sin 24\pi\nu}{24\sin\pi\nu}\end{aligned}$$

因为 $\sigma=2\pi\nu$,

$$H_{24}(\sigma)=\frac{\sin 12\sigma}{24\sin\sigma/2}$$

类似地,当 $n=25$ 时

$$H_{25}(\nu)=\frac{\sin 25\pi\nu}{25\sin\pi\nu}$$

或

$$H_{25}(\sigma)=\frac{\sin 12.5\sigma}{25\sin\sigma/2}$$

进行 2 次 $n=24$,1 次 $n=25$ 的滤波器的频谱为

$$H(\nu)=\left(\frac{\sin 24\pi\nu}{24\sin\pi\nu}\right)^2\frac{\sin 25\pi\nu}{25\sin\pi\nu} \tag{4.6.4}$$

或

$$H(\sigma)=\left(\frac{\sin 12\sigma}{24\sin\sigma/2}\right)^2\frac{\sin 12.5\sigma}{25\sin\sigma/2} \tag{4.6.5}$$

图 4.6.1 是式(4.6.4)表示的低通滤波器的谱。图中横轴频率 ν 的单位是 c/h。$0.5c/h$ 对应的周期为 2 h。表 4.6.1 是依式(4.6.5)给出的低通滤波对各分潮的滤波效果。从图和表看出,通过低通滤波将潮汐的日、半日……1/12 日族的潮汐基本上清除干净,而只保留了长周期分潮。但是由于吉布斯现象的影响,对长周期各分潮滤波器的谱不是等于 1,而是略小于 1,从而造成了长周期各分潮振幅值失真。为了弥补这一损失,在潮汐分析中通过低通滤波求得的各分潮的振幅除以它所对应的滤波器的谱,即可恢复真正的振幅。滤波对迟角不产生影响。

表 4.6.1 低通滤波器的谱值

分潮	角速度 $\sigma(°/h)$	$H(\sigma)$
A_0	0.0	1.0
Sa	0.041 066 678	0.999 96
Ssa	0.082 137 278	0.999 85
Sst	0.123 203 009	0.999 66
Mm	0.544 374 693	0.993 35
M_f	1.098 033 058	0.973 17
Mn	1.642 407 750	0.940 84
K_1	15.041 068 62	0.000 02
M_2	28.984 104 20	0.000 01

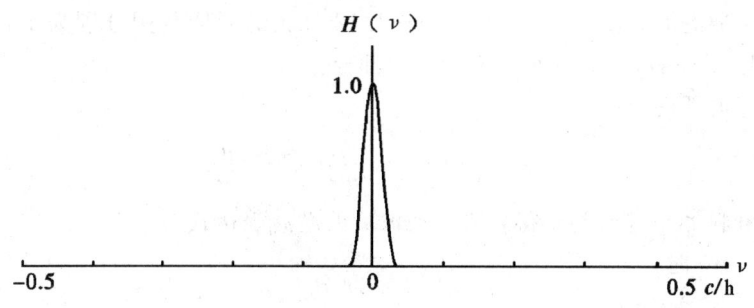

图 4.6.1 低滤波器的谱

4.6.2 平滑

在潮流观测中,往往受到与湍流有关的高频振动的影响。这种与潮流分析无关的振动可以通过对潮流的北、东分量进行平滑运算而予以消除。为了避免产生混淆,观测的间隔应该相当短。表 4.6.2 列出了观测时间为 $5, 10, 15$ min 的平滑算子,还列出了它们必需的数据损失。失真仅影响振幅,它可以在分析结束后对分析所得的分潮振幅用平滑器的谱除之而加以调整。平滑算子的谱可以通过导出式(4.6.5)的方法求得。表 4.6.2 列出了各种时间步长的平滑算子对各族振幅造成的损失,例如 $\Delta t = 15$ min 的平滑使得半日族的振幅减小了 3.78%。由于平滑对潮流的北、东分量具有相同比例的失真,因而对流向和迟角不产生影响。

表 4.6.2 各种时间步长的平滑算子

Δt(min)	平滑算子	数据损失的个数	各族振幅的减少(%)			
			1	2	4	8
5	$\dfrac{1}{12^2 \cdot 14}\mathscr{A}_{12}^2\mathscr{A}_{14}$	36	0.93	3.69	14.31	48.28
10	$\dfrac{1}{6^2 \cdot 7}\mathscr{A}_{6}^2\mathscr{A}_{7}$	17	0.86	3.69	14.07	47.68
15	$\dfrac{1}{4^2 \cdot 5}\mathscr{A}_{4}^2\mathscr{A}_{5}$	11	0.78	3.78	14.46	48.83

§4.7 带通滤波及窗函数

为了从潮汐资料中将某一潮族的潮汐滤出来,需要设计一个带通滤波器对其进行带通滤波。潮汐的日、半日……1/12 日族的周期范围分别为 1 日、半日……1/12 日左右,零族为长周期的潮汐部分。

取滤波器的时间表达式[19,63]

$$h(k) = \frac{1}{m}(1+\cos\frac{\pi k}{m})\cos 2\pi k \frac{n}{T}\Delta t \tag{4.7.1}$$

与潮汐资料 $\zeta(t)$ 进行卷积得到带通滤波后的潮族表达式

当 $n=0$ 时,

$$\zeta_0(t) = \frac{1}{2m}\sum_{k=-m}^{m}(1+\cos\frac{\pi k}{m})\zeta(t-k\Delta t) \tag{4.7.2}$$

当 $n \geqslant 1$ 时,

$$\zeta_n(t) = \frac{1}{m}\sum_{k=-m}^{m}(1+\cos\frac{\pi k}{m})\zeta(t-k\Delta t)\cos(2\pi k\Delta t\frac{n}{T}) \tag{4.7.3}$$

式中,取 $\Delta t=1$ h,$T=1$ 太阴日$=24.8412$ 太阳时;n 为潮族的族数,$n=1,2,\cdots,12$ 分别对应于日族、半日族……1/12 日族。当 $m \geqslant 24$ 时可将潮族分离出来。$\left(1+\cos\frac{\pi k}{m}\right)$ 是汉恩(Hanning)窗函数。引入窗函数是用来尽量消除由于时间序列的截断引起的边带效应,使滤波达到更好的效果。

式(4.7.1)滤波器的谱为:当 $n \neq 0$ 时,

$$H(\nu) = \sum_{k=-m}^{m} h(k)e^{-i2\pi k\Delta t}$$

$$= \frac{1}{m}\sum_{k=-m}^{m}\left(1+\cos\frac{\pi k}{m}\right)\cos\left(2\pi k\Delta t\frac{n}{T}\right)e^{-i2\pi k\Delta t}$$

$$= \frac{1}{2m}\frac{\sin\left[\pi(2m+1)\Delta t\left(\nu-\frac{n}{T}\right)\right]}{\sin\left[\pi\left(\nu-\frac{n}{T}\right)\Delta t\right]}+$$

$$\frac{1}{4m}\frac{\sin\left[\pi(2m+1)\Delta t\left(\nu-\frac{n}{T}-\frac{1}{2m\Delta t}\right)\right]}{\sin\left[\pi\left(\nu-\frac{n}{T}-\frac{1}{2m\Delta t}\right)\Delta t\right]}+$$

$$\frac{1}{4m}\frac{\sin\left[\pi(2m+1)\Delta t\left(\nu-\frac{n}{T}+\frac{1}{2m\Delta t}\right)\right]}{\sin\left[\pi\left(\nu-\frac{n}{T}+\frac{1}{2m\Delta t}\right)\Delta t\right]}+$$

$$\frac{1}{2m}\frac{\sin\left[\pi(2m+1)\Delta t\left(\nu+\frac{n}{T}\right)\right]}{\sin\left[\pi\left(\nu+\frac{n}{T}\right)\Delta t\right]}+$$

$$\frac{1}{4m}\frac{\sin\left[\pi(2m+1)\Delta t\left(\nu+\frac{n}{T}-\frac{1}{2m\Delta t}\right)\right]}{\sin\left[\pi\left(\nu+\frac{n}{T}-\frac{1}{2m\Delta t}\right)\Delta t\right]}+$$

$$\frac{1}{4m}\frac{\sin\left[\pi(2m+1)\Delta t\left(\nu+\frac{n}{T}+\frac{1}{2m\Delta t}\right)\right]}{\sin\left[\pi\left(\nu+\frac{n}{T}+\frac{1}{2m\Delta t}\right)\Delta t\right]} \quad (4.7.4)$$

当 $n=0$ 时,为低通滤波。

$$H_0(\nu)=\frac{1}{2m}\frac{\sin\left[\pi(2m+1)\nu\Delta t\right]}{\sin(\pi\nu\Delta t)}+$$

$$\frac{1}{4m}\frac{\sin\left[\pi(2m+1)\Delta t\left(\nu-\frac{1}{2m\Delta t}\right)\right]}{\sin\left[\pi\left(\nu-\frac{1}{2m\Delta t}\right)\Delta t\right]}+$$

$$\frac{1}{4m}\frac{\sin\left[\pi(2m+1)\Delta t\left(\nu+\frac{1}{2m\Delta t}\right)\right]}{\sin\left[\pi\left(\nu+\frac{1}{2m\Delta t}\right)\Delta t\right]} \quad (4.7.5)$$

式(4.7.4)右端的第1,4项和式(4.7.5)的第1项是未包含窗函数的滤波器的谱,其余各项表示引入窗函数对滤波器谱的影响。引入窗函数可以使得在有效频带域内,滤波器的谱值更接近于1,从而达到好的滤波效果。

§4.8 杜德逊滤波器

杜德逊很早以前(1928)就提出了低通滤波和带通滤波的公式。

信号 $x(t)$ 与滤波器的时间表达式

$$h(k)=\begin{cases}1, & k=\pm\frac{1}{2}n \\ 0, & k\neq\pm\frac{1}{2}n\end{cases} \quad (n\text{ 为偶数})$$

卷积的结果为

$$y(t)=\sum_{k=-\infty}^{\infty}h(k)x(t-k)$$

$$=x\left(t-\frac{1}{2}n\right)+x\left(t+\frac{1}{2}n\right) \quad (4.8.1)$$

以上的滤波效果相当于频率域上信号谱与滤波器的谱相乘

$$Y(\nu)=X(\nu)H(\nu)$$

式中
$$H(\nu) = \sum_{k=-\infty}^{\infty} h(k) e^{-i2\pi\nu k}$$
$$= e^{i2\pi\nu\frac{1}{2}n} + e^{-i2\pi\nu\frac{1}{2}n}$$
$$= 2\cos\pi\nu n$$

记为
$$A_n(\nu) = 2\cos\pi\nu n = 2\cos\frac{\sigma}{2}n \tag{4.8.2}$$

以式(4.8.2)判断间隔为 n 小时的两个信号相加滤波的效果,所能基本上消去的分潮如下：

$n=2, x(t-1)+x(t+1)$,当 $\sigma=90°/h$ 时, $A_2(\nu)=0$,消 1/6 日分潮,

$n=4, x(t-2)+x(t+2)$,当 $\sigma=45°/h$ 时, $A_4(\nu)=0$,消 1/3 日分潮,

$n=6, x(t-3)+x(t+3)$,当 $\sigma=30°/h$ 时, $A_6(\nu)=0$,消 1/2 日分潮。

当信号 $x(t)$ 与滤波器
$$h(k) = \begin{cases} \pm 1, & k=\pm\frac{1}{2}n, \\ 0, & k\neq\pm\frac{1}{2}n, \end{cases} \quad (n\text{ 为偶数})$$

卷积得
$$y(t) = \sum_{k=-\infty}^{\infty} h(k) x(t-k)$$
$$= x\left(t-\frac{1}{2}n\right) - x\left(t+\frac{1}{2}n\right) \tag{4.8.3}$$
$$Y(\nu) = X(\nu) H(\nu)$$

其中
$$H(\nu) = \sum_{k=-\infty}^{\infty} h(k) e^{-i2\pi\nu k}$$
$$= -e^{i2\pi\nu\frac{1}{2}n} + e^{-i2\pi\nu\frac{1}{2}n}$$
$$= -2i\sin\pi\nu n$$

记为
$$S_n(\nu) = -2i\sin\pi\nu n = -2i\sin\frac{\sigma}{2}n \tag{4.8.4}$$

式(4.8.4)表明间隔为 n 小时的两个信号相减的滤波效果。

$n=2, x(t-1)-x(t+1)$,当 $\sigma=0°/h$ 时, $S_2(\nu)=0$,消长周期分潮。

$n=4, x(t-2)-x(t+2)$,当 $\sigma=0°, 90°/h$ 时, $S_4(\nu)=0$,消长、1/6 日分潮。

$n=6, x(t-3)-x(t+3)$,当 $\sigma=0°, 60°, 120°/h$ 时, $S_6(\nu)=0$,消长 1/4 日、1/8 日分潮。

在潮汐分析中,潮位(信号)可以表示为
$$\zeta(t) = \sum R\cos(\sigma t - \theta)$$

第 4 章 潮汐谱分析

$$= \sum \frac{R}{2}[e^{i(\sigma t-\theta)} + e^{-i(\sigma t-\theta)}]$$

得
$$\zeta_n = \sum \frac{R}{2}[e^{i\sigma n} e^{-i\theta} + e^{-i\sigma n} e^{i\theta}]$$

$$\zeta_{-n} = \sum \frac{R}{2}[e^{-i\sigma n} e^{-i\theta} + e^{i\sigma n} e^{i\theta}]$$

令
$$Z = e^{i\sigma}$$

$$\zeta_n + \zeta_{-n} = \sum \frac{R}{2}(Z^n + Z^{-n})(e^{i\theta} + e^{-i\theta})$$

$$= \sum R\cos\theta (Z^n + Z^{-n})$$

取
$$\zeta^n = R\cos\theta\, Z^n, \quad \zeta^{-n} = R\cos\theta\, Z^{-n}$$

得
$$\zeta_n + \zeta_{-n} = \zeta^n + \zeta^{-n} \tag{4.8.5}$$

以下讨论杜德逊日族的滤波公式,取滤波器的时间表达式

$$h(k) = \begin{cases} 0, & k \text{ 为奇数} \\ -4, & k=0 \\ -2, & k=\pm 2, \pm 4 \\ -1, & k=\pm 6 \\ 1, & k=\pm 8, \pm 10, \pm 14, \pm 16, \pm 18 \\ 2, & k=\pm 12 \\ 0, & |k|>18 \end{cases} \tag{4.8.6}$$

与潮位 $\zeta(t)$ 进行卷积滤波,得到日族潮位

$$\zeta_日(t) = \sum_{k=-\infty}^{\infty} h(k)\zeta(t-k)$$

$$= \zeta_{-18} + \zeta_{-16} + \zeta_{-14} + 2\zeta_{-12} + \zeta_{-10} + \zeta_{-8} - \zeta_{-6} - 2\zeta_{-4}$$

$$-2\zeta_{-2} - 4\zeta_0 - 2\zeta_2 - 2\zeta_4 - \zeta_6 + \zeta_8 + \zeta_{10} + 2\zeta_{12} + \zeta_{14} + \zeta_{16} + \zeta_{18}$$

$$= (\zeta^1 + \zeta^{-1})(\zeta^2 + \zeta^{-2})(\zeta^3 + \zeta^{-3})(\zeta^6 - \zeta^{-6})^2 \tag{4.8.7}$$

由式(4.8.2),(4.8.4),(4.8.7)知滤波器的谱

$$H(\nu) = \sum_{k=-\infty}^{\infty} h(k) e^{-i2\pi\nu k}$$

$$= (2\cos 2\pi\nu)(2\cos 4\pi\nu)(2\cos 6\pi\nu)(-2i\sin 12\pi\nu)^2$$

$$= A_2(\nu) A_4(\nu) A_6(\nu) S_{12}(\nu)^2 \tag{4.8.8}$$

由式(4.8.8)可以判断式(4.8.7)的滤波效果,它基本上能将日族滤出来。以上两式可写为

$$A_2 A_4 A_6 S_{12}^2 \leftrightarrow (\zeta^1 + \zeta^{-1})(\zeta^2 + \zeta^{-2})(\zeta^3 + \zeta^{-3})(\zeta^6 - \zeta^{-6})^2 \tag{4.8.9}$$

式(4.8.7)可以整理成

$$\zeta_日(t) = \{[(\zeta_{-18}+\zeta_{-16})+(\zeta_{-12}+\zeta_{-10})]-[(\zeta_{-6}+\zeta_{-4})+(\zeta_0+\zeta_2)]\}+$$
$$\{[(\zeta_{-14}+\zeta_{-12})+(\zeta_{-8}+\zeta_{-6})]-[(\zeta_{-2}+\zeta_0)+(\zeta_4+\zeta_6)]\}-$$
$$\{[(\zeta_{-6}+\zeta_{-4})+(\zeta_0+\zeta_2)]-[(\zeta_6+\zeta_8)+(\zeta_{12}+\zeta_{14})]\}-$$
$$\{[(\zeta_{-2}+\zeta_0)+(\zeta_4+\zeta_6)]-[(\zeta_{10}+\zeta_{12})+(\zeta_{16}+\zeta_{18})]\} \quad (4.8.10)$$

表(4.8.1)给出了各族的杜德逊滤波器。表中

$$I \leftrightarrow 1$$

而

$$I = \int_{-\infty}^{\infty} 1 \cdot e^{-i2\pi\nu t} dt$$

对于2族的滤波器为

$$A_2(I+A_4)S_4S_6A_{12} \leftrightarrow (\zeta^1+\zeta^{-1})(1+\zeta^2+\zeta^{-2})(\zeta^2-\zeta^{-2})(\zeta^3-\zeta^{-3})(\zeta^6+\zeta^{-6})$$

其余类推。

表 4.8.1　杜德逊的滤波器

族	频带(c/d)	Δt(h)	滤波器
0	0～0.8	1	$\frac{1}{30}A_2(I+A_{16})(I+A_{10}+A_{20})$
1	0.8～1.2	1	$\frac{1}{32}A_2A_4A_6S_{12}^2$
2	1.8～2.2	1	$\frac{1}{48}A_2(I+A_4)S_4S_6A_{12}$
3	2.8～3.1	1	$\frac{1}{36}S_4S_{12}(I+A_{16})(I+A_{18})$
4	3.8～4.1	1	$\frac{1}{16}A_6^2A_{12}S_3$
6	5.6～6.2	1	$\frac{1}{36}A_{12}S_2(I+A_8)^2$

§4.9　功率谱与互谱

4.9.1　功率谱

取一组观测值 $x(k\Delta t)$ 并对它进行卷积运算

$$c(k\Delta t) = \lim_{N\to\infty}\frac{1}{2N+1}\sum_{j=-N}^{N}x^*(j\Delta t)x[(j+k)\Delta t] \quad (4.9.1)$$

$c(k\Delta t)$ 的谱

$$C(\nu) = \lim_{N\to\infty} \sum_{k=-N}^{N} c(k\Delta t) e^{-i2\pi k\Delta t\nu}$$

$$= \lim_{N\to\infty} \frac{1}{2N+1} \sum_{k=-N}^{N} \sum_{j=-N}^{N} x^*(j\Delta t) x[(j+k)\Delta t] e^{-i2\pi k\Delta t\nu}$$

取
$$j' = j+k, k = j'-j$$

$$C(\nu) = \lim_{N\to\infty} \frac{1}{2N+1} \sum_{j=-N}^{N} x^*(j\Delta t) e^{i2\pi j\Delta t\nu} \sum_{j'=-N}^{N} x(j'\Delta t) e^{-i2\pi j'\Delta t\nu}$$

式中
$$x = x_1 + ix_2, \quad x^* = x_1 - ix_2,$$

取
$$Z_{2N+1}(\nu) = \sum_{j=-N}^{N} x^*(j\Delta t) e^{i2\pi j\Delta t\nu}$$

$$= \sum_{j=-N}^{N} \{[x_1(j\Delta t)\cos(2\pi j\Delta t\nu) + x_2(j\Delta t)\sin(2\pi j\Delta t\nu)] +$$
$$i[x_1(j\Delta t)\sin(2\pi j\Delta t\nu) - x_2(j\Delta t)\cos(2\pi j\Delta t\nu)]\}$$

$$Z'_{2N+1}(\nu) = \sum_{j'=-N}^{N} x(j'\Delta t) e^{-i2\pi j'\Delta t\nu}$$

$$= \sum_{j'=-N}^{N} \{[x_1(j'\Delta t)\cos(2\pi j'\Delta t\nu) + x_2(j'\Delta t)\sin(2\pi j'\Delta t\nu)] -$$
$$i[x_1(j'\Delta t)\sin(2\pi j'\Delta t\nu) - x_2(j'\Delta t)\cos(2\pi j'\Delta t\nu)]\}$$

从以上二式看出，$Z_{2N+1}(\nu)$ 与 $Z'_{2N+1}(\nu)$ 的位相不等，但是谱值相等，即

$$|Z_{2N+1}(\nu)| = |Z'_{2N+1}(\nu)|$$

得到 $x(k\Delta t)$ 这组观测值的功率谱

$$C(\nu) = \lim_{N\to\infty} \frac{1}{2N+1} |Z_{2N+1}(\nu)|^2$$

4.9.2 互谱

两组不同的观测值 $x_1(j\Delta t)$ 与 $x_2(j\Delta t)$ 之间的互相关

$$C_{12}(k\Delta t) = \lim_{N\to\infty} \frac{1}{2N+1} \sum_{j=-N}^{N} x_1^*(j\Delta t) x_2[(j+k)\Delta t]$$

互相关 $C_{12}(k\Delta t)$ 的谱为互谱

$$C_{12}(\nu) = \lim_{N\to\infty} \frac{1}{2N+1} \sum_{k=-N}^{N} \sum_{j=-N}^{N} x_1^*(j\Delta t) x_2[(j+k)\Delta t] e^{-i2\pi k\Delta t\nu}$$

取
$$j' = j+k, k = j'-j$$

得
$$C_{12}(\nu) = \lim_{N\to\infty} \frac{1}{2N+1} \sum_{j=-N}^{N} x_1^*(j\Delta t) e^{i2\pi j\Delta t\nu} \sum_{j'=-N}^{N} x_2(j'\Delta t) e^{-i2\pi j'\Delta t\nu}$$

令
$$Z_{1,2N+1}^*(\nu) = \sum_{j=-N}^{N} x_1^*(j\Delta t) e^{i2\pi j\Delta \nu}$$

$$Z_{2,2N+1}(\nu) = \sum_{j'=-N}^{N} x_2(j'\Delta t) e^{-i2\pi j'\Delta \nu}$$

得到 $x_1(j\Delta t)$ 与 $x_2(j\Delta t)$ 的互谱

$$C_{12}(\nu) = \lim_{N\to\infty} \frac{1}{2N+1} Z_{1,2N+1}^*(\nu) Z_{2,2N+1}(\nu)$$

§4.10 快速傅氏变换

对潮汐资料进行傅氏变换时,如能采用快速傅氏变换,可以大大减少计算量。对于 $N=2^n$ 个资料,按照一般的傅氏分析方法,最少需要 N^2 个加法和乘法运算,但利用快速傅氏变换,只要 $2nN$ 个运算即可。

采用快速傅氏变换,要求 N 可以写成许多因子的乘积,$N = N_1 \times N_2 \times \cdots \times N_r$。对于最简单的情况,即 $N=2^n$,当 $n=13$ 时,$N=8\,192$。如果资料的取样间隔 $\Delta t = 1$ h,它仍然小于一年分析所要求的 8 857 h 的长度。因此对一年资料的分析,会造成比较大的误差。Franco(1995)采用 $10 \times 2^{14} = 163\,840$ h 的资料进行快速傅氏变换,它接近于 18.61 年的潮汐周期(365.242 2×24×18.61 = 163 131 h),由此产生的误差较小。本节介绍 $N=2^n$ 个资料的快速傅氏变换的方法。

设有一样本 $(x_0, x_1, x_2, \cdots, x_{N-1})$,通过下式进行傅氏变换,求出 $A_0, A_1, \cdots, A_{N-1}$。

$$A_r = \sum_{t=0}^{N-1} x_t e^{-i\frac{2\pi r}{N}t}$$

$$r = 0, 1, \cdots, N-1 \qquad (4.10.1)$$

通过反傅氏变换得

$$x_t = \frac{1}{N} \sum_{r=0}^{N-1} A_r e^{i\frac{2\pi r}{N}t}$$

$$t = 0, 1, \cdots, N-1 \qquad (4.10.2)$$

式中,x_t 可以为实数,也可以为复数,但 A_r 一般总是复数。本节 A_r 为复数,x_t 为实数,前面两式可写为

$$x_t \leftrightarrow A_r$$

将样本 $(x_0, x_1, \cdots, x_{N-1})$ 分为等容量的两个样本,对每一个样本也可以进行傅氏变换。其中第一个样本由原样的偶数点组成,另一组由奇数点组成,即

第 4 章 潮汐谱分析

$$\begin{cases} y_t = x_{2t}, & t=0,1,\cdots,\dfrac{N}{2}-1 \\ z_t = x_{2t+1}, & t=0,1,\cdots,\dfrac{N}{2}-1 \end{cases} \quad (4.10.3)$$

设

$$(x_0, x_1, \cdots, x_{N-1}) \leftrightarrow (A_0, A_1, \cdots, A_{N-1})$$

$$(y_0, y_1, \cdots, y_{\frac{N}{2}-1}) \leftrightarrow (B_0, B_1, \cdots, B_{\frac{N}{2}-1})$$

$$(z_0, z_1, \cdots, z_{\frac{N}{2}-1}) \leftrightarrow (C_0, C_1, \cdots, C_{\frac{N}{2}-1})$$

依定义,其傅氏变换为

$$A_r = \sum_{t=0}^{N-1} x_t e^{-i\frac{2\pi r}{N}t}$$

$$r=0,1,\cdots,N-1 \quad (4.10.4)$$

$$B_r = \sum_{t=0}^{N/2-1} y_t e^{-i\frac{2\pi r}{N/2}t} = \sum_{t=0}^{N/2-1} x_{2t} e^{-i\frac{2\pi r}{N/2}t}$$

$$r=0,1,\cdots,\frac{N}{2}-1 \quad (4.10.5)$$

$$C_r = \sum_{t=0}^{N/2-1} z_t e^{-i\frac{2\pi r}{N/2}t} = \sum_{t=0}^{N/2-1} x_{2t+1} e^{-i\frac{2\pi r}{N/2}t}$$

$$r=0,1,\cdots,\frac{N}{2}-1 \quad (4.10.6)$$

A_r 与 B_r, C_r 有如下的关系:

$$A_r = \sum_{t=0}^{N-1} x_t e^{-i\frac{2\pi r}{N}t}$$

$$= \sum_{t=0}^{N/2-1} x_{2t} e^{-i\frac{2\pi r}{N}2t} + \sum_{t=0}^{N/2-1} x_{2t+1} e^{-i\frac{2\pi r}{N}(2t+1)}$$

令

$$w = e^{-i\frac{2\pi}{N}} \quad (4.10.7)$$

$$A_r = B_r + w^r C_r \quad (4.10.8)$$

依式(4.10.8)可以求得式(4.10.4) A_r 的前半部,其后半部为

$$A_{r+\frac{N}{2}} = \sum_{t=0}^{N-1} x_t e^{-i\frac{2\pi}{N}(r+\frac{N}{2})t}$$

$$= \sum_{t=0}^{N/2-1} x_{2t} e^{-i\frac{2\pi}{N}(r+\frac{N}{2})2t} + \sum_{t=0}^{N/2-1} x_{2t+1} e^{-i\frac{2\pi}{N}(r+\frac{N}{2})(2t+1)}$$

$$= \sum_{t=0}^{N/2-1} x_{2t} e^{-i\frac{2\pi r}{N/2}t} + \sum_{t=0}^{N/2-1} x_{2t+1} e^{-i\frac{2\pi}{N}(2tr+Nt+r+\frac{N}{2})}$$

$$= B_r + w^{r+\frac{N}{2}} C_r$$

$$r = 0, 1, \cdots, \frac{N}{2} - 1 \quad (4.10.9)$$

A_r 的前、后两部分归纳为

$$\begin{cases} A_r = B_r + w^r C_r \\ A_{r+\frac{N}{2}} = B_r + w^{r+\frac{N}{2}} C_r \end{cases}$$

$$r = 0, 1, \cdots, \frac{N}{2} - 1 \quad (4.10.10)$$

如果所分的两组样本仍是 2 的倍数，则仍可继续分组，第一组 y_t 分为 d_t, e_t 两组，第二组 z_t 分为 f_t, g_t 两组。

令

$$\begin{cases} d_t = y_{2t} = x_{4t} \\ e_t = y_{2t+1} = x_{4t+2} \\ f_t = z_{2t} = x_{4t+1} \\ g_t = z_{2t+1} = x_{4t+3} \end{cases}$$

$$t = 0, 1, \cdots, \frac{N}{4} - 1 \quad (4.10.11)$$

设

$$(d_0, d_1, \cdots, d_{\frac{N}{4}-1}) \leftrightarrow (D_0, D_1, \cdots, D_{\frac{N}{4}-1})$$
$$(e_0, e_1, \cdots, e_{\frac{N}{4}-1}) \leftrightarrow (E_0, E_1, \cdots, E_{\frac{N}{4}-1})$$
$$(f_0, f_1, \cdots, f_{\frac{N}{4}-1}) \leftrightarrow (F_0, F_1, \cdots, F_{\frac{N}{4}-1})$$
$$(g_0, g_1, \cdots, g_{\frac{N}{4}-1}) \leftrightarrow (G_0, G_1, \cdots, G_{\frac{N}{4}-1})$$

依定义

$$\begin{cases} D_r = \sum_{t=0}^{N/4-1} d_t e^{-i\frac{2\pi r}{N/4}t} = \sum_{t=0}^{N/4-1} x_{4t} e^{-i\frac{2\pi r}{N/4}t} \\ E_r = \sum_{t=0}^{N/4-1} e_t e^{-i\frac{2\pi r}{N/4}t} = \sum_{t=0}^{N/4-1} x_{4t+2} e^{-i\frac{2\pi r}{N/4}t} \\ F_r = \sum_{t=0}^{N/4-1} f_t e^{-i\frac{2\pi r}{N/4}t} = \sum_{t=0}^{N/4-1} x_{4t+1} e^{-i\frac{2\pi r}{N/4}t} \\ G_r = \sum_{t=0}^{N/4-1} g_t e^{-i\frac{2\pi r}{N/4}t} = \sum_{t=0}^{N/4-1} x_{4t+3} e^{-i\frac{2\pi r}{N/4}t} \end{cases} \quad (4.10.12)$$

依式(4.10.5)

$$B_r = \sum_{t=0}^{N/2-1} y_t e^{-i\frac{2\pi r}{N/2}t}$$
$$= \sum_{t=0}^{N/4-1} y_{2t} e^{-i\frac{2\pi r}{N/2}2t} + \sum_{t=0}^{N/4-1} y_{2t+1} e^{-i\frac{2\pi r}{N/2}(2t+1)}$$
$$= D_r + w^{2r} E_r$$

$$r=0,1,\cdots,\frac{N}{4}-1 \qquad (4.10.13)$$

$$\begin{aligned}B_{r+\frac{N}{4}} &= \sum_{t=0}^{N/2-1} y_t \mathrm{e}^{-\mathrm{i}\frac{2\pi}{N/2}t(r+\frac{N}{4})} \\ &= \sum_{t=0}^{N/4-1} y_{2t} \mathrm{e}^{-\mathrm{i}\frac{2\pi}{N/2}2t(r+\frac{N}{4})} + \sum_{t=0}^{N/4-1} y_{2t+1} \mathrm{e}^{-\mathrm{i}\frac{2\pi}{N/2}(2t+1)(r+\frac{N}{4})} \\ &= D_r + w^{2r+\frac{N}{2}} E_r\end{aligned}$$

$$r=0,1,\cdots,\frac{N}{4}-1 \qquad (4.10.14)$$

依式(4.10.6)

$$\begin{aligned}C_r &= \sum_{t=0}^{N/2-1} z_t \mathrm{e}^{-\mathrm{i}\frac{2\pi r}{N/2}t} \\ &= \sum_{t=0}^{N/4-1} z_{2t} \mathrm{e}^{-\mathrm{i}\frac{2\pi r}{N/2}2t} + \sum_{t=0}^{N/4-1} z_{2t+1} \mathrm{e}^{-\mathrm{i}\frac{2\pi r}{N/2}(2t+1)} \\ &= F_r + w^{2r} G_r\end{aligned}$$

$$r=0,1,\cdots,\frac{N}{4}-1 \qquad (4.10.15)$$

$$\begin{aligned}C_{r+\frac{N}{4}} &= \sum_{t=0}^{N/2-1} z_t \mathrm{e}^{-\mathrm{i}\frac{2\pi}{N/2}(r+\frac{N}{4})t} \\ &= \sum_{t=0}^{N/4-1} z_{2t} \mathrm{e}^{-\mathrm{i}\frac{2\pi}{N/2}(r+\frac{N}{4})2t} + \sum_{t=0}^{N/4-1} z_{2t+1} \mathrm{e}^{-\mathrm{i}\frac{2\pi}{N/2}(r+\frac{N}{4})(2t+1)} \\ &= F_r + w^{2r+\frac{N}{2}} G_r\end{aligned}$$

$$r=0,1,\cdots,\frac{N}{4}-1 \qquad (4.10.16)$$

如果前面所分的4组样本(d_t,e_t,f_t,g_t)仍是2的倍数，还可继续分组，直至每组只剩下2个数据为止。下面以8个数据为例说明以上的计算。设有一样本$(x_0,x_1,\cdots,x_7)$，$N=2^3=8$。按前面所述逐次分组的方法，最后要求排列成$(x_0,x_4,x_2,x_6,x_1,x_5,x_3,x_7)$如图4.10.1第2列所示。这种新的排列称为二进制倒序。按式(4.10.12)计算$D_0,D_1,E_0,\cdots,G_0,G_1$，见图4.10.1第3列。按式(4.10.13)~式(4.10.16)计算$B_0,B_1,\cdots,C_3$，如图4.10.1第4列，按式(4.10.10)计算$A_0,A_1,\cdots,A_7$，见图4.10.1第5列。如图所示，每个值均是前列的两个值组合而成，例如$D_1=x_0+w^4 x_4$，对于所分析的资料($N=2^n$)作二进制倒序后，具有新的次序，应给予新的编号，如图4.10.1第1列所示。

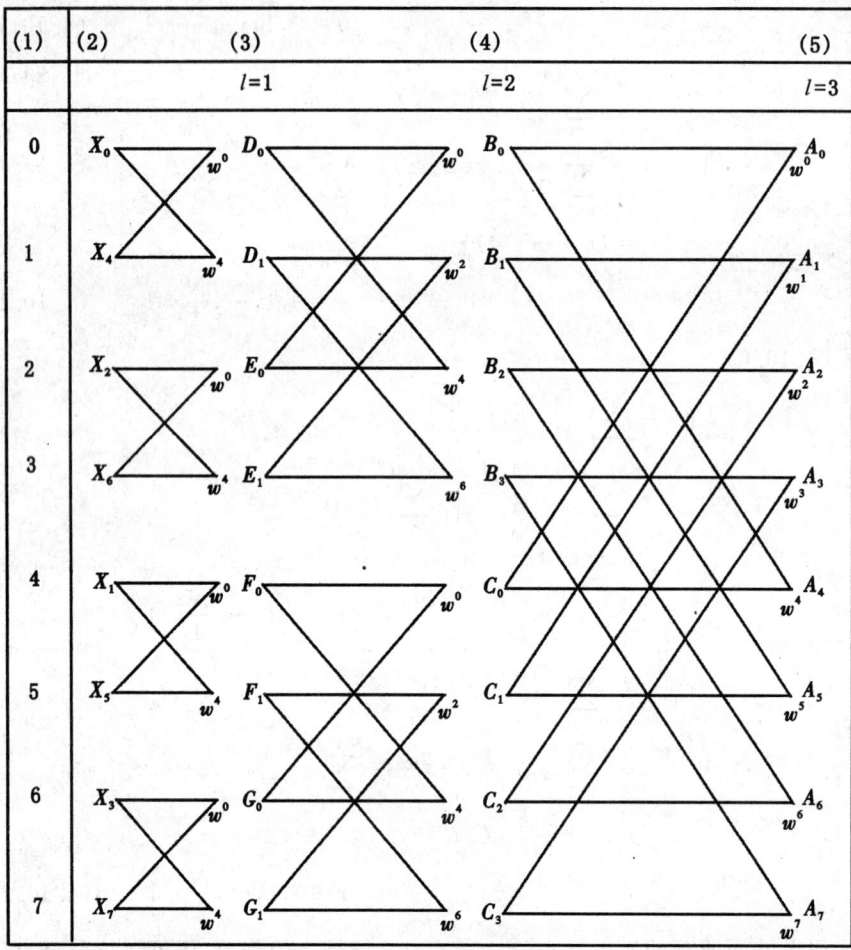

图 4.10.1 计算流程图

上例 $N=2^3$，因此只要分作三部分，进行三步计算即可完成傅氏变换。同理对于 $N=2^n$ 的样本，要进行 n 步计算。这样可以得出逐步进行傅氏变换的递推公式

$$\begin{cases} A_r^{(l)} = A_r^{(l-1)} + A_{(r+\frac{M}{2})}^{(l-1)} e^{-i\frac{2\pi}{M}r} \\ A_{(r+\frac{M}{2})}^{(l)} = A_r^{(l-1)} + A_{(r+\frac{M}{2})}^{(l-1)} e^{-i\frac{2\pi}{M}(r+\frac{M}{2})} \\ \qquad\quad = A_r^{(l-1)} - A_{(r+\frac{M}{2})}^{(l-1)} e^{-i\frac{2\pi}{M}r} \end{cases} \qquad (4.10.17)$$

式中， $l=1,2,\cdots,n$；

$M=2^l$;

$r=0,1,\cdots,\dfrac{M}{2}-1$。

在如图 4.10.1 的计算过程中,计算的每一步内应分成若干组,每组依式 (4.10.17)计算一次。每一步需分的组数为
$$J=2^{(n-l)}$$
$$l=1,2,\cdots,n \qquad (4.10.18)$$
具体计算时,需将式(4.10.17)分作实部与虚部,并分别进行计算。

第 5 章 潮汐、潮流分析和预报

建立平衡潮理论的假设条件与实际不很符合,致使平衡潮理论虽能解释若干潮汐现象,但亦有许多现象不能解释。最根本的不足是,平衡潮潮高公式不能用以预报潮汐。为了解决这一问题,首先将平衡潮展开成一系列分潮,引入潮汐调和常数,得到符合实际的分潮表达式,将一系列实际的分潮迭加起来,得到实际的潮高公式。本章主要介绍通过潮汐分析计算调和常数的方法。

在电子计算机用于潮汐分析之前,我国主要采用达尔文(Darwin G. H.,1883—1886)方法对一个月的潮汐资料进行潮汐调和分析,计算 K_1,O_1,P_1,Q_1,M_2,S_2,N_2,K_2,M_4,MS_4,M_6 11 个分潮的调和常数,用以潮汐预报和其他有关的计算。虽然该分析方法不很严谨,分析精度也不很高,但它却为当时我国的潮汐分析和港口的潮汐预报作出了重要贡献。达尔文方法也曾被许多国家所采用。

杜德逊(1928)提出了利用一年潮汐资料分析 60 个分潮的调和分析方法。在当时这个方法被认为是一个标准方法。从 20 世纪 60 年代开始,我国采用这个方法对主要港口进行潮汐分析,并用于潮汐预报。杜德逊在提出这个方法时,为了人工计算的方便,对分析原理进行了近似处理,因此这个分析方法仍不够严谨。杜德逊(1954)还提出一个利用 29 天潮汐资料的分析方法。

20 世纪 60 年代以来,计算机代替了繁杂的人工计算,从而产生了一系列严谨的科学分析方法,在潮汐预报中改为主要利用一年潮汐资料分析的结果。Horn W. 1960 年发表了利用电子计算机进行潮汐分析的方法。Cartwright 等 1963 年提出了傅氏分析方法。1966 年 Van Ette 提出了潮汐分析的最小二乘法。Franco(1993)采用快速傅氏变换提出一种潮汐分析方法,他首先对潮汐资料进行了傅氏分潮展开,通过订正后,再求出按引潮势展开的分潮的调和常数。

国内外有关学者还对 19 年甚至更长的潮汐资料进行了潮汐分析,这对于进行深入的潮汐研究是很有价值的。

本章介绍 1 年、1 月、19 年及 1 天的潮汐分析方法及预报方法。

§5.1 潮汐调和常数

已知达尔文展开的平衡潮潮高

$$\overline{\zeta}(t) = \sum_j f_j \overline{H}_j \cos[\sigma_j t + (V_0 + u)_j] \tag{5.1.1}$$

式中,σ 为分潮的角速度,$\overline{H}$ 为分潮的平均振幅(系数),f 为交点因子,(V_0+u) 是平衡潮分潮的初相角。$\sigma,\overline{H}$ 对每一分潮而言具有固定值。$f,(V_0+u)$ 随分潮和时间而变。对于实际分潮,在保留 $f,\sigma,(V_0+u)$ 的情况下,只有分潮的平均振幅和相角与实际不相符,只要将上式中的 $\overline{H}$ 改为观测点实际分潮的平均振幅 H,再将上式的相角减去一个与实际的差值,即可得到符合实际的分潮表达式,从而得到符合实际的潮高公式

$$\zeta(t) = \sum_j f_j H_j \cos[\sigma_j t + 区(V_0 + u)_j - K'] \tag{5.1.2}$$

式中,t 是区时,$区(V_0+u)$ 是平衡潮展开分潮的区时初相角。依平衡潮的观点,当分潮的 $\sigma t + (V_0 + u) = 0°$ 时,分潮应该出现极大值。但实际的情况要落后一个角度,即当 $\sigma t + 区(V_0+u) = K'$ 时,分潮才能达到极大值,称 K' 为区时迟角。视每一个分潮由一个对应的假想天体所产生,规定 $\sigma t + (V_0 + u) = 0°$ 为假想天体上中天。定义从假想天体上中天到分潮发生极大值的时间间隔所对应的角度为迟角。

取
$$区(V_0 + u) - K' = -\theta$$
$$K' = 区(V_0 + u) + \theta \tag{5.1.3}$$

θ 为实际分潮的初相角。

如果以 t 表示地方时,式(5.1.2)变为

$$\zeta(t) = \sum_j f_j H_j \cos[\sigma_j t + 地(V_0 + u) - K] \tag{5.1.4}$$

式中,地(V_0+u) 为理论分潮表达式的初相,K 为地方时迟角。

如果式中给以格(V_0+u),t 仍为区时,那么上式变为

$$\zeta(t) = \sum_j f_j H_j \cos[\sigma_j t + 格(V_0 + u) - g] \tag{5.1.5}$$

g 为区时专用迟角,而不是格林威治迟角,它所对应的 t 仍为区时。

分潮的平均振幅 H、区时迟角 K'、地方时迟角 K、区时专用迟角 g 随分潮和地点而变化,但对具体分潮在特定地点应是常数。它们依据实际潮汐资料通过潮汐调和分析求得,被称为潮汐调和常数。掌握当地的潮汐调和常数可以预报潮汐并作其他有关计算。

对日分潮设定分潮日等于一周期的长度,对半日分潮,分潮日等于两个周期的长度,其余类推。认为每个分潮是由一个对应的假想天体所产生。假想天体在一个分潮日内自东而西绕地球运转一周过程中,分潮的相角变化 $P360°$,P 是分潮的族数。图 5.1.1 横轴表示分潮的相角 φ;S,M,G 分别表示假想天体位于区时标准子午线、观测点子午线和格林威治子午线上中天时分潮的相角;S_0,M_0,G_0 分别表示区时、地方时、格林威治零时分潮的相角;A 表示分潮发生高潮时分潮的相角。图中从 S 至 G 分潮相角的变化为 PS,从 M 至 G 相角的变化为 $P\lambda$。S,λ 分别为标准子午线及观测点的经度。S_0 至 A 表示依实测潮汐资料计算的分潮初相 θ。从区时零点(S_0)至格林威治零点(G_0)的时间差为 $\dfrac{S}{15°}$,那么从 S_0 到 G_0 的相位变化为 $\dfrac{S}{15°}\sigma$。

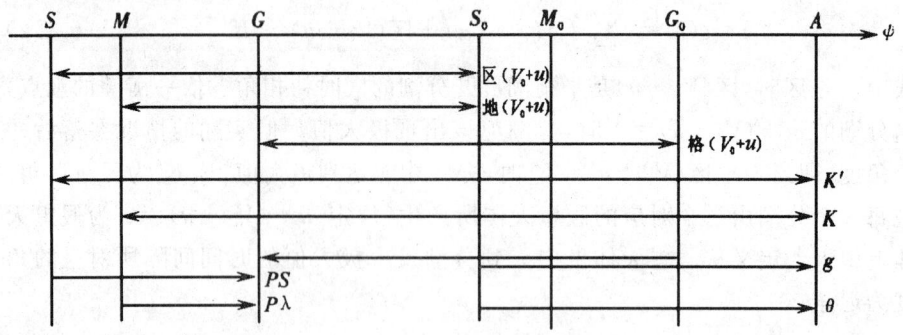

图 5.1.1 (V_0+u) 及迟角的示意图(东经)

对东经各地[28]

$$\begin{cases} \text{区时迟角} \quad K'=\text{区}(V_0+u)+\theta \\ \text{地方时迟角} \quad K=\text{地}(V_0+u)+\theta \\ \text{区时专用迟角} \quad g=\text{格}(V_0+u)+\theta \end{cases} \quad (5.1.6)$$

$$\begin{cases} \text{区}(V_0+u)=\text{格}(V_0+u)+ps-\sigma\dfrac{S}{15} \\ \text{地}(V_0+u)=\text{格}(V_0+u)+p\lambda-\sigma\dfrac{S}{15} \\ \text{地}(V_0+u)=\text{区}(V_0+u)-ps+p\lambda \end{cases} \quad (5.1.7)$$

$$\begin{cases} g=K'+\left(\dfrac{\sigma}{15}-p\right)s \\ g=K-p\lambda+\sigma\dfrac{S}{15} \\ K=K'+p(\lambda-s) \end{cases} \quad (5.1.8)$$

对西经各地

$$\begin{cases} \boxtimes(V_0+u) = \text{格}(V_0+u) + \left(\dfrac{\sigma}{15} - p\right)S \\ \text{地}(V_0+u) = \text{格}(V_0+u) - p\lambda + \dfrac{S}{15}\sigma \end{cases} \quad (5.1.9)$$

$$\begin{cases} g = K' + \left(p - \dfrac{\sigma}{15}\right)S \\ g = K + p\lambda - \dfrac{S}{15}\sigma \\ K = K' + p(s-\lambda) \end{cases} \quad (5.1.10)$$

对于同一观测点，用不同的区时进行潮汐观测所计算的 K', g 不同，但是 K 具有相同的量值。在研究同一海区的迟角分布变化时，应将 g, K' 归化至同一区时的迟角。

§5.2 一年潮汐分析的最小二乘法(1)

实测潮汐可表示为

$$\zeta(t) = A_0 + \sum_{j=1}^{m} f_j H_j \cos[\sigma_j t + \text{格}(V_0+u)_j - g_j] + x(t)$$

式中：A_0 为分析期间的平均海面；t 是区时；f 是分潮的交点因子；σ 为分潮的角速率；格(V_0+u) 为格林威治零时平衡潮分潮的初相角；$x(t)$ 是非天文潮位，具有随机的特性，在物理学上称为噪音；H 为分潮的平均振幅；g 为区时专用迟角。H, g 为待定的潮汐调和常数。

若不考虑非天文潮位，又视平均海面为 $\sigma = 0°/h$ 的一个特殊分潮，潮高表达式可写为

$$\zeta(t) = \sum_{j=0}^{m} f_j H_j \cos[\sigma_j t + (V_0+u)_j - g_j] \quad (5.2.1)$$

令
$$fH = R$$
$$(V_0+u) - g = -\theta$$
$$\zeta(t) = \sum_{j=0}^{m} R\cos(\sigma_j t - \theta_j)$$

取
$$A = R\cos\theta$$
$$B = R\sin\theta$$

其中 $B_0 \equiv 0$，

$$\zeta(t) = \sum_{j=0}^{m} (A_j \cos\sigma_j t + B_j \sin\sigma_j t) \tag{5.2.2}$$

只要通过潮汐分析得到各分潮的 A、B 值，即可得到分潮的振幅 R 和初相 θ，从而可求得调和常数。

$$\begin{cases} R = (A^2 + B^2)^{1/2} \\ \theta = \arctan \dfrac{B}{A} \end{cases} \tag{5.2.3}$$

$$\begin{cases} H = \dfrac{R}{f} \\ g = 格(V_0 + u) + \theta \end{cases} \tag{5.2.4}$$

5.2.1 分潮的选取

我国沿岸有许多长期验潮站，进行连续不断的观测。对这些站通常进行一年潮汐资料的分析。对于半日潮海区在1个朔望月内有2次大潮和2次小潮。12.5个朔望月为369.1天，该长度接近回归年(365.242 2天)的长度，因此取369天作为分析长度能够合理地进行潮汐分析。可以取第186天的零时作为时间原点，即 $t=0$ 时，取第1天12时($t=-4\,428$)至第370天12时($t=4\,428$)共8 857 h作为分析长度。

潮汐分辨率决定于分析长度，分析长度越长，分辨率越高。对应于一年潮汐分析的分辨率为 $\Delta\sigma \geqslant 0.041°/\mathrm{h}$。

附表2列出了用于一年潮汐分析的170个分潮及其有关参量。如果将平均海面 A_0 视为角速率 $\sigma = 0.0°/\mathrm{h}$ 的特殊分潮，则共有171个分潮。附表2第2列为分潮的名称，没有名字的分潮以序号表示。f, u 列中带有括号的35个分潮，以及 $f=1.0$ 的分潮为杜德逊展开中的天文分潮，共40个，其他大部分是浅水分潮。年周期的 Sa 是气象分潮，它的幅角数是 056.555，而天文分潮 Sa 的幅角数是 056.554，两者的周期及角速率具有微小的差别，考虑到潮汐的年周期变化主要由气象因素引起的，在分析中取气象分潮 Sa(056.555)。另外 Q_1Sa_-，Q_1Sa_+，O_1Ssa_-，O_1Sa_-，O_1Sa_+，N_2Sa_-，N_2Sa_+，M_2Sa_-，M_2Sa_+ 等分潮是天文分潮和气象分潮相互干扰产生的浅水分潮，它们被称为天文—气象分潮[8]。

5.2.2 求解 A, B 的线性方程组[119]

在一年潮汐分析中一般取样间隔 $\Delta t = 1$ h。以 $\zeta(t)$ 表示潮高值，$t \in [-N, N]$，$N = 4\,428$，包括平均海面在内，共分析 $(m+1)$ 个分潮($m=170$)，即计算 $m+1$ 个 A，m 个 B。依式(5.2.2)可建立8 857个方程，而具有 $2m+1$ 个未知

量。依最小二乘法计算各分潮 A,B 的最优解，使得均方误差最小。

$$均方误差 = \sqrt{\frac{\sum_{t=-N}^{N}[\zeta_{实}(t)-\zeta_{算}(t)]^2}{2N+1}}$$

$$D = \sum_{t=-N}^{N}\left[\zeta(t)-\sum_{j=0}^{m}(A_j\cos\sigma_j t + B_j\sin\sigma_j t)\right]^2 \quad (5.2.5)$$

取

$$\frac{\partial D}{\partial A_i}=0, \quad i=0,1,\cdots,m \quad (5.2.6)$$

$$\frac{\partial D}{\partial B_i}=0, \quad i=1,2,\cdots,m \quad (5.2.7)$$

依式(5.2.6)得

$$\frac{1}{N+\frac{1}{2}}\sum_{t=-N}^{N}\left[\sum_{j=0}^{m}A_j\cos\sigma_j t + B_j\sin\sigma_j t\right]\cos\sigma_i t = \frac{1}{N+\frac{1}{2}}\sum_{t=-N}^{N}\zeta(t)\cos\sigma_i t$$

引用

$$\sum_{t=-N}^{N}\cos\alpha t = \frac{\sin\alpha\left(N+\frac{1}{2}\right)}{\sin\frac{1}{2}\alpha}$$

$$\sum_{t=-N}^{N}\sin\alpha t = 0$$

上式变为

$$\sum_{j=0}^{m}A_j\left[\frac{\sin(\sigma_i-\sigma_j)\left(N+\frac{1}{2}\right)}{(2N+1)\sin\frac{1}{2}(\sigma_i-\sigma_j)}+\frac{\sin(\sigma_i+\sigma_j)(N+\frac{1}{2})}{(2N+1)\sin\frac{1}{2}(\sigma_i+\sigma_j)}\right]$$

$$= \frac{1}{N+\frac{1}{2}}\sum_{t=-N}^{N}\zeta(t)\cos\sigma_i t$$

$$i,j=0,1,\cdots,m$$

得到求解各分潮 A 的线性方程组为

$$\sum_{j=0}^{m}A_j F_{i,j} = C_i, \quad i,j=0,1,\cdots,m \quad (5.2.8)$$

式中

$$C_i = \frac{1}{N+\frac{1}{2}}\sum_{t=-N}^{N}\zeta(t)\cos\sigma_i t \quad (5.2.9)$$

$$\begin{cases} F_{i,j} \atop (i\neq j) = \dfrac{\sin(\sigma_i-\sigma_j)\left(N+\dfrac{1}{2}\right)}{(2N+1)\sin\dfrac{1}{2}(\sigma_i-\sigma_j)} + \dfrac{\sin(\sigma_i+\sigma_j)\left(N+\dfrac{1}{2}\right)}{(2N+1)\sin\dfrac{1}{2}(\sigma_i+\sigma_j)} \\[2ex] F_{i,i} \atop (i=j) = \lim_{(\sigma_i-\sigma_j)\to 0} \dfrac{\left[\cos(\sigma_i-\sigma_j)\left(N+\dfrac{1}{2}\right)\right]\left(N+\dfrac{1}{2}\right)}{\left[(2N+1)\cos\dfrac{1}{2}(\sigma_i-\sigma_j)\right]\dfrac{1}{2}} + \dfrac{\sin(\sigma_i+\sigma_j)\left(N+\dfrac{1}{2}\right)}{(2N+1)\sin\dfrac{1}{2}(\sigma_i+\sigma_j)} \\[2ex] \quad = 1 + \dfrac{\sin(2N+1)\sigma_i}{(2N+1)\sin\sigma_i} \\[2ex] F_{0,0} = 1 + \lim_{\sigma_i\to 0} \dfrac{[\cos(2N+1)\sigma_i](2N+1)}{(2N+1)\cos\sigma_i} = 2 \end{cases} \quad (5.2.10)$$

同理,依式(5.2.7)可得求解各分潮 B 的线性方程组为

$$\sum_{j=1}^{m} B_j G_{i,j} = D_i, \qquad i,j=1,2,\cdots,m \qquad (5.2.11)$$

式中

$$D_i = \frac{1}{N+\dfrac{1}{2}} \sum_{t=-N}^{N} \zeta(t)\sin\sigma_i t \qquad (5.2.12)$$

$$\begin{cases} G_{i,j} \atop (i\neq j) = \dfrac{\sin(\sigma_i-\sigma_j)\left(N+\dfrac{1}{2}\right)}{(2N+1)\sin\dfrac{1}{2}(\sigma_i-\sigma_j)} - \dfrac{\sin(\sigma_i+\sigma_j)\left(N+\dfrac{1}{2}\right)}{(2N+1)\sin\dfrac{1}{2}(\sigma_i+\sigma_j)} \\[2ex] G_{i,i} \atop (i=j) = 1 - \dfrac{\sin(2N+1)\sigma_i}{(2N+1)\sin\sigma_i} \end{cases} \quad (5.2.13)$$

到此为止,可依据式(5.2.8)和式(5.2.11)求解各分潮的 A,B 值。但为了更加快速计算,可对方程系数及右端项作如下处理。依式(5.2.10)和式(5.2.13)知:

$$F_{i,j} = F_{j,i}, G_{i,j} = G_{j,i}$$

这样只需计算一半 $F_{i,j}, G_{i,j}$ 即可,从而减少计算量。另外可将 $\sin(\sigma_i\pm\sigma_j)\left(N+\dfrac{1}{2}\right)$,$\sin\dfrac{1}{2}(\sigma_i\pm\sigma_j)$ 展开,以便提高计算速度。

5.2.3 右端项 C_i, D_i 的计算

$$C_i = \frac{1}{N+\dfrac{1}{2}} \sum_{t=-N}^{N} \zeta(t)\cos\sigma_i t \qquad (5.2.14)$$

$$D_i = \frac{1}{N+\frac{1}{2}} \sum_{t=-N}^{N} \zeta(t)\sin\sigma_i t \qquad (5.2.15)$$

变为

$$C_i = \frac{1}{N+\frac{1}{2}} \left\{ \zeta(0) + \sum_{t=1}^{N} [\zeta(t)+\zeta(-t)]\cos\sigma_i t \right\}$$

$$i=0,1,\cdots,m \qquad (5.2.16)$$

$$D_i = \frac{1}{N+\frac{1}{2}} \left\{ \sum_{t=1}^{N} [\zeta(t)-\zeta(-t)]\sin\sigma_i t \right\}$$

$$i=1,2,\cdots,m \qquad (5.2.17)$$

下面介绍两种计算 C_i, D_i 的方法。

1. 三角函数递推法

计算 C_i, D_i 时,需计算 $\cos\sigma_i t, \sin\sigma_i t (t=1,2,\cdots,N)$。在计算机内完成三角函数计算费时太多。为了减少三角函数的计算,在只计算 $\cos\sigma_i$ 和 $\sin\sigma_i$ 的情况下,其他的三角函数按以下递推公式计算,从而提高计算速度。

$$\cos\sigma_i t = \cos(t-1)\sigma_i \cos\sigma_i - \sin(t-1)\sigma_i \sin\sigma_i$$

$$\sin\sigma_i t = \sin(t-1)\sigma_i \cos\sigma_i + \cos(t-1)\sigma_i \sin\sigma_i$$

$$t=2,3,\cdots,N$$

2. 瓦特迭代法[14,113]

将式(5.2.14),式(5.2.15)展成

$$C_i = \frac{1}{N+\frac{1}{2}} \left[\sum_{t=0}^{N} \zeta(-t)\cos\sigma_i t + \sum_{t=0}^{N} \zeta(t)\cos\sigma_i t - \zeta(0) \right]$$

$$D_i = \frac{1}{N+\frac{1}{2}} \left[-\sum_{t=0}^{N} \zeta(-t)\sin\sigma_i t + \sum_{t=0}^{N} \zeta(t)\sin\sigma_i t \right]$$

其中

$$\sum_{t=0}^{N} \zeta(t)\cos\sigma_i t = X_0 - X_1 \cos\sigma_i$$

$$\sum_{t=0}^{N} \zeta(-t)\cos\sigma_i t = \widetilde{X}_0 - \widetilde{X}_1 \cos\sigma_i$$

$$\sum_{t=0}^{N} \zeta(t)\sin\sigma_i t = X_1 \sin\sigma_i$$

$$\sum_{t=0}^{N} \zeta(-t)\sin\sigma_i t = \widetilde{X}_1 \sin\sigma_i$$

式中,$X_0, X_1, \widetilde{X}_0, \widetilde{X}_1$ 是通过瓦特迭代得到的。代入式(5.2.14),(5.2.15)得

$$C_i = \frac{1}{N+\frac{1}{2}} \sum_{t=-N}^{N} \zeta(t)\cos\sigma_i t$$

$$= \frac{1}{N+\frac{1}{2}}[(X_0+\widetilde{X}_0)-(X_1+\widetilde{X}_1)\cos\sigma_i - \zeta(0)]$$

$$i=0,1,\cdots,m \quad (5.2.18)$$

$$D_i = \frac{1}{N+\frac{1}{2}} \sum_{t=-N}^{N} \zeta(t)\sin\sigma_i t$$

$$= \frac{1}{N+\frac{1}{2}}(X_1-\widetilde{X}_1)\sin\sigma_i$$

$$i=1,2,\cdots,m \quad (5.2.19)$$

计算 X_0, X_1 的瓦特迭代公式

$$X_r = \zeta(r) + 2X_{r+1}\cos\sigma_i - X_{r+2} \quad (5.2.20)$$

取初值
$$X_{r+2} = 0$$
$$X_{r+1} = \zeta(N)$$

第一次迭代时取 $r=N-1$,本例 $N=4\,428$,则取 $r=4\,427$,将初值 $\zeta(4\,427)$ 代入式(5.2.20),得到第一次迭代值 $X_{4\,427}$。将 X_{r+1} 代入 X_{r+2} 的位置,X_r 代入 X_{r+1} 的位置,并代入 $\zeta(4\,426)$,依式(5.2.20)得第二次迭代值 $X_{4\,426}$。依此类推经过从 $r=4\,427$ 至 $r=0$ 共 4 428 次迭代,最后得到 X_0, X_1。

计算 $\widetilde{X}_0, \widetilde{X}_1$ 的瓦特迭代的公式是

$$\widetilde{X}_r = \zeta(-r) + 2\widetilde{X}_{r+1}\cos\sigma_i - \widetilde{X}_{r+2} \quad (5.2.21)$$

初值
$$\widetilde{X}_{r+2} = 0$$
$$\widetilde{X}_{r+1} = \zeta(-N)$$

从 $r=4\,427$ 至 $r=0$ 按(5.2.21)共进行 4 428 次迭代得到 $\widetilde{X}_0, \widetilde{X}_1$。

5.2.4 赛德尔迭代求解 A_i, B_i

以上计算的矩阵系数 $F_{i,j}$ 和 $G_{i,j}$ 的主对角线占绝对优势,可以采用赛德尔迭代法求解式(5.2.8)和(5.2.11)。

将式(5.2.8),(5.2.11)各方程所求的未知数 A_i, B_i 单独放在等式的左边,式(5.2.8),(5.2.11)变为

$$A_i = -\sum_{j=0}^{i-1} A_j \frac{F_{i,j}}{F_{i,i}} - \sum_{j=i+1}^{m} A_j \frac{F_{i,j}}{F_{i,i}} + \frac{C_i}{F_{i,i}}$$

$$i=0,1,\cdots,m \quad (5.2.22)$$

$$B_i=-\sum_{j=1}^{i-1}B_j\frac{G_{i,j}}{G_{i,i}}-\sum_{j=i+1}^{m}B_j\frac{G_{i,j}}{G_{i,i}}+\frac{D_i}{G_{i,i}}$$

$$i=1,2,\cdots,m \quad (5.2.23)$$

以式(5.2.22)为例的赛德尔迭代公式为

$$A_i^{(k)}=-\sum_{j=0}^{i-1}A_j^{(k)}\frac{F_{i,j}}{F_{i,i}}-\sum_{j=i+1}^{m}A_j^{(k-1)}\frac{F_{i,j}}{F_{i,i}}+\frac{C_i}{F_{i,i}}$$

$$i=0,1,\cdots,m \quad (5.2.24)$$

式中的 k 表示迭代的次数。

取初值 $A_i^{(0)}=0(i=0,1,\cdots,m)$，依式(5.2.24)计算第一、二……次迭代值 $A_i^{(1)},A_i^{(2)},\cdots$，直至 $|A_i^{(k)}-A_i^{(k-1)}|\leqslant 0.01$ $(i=0,1,\cdots,m)$cm 时，$A_i^{(k)}$ 作为 A_i 的值。B_i 的求解类同。赛德尔迭代求解线性方程组收敛很快，只要经数次迭代即可达到 0.01 cm 的精度。

5.2.5 $f,(V_0+u)$ 的计算

由于取第 1 天 12 时为开始时刻，第 370 天 12 时为末尾时刻，取第 186 天零时(中间时刻)为时间原点，因而要求计算该时间的 f,V_0,u。35 个天文分潮 f,u 的计算公式见表 3.6.3。依据 §2.2 所列的公式计算分析区间第 186 天零时的 s,h,p,N,p_S 后，35 个天文分潮的 f,u 即可求得。浅水分潮的 f,u 按照附表 2 第 5,6 列所给公式依天文分潮的 f,u 组合计算。例如序号为 41 的 2MN2S$_2$ 分潮其 $f=f_{M_2}^2 f_{N_2} f_{S_2}^2$，$u=2u_{M_2}+u_{N_2}-2u_{S_2}$。如果按照表 3.6.1 的公式计算 f,u，可近似地取 $f_{M_2}=f_{N_2},f_{S_2}=1,u_{M_2}=u_{N_2},u_{S_2}=0°$，那么 2MN2S$_2$ 的 $f=f_{M_2}^3,u=3u_{M_2}$。依据达尔文展开的 f,u 公式中仅是月球升交点 N 的函数，表 3.6.3 的公式不仅是 N 的函数，而且还是月球、太阳近地点的函数，因而从理论上说，后者更精确。

附表 2 第 4 列的 $k_1,k_2,\cdots,k_5$ 是 T,S,h,p,p_S 的系数，依此计算各分潮的角速度 σ 和初相 V_0。

$$\sigma=k_1\sigma_T+k_2\sigma_s+k_3\sigma_h+k_4\sigma_p+k_5\sigma_{p_S} \quad (5.2.25)$$

$$V_0=k_2 S_0+k_3 h_0+k_4 p_0+k_5 p_{S_0}+\Delta \quad (5.2.26)$$

式中，$\sigma_T,\sigma_s,\cdots,\sigma_{p_S}$ 的量值见式(3.6.4)。S_0,h_0,p_0,p_{S_0} 是观测中间时刻的天文变量。附表 2 的 k_2,k_3 不等于附表 1 中的 n_2,n_3。由于

$$\tau=15°t-s+h \quad (5.2.27)$$

那么

$$\begin{cases}k_2=n_2-k_1\\k_3=n_3+k_1\end{cases} \quad (5.2.28)$$

表 5.2.1 列出 O_1,M_2 分潮的例子。

表 5.2.1　O_1,M_2 的天文变量

分潮	幅角数	τ (n_1)	s (n_2)	h (n_3)	p (n_4)	N' (n_5)	p_S (n_6)	T (k_1)	s (k_2)	h (k_3)	p (k_4)	p_S (k_5)
O_1	145.555	1	−1	0	0	0	0	1	−2	1	0	0
M_2	255.555	2	0	0	0	0	0	2	−2	2	0	0

最后依据式(5.2.3),(5.2.4)计算各分潮振幅 R、初相 θ 及潮汐调和常数 H,g。

可以通过下式进行潮汐后报并计算逐时的增、减水 $\Delta\zeta$。

$$\zeta(t)=A_0+\sum_{j=1}^{m}(A_j\cos\sigma_j t+B_j\sin\sigma_j t)$$
$$\Delta\zeta(t)=\zeta_\text{实}(t)-\zeta(t) \qquad (5.2.29)$$
$$t=-4\,428,-4\,427,\cdots,4\,428$$

最后计算均方误差,用以检验分析的精度,结合逐时增、减水的量值判断资料的正确性。

5.2.6　对缺测资料的处理

对缺测资料可以先任意给定潮位值,进行潮汐分析,以所得的调和常数对缺测时段进行潮汐预报,以预报值代替实测值再进行一次分析。依此循环预报分析数次,即可得到相当准确的调和常数。笔者对葫芦岛 1970~1978 年的潮汐分析作了比较,将每年的潮汐资料缺测 700 h,对其进行循环预报,分析 6 次,求出缺测与不缺测资料所求调和常数的差值。9 年中 O_1 分潮 H 的最大差值为 0.32 cm,g 的最大差值为 0.60°。M_2 分潮 H 的最大差值为 0.53 cm,g 的最大差值为0.23°。虽然用这个方法能够得到比较准确的调和常数,但是得不到真实的增减水,特别是在夏季,当缺测台风最大增水时,对于台风增水多年一遇的研究不利。

§5.3　一年潮汐分析的最小二乘法(2)

本节介绍的仍是依据严格的最小二乘法进行分析的方法。利用的潮汐资料也是从第 1 天的 12 时至第 370 天的 12 时,取样间隔 $\Delta t=1$ h,第 186 天零时为中间时刻。将式(5.2.5)改为

第 5 章 潮汐、潮流分析和预报

$$D = \sum_{t=-N}^{N}{}'' \left[\zeta(t) - \sum_{j=0}^{m}(A_j\cos\sigma_j t + B_j\sin\sigma_j t) \right]^2 \quad (5.3.1)$$

式中，$N=4\,428$，$m=170$，$\sum{}''$ 表示首($t=-4\,428$)和末($t=4\,428$)两项的潮位值仅取其半参加运算。依式(5.3.1)求 D 对 A_i 的一阶微商并令其为零，得

$$\frac{\partial D}{\partial A_i} = -2\sum_{t=-N}^{N}{}'' \left[\zeta(t) - \sum_{j=0}^{m}(A_j\cos\sigma_j t + B_j\sin\sigma_j t) \right]\cos\sigma_i t = 0$$

$$\sum_{t=-N}^{N}{}'' \sum_{j=0}^{m}(A_j\cos\sigma_j t + B_j\sin\sigma_j t)\cos\sigma_i t = \sum_{t=-N}^{N}{}'' \zeta(t)\cos\sigma_i t$$

$$i=0,1,\cdots,m$$

因为

$$\sum_{t=-N}^{N}{}'' \sin\sigma_i t = 0$$

$$\sum_{t=-N}^{N}{}'' \sin\sigma_j t\cos\sigma_i t = 0$$

得

$$\sum_{j=0}^{m} A_j\left(\sum_{t=-N}^{N}{}'' \cos\sigma_i t\cos\sigma_j t \right) = \sum_{t=-N}^{N}{}'' \zeta(t)\cos\sigma_i t$$

$$i=0,1,\cdots,m \quad (5.3.2)$$

同理，取 $\dfrac{\partial D}{\partial B_i}=0$，得

$$\sum_{j=1}^{m} B_j\left(\sum_{t=-N}^{N}{}'' \sin\sigma_i t\sin\sigma_j t \right) = \sum_{t=-N}^{N}{}'' \zeta(t)\sin\sigma_i t$$

$$i=1,2,\cdots,m \quad (5.3.3)$$

简化为

$$\sum_{j=0}^{m} A_j F_{i,j} = \sum_{t=-N}^{N}{}'' \zeta(t)\cos\sigma_i t$$

$$i=0,1,\cdots,m \quad (5.3.4)$$

$$\sum_{j=1}^{m} B_j G_{i,j} = \sum_{t=-N}^{N}{}'' \zeta(t)\sin\sigma_i t$$

$$i=1,2,\cdots,m \quad (5.3.5)$$

式中

$$F_{i,j} = \sum_{t=-N}^{N}{}'' \cos\sigma_i t\cos\sigma_j t \quad (5.3.6)$$

$$G_{i,j} = \sum_{t=-N}^{N}{}'' \sin\sigma_i t\sin\sigma_j t \quad (5.3.7)$$

$$F_{i,j} = \sum_{t=-N}^{N}{}'' \frac{1}{2}\left[\cos(\sigma_i-\sigma_j)t + \cos(\sigma_i+\sigma_j)t\right] \quad (5.3.8)$$

将式(5.3.8)第一项乘以 $\sin\dfrac{1}{2}(\sigma_i-\sigma_j)$，得

$$\sum_{t=-N}^{N}{}''\frac{1}{2}\cos(\sigma_i-\sigma_j)t\sin\frac{1}{2}(\sigma_i-\sigma_j)$$

$$=\frac{1}{4}\sum_{t=-N}^{N}{}''\left[\sin(t+\frac{1}{2})(\sigma_i-\sigma_j)-\sin(t-\frac{1}{2})(\sigma_i-\sigma_j)\right]$$

$$=\frac{1}{4}\left[\sin(N+\frac{1}{2})(\sigma_i-\sigma_j)+\sin(N-\frac{1}{2})(\sigma_i-\sigma_j)\right]$$

$$=\frac{1}{2}\sin N(\sigma_i-\sigma_j)\cos\frac{1}{2}(\sigma_i-\sigma_j)$$

则

$$\sum_{t=-N}^{N}{}''\frac{1}{2}\cos(\sigma_i-\sigma_j)t=\frac{1}{2}\frac{\sin N(\sigma_i-\sigma_j)}{\tan\frac{1}{2}(\sigma_i-\sigma_j)}$$

同样

$$\sum_{t=-N}^{N}{}''\frac{1}{2}\cos(\sigma_i+\sigma_j)t=\frac{1}{2}\frac{\sin N(\sigma_i+\sigma_j)}{\tan\frac{1}{2}(\sigma_i+\sigma_j)}$$

最后得到

$$F_{\substack{i,j\\(i\neq j)}}=\frac{1}{2}\left[\frac{\sin N(\sigma_i-\sigma_j)}{\tan\frac{1}{2}(\sigma_i-\sigma_j)}+\frac{\sin N(\sigma_i+\sigma_j)}{\tan\frac{1}{2}(\sigma_i+\sigma_j)}\right]$$

$$i,j=0,1,\cdots,m \quad (5.3.9)$$

由于

$$\lim_{\sigma_i-\sigma_j\to0}\frac{\sin N(\sigma_i-\sigma_j)}{\tan\frac{1}{2}(\sigma_i-\sigma_j)}=\lim_{\sigma_i-\sigma_j\to0}\frac{N\cos N(\sigma_i-\sigma_j)}{\frac{1}{2}[1+\tan^2(\sigma_i-\sigma_j)]}=2N$$

则

$$\begin{cases}F_{\substack{i,i\\(i=j)}}=N+\dfrac{\sin 2N\sigma_i}{2\tan\sigma_i}\\ F_{0,0}=2N\end{cases} \quad (5.3.10)$$

同理

$$G_{\substack{i,j\\(i\neq j)}}=\frac{1}{2}\left[\frac{\sin N(\sigma_i-\sigma_j)}{\tan\frac{1}{2}(\sigma_i-\sigma_j)}-\frac{\sin N(\sigma_i+\sigma_j)}{\tan\frac{1}{2}(\sigma_i+\sigma_j)}\right]$$

$$i,j=1,2,\cdots,m \quad (5.3.11)$$

$$G_{\substack{i,i\\(i=j)}}=N-\frac{\sin 2N\sigma_i}{2\tan\sigma_i} \quad (5.3.12)$$

至此，依式(5.3.4)采用赛德尔迭代法求解 $A_0,A_1,\cdots,A_m$，依式(5.3.5)求解 $B_1,B_2,\cdots,B_m$。其余 $f(V_0+u)$，H，g 的计算与前节相同。

§5.4 浅水港口潮汐分析和预报的一个方法

我国沿海有许多重要浅水港口，如上海、广州等。这类港口由于航道较浅，对潮汐预报的准确度要求比较高,而这些地区的潮汐预报误差一般较大。除了气象影响在这些地区表现得更加激烈之外,从潮汐本身而言,主要是由于浅水地区非线性效应非常明显,从而导致潮汐预报误差较大。虽然可以通过增加浅水分潮按照前两节的方法进行分析预报,但是高频的浅水分潮数目极大,难以用有限数目的浅水分潮来体现总的浅水效应。本节介绍方国洪等提出的一种新的方法,用以提高预报精度。[5]

分析分两步进行,首先对实测潮汐 $\zeta(t)$ 进行调和分析,求出各分潮的调和常数。在分析过程中,为了消去高频部分对低频部分调和常数的影响,可以加入一些主要的浅水分潮,但分析后其调和常数可舍弃不用。然后从实测水位中减去平均水位和 0,1,2 族的潮位,依据剩余值再作进一步分析。

假如利用一年潮位资料 $\zeta(t)$,($t \in [-N, N]$,取样间隔为 1 h,$N=4\ 428$)对其进行调和分析,计算各分潮的潮汐调和常数,再依据下式计算每小时 0,1,2 族的振幅 $R(t)$ 和位相 $r(t)$。各族的振幅和位相的变化已不再是常数,而具有缓慢的变化。

$$\begin{cases} R_0(t)\cos r_0(t) = \sum_{j=1}^{m_0} f_j H_j \cos[\sigma_j t + (V_0+u)_j - g_j] \\ R_0(t)\sin r_0(t) = \sum_{j=1}^{m_0} f_j H_j \sin[\sigma_j t + (V_0+u)_j - g_j] \\ R_1(t)\cos r_1(t) = \sum_{j=1}^{m_1} f_j H_j \cos[\sigma_j t + (V_0+u)_j - g_j] \\ R_1(t)\sin r_1(t) = \sum_{j=1}^{m_1} f_j H_j \sin[\sigma_j t + (V_0+u)_j - g_j] \\ R_2(t)\cos r_2(t) = \sum_{j=1}^{m_2} f_j H_j \cos[\sigma_j t + (V_0+u)_j - g_j] \\ R_2(t)\sin r_2(t) = \sum_{j=1}^{m_2} f_j H_j \sin[\sigma_j t + (V_0+u)_j - g_j] \end{cases}$$
$$t = -N, -N+1, \cdots, N \quad (5.4.1)$$

式中,m_0, m_1, m_2 是 0,1,2 族所属分潮的个数。

根据潮波动力学,运动方程中的平流项,如 $u\dfrac{\partial u}{\partial x}, \cdots$ 和连续方程中的非线性项,如 $\dfrac{\partial(\zeta u)}{\partial x}, \cdots$ 能够产生高级摄动项,其二阶项为 $KR_2^2\cos(2r_2-\theta), KR_1R_2\cos(r_1+r_2-\theta)$。式中的 K 和 θ 为常量,各项的 K, θ 不同。第 1 项中的 r_2 表示为

2族的位相，$2r_2$表示为 4 族的位相。除了这两项，还有$KR_0R_1\cos(r_0+r_1-\theta)$，$KR_1^2\cos(2r_1-\theta)$，$KR_1R_2\cos(r_2-r_1-\theta)$等。它们属于低频部分，已经在 0~2 族调和分潮中考虑了。由上面这些项再与一阶项组合可得三阶摄动项。类似地由二阶与二阶组合或三阶与一阶组合，可以产生四阶项等等。

另外由运动方程摩擦项所产生的二阶摄动项为 $KR_1^2\cos(3r_1-\theta)$，$KR_2^2\cos(3r_2-\theta)$，$KR_1R_2\cos(2r_1+r_2-\theta)$，$KR_1R_2\cos(r_1+2r_2-\theta)$，$KR_1R_2\cos(2r_2-r_1-\theta)$等，总共有 34 项高阶项。高阶摄动项之和为

$$\sum_{j=1}^{34} K_j A_j(t)\cos[a_j(t)-\theta_j]=\Delta\zeta(t)$$

$$t=-N,-N+1,\cdots,N \quad (5.4.2)$$

式中

$$\Delta\zeta(t)=\zeta(t)-\zeta_{0,1,2}(t) \quad (5.4.3)$$

而

$$\zeta_{0,1,2}(t)=A_0+\sum_{i=1}^{m} f_i H_i\cos[\sigma_i t+(V_0+u)_i-g_i]$$

m 表示 0,1,2 族总的分潮数。高阶项各调和分量的 A_j,a_j 的计算公式列于表5.4.1。

表 5.4.1 准调和项中 A,a 的表达式

j	A_j	a_j	族	j	A_j	a_j	族
1	R_1^2	$3r_1$	3	18	$R_1R_2^2$	$3r_2-r_1$	5
2	R_1R_2	r_1+r_2	3	19	$R_1R_2^3$	$3r_2-r_1$	5
3	$R_1^2R_2$	r_1+r_2	3	20	$R_1^2R_2$	$2r_1+2r_2$	6
4	R_1R_2	$2r_2-r_1$	3	21	R_2^2	$3r_2$	6
5	$R_1R_2^2$	$2r_2-r_1$	3	22	R_2^3	$3r_2$	6
6	$R_1R_2^3$	$2r_2-r_1$	3	23	R_2^4	$3r_2$	6
7	R_1^3	$4r_1$	4	24	$R_1R_2^2$	r_1+3r_2	7
8	R_1R_2	$2r_1+r_2$	4	25	$R_1R_2^3$	r_1+3r_2	7
9	$R_1^2R_2$	$2r_1+r_2$	4	26	$R_1R_2^3$	$4r_2-r_1$	7
10	$R_1^3R_2$	$2r_1+r_2$	4	27	$R_1R_2^4$	$4r_2-r_1$	7
11	R_2^2	$2r_2$	4	28	R_2^3	$4r_2$	8
12	R_2^3	$2r_2$	4	29	R_2^4	$4r_2$	8
13	$R_0R_2^2$	$2r_2$	4	30	$R_1R_2^4$	r_1+4r_2	9
14	$R_1^2R_2$	$3r_1+r_2$	5	31	R_2^4	$5r_2$	10
15	R_1R_2	r_1+2r_2	5	32	R_2^5	$5r_2$	10
16	$R_1R_2^2$	r_1+2r_2	5	33	R_2^5	$6r_2$	12
17	$R_1R_2^3$	r_1+2r_2	5	34	R_2^6	$6r_2$	12

对于一年的资料,$N=4\,428$,依式(5.4.2)可以建立 8 857 个方程式,只有 34 个 K_j 和 34 个 θ_j 未知数。依最小二乘法原理建立法方程组求解。依式(5.4.2)得

$$\begin{cases} \sum_{t=-N}^{N} \sum_{j=1}^{34} [X_j A_j(t)\cos a_j(t)+Y_j A_j(t)\sin a_j(t)]A_i(t)\cos a_i(t) \\ = \sum_{t=-N}^{N} \Delta\zeta(t)A_i(t)\cos a_i(t) \\ \sum_{t=-N}^{N} \sum_{j=1}^{34} [X_j A_j(t)\cos a_j(t)+Y_j A_j(t)\sin a_j(t)]A_i(t)\sin a_i(t) \\ = \sum_{t=-N}^{N} \Delta\zeta(t)A_i(t)\sin a_i(t) \end{cases}$$

$$i=1,2,\cdots,34 \quad (5.4.4)$$

式中

$$\begin{cases} X_j=K_j\cos\theta_j \\ Y_j=K_j\sin\theta_j \end{cases} \quad (5.4.5)$$

令

$$\begin{cases} C_{ij}=\sum_{t=-N}^{N} A_i(t)A_j(t)\cos a_i(t)\cos a_j(t) \\ D_{ij}=\sum_{t=-N}^{N} A_i(t)A_j(t)\cos a_i(t)\sin a_j(t) \\ E_{ij}=\sum_{t=-N}^{N} A_i(t)A_j(t)\sin a_i(t)\cos a_j(t) \\ F_{ij}=\sum_{t=-N}^{N} A_i(t)A_j(t)\sin a_i(t)\sin a_j(t) \end{cases} \quad (5.4.6)$$

得

$$\begin{cases} \sum_{j=1}^{34} X_j C_{ij}+\sum_{j=1}^{34} Y_j D_{ij}=\sum_{t=-N}^{N} \Delta\zeta(t)A_i(t)\cos a_i(t) \\ \sum_{j=1}^{34} X_j E_{ij}+\sum_{j=1}^{34} Y_j F_{ij}=\sum_{t=-N}^{N} \Delta\zeta(t)A_i(t)\sin a_i(t) \end{cases}$$

$$i=1,2,\cdots,34 \quad (5.4.7)$$

最后得

$$\begin{cases} K_j=\sqrt{X_j^2+Y_j^2} \\ \theta_j=\arctan\dfrac{Y_j}{X_j} \end{cases} \quad (5.4.8)$$

潮位预报公式

$$\zeta(t)=A_0+\sum_{i=1}^{m} f_i H_i \cos[\sigma_i t+(V_0+u)_i-g_i]+$$

$$\sum_{j=1}^{34} K_j A_j(t)\cos[a_j(t)-\theta_j] \tag{5.4.9}$$

文献[5]采用调和法对吴淞站进行分析预报时,高、低潮高度及高潮时间都比较好,但低潮时间误差很大。采用本节方法预报时,高、低潮高度及高潮时与调和法差不多,而低潮时的预报准确度有了实质性改进。

§5.5 高低潮数据的调和分析

在计算潮汐调和常数时,通常利用逐时潮汐资料进行调和分析,但在某些港口只能得到高、低潮的潮高和潮时的数据,甚至对有的港口只能掌握发行的潮汐表中预报的每日高、低潮的数据。但是工作要求我们必须掌握该港口的调和常数,以便进行潮汐预报。1951 年 Doodson 提出了一个依据高、低潮资料计算调和常数的方法,由于当时没有电子计算机,依据的计算公式虽能人工计算,但相当繁杂。现在介绍王骥、方国洪利用高、低潮资料依据最小二乘法计算潮汐调和常数的方法[12]。

对半日潮海区,高、低潮的间隔为 6 个太阴时左右,其折叠频率为 2 周/太阴日。这样 1/3 日,1/4 日……的分潮不能分析,它们的谱值将影响到长、日、半日周期的分潮中。浅水效应明显的海域,其影响会更大。对于日潮区,很多天内高、低潮的间隔为半天左右,依据高低潮资料计算调和常数的方法造成的误差会更加明显。但是在缺少逐时潮位资料的情况下,这个方法仍然是一种可以采用的方法。

潮位表达式

$$\zeta(t)=X_0+\sum_{j=1}^{m} f_j H_j \cos[\sigma_j t+(V_0+u)_j-g_j]$$

已知 $t_1,t_2,\cdots,t_k$ 时刻潮位达到高潮或低潮,相应的潮高为 $\zeta_1,\zeta_2,\cdots,\zeta_k$。高低潮潮高 ζ_k 的表达式为

$$X_0+\sum_{j=1}^{m} f_j H_j \cos[\sigma_j t_k+(V_0+u)_j-g_j]=\zeta_k$$

$$k=1,2,\cdots,K \tag{5.5.1}$$

式中,X_0 为平均海面,$t=0$ 时取在中间日期或起始日的零时,t_k 为以 $t=0$ 时为时间原点计算的高、低潮的时间,V_0+u 为 $t=0$ 时刻的天文初相角。其余为潮汐学惯用符号。

在发生高、低潮时,水位相对于时间的导数为零,因而依式(5.5.1)得:

$$\sum_{j=1}^{m} \sigma_j f_j H_j \sin[\sigma_j t_k+(V_0+u)_j-g_j]=0$$

$$k=1,2,\cdots,K \qquad (5.5.2)$$

令
$$(V_0+u)_j-g_j=-\theta_j$$
$$\begin{cases} X_j=f_jH_j\cos\theta_j \\ Y_j=f_jH_j\sin\theta_j \end{cases} \qquad (5.5.3)$$

式(5.5.1),(5.5.2)变为

$$\begin{cases} \sum_{j=0}^{m} X_j(\cos\sigma_j t_k)+\sum_{j=1}^{m} Y_j(\sin\sigma_j t_k)=\zeta_k \\ \sum_{j=1}^{m} X_j(w\sigma_j\sin\sigma_j t_k)-\sum_{j=1}^{m} Y_j(w\sigma_j\cos\sigma_j t_k)=0 \end{cases}$$
$$k=1,2,\cdots,K \qquad (5.5.4)$$

式中,w 为权函数,通常可以取为 1。依据 k 个高、低潮,可以建立 $2K$ 个方程式,而未知数为 $2m+1$ 个。当方程式数大于未知数时,按照最小二乘法建立法方程组,使方程式数与未知数相等,则方程组可解。

对式(5.5.4)通过建立法方程式的方法,得

$$\sum_{j=0}^{m} X_j \sum_{k=1}^{K} \cos\sigma_j t_k \cos\sigma_i t_k + \sum_{j=1}^{m} Y_j \sum_{k=1}^{K} \sin\sigma_j t_k \cos\sigma_i t_k = \sum_{k=1}^{K} \zeta_k \cos\sigma_i t_k$$
$$i=0,1,\cdots,m$$

$$\sum_{j=0}^{m} X_j \sum_{k=1}^{K} \cos\sigma_j t_k \sin\sigma_i t_k + \sum_{j=1}^{m} Y_j \sum_{k=1}^{K} \sin\sigma_j t_k \sin\sigma_i t_k = \sum_{k=1}^{K} \zeta_k \sin\sigma_i t_k$$
$$i=1,2,\cdots,m$$

$$\sum_{j=1}^{m} X_j \sum_{k=1}^{K} w^2\sigma_j\sigma_i \sin\sigma_j t_k \sin\sigma_i t_k - \sum_{j=1}^{m} Y_j w^2\sigma_j\sigma_i \cos\sigma_j t_k \sin\sigma_i t_k = 0$$
$$i=1,2,\cdots,m$$

$$-\sum_{j=1}^{m} X_j \sum_{k=1}^{K} w^2\sigma_j\sigma_i \sin\sigma_j t_k \cos\sigma_i t_k + \sum_{j=1}^{m} Y_j w^2\sigma_j\sigma_i \cos\sigma_j t_k \cos\sigma_i t_k = 0$$
$$i=1,2,\cdots,m$$

将上面 4 个式子中的第 1 和第 3 式相加,第 2 和第 4 式相加,得到求解 X_j,Y_j 的法方程组。

$$\begin{cases} \sum_{j=0}^{m} A_{ij}X_j+\sum_{j=1}^{m} C_{ij}Y_j=F_i, & (i=0,1,\cdots,m) \\ \sum_{j=1}^{m} D_{ij}X_j+\sum_{j=1}^{m} B_{ij}Y_j=G_i, & (i=1,2,\cdots,m) \end{cases} \qquad (5.5.5)$$

其中系数行列式的元素分别为

$$\begin{cases} A_{00} = K \\ A_{0j} = \sum_{k=1}^{K} \cos\sigma_j t_k \\ A_{ij} = \sum_{k=1}^{K} \cos\sigma_i t_k \cos\sigma_j t_k + w^2 \sigma_i \sigma_j \sum_{k=1}^{K} \sin\sigma_i t_k \sin\sigma_j t_k \\ C_{0j} = D_{j0} = \sum_{k=1}^{K} \sin\sigma_j t_k \\ C_{ij} = \sum_{k=1}^{K} \cos\sigma_i t_k \sin\sigma_j t_k - w^2 \sigma_i \sigma_j \sum_{k=1}^{K} \sin\sigma_i t_k \cos\sigma_j t_k \\ D_{ij} = \sum_{k=1}^{K} \sin\sigma_i t_k \cos\sigma_j t_k - w^2 \sigma_i \sigma_j \sum_{k=1}^{K} \cos\sigma_i t_k \sin\sigma_j t_k \\ B_{ij} = \sum_{k=1}^{K} \sin\sigma_i t_k \sin\sigma_j t_k + w^2 \sigma_i \sigma_j \sum_{k=1}^{K} \cos\sigma_i t_k \cos\sigma_j t_k \end{cases}$$

$$i,j = 1,2,\cdots,m \quad (5.5.6)$$

方程右端项为

$$\begin{cases} F_0 = \sum_{k=1}^{K} \zeta_k \\ F_i = \sum_{k=1}^{K} \zeta_k \cos\sigma_i t_k \\ G_i = \sum_{k=1}^{K} \zeta_k \sin\sigma_i t_k \end{cases}$$

$$i = 1,2,\cdots,m \quad (5.5.7)$$

对于一年高、低潮的分析,当求得 X_j, Y_j 后,调和常数

$$\begin{cases} H_j = \dfrac{\sqrt{X_j^2 + Y_j^2}}{f_j} \\ g_j = (V_0 + u)_j + \arctan\dfrac{Y_j}{X_j} \end{cases} \quad (5.5.8)$$

对于一个月高、低潮的分析,在计算调和常数时,尚需进行次要分潮的订正(参看§5.6)。

§5.6 一个月潮汐资料的分析方法

在电子计算机使用之前,我国普遍采用达尔文方法进行潮汐分析,即利用一个月的潮汐资料计算 $Q_1, O_1, P_1, K_1, N_2, M_2, S_2, K_2, M_4, MS_4$ 和 M_6 共 11 个分潮的调和常数,依此进行潮汐预报。虽然该方法分析精度较差,计算费时,但

在没有电子计算机的年代里,它是有贡献的。本文介绍利用一个月的潮汐按照最小二乘法原理进行潮汐分析的方法。

5.6.1 分潮的选取

由于在一月潮汐分析中,要求两个相邻分潮的角速度之差 $\Delta\sigma \geqslant 0.5°/h$,因而在年分析中分析的分潮不能在月分析中都得到分析。例如 π_1,P_1,S_1,K_1,ψ_1,φ_1 分潮,它们之间的最大角速度之差为 $0.205°/h$,因此在一月分析中分离不开,而只能作为一个小组被分离出来。在这一组分潮中只能取最大的 K_1 分潮作为主要分潮与其他各组的主要分潮在一个月分析中进行分析,再对分析的主要分潮的结果进行次要分潮的订正。本节介绍的这一方法共计算 46 个主要分潮的调和常数,再近似计算 28 个次要分潮的调和常数[39],见表 5.6.1。需要指出的是,在这些主要分潮中,有相邻主要分潮的角速度之差仅为 $0.47°/h$,这会造成一定的误差。长周期分潮中只分析 Mm,MS_f,Mn 3 个分潮。在只有 1 个月资料的情况下,不可能分析年周期的 Sa 和半年周期的 Ssa 分潮,以及其他大于 1 个月的其他长周期分潮。

5.6.2 线性方程组的建立

取 1 个月零 1 小时的潮汐资料,取样间隔 $\Delta t = 1$ h,共 721 潮位值。时间原点取在第 16 天的零时。依据 §5.2 节最小二乘法原理建立起计算 46 个主要分潮 A,B 值的线性方程组为

$$\sum_{j=0}^{m} A_j F_{ij} = \frac{1}{N+\frac{1}{2}} \sum_{t=-N}^{N} \zeta(t)\cos\sigma_i t$$

$$i=0,1,\cdots,m \quad (5.6.1)$$

$$\sum_{j=1}^{m} B_j G_{ij} = \frac{1}{N+\frac{1}{2}} \sum_{t=-N}^{N} \zeta(t)\sin\sigma_i t$$

$$i=1,2,\cdots,m \quad (5.6.2)$$

式中,$N=360$,$m=46$,

$$\begin{cases} \genfrac{}{}{0pt}{}{F_{i,j}}{\genfrac{}{}{0pt}{}{G_{i,j}}{(i\neq j)}} = \frac{\sin(\sigma_i-\sigma_j)\left(N+\frac{1}{2}\right)}{(2N+1)\sin\frac{1}{2}(\sigma_i-\sigma_j)} \pm \frac{\sin(\sigma_i+\sigma_j)\left(N+\frac{1}{2}\right)}{(2N+1)\sin\frac{1}{2}(\sigma_i+\sigma_j)} \\ \genfrac{}{}{0pt}{}{F_{i,i}}{\genfrac{}{}{0pt}{}{G_{i,i}}{(i=j)}} = 1 \pm \frac{\sin(2N+1)\sigma_i}{(2N+1)\sin\sigma_i} \\ F_{0,0} = 2 \end{cases}$$

$$(5.6.3)$$

表 5.6.1 一月潮汐分析的分潮一览表

序号	分潮	V_0 s	h	p	p_s	Δ (°)	f (n_0)	$\cos N$ (n_1)	$\cos 2N$ (n_2)	$\cos 3N$ (n_3)	u $\sin N$ (m_1)	$\sin 2N$ (m_2)	$\sin 3N$ (m_3)
		(k_2) (k_3)	(k_4)	(k_5)									
0	A_0	0 0	0	0	0	0	1	0	0	0	0	0	0
1	M_m	1 0	−1	0	0	0	1	−0.130 0	0.001 3	0	0	0	0
2	MS_f	2 −2	0	0	0	0	1.000 4	−0.037 3	0.000 2	0	0	2.14	0
3	M_n	3 0	−1	0	0	270	1.042 9	0.413 5	−0.004 0	0	−23.74	2.68	−0.38
4	σ_1	−4 3	0	0	0	270	1.008 9	0.187 1	−0.014 7	0.001 4	10.80	−1.34	0.19
5	Q_1	−3 1	1	0	0	270	1.008 9	0.187 1	−0.014 7	0.001 4	10.80	−1.34	0.19
6	O_1	−2 1	0	0	0	270	1.008 9	0.187 1	−0.014 7	0.001 4	10.80	−1.34	0.19
7	M_1	−1 1	0	0	0	90	*	*	*	*	*	*	*
8	K_1	0 1	0	0	0	90	1.006 0	0.115 0	−0.008 8	0.000 6	−8.86	0.68	−0.07
9	J_1	1 1	−1	0	0	90	1.012 9	0.167 6	−0.017 0	0.001 6	−12.96	1.34	−0.19
10	OO_1	2 1	0	0	0	90	1.102 7	0.650 4	0.031 7	−0.001 4	−36.68	4.02	−0.57
11	KQ_1	3 1	−1	0	0	90	1.059 9	0.479 1	0.020 2	0.001 4	−28.54	2.02	−0.23
12	$3M2S_2$	−6 6	0	0	0	0	1.003 3	−0.112 1	0.002 7	0	−6.42	0	0
13	MNS_2	−5 4	1	0	0	0	1.001 5	−0.074 6	0.001 1	0	−4.28	0	0
14	μ_2	−4 4	0	0	0	0	1.000 4	−0.037 3	0.000 2	0	−2.14	0	0
15	N_2	−3 2	1	0	0	0	1.000 4	−0.037 3	0.000 2	0	−2.14	0	0
16	M_2	−2 2	0	0	0	0	1.000 4	−0.037 3	0.000 2	0	−2.14	0	0
17	L_2	−1 2	−1	0	0	180	*	*	*	*	*	*	*
18	S_2	0 0	0	0	0	0	1	0	0	0	0	0	0

(续表)

序号	分潮	V_0					f				u		
		s (k_2)	h (k_3)	p (k_4)	p_s (k_5)	Δ $(°)$	(n_0)	$\cos N$ (n_1)	$\cos 2N$ (n_2)	$\cos 3N$ (n_3)	$\sin N$ (m_1)	$\sin 2N$ (m_2)	$\sin 3N$ (m_3)
19	2SM$_2$	2	−2	0	0	0	1.000 4	−0.037 3	0.000 2	0	2.14	0	0
20	MQ$_3$	−5	3	1	0	270	1.005 8	0.149 8	−0.018 0	0.001 7	8.66	−1.34	0.19
21	MO$_3$	−4	3	0	0	270	1.005 8	0.149 8	−0.018 0	0.001 7	8.66	−1.34	0.19
22	M$_3$	−3	3	0	0	180	1.000 6	−0.056 0	0.000 3	0	−3.21	0	0
23	MK$_3$	−2	3	0	0	90	1.004 3	0.077 7	−0.010 8	0.000 8	−11.00	0.68	−0.07
24	2MQ$_3$	−1	3	−1	0	90	1.003 4	0.112 7	−0.020 7	0.002 0	−15.08	1.34	−0.19
25	SK$_3$	0	1	0	0	90	1.006 0	0.115 0	−0.008 8	0.000 6	−8.86	0.68	−0.07
26	2MNS$_4$	−7	6	1	0	0	1.003 3	−0.112 1	0.002 7	0	−6.14	0	0
27	3MS$_4$	−6	6	0	0	0	1.003 3	−0.112 1	0.002 7	0	−6.14	0	0
28	MN$_4$	−5	4	1	0	0	1.001 5	−0.074 6	0.001 1	0	−4.28	0	0
29	M$_4$	−4	4	0	0	0	1.001 5	−0.074 6	0.001 1	0	−4.28	0	0
30	SN$_4$	−3	2	1	0	0	1.000 4	−0.037 3	0.000 2	0	−2.14	0	0
31	MS$_4$	−2	2	0	0	0	1.000 4	−0.037 3	0.000 2	0	−2.14	0	0
32	2MSN$_4$	−1	2	−1	0	0	1.003 3	−0.112 1	0.002 7	0	−2.14	0	0
33	S$_4$	0	0	0	0	0	1	0	0	0	0	0	0
34	MNO$_5$	−7	5	1	0	270	1.003 4	0.112 7	−0.020 7	0.002 0	−6.52	−1.34	0.19
35	2MO$_5$	−6	5	0	0	270	1.003 4	0.112 7	−0.020 7	0.002 0.	−6.52	−1.34	0.19
36	M$_5$	−5	5	0	0	0	1.002 0	−0.093 3	0.001 5	0	−5.35	0	0
37	2MK$_5$	−4	5	0	0	90	1.003 2	0.040 5	−0.012 0	0.001 0	−13.14	0.68	−0.07

(续表)

序号	分潮	V_0					f				u		
		s (k_2)	h (k_3)	p (k_4)	p_s (k_5)	Δ $(°)$	(n_0)	$\cos N$ (n_1)	$\cos 2N$ (n_2)	$\cos 3N$ (n_3)	$\sin N$ (m_1)	$\sin 2N$ (m_2)	$\sin 3N$ (m_3)
38	MSK₅	−2	3	0	0	90	1.004 3	0.077 7	−0.010 8	0.000 8	−11.00	0.68	−0.07
39	2NM₆	−8	6	2	0	0	1.003 3	−0.112 1	0.002 7	0	−6.42	0	0
40	2MN₆	−7	6	1	0	0	1.003 3	−0.112 1	0.002 7	0	−6.42	0	0
41	M₆	−6	6	0	0	0	1.003 3	−0.112 1	0.002 7	0	−6.42	0	0
42	MSN₆	−5	4	1	0	0	1.001 5	−0.074 6	0.001 1	0	−4.28	0	0
43	2MS₆	−4	4	0	0	0	1.001 5	−0.074 6	0.001 1	0	−4.28	0	0
44	2SN₆	−3	2	1	0	0	1.000 4	−0.037 3	0.000 2	0	−2.14	0	0
45	2SM₆	−2	2	0	0	0	1.000 4	−0.037 3	0.000 2	0	−2.14	0	0
46	S₆	0	0	0	0	0	1	0	0	0	0	0	0
47	2Q₁	−4	1	2	0	270	1.008 9	0.187 1	−0.014 7	0.001 4	10.80	−1.34	0.19
48	ρ₁	−3	3	−1	0	270	1.008 9	0.187 1	−0.014 7	0.001 4	10.80	−1.34	0.19
49	χ₁	−1	3	−1	0	90	1.012 9	0.167 6	−0.017 0	0.001 6	−12.96	1.34	−0.19
50	π₁	0	−2	0	1	270	1	0	0	0	0	0	0
51	P₁	0	−1	0	0	270	1	0	0	0	0	0	0
52	ψ₁	0	2	0	−1	90	1	0	0	0	0	0	0
53	φ₁	0	3	0	0	90	1	0	0	0	0	0	0
54	θ₁	1	−1	0	0	90	1.012 9	0.167 6	−0.017 0	0.001 6	−12.96	1.34	−0.19
55	2NS₂	−6	4	2	0	0	1.001 5	−0.074 6	0.001 1	0	−4.28	0	0
56	2N₂	−4	2	2	0	0	1.000 4	−0.037 3	0.000 2	0	−2.14	0	0
57	ν₂	−3	4	−1	0	0	1.000 4	−0.037 3	0.000 2	0	−2.14	0	0

(续表)

第 5 章 潮汐、潮流分析和预报

序号	分潮	V_0						f				u		
		s (k_2)	h (k_3)	p (k_4)	p_s (k_5)	Δ (°)		(n_0)	$\cos N$ (n_1)	$\cos 2N$ (n_2)	$\cos 3N$ (n_3)	$\sin N$ (m_1)	$\sin 2N$ (m_2)	$\sin 3N$ (m_3)
58	λ_2	-1	0	1	0	180		1.000 4	-0.037 3	0.000 2	0	-2.14	0	0
59	T_2	0	-1	0	1	0		1	0	0	0	0	0	0
60	R_2	0	1	0	-1	180		1	0	0	0	0	0	0
61	K_2	0	2	0	0	0		1.024 1	0.286 1	0.008 3	-0.001 5	-17.74	0.68	-0.04
62	SKM_2	2	0	0	0	0		1.019 2	0.248 1	0.003 2	-0.001 6	-15.60	0.68	-0.04
63	$3MK_4$	-6	4	0	0	0		1.011 4	0.172 4	-0.004 9	-0.001 6	11.32	-0.68	0.04
64	M_{D2}	-5	6	-1	0	0		1.001 5	-0.074 6	0.001 1	0	-4.28	0	0
65	$2MSK_4$	-4	2	0	0	0		1.015 0	0.210 2	-0.001 2	-0.001 7	13.46	-0.68	0.04
66	$2MKS_4$	-4	6	0	0	0		1.015 0	0.210 2	-0.001 2	-0.001 7	-22.02	0.68	-0.04
67	$3MN_4$	-3	4	-1	0	0		1.005 8	-0.149 6	0.005 0	-0.000 1	-4.28	0	0
68	MT_4	-2	1	0	1	0		1.000 4	-0.037 3	0.000 2	0	-2.14	0	0
69	MK_4	-2	4	0	0	0		1.019 2	0.248 1	0.003 2	-0.001 6	-19.88	0.68	0.04
70	$2SNM_4$	-1	0	1	0	0		1.001 5	-0.074 6	0.001 1	0	0	0	0
71	SK_4	0	2	0	0	0		1.024 1	0.286 3	0.008 3	-0.001 5	-17.74	0.68	-0.04
72	MKN_6	-5	6	1	0	0		1.015 0	0.210 2	-0.001 2	-0.001 7	-22.02	0.68	-0.04
73	$2MK_6$	-4	6	0	0	0		1.015 0	0.210 2	-0.001 2	-0.001 7	-22.02	0.68	-0.04
74	MSK_6	-2	4	0	0	0		1.019 2	0.248 1	0.003 2	-0.001 6	-19.88	0.68	-0.04

* 仍采用 M_1, L_2 分潮通用的公式（见表 3.6.1）；m_1, m_2, m_3 的单位为度。

可以采用赛德尔迭代法求解各分潮的 A, B 值。受各次要分潮影响的主要分潮的振幅和初相分别为

$$R_j = (A_j^2 + B_j^2)^{1/2}$$

$$\theta_j = \arctan \frac{B_j}{A_j} \tag{5.6.4}$$

5.6.3 次要分潮的订正

以上计算的各主要分潮的 A, B 值，它包含着次要分潮的影响，或者可以认为它们是各分潮组的振幅和初相，只是在月分析过程中落在各主要分潮的频率上。

以只有一个次要分潮为例进行计算：

$$\zeta_主(t) = fH\cos[\sigma t + (V_0 + u) - g] = fH\cos(E - g)$$

$$\zeta_次(t) = f'H'\cos[\sigma' t + (V_0 + u)' - g'] = f'H'\cos(E' - g')$$

近似地取 $g = g'$，

$$\zeta(t) = \zeta_主(t) + \zeta_次(t) = fH\cos(E - g) + f'H'\cos(E' - g)$$

令

$$\begin{cases} \cos E + \dfrac{f'H'}{fH}\cos E' = (1+w)\cos(E+\omega) \\ \sin E + \dfrac{f'H'}{fH}\sin E' = (1+w)\sin(E+\omega) \end{cases} \tag{5.6.5}$$

那么

$$\zeta(t) = fH(1+w)\cos(E+\omega-g)$$
$$= R_主(1+w)\cos[\sigma t + (V_0+u) + \omega - g]$$

取

$$R_主(1+w) = R$$
$$(V_0+u) + \omega - g = -\theta$$

由式(5.6.1)至式(5.6.4)计算出 R, θ 后，各主要分潮的调和常数为

$$\begin{cases} H_主 = \dfrac{R}{f_主(1+w)} \\ g_主 = (V_0+u)_主 + \theta + \omega \end{cases} \tag{5.6.6}$$

当一个主要分潮受到多个次要分潮影响时，计算 $(1+w), \omega$ 的公式为

$$\begin{cases} 1 + \sum_j \dfrac{f'_j}{f} K\cos(E'_j - E) = (1+w)\cos\omega \\ \sum_j \dfrac{f'_j}{f} K\sin(E'_j - E) = (1+w)\sin\omega \end{cases} \tag{5.6.7}$$

式中，$K = \dfrac{H'}{H}$ 为次要分潮与主要分潮平均振幅之比。它可以采用平衡潮的分潮平均系数或附近长期验潮站的调和常数计算。以平衡潮的平均系数计算的各

次要分潮的 K 值见表 5.6.2;(E'_j-E)为次要分潮与主要分潮的相角之差,其计算公式也列于表 5.6.2。式(5.6.7)各分潮的 f 及(E'_j-E)公式中的天文变量要求计算中间时刻的量值。

5.6.4 次要分潮调和常数的计算

通过近似计算的方法计算次要分潮的调和常数。3 个分潮之间的迟角存在如下的近似关系：

$$\frac{g_c-g_a}{g_b-g_a}=\frac{\sigma_c-\sigma_a}{\sigma_b-\sigma_a} \tag{5.6.8}$$

例 $\qquad g_{P_1}=g_{K_1}-0.074\,8(g_{K_1}-g_{O_1})$

当主要分潮 K_1,O_1 的迟角 g 已知时,P_1 分潮的 g 即可求得。次要分潮的平均振幅：

$$H_{次}=KH_{主}$$

例 $\qquad H_{P_1}=0.331H_{K_1}$

各次要分潮计算区时专用迟角 g 的公式和系数 K 的量值见表 5.6.2。

表 5.6.2 次要分潮的计算公式

次要分潮	主要分潮	H'/H	E'_j-E	$g_c=g_a+\alpha(g_a-g_b)$
$2Q_1$	σ_1	$2\theta_1/\sigma_1$	$-2h+2p-\Delta g_1$	$g_{\sigma_1}+\Delta g_1$
σ_1	$2Q_1$	$\sigma_1/2\theta_1$	$2h-2p-\Delta g_2$	$g_{2Q_1}+\Delta g_2$
ρ_1	Q_1	0.194	$2h-2p$	$g_{Q_1}+0.044\,4(g_{K_1}-g_{O_1})$
χ_1	M_1	0.191	$2h-p+u_{X_1}-u_{M_1}$	$g_{M_1}+0.141\,2(g_{K_1}-g_{M_1})$
π_1	K_1	0.019	$-3h+p_S+180°-u_{K_1}$	$g_{K_1}-0.112\,2(g_{K_1}-g_{O_1})$
P_1	K_1	0.331	$-2h+180°-u_{K_1}$	$g_{K_1}-0.074\,8(g_{K_1}-g_{O_1})$
ψ_1	K_1	0.008	$h-p_S-u_{K_1}$	$g_{K_1}+0.037\,4(g_{K_1}-g_{O_1})$
φ_1	K_1	0.014	$2h-u_{K_1}$	$g_{K_1}+0.074\,8(g_{K_1}-g_{O_1})$
θ_1	J_1	0.191	$-2h+2p$	$g_{K_1}+0.429\,5(g_{K_1}-g_{O_1})$
$2NS_2$	$3MS_2$	0.117	$-2h+2p-u_{M_2}$	g_{3MS_2}
$2N_2$	μ_2	*	$-2h+2p-\Delta g_3$	$g_{\mu_2}+\Delta g_3$
ν_2	N_2	0.194	$2h-2p$	$g_{N_2}+0.046\,7(g_{S_2}-g_{N_2})$

(续表)

次要分潮	主要分潮	H'/H	$E'_j - E$	$g_c = g_a + \alpha(g_a - g_b)$
λ_2	L_2	0.256	$-2h + 2p + u_{\lambda_2} - u_{L_2}$	$g_{L_2} - 0.1545(g_{S_2} - g_{L_2})$
T_2	S_2	0.059	$-h + p_S$	$g_{S_2} - 0.0404(g_{S_2} - g_{M_2})$
R_2	S_2	0.008	$h - p_S + 180°$	$g_{S_2} + 0.0404(g_{S_2} - g_{M_2})$
K_2	S_2	0.272	$2h + u_{K_2}$	$g_{S_2} + 0.0808(g_{S_2} - g_{M_2})$
SKM_2	$2SM_2$	0.363	$2h + u_{K_2}$	g_{2SM_2}
$2MP_3$	MO_3	0.317	$2h - 180° + u_{M_2} - u_{O_1}$	
SO_3	MK_3	0.331	$-2h + 180° + u_{SO_3} - u_{MK_3}$	
SP_3	SK_3	0.331	$-2h + 180° - u_{K_1}$	
KK_3	SK_3	0.272	$2h + u_{K_2}$	
$3MK_4$	$3MS_4$	0.272	$-2h - u_{K_2}$	$g_{3MS_4} - 0.0404(g_{MS_4} - g_{3MS_4})$
Mv_4	MN_4	0.194	$2h - 2p$	$g_{MN_4} + 0.0467(g_{MS_4} - g_{MN_4})$
$2MSK_4$	M_4	0.097	$-2h - u_{K_2}$	$g_{M_4} - 0.0809(g_{MS_4} - g_{M_4})$
$2MKS_4$	M_4	0.097	$2h + u_{K_2}$	$g_{M_4} + 0.0809(g_{MS_4} - g_{M_4})$
$3MN_4$	SN_4	0.887	$2h - 2p + u_{M_2}$	$g_{SN_4} + 0.1338(g_{MS_4} - g_{SN_4})$
MT_4	MS_4	0.059	$-h + p_S$	$g_{MS_4} - 0.0404(g_{MS_4} - g_{M_4})$
MK_4	MS_4	0.272	$2h + u_{K_2}$	$g_{MS_4} + 0.0809(g_{MS_4} - g_{M_4})$
$2SNM_4$	$2MSN_4$	0.465	$-2h + 2p - u_{M_2}$	$g_{2MSN_4} + 0.1338(g_{MS_4} - g_{2MSN_4})$
SK_4	S_4	0.544	$2h + u_{K_2}$	$g_{S_4} - 0.0809(g_{MS_4} - g_{S_4})$
$3MP_5$	$2MO_5$	0.282	$2h - 180° + u_{M_2} - u_{O_1}$	
$2MP_5$	$2MK_5$	0.311	$-2h + 180° - u_{K_1}$	
KKM_5	MSK_5	0.272	$2h + u_{K_2}$	
MKN_6	MSN_6	0.272	$2h + u_{K_2}$	$g_{MSN_6} + 0.1509(g_{2MS_6} - g_{MSN_6})$
$2MK_6$	$2MS_6$	0.272	$2h + u_{K_2}$	$g_{2MS_6} + 0.0809(g_{2MS_6} - g_{M_6})$
MSK_6	$2SM_6$	0.363	$2h + u_{K_2}$	$g_{2SM_6} - 0.0809(g_{2MS_6} - g_{2SM_6})$

注：表中 $\Delta g_1 = g_{2\theta_1} - g_{\sigma_1}$，$\Delta g_2 = g_{\sigma_1} - g_{2\theta_1}$，$\Delta g_3 = g_{2N_2} - g_{u_2}$，依主港的调和常数计算。

5.6.5 σ, f, V_0, u 的计算

角速度 $\sigma = k_1\sigma_T + k_2\sigma_S + k_3\sigma_h + k_4\sigma_p + k_5\sigma_{p_S}$ (5.6.9)

式中，$\sigma_T, \sigma_s, \cdots, \sigma_{p_S}$ 见式(3.6.4)。$k_2, \cdots, k_5$ 见表 5.6.1，k_1 为分潮的族数。长周期分潮 $k_1 = 0$，日分潮 $k_1 = 1$，其余类推。

初相角 $V_0 = k_2 s_0 + k_3 h_0 + k_4 p_0 + k_5 p_{s0} + \Delta$ (5.6.10)

要求计算第 16 日零时的 s_0, h_0, p_0, N, p_{s0}，计算公式见 §2.2。各分潮的 Δ 值见表 5.6.1。依表 5.6.1 及式(3.6.7)计算各分潮的 f, u。

§5.7 潮汐"波面"分析法

在电子计算机使用之前，Franco.D.S 曾提出利用半图解法[83]分析 1 个月的潮汐资料。潮汐"波面"分析法是黄祖珂在半图解法基本原理的基础上发展起来的一种方法[39]。它利用 34 天的潮汐资料，依据坐标公式在潮汐"波面"上计算出 720 个非整点的潮高值，对这些潮高值分族后再按照严格的最小二乘法求得 74 个分潮的调和常数。

5.7.1 潮汐"波面"

如果取 1 个月的潮汐资料，以横向表示日期，纵向表示时间，在图中标明各点的潮高值并绘成等值线图，此时就会呈现出一幅三维"波面"的图形。对于半日潮海区，在 1 个月的"波面"图中有 4 个波峰和 4 个波谷。

以 d, t 为变量的潮汐"波面"表达式为

$$\zeta_{dt} = \sum_P f_P H_P \cos[\sigma_P t + \rho_P(d-17) - \theta_P]$$ (5.7.1)

式中，d 表示日期，t 表示时间，$\rho = 24\sigma - 360°n$，n 为分潮的族数，θ 为第 17 日的分潮初相角。

假定 $\theta = 0°$，那么满足 M 分潮系($M_1, M_2, M_3, M_4, \cdots$)相角为 0°的关系式为

$$t°_M = 0.841\,202\,4(d-17)$$ (5.7.2)

图 5.7.1 的 N 点 $d = 17, t = 0$；N' 点 $d = 16, t = 24$。NH 线是 M 分潮系相角为 0°的线，QN' 线是相角为 $360°n$ 的线。由于通常情况下，$\theta \neq 0°$，那么从 NH 到 QN' 线，M 分潮系的相角由 $\theta°$ 均匀地变化至 $360°n + \theta°$。在图中任取一点作平行于 NN' 的线，并称为 K 线。令 $t' = t - t°_M$，每条 K 线与 NH(或 QN')线相交之点 $t' = 0$，则式(5.7.1)为

$$\zeta_{dt'} = \sum_P f_P H_P \cos[\sigma_P t' + (\rho + 0.841\,20\sigma)_P (d-17) - \theta_P] \quad (5.7.3)$$

由于每条 K 线的上下两端点相差一天,则对于任一分潮在同一条 K 线上其相角变化为 $360°n$。引入新的时间变量 τ,它以每小时 $15°n$ 的速率在 K 线上由 0 变化到 24 h,依此确定 24 h 的坐标点,则 K 线上的波剖面表达式为

$$\zeta_{K\tau} = \sum_P f_P H_P \cos[15°n\tau + (\rho + 0.841\,20\sigma)_P (d^0-17) - \theta_P]$$

式中,d^0 是 K 线与 NH(或 QN')相交点的 d 值。

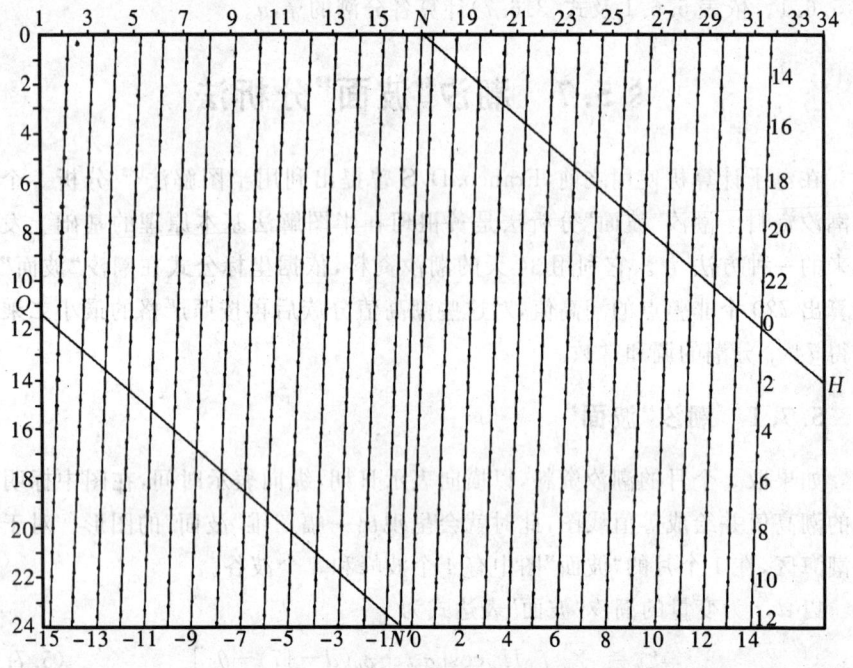

图 5.7.1 非整点潮高值坐标示意图

5.7.2 非整点潮高值的摘取

各分潮的 $(\rho+0.841\,20\sigma)(d^0-17)$ 之值随着 K 线的位置而变化,当两条 K 线相距到适当天数时,其值达到 $360°$。表 5.7.1 列出了各分潮完成 $360°n$ 所需的适当天数。对各分潮按照它们各自的适当天数对称于 NN' 线均匀地安排了 30 条 K 线,其序号自左而右是 $-15,-14,\cdots,14$。每相邻两条 K 线的 d^0 之差是适当天数/29。

表 5.7.1 各分潮完成 $360°n$ 所需的天数

分			潮				完成 $360°n$ 所需的天数	a
O_1	K_1	OO_1	MO_3	MK_3	$2MO_5$	$2MK_5$	26.396 39	0.455 1
Mn	KQ_1						26.452 32	0.456 4
Q_1	J_1	MQ_3	$2MQ_3$	MNO_5			26.508 46	0.457 0
Mm	N_2	L_2	MN_4	$2NM_6$	$2MN_6$		26.621 47	0.459 0
σ_1	SK_3	MSK_5					27.781 86	0.479 0
MNS_2	$2MNS_4$	$2MSN_4$					27.864 51	0.480 4
MS_f	$3M2S_2$	μ_2	S_2	$2SM_2$	$3MS_4$	SN_4	28.530 60	0.491 9
MS_4	S_4	MSN_6	$2MS_6$	$2SN_6$	$2SM_6$	S_6	28.530 60	0.491 9
A_0	M_1	M_2	M_3	M_4	M_5	M_6		0.491 9

令

$$a = \frac{适当天数}{58}$$

$$c = \rho + 0.841\ 202\ 4\sigma$$

每条 K 线上安排 24 个点，那么非整点潮高值的表达式为

$$\zeta_{K\tau} = \sum_P f_P H_P \cos[15°n\tau + a_P C_P(1+2K) - \theta_P]$$

$$K = -15, -14, \cdots, 14$$
$$\tau = 0, 1, \cdots, 23 \tag{5.7.4}$$

这些点子的坐标公式为

1) 当 $K < 0$ 时

$$t = \tau + 24 + 0.841\ 202\ 4a(1+2K)$$
$$d = 16 + a(1+2K) - \tau/24$$
$$K = -15, -14, \cdots, -1$$
$$\tau = 0, 1, \cdots, 23$$

如果 $t > 24$，将 t 减去 24，d 加 1。

2) 当 $K \geqslant 0$ 时

$$t = \tau + 0.841\ 202\ 4a(1+2K)$$
$$d = 17 + a(1+2K) - \tau/24$$
$$K = 0, 1, \cdots, 14$$

$$\tau = 0, 1, \cdots, 23$$

如果 $t > 24$，将 t 减去 $24, d$ 加 1。

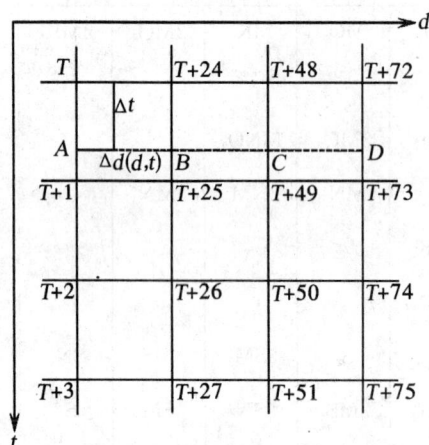

图 5.7.2　内插示意图

对连续 34 天的整点潮高值以 ζ_T 表示（$T = 0, 1, \cdots, 815$）。对应于 $a = 0.4919$ 的 720 个非整点的坐标位置见图 5.7.1。每个点的潮高值 ζ_{K_r} 依据如图 5.7.2 所示的 16 个实测整点潮高值 ζ_T 按照"牛顿向前插值法"计算。ζ_{K_r} 的坐标位置是 (d, t)，它的左上方最靠近的 T 值为

$$T = t_1 + 24(d_1 - 1) \tag{5.7.5}$$

式中，t_1 和 d_1 分别是 t, d 的整数部分，图 5.7.2 的 $\Delta t, \Delta d$ 分别是 t, d 的小数部分。

牛顿向前插值公式为

$$\varphi(x) = y_0 + u\Delta y_0 + \frac{u(u-1)}{2!}\Delta^2 y_0 + \frac{u(u-1)(u-2)}{3!}\Delta^3 y_0 + \cdots \tag{5.7.6}$$

先利用式（5.7.6）分别计算 A, B, C, D 4 点的潮高值，再计算 (d, t) 的潮高值，以 A 点为例：

$$\zeta_A = \zeta_T + \Delta t(\zeta_{T+1} - \zeta_T) + \frac{1}{2}\Delta t(\Delta t - 1)(\zeta_{T+2} - 2\zeta_{T+1} + \zeta_T) + \frac{1}{6}\Delta t(\Delta t - 1)(\Delta t - 2)(\zeta_{T+3} - 3\zeta_{T+2} + 3\zeta_{T+1} - \zeta_T)$$

其余类推。

5.7.3 分潮族及分潮的分离

由于同一分潮族的 n 值相同,则首先利用式(5.7.4)分离各分潮族。

令
$$\begin{cases} ac(1+2K)-\theta=-\theta' \\ fH=R \end{cases} \tag{5.7.7}$$

那么以族为单位的 $\zeta_{K\tau}$ 表达式为

$$\zeta_{K\tau}=\sum_{n=0}^{6}\sum_{p}R_{np}\cos(15°n\tau-\theta'_{np}) \tag{5.7.8}$$

式中的 p 表示各分潮族中所属的分潮。

依每条 K 线上 24 个潮高值利用计算傅氏系数的方法得到以下各值

$$\begin{cases} \sum_{p}R_{op}\cos\theta'_{op}=\dfrac{1}{24}X_{oK} \\ \sum_{p}R_{np}\cos\theta'_{np}=\dfrac{1}{12}X_{nK} \\ \sum_{p}R_{np}\sin\theta'_{np}=\dfrac{1}{12}Y_{nK} \end{cases}$$

$$K=-15,-14,\cdots,14$$
$$n=1,2,\cdots,6 \tag{5.7.9}$$

式中
$$\begin{cases} X_{oK}=\sum_{\tau=o}^{23}\zeta_{K\tau} \\ X_{nK}=\sum_{\tau=o}^{23}\zeta_{K\tau}\cos15°n\tau \\ Y_{nK}=\sum_{\tau=o}^{23}\zeta_{K\tau}\sin15°n\tau \end{cases} \tag{5.7.10}$$

又令
$$\alpha=ac(1+2K)$$
$$A=R\cos\theta$$
$$B=R\sin\theta$$

得到
$$\begin{cases} \sum_{p}A_{op}\cos\alpha_{op}+\sum_{p}B_{op}\sin\alpha_{op}=\dfrac{1}{24}X_{oK} \\ \sum_{p}A_{np}\cos\alpha_{np}+\sum_{p}B_{np}\sin\alpha_{np}=\dfrac{1}{12}X_{nK} \\ -\sum_{p}A_{np}\sin\alpha_{np}+\sum_{p}B_{np}\cos\alpha_{np}=\dfrac{1}{12}X_{nK} \end{cases}$$

对于 $K=-15,-14,\cdots,14$

$$n=1,2,4,6, \qquad p=1,2,\cdots,8$$
$$n=3, \qquad p=1,2,\cdots,6$$
$$n=5, \qquad p=1,2,\cdots,5 \qquad (5.7.11)$$

每一分潮族包括若干分潮。对于 1 个月的资料进行分离时,角速度相差不到 $0.5°$ 的分潮只能作为一个分潮组分离出来,因此只选取了 46 个主要分潮进行分离(见表 5.6.1)。

依据式(5.7.11)的第一式按照最小二乘法原理建立求解长周期分潮 A,B 的 7 个法方程式为

$$\sum_{P=0}^{3} A_{op} \sum_{K=0}^{14} [\cos a(1+2K)(C_{op}+C_{oj})+\cos a(1+2K)(C_{op}-C_{oj})]$$
$$=\frac{1}{24}\sum_{K=-15}^{14} X_{oK}\cos a(1+2K)C_{oj}$$
$$j=0,1,2,3 \qquad (5.7.12)$$

$$\sum_{P=1}^{3} B_{op} \sum_{K=0}^{14} [\cos a(1+2K)(C_{op}-C_{oj})-\cos a(1+2K)(C_{op}+C_{oj})]$$
$$=\frac{1}{24}\sum_{K=-15}^{14} X_{oK}\sin a(1+2K)C_{oj}$$
$$j=1,2,3 \qquad (5.7.13)$$

其中,A_0 表示分析期间的平均海面。

依据式(5.7.11)的第二、三式建立求解短周期分潮 A,B 的 $2p$ 个法方程式为

$$\sum_{P} A_{np} \sum_{K=0}^{14} \cos a(1+2K)(C_{np}-C_{nj})$$
$$=\frac{1}{24}\sum_{K=-15}^{14} [X_{nK}\cos a(1+2K)C_{nj}-Y_{nK}\sin a(1+2K)C_{nj}] \qquad (5.7.14)$$

$$\sum_{P} B_{np} \sum_{K=0}^{14} \cos a(1+2K)(C_{np}-C_{nj})$$
$$=\frac{1}{24}\sum_{K=-15}^{14} [X_{nK}\sin a(1+2K)C_{nj}+Y_{nK}\cos a(1+2K)C_{nj}] \qquad (5.7.15)$$

对
$$n=1,2,4,6, \qquad p,j=1,2,\cdots,8$$
$$n=3, \qquad p,j=1,2,\cdots,6$$
$$n=5, \qquad p,j=1,2,\cdots,5$$

采用求解线性方程组的方法求解以上各方程组。

主要分潮的振幅 R、初相角 θ 及主要分潮的调和常数为

第 5 章 潮汐、潮流分析和预报

$$R = \frac{(A^2+B^2)^{1/2}}{1+w}$$

$$\theta = \arctan\frac{B}{A} + \omega$$

$$H = \frac{R}{f}$$

$$g = (V_0+u)+\theta \qquad (5.7.16)$$

计算第 17 日零时的 $f,(V_0+u),(1+w),\omega$,计算方法与前节相同。次要分潮调和常数的计算方法与前节相同。

§5.8 潮汐预报

5.8.1 逐时潮位的计算

利用一年的潮汐资料依据§5.2 或§5.3 的方法求得各分潮的调和常数后,可按照下式进行潮汐预报:

$$\zeta(t) = A_0 + \sum_{j=1}^{m} f_j H_j \cos[\sigma_j t + (V_0+u)_j - g_j] \qquad (5.8.1)$$

式中,m 为分潮的个数,本例取 $m=170$ 个分潮,它包括长周期、日周期等各个分潮。f 是预报日分潮的节点因子;(V_0+u) 是预报日分潮的格林威治时初相角;A_0 是年平均海面或多年平均海面的高度。潮汐年分析得到的 A_0 是从资料的水尺零点起算的,预报时改为按工作要求的起算面起算。

利用 1 个月的潮汐资料依§5.6 或§5.7 的方法计算各分潮的调和常数后,按照式(5.8.2)或式(5.8.3)进行潮汐预报。

$$\zeta(t) = A_0 + \sum_{P} f_P H_P \cos[\sigma_P t + (V_0+u)_P - g_P] +$$

$$\sum_{j=4}^{m} f_j H_j \cos[\sigma_j t + (V_0+u)_j - g_j] \qquad (5.8.2)$$

或 $\qquad \zeta(t) = A_0 + 季节订正 + \sum_{j=4}^{m} f_j H_j \cos[\sigma_j t + (V_0+u)_j - g_j] \qquad (5.8.3)$

依据表 5.6.1 所分析的 74 个分潮中,A_0 为分析期间的月平均海面,而式(5.8.2)和(5.8.3)中 A_0 应是年平均海面。月分析中得不到 Sa 和 Ssa 等大于 1 个月的长周期分潮,而且分析的 Mm,MS$_f$,Mn 3 个月和半月周期的分潮也不很准确,因而舍弃不用。式(5.8.2)右边第 3 项采用的分潮是从表 5.6.1 所示的第 4 个分潮至第 m(本例 $m=74$)个分潮。式(5.8.2)等号右边第 2 项表示长周期分潮的影响,它体现了长周期分潮影响,用附近港口具有年分析得到的长周期分潮的调和常数预报的长周期潮位。式(5.8.3)中的季节订正表示预报月份的月平均海面与年平均海面的差值,它体现了长周期分潮影响,从各海区长期验潮站实测资料统计得到。

5.8.2 优选法计算高、低潮

采用优选法能够比较快地计算出高、低潮。

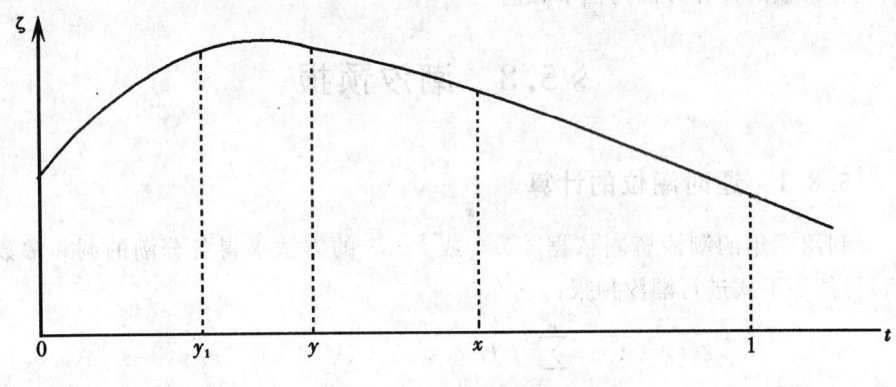

图 5.8.1 优选法示意图

如果高潮出现在图 5.8.1 所示的 0 与 1 之间,那么在 [0,1] 区间的任一点上发生高潮的可能性是均等的。取 x,y 两点,使 $0y$ 与 $x1$ 相等,那么在 $0x$ 及 $y1$ 段上出现高潮的机会也是相等的。假如出现在 $0x$ 段上,可以将 $x1$ 段舍去不加考虑。在高潮一定出现在 $0x$ 的情况下,取 y_1 点使 $0y_1$ 与 yx 段相等,则高潮出现在 $0y$ 与 y_1x 上的机会也是相等的,那么应该有

$$\frac{1}{x}=\frac{x}{y}$$

因为 $\qquad y=1-x$

则 得 $\qquad x^2=1-x$
$\qquad x=0.6180$

这就是优选法中用到的 0.618 的由来。在 x 点($t=0.618$)与其对称点 y($t=1-0.618=0.382$)各按潮位预报公式计算一次潮位,如果 $\zeta_y > \zeta_x$,将 $x1$ 段去掉,反之将 $0y$ 段去掉。今假定 $\zeta_y > \zeta_x$,那么在 $0x$ 段的 0.618 处,$t=0.618 \times 0.618=0.382$,刚好是 y 点,在 y 点及其对称点 y_1($t=0.618-0.382=0.236$)各计算一次潮位。如果 $\zeta_{y_1} > \zeta_y$,将 yx 段去掉,反之去掉 $0y_1$ 段。依此类推,选

到一定次数时即可将高潮选出来。

高潮总是出现在逐时整点潮位极大值的左边或右边,因此必须在极大值前后两小时之内进行选择。这样为了选择一天之内的高潮,需要首先计算好 $t=-1\sim 25$ h 的潮位值,找到发生极大值的 t 时,在如图 5.8.2 的 t_1 至 t_2 之间选择。

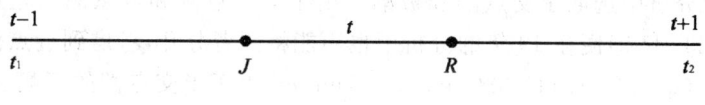

图 5.8.2 优选法的时间点位图

R 点相当于图 5.8.1 的 x 点,J 点相当于 y 点,那么
$$t_R=t_1+0.618\ 0\times 2=t_1+1.236$$
$$t_J=t_1+t_2-t_R$$

如果 $\zeta(t_J)>\zeta(t_R)$,去掉 Rt_2 段,否则去掉 t_1J 段。这样进行 9 次,两个对称点之间的距离缩到 0.24 min,从第 9 次的两点之中选择大的潮位高度作为高潮高,对应的时间即为高潮时。由此产生的最大误差相对于潮高公式而言为 0.24 min。

低潮的选择与高潮类似,但是要从逐时整点潮位的极小值附近选择。

§5.9 19 年潮汐分析及潮汐分析的稳定性

5.9.1 19 年潮汐资料的总体分析

19 年是月球和太阳的冲合周期,19 个回归年是 693 9.60 天,235 个朔望月是 693 9.69 天,254 个回归月是 693 7.71 天,而且 19 年又接近月球升交点西退一周 18.61 年的周期,因而取连续 19 年(6 940 天)的逐时潮汐资料进行分析,其分辨率可以达到 $\Delta\sigma=0.002\ 2°/h$,且分析的结果稳定正确。

Amin[54]考虑到进行 18.61 年逐时资料总体分析的困难性,他首先将 southend 站(英国)18.61 年的资料通过滤波分成各族,再依每族的潮位值分析各族所属的分潮。他还利用长序列潮汐资料研究潮汐剩余谱中高能带的细结构,并将天文潮和风暴潮精确地分离开[56]。Foreman 等人利用 18.61 年或者更长的潮汐资料依据最小二乘法原理计算了 500 多个分潮的振幅和初相[82]。Franco 采用快速傅氏变换对 10×2^{14} 逐时潮位资料进行了分析[84,87]。黄祖珂等人对我国若干验潮站 19 年逐时潮汐资料进行了总体分析,得到 472 个分潮的调和常数[47,101]。本节介绍分析方法并探讨潮汐分析的稳定性。分析的472个分潮中包括Doodson展开中绝大部分分潮,以及100多个浅水分潮和若干天文－气象分潮,还有太阳辐射分潮。引潮势展开中,大于1年的长周期分潮有周期为18.61年的交点潮(055.565)、9.31年的半交点潮(055.575)、8.85年的近点潮(055.655),以及由于地轴扰动引起的周期为430天左右的极潮(056.45X)。在19年潮汐分析中选取了交点潮和极潮。由于半交点潮和近点潮的角速度差仅为$0.00023°/h$,即便在19年的分析中也不能将两者分开,考虑到近点潮的平衡潮振幅($0.00026×1.11803G\sin\varphi(3-5\sin^2\varphi)$)大于半交点潮的振幅($0.00064×0.5G(1-3\sin^2\varphi)$),因而在19年的分析中选取了近点潮。

潮位表达式:

$$\zeta(t)=A_0+\sum_{j=1}^{m}H_j\cos(\sigma_j t+V_{0j}-g_j)$$

$$=A_0+\sum_{j=1}^{m}(A_j\cos\sigma_j t+B_j\sin\sigma_j t) \quad (5.9.1)$$

由于Doodson展开中分潮的分辨率$\Delta\sigma\geq 0.0022°/h$,因此上式中不需要包含$f,u$这两个天文变量。调和常数

$$H=R=(A^2+B^2)^{1/2}$$

$$g=\arctan\frac{B}{A}+V_0 \quad (5.9.2)$$

依据最小二乘法原理计算各分潮的A,B值:

$$\sum_{j=0}^{m}A_j F_{i,j}=\frac{1}{N+\frac{1}{2}}\sum_{t=-N}^{N}\zeta(t)\cos\sigma_i t \quad (i,j=0,1,\cdots,m) \quad (5.9.3)$$

$$\sum_{j=0}^{m}B_j G_{i,j}=\frac{1}{N+\frac{1}{2}}\sum_{t=-N}^{N}\zeta(t)\sin\sigma_i t \quad (i,j=1,2,\cdots,m) \quad (5.9.4)$$

$$\genfrac{}{}{0pt}{}{F_{i,j}}{G_{i,j}}_{(i\neq j)}=\frac{\sin(\sigma_i-\sigma_j)\left(N+\frac{1}{2}\right)}{(2N+1)\sin\frac{1}{2}(\sigma_i-\sigma_j)}\pm\frac{\sin(\sigma_i+\sigma_j)\left(N+\frac{1}{2}\right)}{(2N+1)\sin\frac{1}{2}(\sigma_i+\sigma_j)} \quad (5.9.5)$$

$$\begin{cases}\genfrac{}{}{0pt}{}{F_{i,j}}{G_{i,j}}_{(i=j)}=1\pm\dfrac{\sin(2N+1)\sigma_i}{(2N+1)\sin\sigma_i}\\ F_{0,0}=2\end{cases} \quad (5.9.6)$$

式中,资料间隔$\Delta t=1h, N=83280, m=472$,分辨率$\Delta\sigma\geq 0.0022°/h$。

计算表明:①在1年分析中的1个分潮在19年分析中可以分析出一群分潮,而其中许多次要分潮具有相当大的振幅。②在1年分析中有些天文分潮受

到与其频率相同或相接近的浅水分潮的影响而不能分离,在 19 年分析中可以将它们严格地分离开,以便研究非线性效应的影响。例如天文分潮 $2N_2$(235.755)与浅水分潮 O_2(235.555)的角速度差为 $0.009\ 3°/h$,19 年的分析表明在浅水港它们具有同一量级的振幅。③在 1 年分析中计算 f,u 时不考虑具有 $(\overline{D}/D)^4$ 项的引潮势展开分潮的影响,而通过 19 年的分析可以计算 $(\overline{D}/D)^4$ 项各分潮的量值并使之参与计算 f,u,使得 1 年分析的结果稳定正确,特别是对于 L_2 等分潮更显得重要。④在同一分潮群内振幅较大的各分潮的迟角相接近。例如坎门 K_1 分潮群内,两个较大分潮(165.555)与(165.565)的迟角差仅为 $0.67°$,O_1 分潮群内(145.545)与(145.555)的迟角差为 $0.85°$。⑤各主要分潮 19 年中每年 H,g 的算术平均值等于 19 年总体分析的结果。⑥葫芦岛交点潮的振幅为 4.51 cm,坎门为 3.38 cm,这将影响中国沿海平均海面具有 7~9 cm 的 19 年周期性变化。

5.9.2 潮汐分析的稳定性

M_2 分潮调和常数的 19 年周期变化首先是 Doodson(1924)提出的,根据每年潮汐资料计算的调和常数并不稳定。Godin(1994)指出一些港口 M_2 的振幅不仅具有 19 年的周期变化,还具有长期趋势项变化。Franco 等人在《长系列潮汐分析的稳定性》[84]一文中指出,不经气压订正的 Sa 分潮的调和常数与经过气压订正的结果相差很大。

文献[47,101]对我国几个港口 19 年潮汐的每一年潮汐资料进行年潮汐分析,结果表明:K_1,O_1,S_2 等分潮的调和常数相当稳定;而 Q_1,S_1,$2Q_1$,L_2,N_2,M_2,$2N_2$ 等分潮不稳定。M_2 等分潮的调和常数具有明显的 19 年周期变化。下面从天文因素、非线性效应和海底地形的变化等方面讨论造成不稳定的原因。

5.9.2.1 天文因素的影响

引潮势展开中

$$V_2 = G\frac{4}{3}\left(\frac{\overline{D}}{D}\right)^3 K\sum_{m=0}^{n}\frac{(2-m)!}{(2+m)!}P_2^m(\cos Z)P_2^m(\sin\varphi)\cos mT_1$$

$$V_3 = G\frac{4}{3}\left(\frac{\overline{D}}{D}\right)^4\left(\frac{a}{D}\right)K\sum_{m=0}^{n}\frac{(3-m)!}{(3+m)!}P_3^m(\cos Z)P_3^m(\sin\varphi)\cos mT_1$$

$$m=0, K=1;\ m\neq 0, K=2$$

对引潮势展开的结果可以归纳为

$$V = \sum_{m=0,2}[G_2^m(\varphi)\sum_i A_2^i\cos\theta_i + G_3^m(\varphi)\sum_j B_3^j\sin\theta_j] +$$

$$\sum_{m=1,3}[G_2^m(\varphi)\sum_i B_2^i\sin\theta_i + G_3^m(\varphi)\sum_j A_3^j\cos\theta_j] \qquad (5.9.7)$$

式中，A_2，B_2 为 V_2 引潮势展开后各分潮平衡潮的系数。A_3，B_3 为 V_3 各分潮平衡潮的系数；$\theta = n_1\tau + n_2 s + n_3 h + n_4 p + n_5 N' + n_6 p_S + \Delta$ 是各分潮的位相。$G_2^m(\varphi)$，$G_3^m(\varphi)$ 为各分潮的地理因子。

1 年潮汐分析应满足分辨率 $\Delta\sigma \geqslant 0.041°/h$，需将 τ, s, h 相同的各个分潮合并为 1 个分潮，以半日分潮为例，合并的公式为

$$\cos(V-g) + \sum_i A_2^i \cos(V+\alpha_i - g_i) + \sum_j \frac{G_3^2(\varphi)}{G_2^2(\varphi)} B_3^i \sin(V+\alpha_j - g_j) = f\cos(V+u-g)$$

Doodson 假定在各个分潮中地理因子相同的各分潮的迟角相等，不同地理因子的分潮迟角不相等，因而以往在计算各分潮的 f, u 时，去掉了 V_3 各分潮的影响，即略去了上式等号左边第 3 项并假定前 2 项各分潮的迟角相等。依此导出了各分潮的 f, u。从 19 年潮汐总体分析的结果来看，虽然 τ, s, h 相同的各分潮的迟角相差较小，但并不相等。而且有些分潮群中 V_3 分潮具有不可忽视的影响，略掉它们就会带来一定的误差。从葫芦岛至海南岛 $G_3^2(\varphi)/G_2^2(\varphi)$ 之值由 1.70 变化至 0.76，$G_3^1(\varphi)/G_2^1(\varphi)$ 由 -0.64 变到 0.71。日族中大多数 V_3 分潮的 A_3^1 值远小于 V_2 分潮的 B_2^1 值。只有 M_1, θ_1 的 A 值较大，因而 $A_3^1 G_3^1(\varphi)/G_2^1(\varphi)$ 之值普遍很小，略掉 V_3 分潮的影响对于计算日分潮的 f, u 造成的误差很小。对日族中大部分分潮，只要不再受到其他因素的影响，它们的调和常数是稳定的，实际计算结果证实了这一点。然而半日族中，V_3 对有的分潮的影响较大，特别是 L_2 分潮，对于坎门站 L_2 群中 V_3 的 (265.555) 分潮与 V_2 的 (265.455) 分潮平衡潮振幅之比 $\dfrac{B_3^2 G_3^2(\varphi)}{A_2^2 G_2^2(\varphi)} = 0.25$，说明 V_3 对 L_2 分潮具有 25% 左右的影响。按以往去掉 V_3 的影响计算的 L_2 分潮的调和常数，显示出调和常数很不稳定。若考虑到 V_3 的影响并代入 19 年总体分析得到的 L_2 群各分潮的迟角，再以实际的 H 值代替平衡潮的系数，得到的 L_2 分潮调和常数就相当稳定了。V_3 对 M_2 等分潮的影响很小可以忽略不计，M_2 分潮之所以不稳定是由其他因素引起的。χ_1，$\pi_1, P_1, S_1, \psi_1, \varphi_1, SO_1, KQ_1, \lambda_2, T_2, S_2, R_2, K_2$ 等分潮不受 V_3 的影响，因而这些分潮的调和常数是稳定的。

5.9.2.2 非线性效应的影响

由于浅水非线性效应产生一系列浅水分潮，其中部分浅水分潮的频率与天文分潮相同或接近，但其振幅和位相不同。在 1 年潮汐分析中，不能将 $\Delta\sigma < 0.041°/h$ 的分潮分离开，这将造成每年计算的调和常数不稳定，特别是那些天文分潮较小而影响它的浅水分潮较大的情况就更为严重。$2Q_1$ 与 $2OK_1$，ρ_1 与 NP_1，M_1 与 $2OQ_1$，$2N_2$ 与 O_2 及 $2MK_2$ 的角速度差为 $0.00928°/h$。在 1 年分析中，若取天文分潮 $2Q_1, \rho_1, M_1, 2N_2$ 作为分析的分潮，那么浅水分潮 $2OK_1$，

NP_1,$2OQ_1$,O_2 及 $2MK_2$ 将对相应的天文分潮产生干扰,使得 $2Q_1$,ρ_1,M_1,$2N_2$ 的迟角 g 具有 4.42 年的周期性变化。图 5.9.1 绘出了坎门和葫芦岛两站 $2Q_1$ 分潮迟角 g 的逐年变化图。葫芦岛地处辽东湾的顶端,非线性效应明显,因而造成了 $2Q_1$ 分潮 g 具有明显的 4.42 年的周期性变化,在 19 年中变化了 4 个多周期。而坎门地处浙江沿岸,浅水效应相对小些,因而 $2Q_1$ 的迟角 g 相对稳定。葫芦岛 M_1,$2N_2$ 的 g 也有 4.42 年的周期变化。ρ_1 的周期性变化较不明显,这是由于影响它的浅水分潮 NP_1 的量值较小的缘故。以上各分潮在 19 年分析中均能严格地分离开。M_2 分潮不稳定的原因是由于与 M_2 频率相同的 KO_2 浅水分潮对其影响所造成的。

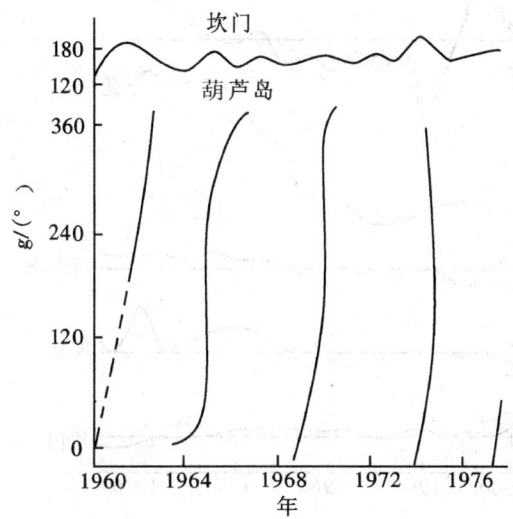

图 5.9.1 $2Q_1$ 迟角(g)的逐年变化图

5.9.2.3 海底地形变迁的影响

图 5.9.2 显示,龙口、秦皇岛 M_2 的迟角 g 具有明显的趋势项变化。20 世纪 80 年代之前龙口的 M_2 迟角除了具有 19 年的周期性变化外,还每年大约增加 0.7°,S_2 等半日分潮的迟角也有相同的变化情况。秦皇岛 M_2,S_2 的迟角从 1964 年以来也具有明显的趋势项变化。文献[43]讨论了黄河三角洲外延使得渤海南部的半日潮波发生的变化。从 20 世纪 30 年代和现代的潮波图来看,渤海南部 M_2,S_2 的振幅变化较小,但同潮时线的分布发生了很大的变化。龙口半日分潮迟角的缓慢变化证实了黄河三角洲的扩展对莱州湾潮波的影响。黄河三角洲外延对日分潮的潮波影响较小,因而逐年分析的 K_1,O_1 的迟角变化不

大。渤海潮波图还显示,秦皇岛外的 M_2 无潮点有沿着海岸向南移动的趋势,秦皇岛靠近无潮点,它的南移使得秦皇岛 M_2,S_2 分潮的迟角呈现逐年增大的趋势。

除了以上诸因素能够影响潮汐分析的稳定性外,气象因素也有一定的影响。图 5.9.2 中秦皇岛的虚线表示在逐年分析时,对于逐时的回报差值大于 40 cm 者,以回报值代替实测值再行分析的结果。图中显示虽然气象因素对 M_2 迟角的稳定性有一定的影响,但影响不大。

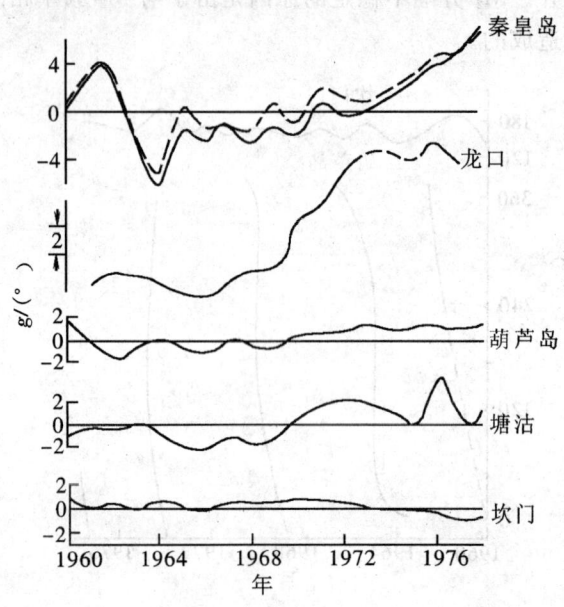

图 5.9.2 M_2 分潮迟角(g)的逐年变化图

5.9.3 极潮

由于地轴扰动效应能够产生周期为 430 天左右的极潮。在 19 年潮汐分析中,得到葫芦岛的极潮振幅为 1.44 cm,坎门为 1.58 cm[47]。陈宗镛对胶州湾 19 年月平均海面资料的分析表明,胶州湾由钱得勒效应所引起的极潮可写成[25]:

$$\zeta(t)=\frac{a^2\omega^2}{2g}n(1+k-h)(y\sin\lambda-x\cos\lambda)\sin2\theta\cos(0.8474t-130°.5)$$

(5.9.8)

式中,a 是地球平均半径;ω 是地球自转角速度;g 是重力加速度;x,y 是地极相对于平均位置的坐标,用弧秒表示;λ, θ 是青岛验潮站的东经和余纬度;k, h 是洛夫数,取$(1+k-h)=0.67$;$n=3.9$,它是由观测决定的,其物理意义是实测值与理论值之比。胶州湾极潮的周期为 425 天,振幅为 2.6 cm。Currie R. G. 利用最大熵方法对 126 个站长期的月平均海面资料的计算表明[67],极潮的平均周期为 433.16 天,最大振幅为 4 cm。Rao. D. R. K 等人对 Alibag 的计算表明[117],极潮周期为 427 天。

§5.10 单周日潮汐、潮流资料的准调和分析

虽然近二三十年以来,在海洋若干台站上完成了一个月甚至一年多的潮流观测,但是受到观测条件的限制,长期观测的台站数目仍然很少。尽管大部分测站只完成了周日的潮流观测工作,这对于大体了解海上的潮流分布变化情况也是很可贵的。对于潮汐观测,虽然在沿岸有许多长期观测站,但是对于有些缺少潮汐资料的地区,进行一次周日观测,大体上了解当地的潮汐情况,也是可取的。本节介绍方国洪提出的单周日潮汐、潮流的准调和分析方法[1,2]。

潮位和潮流北、东分量的准调和分潮表达式为:

$$\text{潮位 } \zeta(t) = A_0 + \sum_c D_c H_c \cos(\sigma_c t - d_c^\circ - g_c) \quad (5.10.1)$$

$$\text{潮流北分量 } u(t) = U_0 + \sum_c D_c U_c \cos(\sigma_c t - d_c^\circ - \xi_c) \quad (5.10.2)$$

$$\text{潮流东分量 } v(t) = V_0 + \sum_c D_c V_c \cos(\sigma_c t - d_c^\circ - \eta_c) \quad (5.10.3)$$

式中,A_0 为观测日的日平均海面;U_0, V_0 为观测日余流的北、东分量;C 包括 $O_1, K_1, M_2, S_2, M_4, MS_4$ 分潮;σ 为分潮的角速度;t 为区时;天文变量 D 和 d° 分别是准调和分潮的振幅系数和格林威治初相;H, g 是潮汐调和常数;U, V 是准调和分潮潮流北、东分量的平均振幅,即潮流北、东分量的平均最大流速;ξ, η 是北、东分量的区时专用迟角;U, V, ξ, η 是潮流调和常数。

将潮流分解为北、东分量,以北分量为例计算潮流调和常数。

5.10.1 计算原理

由式(5.10.2)潮流北分量得

$$u(t) = U_0 + \sum_c D_c U_c \cos[15nt - d_c^\circ - \xi_c - (15n - \sigma_c)t] \quad (5.10.4)$$

式中,对 O_1, K_1 分潮,$n=1$;M_2, S_2,$n=2$;M_4, MS_4,$n=4$。

令 $t = t_b + t'$,t_b 是开始时间,$t' = 0, 1, 2, \cdots, 23$。再令

$$d'_c = d^\circ_c + (15n - \sigma_c)(t_b + t')$$

d'_c, D_c 随时间而变化，但一日之中变化很小，分析时，对一天之中的 d_c, D_c 值取中间时刻的值，即

$$d^{中}_c = d^\circ_c + (15n - \sigma_c)\left(t_b + \frac{23}{2}\right) \tag{5.10.5}$$

得
$$u(t') = U_0 + \sum_c D^{中}_c U_c \cos[(15nt' + 15nt_b) - (d^{中}_c + \xi_c)] \tag{5.10.6}$$

将式(5.10.6)中 O_1, K_1 分潮合并为日族；M_2, S_2 合并为半日族；M_4, MS_4 合并为 1/4 日族。以半日族为例，式(5.8.6)中令

$$\begin{cases} D^{中}_{M_2} U_{M_2} \cos(d^{中}_{M_2} + \xi_{M_2}) + D^{中}_{S_2} U_{S_2} \cos(d^{中}_{S_2} + \xi_{S_2}) = F_2 \cos f_2 \\ D^{中}_{M_2} U_{M_2} \sin(d^{中}_{M_2} + \xi_{M_2}) + D^{中}_{S_2} U_{S_2} \sin(d^{中}_{S_2} + \xi_{S_2}) = F_2 \sin f_2 \end{cases} \tag{5.10.7}$$

那么
$$D_{M_2} U_{M_2} \cos[(30t' + 30t_b) - (d_{M_2} + \xi_{M_2})] +$$
$$D_{S_2} U_{S_2} \cos[(30t' + 30t_b) - (d_{S_2} + \xi_{S_2})]$$
$$= F_2 \cos(30t' + 30t_b - f_2)$$

式(5.10.6)变为

$$u(t') = U_0 + \sum_{n=1,2,4} F_n \cos[15nt' - (f_n - 15nt_b)] \tag{5.10.8}$$

令
$$\begin{cases} X_n = F_n \cos(f_n - 15nt_b) \\ Y_n = F_n \sin(f_n - 15nt_b) \end{cases}$$

式(5.10.8)变为

$$u(t') = U_0 + \sum_{n=1,2,4}(X_n \cos 15nt' + Y_n \sin 15nt') \tag{5.10.9}$$

依计算傅氏系数的方法得

$$\begin{cases} U_0^* = \dfrac{1}{24} \sum_{t'=0}^{23} u(t') \\ X_n^* = \dfrac{1}{12} \sum_{t'=0}^{23} u(t') \cos 15nt' \\ Y_n^* = \dfrac{1}{12} \sum_{t'=0}^{23} u(t') \sin 15nt' \end{cases} \tag{5.10.10}$$

得
$$\begin{cases} F_n^* = (X_n^{*2} + Y_n^{*2})^{1/2} \\ f_n^* = \arctan \dfrac{Y_n^*}{X_n^*} + 15nt_b \end{cases} \tag{5.10.11}$$

由于依式(5.10.9)计算 U_0, X_n, Y_n 时，视各族的角速率为 $15n$，这与实际情

况有一定的差别,由此计算的各值也是近似的,记以 $U_o^*, X_n^*, Y_n^*, F_n^*, f_n^*$。为了得到较准确之值,进行一次迭代,将式(5.10.2)代入式(5.10.10),最终导出:

$$\begin{cases} U_o = U_o^* + \sum_{c,m} [\delta_{c,o} D_c U_c^* \cos(d_c + \xi_c^* - 15mt_b) + \varepsilon_{c,o} D_c U_c^* \sin(d_c + \xi_c^* - 15mt_b)] \\ X_n = X_n^* + \sum_{c,m} [\delta_{c,x} D_c U_c^* \cos(d_c + \xi_c^* - 15mt_b) + \varepsilon_{c,x} D_c U_c^* \sin(d_c + \xi_c^* - 15mt_b)] \\ Y_n = Y_n^* + \sum_{c,m} [\delta_{c,y} D_c U_c^* \cos(d_c + \xi_c^* - 15mt_b) + \varepsilon_{c,y} D_c U_c^* \sin(d_c + \xi_c^* - 15mt_b)] \end{cases}$$

(5.10.12)

式中,c 包括 O_1, M_2, M_4 分潮;K_1, S_2, MS_4 的订正值很小,忽略不计;$m=1,2,4$ 是分潮的族数;D_c, d_c 是观测中间时刻的天文变量;U_c^*, ξ_c^* 是依 F_n^*, f_n^* 计算近似的调和常数;δ, ε 见表 5.10.1。

表 5.10.1 δ, ε 值

	O_1		M_2		M_4	
	δ	ε	δ	ε	δ	ε
U_0	0.075	−0.010	0.034	−0.009	0.031	−0.018
X_1	0.044	−0.009	0.093	−0.018	0.066	−0.036
Y_1	−0.009	−0.027	0	0.050	0	0.020
X_2	−0.042	−0.018	0.023	−0.009	0.086	−0.036
Y_2	−0.001	−0.087	−0.009	−0.008	0.001	0.051
X_4	−0.010	−0.018	−0.023	−0.017	0.040	−0.017
Y_4	0	−0.034	0	−0.041	−0.017	0.020

首先利用 F_2^*, f_2^* 依据式(5.10.7)计算近似的调和常数 $U_{M_2}^*, \xi_{M_2}^*, U_{S_2}^*, \xi_{S_2}^*$。由于式(5.10.7)只有 2 个方程式而有 4 个未知数,不能求解,需引入差比数,使方程式数与未知数相等,才能求解。

振幅比 $\qquad H_2' = \dfrac{U_{S_2}}{U_{M_2}} = \dfrac{V_{S_2}}{V_{M_2}} = \dfrac{H_{S_2}}{H_{M_2}}$

迟角差 $\qquad g_2' = \xi_{S_2} - \xi_{M_2} = \eta_{S_2} - \eta_{M_2} = g_{S_2} - g_{M_2}$

上式表明潮流和潮汐的振幅比和迟角差近似相等,并以附近站的潮汐调和常数计算。再令

$$\begin{cases} e_2 = d_{S_2} + g_2' - d_{M_2} \\ E_2 = \dfrac{D_{S_2} H_2'}{D_{M_2}} \end{cases}$$

(5.10.13)

式(5.10.7)变为

$$\begin{cases} D_{M_2} U^*_{M_2} \cos(d_{M_2}+\xi^*_{M_2}) + D_{M_2} U^*_{M_2} E_2 \cos(d_{M_2}+\xi^*_{M_2}+e_2) = F^*_2 \cos f^*_2 \\ D_{M_2} U^*_{M_2} \sin(d_{M_2}+\xi^*_{M_2}) + D_{M_2} U^*_{M_2} E_2 \sin(d_{M_2}+\xi^*_{M_2}+e_2) = F^*_2 \sin f^*_2 \end{cases}$$
(5.10.14)

令

$$\begin{cases} 1+E_2 \cos e_2 = F'_2 \cos f'_2 \\ E_2 \sin e_2 = F'_2 \sin f'_2 \end{cases}$$
(5.10.15)

得

$$\begin{cases} D_{M_2} U^*_{M_2} F'_2 \cos(d_{M_2}+\xi^*_{M_2}+f'_2) = F^*_2 \cos f^*_2 \\ D_{M_2} U^*_{M_2} F'_2 \sin(d_{M_2}+\xi^*_{M_2}+f'_2) = F^*_2 \sin f^*_2 \end{cases}$$

因此得到 M_2 的调和常数近似值

$$\begin{cases} U^*_{M_2} = \dfrac{F^*_2}{D_{M_2} F'_2} \\ \xi^*_{M_2} = f^*_2 - f'_2 - d_{M_2} \end{cases}$$
(5.10.16)

依差比数得

$$\begin{cases} U_{S_2} = U_{M_2} H'_2 \\ \xi_{S_2} = \xi_{M_2} + g'_2 \end{cases}$$
(5.10.17)

再依正确的 F, f 计算正确的调和常数。

小结：

1. 引入潮汐差比数（依据测流站附近站的潮汐调和常数计算）

$$\begin{cases} H'_1 = \dfrac{H_{K_1}}{H_{O_1}} \\ g'_1 = g_{K_1} - g_{O_1} \end{cases} \quad \begin{cases} H_2 = \dfrac{H_{S_2}}{H_{M_2}} \\ g'_2 = g_{S_2} - g_{M_2} \end{cases} \quad \begin{cases} H_4 = \dfrac{H_{MS_4}}{H_{M_4}} = 2H'_2 \\ g_4 = g_{MS_4} - g_{M_4} = g'_2 \end{cases}$$

2. 计算观测中间时刻的 D_c, d_c

依据§2.2 有关公式计算天文变量 S, h, p, N, p_s；依据§3.7 计算 λ_s，$\overline{D}_S/D_S, \lambda, \overline{D}/D, I, v, \zeta$ 等有关天文变量，最后计 D, d。根据§3.7 准调和分潮的理论要求，为了求得观测中间时刻的 D, d 值，需要计算观测中间时刻之前2天的有关天文变量，因此§2.2 中计算 S, h, p, N, p_s 可作相应的改变，例如式(2.2.4)的 s 改为：

$$s = 277°.025 + 129°.384\,81(y-1900) + 13.176\,40(D_1 + L + M - 2)$$

式中，y 是观测起始日所在的年份；D_1 是观测开始日期的日序数（1月1日，$D=0$；1月2日，$D=1, \cdots$）；$L = \dfrac{y-1901}{4}$ 的整数部分为从1900年首至 y 年首之间的闰年数；$M = \dfrac{t_b + 11.5}{24}$ 为观测日零时至观测中间时刻的天数，t_b 为观测开始时间;式中减2表示计算观测中间时刻前2天的天文变量。

3. 计算 e_n, E_n

$$\begin{cases} e_1 = g'_1 + d_{K_1} - d_{O_1} \\ E_1 = \dfrac{H'_1 D_{K_1}}{D_{O_1}} \end{cases} \begin{cases} e_2 = g'_2 + d_{S_2} - d_{M_2} \\ E_2 = \dfrac{H'_2 D_{S_2}}{D_{M_2}} \end{cases} \begin{cases} e_4 = g'_4 + d_{MS_4} - d_{M_4} \\ E_4 = \dfrac{H'_4 D_{MS_4}}{D_{M_4}} \end{cases}$$

4. 计算 F'_n, f'_n

$$\begin{cases} 1 + E_n \cos e_n = F'_n \cos f'_n \\ E_n \sin e_n = F'_n \sin f'_n \end{cases}$$

$$n = 1, 2, 4$$

5. 计算 $U^*_o, X^*_n, Y^*_n, F^*_n, f^*_n$

6. 计算近似的调和常数

$$\begin{cases} U^*_{O_1} = \dfrac{F^*_1}{D_{O_1} F'_1} \\ \xi^*_{O_1} = f^*_1 - f'_1 - d_{O_1} \end{cases} \begin{cases} U_{K_1} = U_{O_1} H'_1 \\ \xi_{K_1} = g'_1 + \xi_{O_1} \end{cases} \begin{cases} U^*_{M_2} = \dfrac{F^*_2}{D_{M_2} F'_2} \\ \xi^*_{M_2} = f^*_2 - f'_2 - d_{M_2} \end{cases}$$

$$\begin{cases} U_{S_2} = U_{M_2} H'_2 \\ \xi_{S_2} = g'_2 + \xi_{M_2} \end{cases} \begin{cases} U^*_{M_4} = \dfrac{F^*_4}{D_{M_4} F'_4} \\ \xi^*_{M_4} = f^*_4 - f'_4 - d_{m_4} \end{cases} \begin{cases} U_{MS_4} = U_{M_4} H'_4 \\ \xi_{MS_4} = g'_4 + \xi_{M_4} \end{cases}$$

7. 依式(5.10.12),(5.10.11)计算 U_o, X_n, Y_n, F_n, f_n
8. 将式(5.10.7)中的 F^*_n, f^*_n 换成 F_n, f_n 计算各分潮正确的调和常数
9. 潮流东分量及潮汐调和常数的计算方法与潮流北分量的计算相同

对于观测间隔 $\Delta t < 1$ h 的潮流资料,只要对以上公式作相应的修改即可。

5.10.2 良好天文观测日期的选择

从式(5.10.16)看出,当 F'_2 较小时,U_{M_2} 容易产生较大的误差。依式(5.10.15)得

$$F'_2 = [1 + 2E_2 \cos(d_{M_2} - d_{S_2} - g'_2) + E_2^2]^{1/2}$$

只有当 $(d_{M_2} - d_{S_2} - g'_2) = 0°$ 时, F'_2 最大。朔望大潮时, $d_{M_2} - d_{S_2} + \xi_{M_2} - \xi_{S_2} = 0°$,能满足 $d_{M_2} - d_{S_2} - g'_2 = 0°$ 的条件。同理回归大潮时,能满足 $d_{O_1} - d_{K_1} - g'_1 = 0°$,从而使 F'_1 最大。1 朔望月为 29.530 6 天,1 回归月为 27.321 58 天,很难同时满足两者的条件。对于半日潮海区,要求在朔望大潮期间测流,以确保得到正确的 M_2, S_2 的调和常数。此期间得到的 O_1, K_1 的调和常数,可能基本正确,也可能很不正确。如果 O_1, K_1 的调和常数不正确,应舍弃不用,更不能用以计算潮流性质。对于日潮海区,应该在回归大潮期间测流,以确保得到正确的

O_1, K_1 分潮的调和常数。

§5.11 潮流椭圆要素及潮流频率统计

5.11.1 潮流椭圆要素

分潮潮流的北、东分量为
$$u(t) = DU\cos(\sigma t - d^0 - \xi)$$
$$v(t) = DV\cos(\sigma t - d^0 - \eta)$$

取 $D=1$，并令 $t' = t - \dfrac{d^0}{\sigma}$，得潮流参数方程

$$\begin{cases} u(t') = U\cos(\sigma t' - \xi) \\ v(t') = V\cos(\sigma t' - \eta) \end{cases} \tag{5.11.1}$$

任一时刻的分潮流速和方向为

$$\begin{cases} W(t') = [U^2\cos^2(\sigma t' - \xi) + V^2\cos^2(\sigma t' - \eta)]^{1/2} \\ \theta(t') = \arctan\dfrac{v}{u} = \arctan\dfrac{V\cos(\sigma t' - \eta)}{U\cos(\sigma t' - \xi)} \end{cases} \tag{5.11.2}$$

依此计算潮流椭圆要素。它包括：分潮潮流椭圆长半轴 W_L，即分潮平均最大流速；分潮潮流椭圆短半轴 W_S，即分潮平均最小流速；发生最大分潮流速的方向 θ；发生最大分潮潮流的时间 τ，潮流椭率 K。

依 $\dfrac{\mathrm{d}W}{\mathrm{d}t'} = 0$ 得发生分潮最大流速的时间：

$$\tau = \dfrac{1}{2\sigma}\arctan\dfrac{U^2\sin 2\xi + V^2\sin 2\eta}{U^2\cos 2\xi + V^2\cos 2\eta} \tag{5.11.3}$$

从而得到分潮平均最大、最小流速：
$$W_L = [U^2\cos^2(\sigma\tau - \xi) + V^2\cos^2(\sigma\tau - \eta)]^{1/2}$$
$$= \dfrac{1}{2}[U^2 + V^2 + 2UV\sin(\eta - \xi)]^{1/2} + \dfrac{1}{2}[U^2 + V^2 - 2UV\sin(\eta - \xi)]^{1/2}$$
$$\tag{5.11.4}$$

$$W_S = \dfrac{1}{2}[U^2 + V^2 + 2UV\sin(\eta - \xi)]^{1/2} - \dfrac{1}{2}[U^2 + V^2 - 2UV\sin(\eta - \xi)]^{1/2}$$
$$\tag{5.11.5}$$

分潮最大流速方向

$$\theta = \arctan\dfrac{V\cos(\sigma\tau - \eta)}{U\cos(\sigma\tau - \xi)} \tag{5.11.6}$$

由于 $\dfrac{\mathrm{d}\theta}{\mathrm{d}t'} = \dfrac{-\sigma U\cos(\sigma t'-\xi)V\sin(\sigma t'-\eta)+\sigma V\cos(\sigma t'-\eta)U\sin(\sigma t'-\xi)}{u^2+v^2}$

$\qquad = \dfrac{\sigma UV\sin(\eta-\xi)}{u^2+v^2}$

当 $0°<\eta-\xi<180°$ 时，$\dfrac{\mathrm{d}\theta}{\mathrm{d}t'}>0$，表明潮流为顺时针方向旋转，记为（−）。

当 $180°<\eta-\xi<360°$ 时，$\dfrac{\mathrm{d}\theta}{\mathrm{d}t'}<0$，为逆时针方向旋转，记为（＋），那么椭率 $K=\pm\dfrac{W_S}{W_L}$，＋：逆时针旋转，−：顺时针旋转。

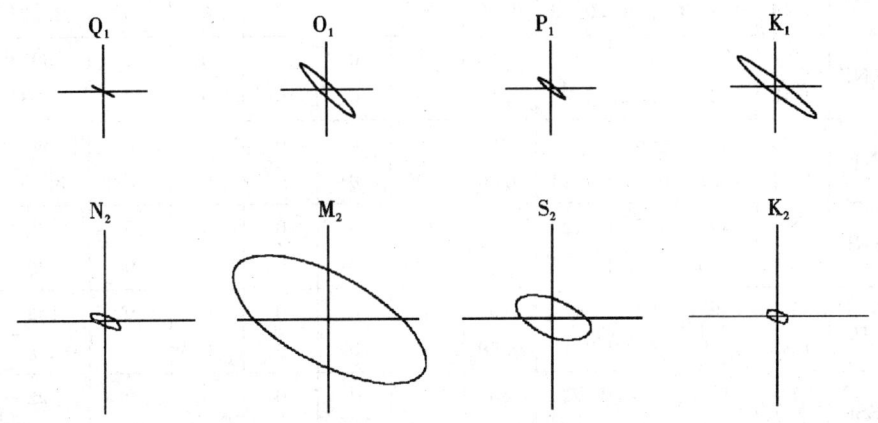

图 5.11.1　渤海一点的潮流椭圆图

近二三十年来，随着海上石油勘探工作的开展，在若干石油平台上进行了连续半个月、1 个月甚至更长的潮流观测。对于 1 个月的测流资料，可以将其分解为潮流北、东分量，并按照 1 个月潮汐分析方法分别对北、东分量进行分析。求得潮流调和常数后，可用以计算潮流椭圆要素，也可用以潮流预报。图 5.11.1 是渤海一点 8 个分潮的潮流椭圆图，可以看出该点各分潮最大潮流方向及其大小。

5.11.2　潮流频率统计

表 5.11.1 给出了渤海一点依据 1 个月潮流观测资料所作的潮流频率统计表，观测间隔为 20 min，共 2 161 组流向、流速值。将 360° 分为 16 个方位，统计潮流流向出现在每个方位内的个数，计算各方位内的个数占总数的百分比。再进一步依据潮流流速计算每一方位内出现在 $0\sim9\ \mathrm{cm/s}$，$10\sim19\ \mathrm{cm/s}$，$\cdots$ 内的

潮流个数及其占总数的百分比。图 5.11.2 是渤海中部一点的潮流流向频率分布图，从图和表可以看出潮流流向在每一方位上出现的频率。例如在 SE 方位内出现的流向频率为 17.35%，图 5.11.3 是潮流流向、流速频率分布图。图中的 1,2,3,4 线分别表示流速 $V<20$ cm/s，$V<40$ cm/s，…在各方位中出现的频率。例如在 SE 方位上，流速 $V<20$ cm/s 的频率为 3.33%。

表 5.11.1　渤海中部一点的潮流频率统计

方位	0～9 (cm/s)	10～19 (cm/s)	20～29 (cm/s)	30～39 (cm/s)	40～49 (cm/s)	50～59 (cm/s)	60～69 (cm/s)	70～79 (cm/s)	80～89 (cm/s)	90～ (cm/s)	总计
N	10 0.46	29 1.34	17 0.79	12 0.56	2 0.09	2 0.09	0 0	0 0	0 0	0 0	72 3.33
NNE	9 0.42	28 1.30	12 0.56	6 0.28	3 0.14	1 0.05	0 0	0 0	0 0	0 0	59 2.73
NE	11 0.51	34 1.57	18 0.83	3 0.14	0 0.00	0 0.00	0 0	0 0	0 0	0 0	66 3.05
ENE	8 0.37	39 1.80	32 1.48	12 0.56	1 0.05	0 0.00	0 0	0 0	0 0	0 0	92 4.26
E	7 0.32	30 1.39	52 2.41	47 2.17	15 0.69	1 0.05	0 0	0 0	0 0	0 0	152 7.03
ESE	8 0.37	17 0.79	42 1.94	62 2.87	85 3.93	62 2.87	16 0.74	0 0	0 0	0 0	292 13.51
SE	23 1.06	49 2.27	69 3.19	72 3.33	70 3.24	67 3.10	22 1.02	3 0.14	0 0	0 0	375 17.35
SSE	29 1.34	52 2.41	11 0.51	12 0.56	3 0.14	0 0	0 0	0 0	0 0	0 0	107 4.95
S	28 1.30	40 1.85	11 0.51	0 0.00	1 0.05	0 0	0 0	0 0	0 0	0 0	80 3.70
SSW	12 0.56	54 2.50	7 0.32	0 0	0 0	0 0	0 0	0 0	0 0	0 0	73 3.38
SW	16 0.74	56 2.59	23 1.06	2 0.09	0 0	0 0	0 0	0 0	0 0	0 0	97 4.49
WSW	6 0.28	56 2.59	33 1.53	6 0.28	0 0	0 0	0 0	0 0	0 0	0 0	101 4.67

(续表)

方位	0~9 (cm/s)	10~19 (cm/s)	20~29 (cm/s)	30~39 (cm/s)	40~49 (cm/s)	50~59 (cm/s)	60~69 (cm/s)	70~79 (cm/s)	80~89 (cm/s)	90~ (cm/s)	总计
W	13 0.60	36 1.67	50 2.31	28 1.30	15 0.69	7 0.32	0 0	0 0	0 0	0 0	149 6.89
WNW	12 0.56	39 1.80	24 1.11	17 0.79	35 1.62	14 0.65	22 1.02	2 0.09	0 0	0 0	165 7.64
NW	10 0.46	41 1.90	23 1.06	35 1.62	21 0.97	21 0.97	17 0.79	4 0.19	4 0.19	0 0	176 8.14
NNW	12 0.56	35 1.62	21 0.97	14 0.65	11 0.51	8 0.37	3 0.14	1 0.05	0 0	0 0	105 4.86
总计	214 9.90	635 29.38	445 20.59	328 15.18	262 12.12	183 8.47	80 3.70	10 0.46	4 0.19	0 0	2161 100.00

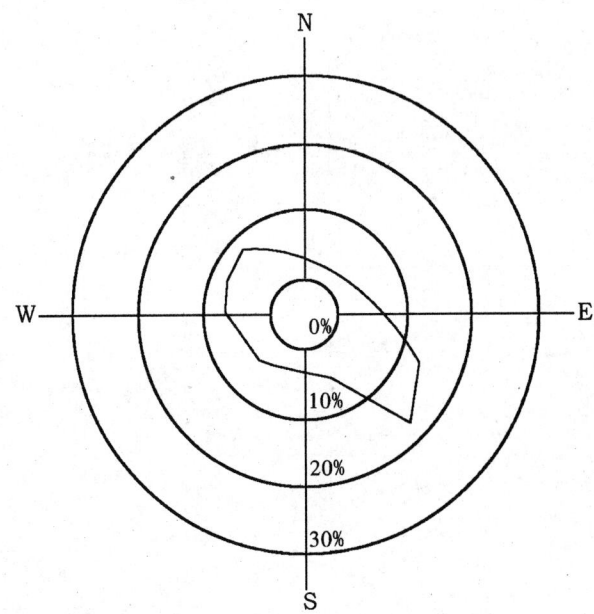

图 5.11.2 渤海中部一点的潮流流向频率分布图

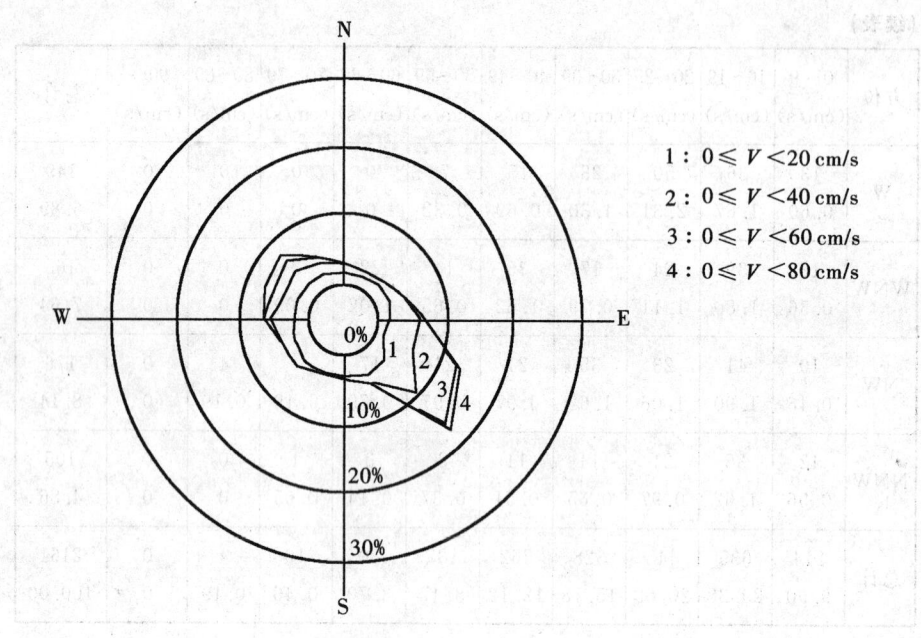

图 5.11.3　渤海中部一点的流向、流速频率分布图

第6章 潮汐响应分析

潮汐响应分析方法是 Munk 和 Cartwright(1966)首先提出的,对 Honolulu 和 Newly 两站进行了响应分析。之后 Cartwright(1967)又对若干港口作了进一步计算,并对潮汐和风暴潮作了统一分析[62]。Groves 和 Reynolds(1975)对响应分析作了改进,得到正交潮响应法。响应分析是以月、日引潮势,太阳辐射能流和引力潮的非线性效应作为输入函数对实测潮汐资料进行响应分析。将引力潮、太阳辐射潮和非线性潮分离出来,求得各部分的响应权函数并用以潮汐预报。响应分析脱离了分潮的概念,它不必事先规定存在何种频率的振动,就能客观地分析出各种可能的振动,可以将频率相同而来源不同的各种分振动分离开,是潮汐研究的一种很好的方法。黄祖珂等(1982,1984)对中国沿海若干站进行了一年潮汐资料的响应分析,再对分离出来的引力潮、太阳辐射潮和非线性潮分别进行了调和分析,探讨其相同频率各类潮汐的组成情况。文献[44]利用响应分析法探讨太阳辐射潮对中国沿海平均海面季节变化的影响。文献[18]利用响应分析计算中国沿海辐射 S_2 分潮,均获得有意义的结果。响应分析应用到固体潮研究中也是极有价值的。Zetler[123]比较了响应方法和调和方法的预报精度,表明响应分析方法的预报精度与调和分析方法相同或稍高。采用正交潮响应分析法和调和分析法比较表明,两者的精度基本相同[38]。

§6.1 引力潮

由月、日引潮力引起的潮汐是引力潮,或者被称为天文潮。

6.1.1 引潮势的球函数展开

月球引潮势

$$V = \frac{\mu_0 M}{D} \sum_{n=2}^{\infty} \left(\frac{a}{D}\right)^n P_n(\cos\Theta)$$
$$= \frac{\mu_0 M}{\overline{D}} \sum_{n=2}^{\infty} \left(\frac{a}{\overline{D}}\right)^n \left(\frac{\overline{D}}{D}\right)^{n+1} P_n(\cos\Theta) \quad (6.1.1)$$

式中，M 是月球质量；$D,\overline{D}$ 分别是地月中心之间的距离和平均距离；a 是地球半径；Θ 是月球天顶距。其中勒让德多项式

$$P_2(\cos\Theta)=\frac{1}{2}(3\cos^2\Theta-1)$$

$$P_3(\cos\Theta)=\frac{1}{2}(5\cos^3\Theta-3\cos\Theta)$$

$$P_4(\cos\Theta)=\frac{1}{8}(35\cos^4\Theta-30\cos^2\Theta+3)$$

……

对勒让德多项式作球函数展开

$$P_n(\cos\Theta)=\frac{4\pi}{2n+1}\sum_{m=-n}^{n}Y_n^m(\theta,\lambda)Y_n^m(Z,L)^*$$

$$n\geqslant 0, |m|\leqslant n \qquad (6.1.2)$$

式中

$$\begin{cases}Y_n^m(\theta,\lambda)=U_n^m(\theta,\lambda)+\mathrm{i}V_n^m(\theta,\lambda)\\ Y_n^m(Z,L)=U_n^m(Z,L)+\mathrm{i}V_n^m(Z,L)\end{cases} \qquad (6.1.3)$$

式中，θ,λ 分别是观测点的地理余纬度和东经；Z,L 分别是月球的余赤纬及从格林威治子午线起算的东经；* 表示共轭。$Y_n^m(\theta,\lambda), Y(Z,L)$ 分别是与观测点及天体有关的球函数。

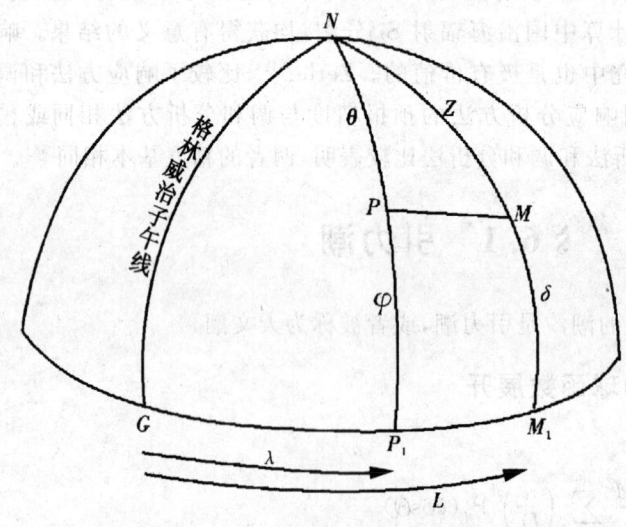

图 6.1.1　天体坐标示意图

球函数可以展开为

$$Y_n^m(Z,L) = (-1)^m \left(\frac{2n+1}{4\pi}\right)^{1/2} \left[\frac{(n-m)!}{(n+m)!}\right]^{1/2} P_n^m(\cos Z) e^{imL} \quad (6.1.4)$$

$P_n^m(\cos Z)$ 称为 n 次 m 阶关联勒让德函数，它的表达式见表 6.1.1。

表 6.1.1 $P_n^m(\cos Z)$

n \ m	0	1	2	3
1	$\cos Z$	$\sin Z$		
2	$\frac{3}{2}\cos^2 Z - \frac{1}{2}$	$3\sin Z\cos Z$	$3\sin^2 Z$	
3	$\frac{5}{2}\cos^3 Z - \frac{3}{2}\cos Z$	$\frac{3}{2}\sin Z(5\cos^2 Z - 1)$	$15\sin^2 Z\cos Z$	$15\sin^3 Z$

式(6.1.2)中,由于

$$Y_n^{-m}(\theta,\lambda) = (-1)^m Y_n^m(\theta,\lambda)^*$$

$$Y_n^{-m}(Z,L) = (-1)^m Y_n^m(Z,L)^*$$

得

$$P_n(\cos\Theta) = \frac{4\pi}{2n+1}\{U_n^0(Z,L)U_n^0(\theta,\lambda) + 2\sum_{m=1}^n [U_n^m(Z,L)U_n^m(\theta,\lambda) + V_n^m(Z,L)V_n^m(\theta,\lambda)]\}$$

$$= \frac{4\pi}{2n+1} A \sum_{m=0}^n [U_n^m(Z,L)U_n^m(\theta,\lambda) + V_n^m(Z,L)V_n^m(\theta,\lambda)]$$

$$\begin{aligned} m=0, A=1 \\ m\neq 0, A=2 \\ V_n^0 = 0 \end{aligned} \quad (6.1.5)$$

式(6.1.5)代入式(6.1.1),得月球引潮势

$$V = \sum_{n=2}^{\infty} \frac{\mu_0 M}{\overline{D}} \left(\frac{a}{\overline{D}}\right)^n \left(\frac{\overline{D}}{D}\right)^{n+1} \frac{4\pi}{2n+1} A \sum_{m=0}^n [U_n^m(Z,L)U_n^m(\theta,\lambda) + V_n^m(Z,L)V_n^m(\theta,\lambda)]$$

由式(6.1.4)知

$$\begin{cases} U_n^m(Z,L) = (-1)^m \left(\frac{2n+1}{4\pi}\right)^{1/2} \left[\frac{(n-m)!}{(n+m)!}\right]^{1/2} P_n^m(\cos Z)\cos mL \\ V_n^m(Z,L) = (-1)^m \left(\frac{2n+1}{4\pi}\right)^{1/2} \left[\frac{(n-m)!}{(n+m)!}\right]^{1/2} P_n^m(\cos Z)\sin mL \end{cases} \quad (6.1.6)$$

代入上式,并令月球的天文变量

$$\begin{cases} a_n^m(t)_{月}=\dfrac{\mu_0 M}{g\overline{D}}\left(\dfrac{a}{\overline{D}}\right)^n\left(\dfrac{\overline{D}}{D}\right)^{n+1}\left(\dfrac{4\pi}{2n+1}\right)^{1/2}A(-1)^m\left[\dfrac{(n-m)!}{(n+m)!}\right]^{1/2}P_n^m(\cos Z)\cos mL \\ b_n^m(t)_{月}=\dfrac{\mu_0 M}{g\overline{D}}\left(\dfrac{a}{\overline{D}}\right)^n\left(\dfrac{\overline{D}}{D}\right)^{n+1}\left(\dfrac{4\pi}{2n+1}\right)^{1/2}A(-1)^m\left[\dfrac{(n-m)!}{(n+m)!}\right]^{1/2}P_n^m(\cos Z)\sin mL \end{cases}$$
(6.1.7)

得到月球引潮势球函数展开式为

$$V=g\sum_{n=2}^{\infty}\sum_{m=0}^{n}[a_n^m(t)_{月}U_n^m(\theta,\lambda)+b_n^m(t)_{月}V_n^m(\theta,\lambda)]$$

太阳引潮势的球函数展开与上式类同,只是需将式中的 $M,D,\overline{D},Z,L$ 换成太阳的有关数值 $S,D_S,\overline{D}_S,Z_S,L_S$。

总的引潮势为月球、太阳引潮势之和,得

$$V=g\sum_{n=2}^{\infty}\sum_{m=0}^{n}[a_n^m(t)U_n^m(\theta,\lambda)+b_n^m(t)V_n^m(\theta,\lambda)] \quad (6.1.8)$$

式中

$$\begin{cases} a_n^m(t)=a_n^m(t)_{月}+a_n^m(t)_{日} \\ b_n^m(t)=b_n^m(t)_{月}+b_n^m(t)_{日} \end{cases} \quad (6.1.9)$$

6.1.2 卷积滤波

平衡潮潮高公式:

$$\overline{\zeta}(t)=\dfrac{V}{g}=\sum_{n=2}^{\infty}\sum_{m=0}^{n}[a_n^m(t)U_n^m(\theta,\lambda)+b_n^m(t)V_n^m(\theta,\lambda)] \quad (6.1.10)$$

对式(6.1.10)进行卷积滤波,得到所求频带的潮高

$$\zeta(t)=\int_{-\infty}^{\infty}h(\tau)\overline{\zeta}(t-\tau)d\tau$$

由于实际工作中不可能在无限长的时间上进行滤波,而且需要对取样资料离散化,因而将滤波器的时间表达式 $h(\tau)$ 截断在 $[-s\Delta\tau,s\Delta\tau]$ 之间。

$$\begin{aligned}\zeta(t)&=\sum_{\tau=-s}^{s}h(s)\overline{\zeta}(t-s\Delta\tau)\\&=\sum_{n=2}^{\infty}\sum_{m=0}^{n}\sum_{s=-s}^{s}[h(s)U_n^m(\theta,\lambda)a_n^m(t-s\Delta\tau)+h(s)V_n^m(\theta,\lambda)b_n^m(t-s\Delta\tau)]\end{aligned}$$

令

$$\overline{u}_n^m(s)=h(s)U_n^m(\theta,\lambda)$$
$$\overline{v}_n^m(s)=h(s)V_n^m(\theta,\lambda)$$

得平衡潮潮高公式:

$$\overline{\zeta}(t)=\sum_{n=2}^{\infty}\sum_{m=0}^{n}\sum_{s=-s}^{s}[\overline{u}_n^m(s)a_n^m(t-s\Delta\tau)+\overline{v}_n^m(s)b_n^m(t-s\Delta\tau)] \quad (6.1.11)$$

式中,$a_n^m(t-s\Delta\tau),b_n^m(t-s\Delta\tau)$ 是时间函数,$\overline{u}_n^m(s),\overline{v}_n^m(s)$ 是与地理因子有关的函

数。

实际天文潮的潮高可写为

$$\zeta(t) = \sum_{n=2}^{\infty}\sum_{m=0}^{n}\sum_{s=-s}^{s}\left[u_n^m(s)a_n^m(t-s\Delta\tau)+v_n^m(s)b_n^m(t-s\Delta\tau)\right] \quad (6.1.12)$$

对海洋中的特定地点，$u_n^m(s), v_n^m(s)$ 是常数，称为潮汐响应权函数。如果以

$$W_n^m(s) = u_n^m(s) + iv_n^m(s)$$

$$C_n^m(t) = a_n^m(t) + ib_n^m(t)$$

上式可写为

$$\zeta(t) = \mathrm{Re}\sum_{n=2}^{\infty}\sum_{m=0}^{n}\sum_{s=-s}^{s}C_n^{m*}(t-s\Delta\tau)W_n^m(s) \quad (6.1.13)$$

Munk 和 Cartwright 取 $\Delta\tau = \dfrac{1}{2\Delta\nu}$。在引潮势展开中，$P_2^1$ 的有效频带是从 0.8 c/d 到 1.1 c/d，P_2^2 的有效频带是从 1.75 c/d 到 2.05 c/d，两者的频带宽度 $\Delta\nu = 0.3$ c/d。因此 $\Delta\tau$ 应为 1.7 天，但是他们对 Honoluln 站试验的结果表明取 $\Delta\tau$ 为 48 h 最好。我们对中国各站试算的结果也是取 $\Delta\tau = 48$ h 为宜。但是对固体潮的计算以 $\Delta\tau = 41$ h 为最好。对 $n=2, m=0$，取 $s=-1, 0, 1; m=1, 2$ 时，取 $s=-3, -2, \cdots, 3$，需要计算如下的 31 个权函数。

$$u_2^0(-1), u_2^0(0), u_2^0(1)$$
$$u_2^1(-3), u_2^1(-2), \cdots, u_2^1(3)$$
$$v_2^1(-3), v_2^1(-2), \cdots, v_3^1(3)$$
$$u_2^2(-3), u_2^2(-2), \cdots, u_2^2(3)$$
$$v_2^2(-3), v_2^2(-2), \cdots, v_2^2(3)$$

也可以计算 $n=3$ 的权函数，但它和 $n=2$ 的权函数相比，仅是一个小量。$n=4$ 以上的权函数忽略不计。天文潮的权函数应与辐射潮和非线性潮的权函数统一从实测资料中求解。

6.1.3 天文变量的计算

为了计算 $a_n^m(t), b_n^m(t)$，需计算每时刻的 s, h, p, p_S, N 以及月、日的余赤纬 Z_M, Z_S 和月、日的陆地东经 L_M, L_S 等天文变量。它们的计算公式见 §2.2，得到的是格林威治时间的量值，它适用于调和分析中区时专用迟角 $g = $ 格$(V_0 + u) + \theta$ 的计算要求。而在响应分析中，由于要求计算与潮位资料 $\zeta(t)$ 同时刻的 $a_n^m(t)$ 和 $b_n^m(t)$，因而对北京时间观测的潮位资料，在使用 §2.2 的公式时，应计算北京时间的天文变量。

§6.2 太阳辐射潮

由气象因素引起的水位周期性变化,被称为太阳辐射潮,它是由太阳辐射直接或间接作用的结果。辐射潮具有不可忽视的量值,特别是在长周期潮中更为明显。在渤海由于辐射潮的影响可引起 60 cm 的年周期变化。

Munk 和 Cartwright 定义太阳辐射势为

$$V_{\text{辐}} = \begin{cases} S(\dfrac{\overline{D_S}}{L})\cos\Theta_S, & 0 \leqslant \Theta_S \leqslant \dfrac{\pi}{2}(\text{白天}) \\ 0, & \dfrac{\pi}{2} \leqslant \Theta_S \leqslant \pi(\text{晚上}) \end{cases} \quad (6.2.1)$$

式中,S 为太阳辐射常数,Θ_S 为太阳天顶距,$\overline{D_S}$ 为日地平均距离,L 为观测点与太阳之间的距离。由式(2.3.4)知

$$\frac{1}{L} = \frac{1}{D_S}\sum_{n=0}^{\infty}\left(\frac{a}{D_S}\right)^n P_n(\cos\Theta_S)$$

代入上式得

$$V_{\text{辐}} = \begin{cases} S\left(\dfrac{\overline{D_S}}{D_S}\right)\cos\Theta_S \sum_{n=0}^{\infty}\left(\dfrac{a}{D_S}\right)^n P_n(\cos\Theta_S), & 0 \leqslant \Theta_S \leqslant \dfrac{\pi}{2} \\ 0, & \dfrac{\pi}{2} \leqslant \Theta_S \leqslant \pi \end{cases}$$

式中,D_S 为日地中心之间的距离,a 为地球半径。

勒让德多项式

$$\begin{cases} P_0(\cos\Theta_S) = 1 \\ P_1(\cos\Theta_S) = \cos\Theta_S \\ P_2(\cos\Theta_S) = \dfrac{1}{2}(3\cos^2\Theta_S - 1) \\ P_3(\cos\Theta_S) = \dfrac{1}{2}(5\cos^3\Theta_S - 3\cos\Theta_S) \\ P_4(\cos\Theta_S) = \dfrac{1}{8}(35\cos^4\Theta_S - 3\cos^2\Theta_S + 3) \end{cases} \quad (6.2.2)$$

令

$$\mu = \cos\Theta_S$$

$$\xi = \frac{a}{D_S}$$

那么

$$V_{\text{辐}} = \begin{cases} S\left(\dfrac{\overline{D_S}}{D_S}\right)\mu\sum_{n=0}^{\infty}\xi^n P_n(\mu), & 1 \geqslant \mu \geqslant 0(\text{白天}) \\ 0, & 0 \geqslant \mu \geqslant -1(\text{夜}) \end{cases}$$

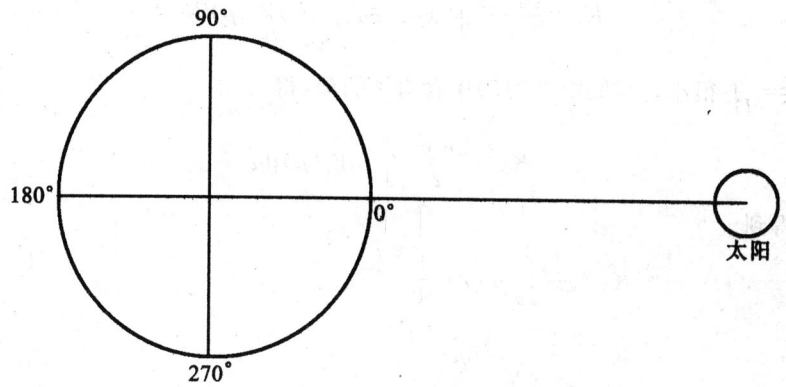

图 6.2.1　太阳天顶距 Θ_1 示意图

辐射与引力的不同之点是辐射对地球是不可穿透的,夜间的辐射为零。为了得到一个连续的表达式,令

$$S\left(\frac{\overline{D}_S}{D_S}\right)\sum_{n=0}^{\infty}K_n P_n(\mu)=\begin{cases}S\left(\dfrac{\overline{D}_S}{D_S}\right)\mu\sum_{n=0}^{\infty}\xi^n P_n(\mu), & 1\geqslant\mu\geqslant 0\\ 0, & 0\geqslant\mu\geqslant -1\end{cases} \quad (6.2.3)$$

式中,K_n 为待定常数。上式可写为

$$\sum_{n=0}^{\infty}K_n P_n(\mu)=\begin{cases}\mu\sum_{n=0}^{\infty}\xi^n P_n(\mu), & 1\geqslant\mu\geqslant 0\\ 0, & 0\geqslant\mu\geqslant -1\end{cases}$$

将上式右边展开,

$$\sum_{n=0}^{\infty}K_n P_n(\mu)=\begin{cases}\mu+\xi\mu^2+\cdots, & 1\geqslant\mu\geqslant 0\\ 0, & 0\geqslant\mu\geqslant -1\end{cases} \quad (6.2.4)$$

对式(6.2.4)按最小二乘法原理处理

$$\int_{-1}^{1}\sum_{n=0}^{\infty}K_n P_n(\mu)P_j(\mu)\mathrm{d}\mu=\int_{0}^{1}(\mu+\xi\mu^2+\cdots)P_j(\mu)\mathrm{d}\mu \quad (6.2.5)$$

当 $n\neq j$ 时,

$$\int_{-1}^{1}P_n(\mu)P_j(\mu)\mathrm{d}\mu=0$$

$n=j$ 时,

$$\int_{-1}^{1}P_n(\mu)P_j(\mu)\mathrm{d}\mu=\frac{2}{2n+1}$$

得

$$K_n = \frac{2n+1}{2}\int_0^1 (\mu + \xi\mu^2 + \cdots)P_j(\mu)d\mu$$

由于 $\xi = \dfrac{a}{D_S}$ 很小，去掉式(6.2.5)中含有 ξ 的项，得

$$K_n = \frac{2n+1}{2}\int_0^1 \mu P_j(\mu)d\mu$$

从而得到

$$K_0 = \frac{1}{2}\int_0^1 \mu d\mu = \frac{1}{4}$$

$$K_1 = \frac{3}{2}\int_0^1 \mu^2 d\mu = \frac{1}{2}$$

$$K_2 = \frac{5}{2}\int_0^1 \mu \frac{1}{2}(3\mu^2 - 1)d\mu = \frac{5}{16}$$

$$K_3 = \frac{7}{2}\int_0^1 \mu \frac{1}{2}(5\mu^3 - 3\mu)d\mu = 0$$

$$K_4 = \frac{9}{2}\int_0^1 \mu \frac{1}{8}(35\mu^4 - 30\mu^2 + 3)d\mu = -\frac{3}{32}$$

归结为

$$K_n = \begin{cases} \dfrac{1}{4}, & n=0 \\ \dfrac{1}{2}, & n=1 \\ \dfrac{2n+1}{2}\left[\dfrac{(1)(-1)\cdots(3-n)}{(2)(4)\cdots(2+n)}\right], & n=2,4,6,\cdots \\ 0, & n=3,5,7,\cdots \end{cases} \quad (6.2.6)$$

$$\begin{aligned}V_{辐} &= S\left(\frac{\overline{D}_S}{D_S}\right)\left[\frac{1}{4} + \frac{1}{2}P_1(\cos\Theta_S) + \sum_{n=2,4\cdots} K_n P_n(\cos\Theta_S)\right] \\ &= S\left(\frac{\overline{D}_S}{D_S}\right)\left[\frac{1}{4} + \frac{1}{2}\cos\Theta_S + \frac{5}{32}(3\cos^2\Theta_S - 1) - \right.\\ &\quad \left. \frac{3}{256}(35\cos^4\Theta_S - 30\cos^2\Theta_S + 3) + \cdots\right] \end{aligned} \quad (6.2.7)$$

其中第一项是常数项，不会引起潮汐现象。由式(6.1.5)知

$$P_n(\cos\Theta_S) = \frac{4\pi}{2n+1} A \sum_{m=0}^n [U_n^m(Z_S, L_S)U_n^m(\theta,\lambda) + V_n^m(Z_S, L_S)V_n^m(\theta,\lambda)]$$

$$m=0, A=1$$
$$m\neq 0, A=2$$

得

第 6 章 潮汐响应分析

$$V_{辐}=S\left(\dfrac{\overline{D}_S}{D_S}\right)\sum_{n=1,2,4,\cdots}K_n\dfrac{4\pi}{2n+1}A\sum_{m=0}^{n}[U_n^m(Z_S,L_S)U_n^m(\theta,\lambda)+V_n^m(Z_S,L_S)V_n^m(\theta,\lambda)]$$
(6.2.8)

令

$$\begin{cases}\alpha_n^m(t)=S\left(\dfrac{\overline{D}_S}{D_S}\right)K_n\left(\dfrac{4\pi}{2n+1}\right)^{1/2}A(-1)^m\left[\dfrac{(n-m)!}{(n+m)!}\right]^{1/2}P_n^m(\cos Z_S)\cos mL_S\\[2mm]\beta_n^m(t)=S\left(\dfrac{\overline{D}_S}{D_S}\right)K_n\left(\dfrac{4\pi}{2n+1}\right)^{1/2}A(-1)^m\left[\dfrac{(n-m)!}{(n+m)!}\right]^{1/2}P_n^m(\cos Z_S)\sin mL_S\end{cases}$$
(6.2.9)

得

$$V_{辐}=\sum_{n=1,2,4}\sum_{m=0}^{n}[\alpha_n^m(t)u_n^m(\theta,\lambda)+\beta_n^m(t)v_n^m(\theta,\lambda)]$$

相应地太阳辐射潮潮高（只取 $n=1,2$）

$$\begin{aligned}\zeta_{辐}(t)&=\sum_{n=1}^{2}\sum_{m=0}^{n}[\alpha_n^m(t)u_n^m(0)+\beta_n^m(t)v_n^m(0)]+\alpha_1^{0'}(t)u_1^{0'}(0)+\alpha_2^{0'}(t)u_2^{0'}(0)\\&=\alpha_1^0(t)u_1^0(0)+\alpha_2^0(t)u_2^0(0)+\\&\quad \alpha_1^{0'}(t)u_1^{0'}(0)+\alpha_2^{0'}(t)u_2^{0'}(0)+\\&\quad \alpha_1^1(t)u_1^1(0)+\beta_1^1(t)v_1^1(0)+\\&\quad \alpha_2^1(t)u_2^1(0)+\beta_2^1(t)v_2^1(0)+\\&\quad \alpha_2^2(t)u_2^2(0)+\beta_2^2(t)v_2^2(0)\end{aligned}$$
(6.2.10)

$\alpha_n^m(t),\beta_n^m(t)$ 的单位为 $4.2\ \text{J}/(\text{cm}^2\cdot\text{min})$，$\zeta(t)$ 的单位为 cm。为了调整由于热量惯性引起的相位迟滞，上式中引入了两个新的输入函数

$$\begin{cases}\alpha_1^{0'}(t)=\dfrac{365.242}{2\pi}[\alpha_1^0(t+12)-\alpha_1^0(t-12)]\\[2mm]\alpha_2^{0'}(t)=\dfrac{365.242}{4\pi}[\alpha_2^0(t+12)-\alpha_2^0(t-12)]\end{cases}$$
(6.2.11)

由于 $P_1^0(\cos Z_S)=\cos Z_S$，而太阳余赤纬 Z_S 具有年变化过程，因而式(6.2.10)右边第 1 项和第 3 项具有年变化周期，而 $P_2^0(\cos Z_S)=\dfrac{3}{2}\cos^2 Z_S-\dfrac{1}{2}$，说明了第 2 项及第 4 项具有半年周期的变化过程。

辐射潮的权函数与天文潮、非线潮的权函数统一求解。

§6.3 非线性潮

潮波传入浅水后，由于受到浅水效应及底摩擦的作用，能够产生非线性潮。

在调和分析中,讨论分潮与分潮的相互作用产生的浅水分潮,而在响应分析中,是讨论潮族之间的相互作用产生的非线性潮。将引力潮称为线性潮。

Munk 和 Cartwright 分三种形式引入非线性潮的输入函数:①线性潮天文变量的各种组合;②线性潮的一级预报水位的组合;③实测水位与天文变量的组合。其中第一种形式运算方便,但是它不能完全代表当地的潮汐情况,文献[10]认为第二种形式组成的输入函数较好。

6.3.1 线性天文变量的组合

由式(6.1.12)知线性潮的输入函数

$$C_n^m(t-s\Delta\tau)=a_n^m(t-s\Delta\tau)+\mathrm{i}b_n^m(t-s\Delta\tau)$$

那么非线性的输入函数为

$$C_n^m(t-s\Delta\tau) \cdot C_n^{m'}(t-s'\Delta\tau) \text{ 或 } (C_n^{m+m'})$$

$$C_n^m(t-s\Delta\tau) \cdot C_n^{m'*}(t-s'\Delta\tau) \text{ 或 } (C_n^{m-m'}, m \geqslant m')$$

已知 $C_n^m(t) = \dfrac{\mu_0 M}{g \overline{D}} \left(\dfrac{a}{\overline{D}}\right)^n \left(\dfrac{\overline{D}}{\overline{D}}\right)^{n+1} \left(\dfrac{4\pi}{2n+1}\right)^{1/2} A(-1)^m \left[\dfrac{(n-m)!}{(n+m)!}\right]^{1/2} P_n^m(\cos Z) \mathrm{e}^{\mathrm{i}mL}$

$\qquad\qquad = R_n^m \mathrm{e}^{\mathrm{i}mL}$

那么
$$\begin{cases} C_n^{m+m'}=R_n^m R_n^{m'}\mathrm{e}^{\mathrm{i}(m+m')L} \\ C_n^{m-m'}=R_n^m R_n^{m'}\mathrm{e}^{\mathrm{i}(m-m')L} \\ \quad m \geqslant m' \end{cases} \tag{6.3.1}$$

从而得出:m 潮族与 m' 潮族互相干扰产生的非线性潮的潮族数为 $m \pm m'$。

$$C_n^{m+m'}(t,s,s')=C_n^m(t-s\Delta\tau)C_n^{m'}(t-s'\Delta\tau)$$
$$=a_n^{m+m'}(t,s,s')+\mathrm{i}b_n^{m+m'}(t,s,s') \tag{6.3.2}$$

式中
$$\begin{cases} a_n^{m+m'}(t,s,s')=[a_n^m(t-s\Delta\tau)a_n^{m'}(t-s'\Delta\tau)-b_n^m(t-s\Delta\tau)b_n^{m'}(t-s'\Delta\tau)] \\ b_n^{m+m'}(t,s,s')=[b_n^m(t-s\Delta\tau)a_n^{m'}(t-s'\Delta\tau)+a_n^m(t-s\Delta\tau)b_n^{m'}(t-s'\Delta\tau)] \end{cases}$$
$$\tag{6.3.3}$$

$$C_n^{m-m'}(t,s,s')=C_n^m(t-s\Delta\tau)C_n^{m'*}(t-s'\Delta\tau)$$
$$=a_n^{m-m'}(t,s,s')+\mathrm{i}b_n^{m-m'}(t,s,s') \tag{6.3.4}$$

式中
$$\begin{cases} a_n^{m-m'}(t,s,s')=[a_n^m(t-s\Delta\tau)a_n^{m'}(t-s'\Delta\tau)+b_n^m(t-s\Delta\tau)b_n^{m'}(t-s'\Delta\tau)] \\ b_n^{m-m'}(t,s,s')=[b_n^m(t-s\Delta\tau)a_n^{m'}(t-s'\Delta\tau)-a_n^m(t-s\Delta\tau)b_n^{m'}(t-s'\Delta\tau)] \end{cases}$$
$$\tag{6.3.5}$$

非线性潮的潮高公式为

$$\zeta_{\text{非}}(t)=\sum_{\substack{n,m,m' \\ s,s'}}[a_n^{m\pm m'}(t,s,s')u_n^{m\pm m'}(s,s')+b_n^{m\pm m'}(t,s,s')v_n^{m\pm m'}(s,s')]$$

$$\tag{6.3.6}$$

式中,$u_n^{m\pm m'}(s,s')$,$v_n^{m\pm m'}(s,s')$为非线性潮的权函数。

s,s'按以下形式组合

$$\begin{array}{cccccc} s: & 0 & -1 & 0 & 1 & 0 \\ s': & 0 & 0 & -1 & 0 & 1 \end{array}$$

例如$C_2^{2+1}(t,s,s')$的各项为

$$\begin{cases} a_2^{2+1}(t,0,0)=a_2^2(t)a_2^1(t)-b_2^2(t)b_2^1(t) \\ b_2^{2+1}(t,0,0)=b_2^2(t)a_2^1(t)+a_2^2(t)b_2^1(t) \\ a_2^{2+1}(t,-1,0)=a_2^2(t+\Delta\tau)a_2^1(t)-b_2^2(t+\Delta\tau)b_2^1(t) \\ b_2^{2+1}(t,-1,0)=b_2^2(t+\Delta\tau)a_2^1(t)+a_2^2(t+\Delta\tau)b_2^1(t) \\ a_2^{2+1}(t,0,-1)=a_2^2(t)a_2^1(t+\Delta\tau)-b_2^2(t)b_2^1(t+\Delta\tau) \\ b_2^{2+1}(t,0,-1)=b_2^2(t)a_2^1(t+\Delta\tau)+a_2^2(t)b_2^1(t+\Delta\tau) \\ a_2^{2+1}(t,1,0)=a_2^2(t-\Delta\tau)a_2^1(t)-b_2^2(t-\Delta\tau)b_2^1(t) \\ b_2^{2+1}(t,1,0)=b_2^2(t-\Delta\tau)a_2^1(t)+a_2^2(t-\Delta\tau)b_2^1(t) \\ a_2^{2+1}(t,0,1)=a_2^2(t)a_2^1(t-\Delta\tau)-b_2^2(t)b_2^1(t-\Delta\tau) \\ b_2^{2+1}(t,0,1)=b_2^2(t)a_2^1(t-\Delta\tau)+a_2^2(t)b_2^1(t-\Delta\tau) \end{cases} \quad (6.3.7)$$

它表示半日族与日族相互干扰产生的非线性潮,具有10个非线性潮的输入函数,对应有10个权函数。表6.3.1列出了主要的非线性潮的来源及其权函数的个数和族数。还可以增加太阳辐射潮与天文潮相互干扰产生的非线性潮,它相当于调和分析中的天文-气象分潮。

表6.3.1 非线性潮

输入函数	权函数	族数	输入函数	权函数	族数
C_2^{1-1}	3	0	C_2^{2+2+1}	10	5
C_2^{2-2}	3	0	C_2^{2+2+2}	10	6
C_2^{1+0}	10	1	$C_2^{2+2+2+1}$	2	7
C_2^{2-1}	10	1	$C_2^{2+2+2+2}$	2	8
C_2^{1+1}	6	2	$C_2^{2+2+2+2+1}$	2	9
C_2^{2+0}	10	2	$C_2^{2+2+2+2+2}$	2	10
C_2^{2+2-2}	10	2	$C_2^{2+2+2+2+2+1}$	2	11
C_2^{2+1}	10	3	$C_2^{2+2+2+2+2+2}$	2	12
C_2^{2+2}	6	4			

6.3.2 一级预报水位的组合

天文潮预报水位

$$\zeta(t) = \sum_{n=2}^{\infty} \sum_{m=0}^{n} \sum_{s=-s}^{s} C_n^{m*}(t-s\Delta\tau) W_n^m(s)$$

$n=2$,潮族的一级预报水位

$$\hat{\zeta}_m^I = P_m + iQ_m$$

式中

$$P_m = \sum_{s=-s}^{s} [a_n^m(t-s\Delta\tau) u_n^m(s) + b_n^m(t-s\Delta\tau) v_n^m(s)]$$

$$Q_m = \sum_{s=-s}^{s} [a_n^m(t-s\Delta\tau) v_n^m(s) - b_n^m(t-s\Delta\tau) u_n^m(s)]$$

$\hat{\zeta}_0^I = P_0 + iQ_0, \hat{\zeta}_1^I = P_1 + iQ_1, \hat{\zeta}_2^I = P_2 + iQ_2$ 分别是 0,1,2 族的第一级预报水位。依此得到各潮族非线性潮的输入函数。其中部分输入函数为[19]

$(\hat{\zeta}^I)^{2*2}: (P_2^2 - Q_2^2) + i(2P_2Q_2)$

$(\hat{\zeta}^I)^{2*2+1}: [(P_2^2 - Q_2^2)P_1 - 2P_2Q_2Q_1] + i[(P_2 - Q_2)Q_1 + 2P_1P_2Q_2]$

$(\hat{\zeta}^I)^{3*2}: (P_2^3 - 3P_2Q_2^2) + i(3P_2^2Q_2 - Q_2^3)$

$(\hat{\zeta}^I)^{4*2}: (P_2^4 + Q_2^4 - 6P_2^2Q_2^2) + i[4P_2Q_2(P_2^2 - Q_2^2)]$

$(\hat{\zeta}^I)^{4*2+0}: (P_2^4 + Q_2^4 - 6P_2^2Q_2^2)P_0 + i[4P_0P_2Q_2(P_2^2 - Q_2^2)]$

$(\hat{\zeta}^I)^{5*2}: (P_2^5 + 5P_2Q_2^4 - 10P_2^3Q_2^2) + i(5P_2^4Q_2 - 10P_2^2Q_2^3 + Q_2^5)$

$(\hat{\zeta}^I)^{5*2+0}: (P_2^5 + 5P_2Q_2^4 - 10P_2^3Q_2^2)P_0 + iP_0(5P_2^4Q_2 - 10P_2^2Q_2^3 + Q_2^5)$

§6.4 响应权函数

Munk 和 Cartwright 对 Honoluln 及 Newly 站进行潮汐分析时,采用逐步响应分析法分析计算引力潮、辐射潮及非线性的响应权函数。首先从实测资料中分析引力潮,从去掉引力潮的剩余水位中分析辐射潮,再进一步分析非线性潮。本节介绍总体响应分析的方法,将引力潮、辐射潮及非线性潮的输入函数一次性输入作整体分析,形成总的系数矩阵,一次性解出全部的响应权函数[40,41]。

实测潮位包括引力潮、辐射潮和非线性潮。由式(6.1.12),(6.2.10)和(6.3.6),实测潮位表示为

$$\zeta(t) = \sum_{n=2}^{\infty} \sum_{m=0}^{n} \sum_{s=-s}^{s} [u_n^m(s) a_n^m(t-s\Delta\tau) + v_n^m(s) b_n^m(t-s\Delta\tau)] +$$

$$\sum_{n=1}^{2}\sum_{m=0}^{n}[u_n^m(0)\alpha_n^m(t)+v_n^m(0)\beta_n^m(t)]+u_1^{0'}(0)\alpha_1^{0'}(t)+u_2^{0'}(0)\alpha_2^{0'}(t)+$$
$$\sum_{\substack{n,m,m'\\s,s'}}[u_n^{m\pm m'}(s,s')a_n^{m\pm m'}(t,s,s')+v_n^{m\pm m'}(s,s')b_n^{m\pm m'}(t,s,s')] \quad (6.4.1)$$

如前面所述，如果只取 $n=2$ 的天文潮，它计算 31 个权函数 $u_n^m(s)$ 或 $v_n^m(s)$。另外计算 10 个太阳辐射潮的权函数以及 100 多个非线性潮的权函数，上式可以简写为

$$\zeta(t)=\sum_{j=1}^{K}X_jE_j(t)$$
$$t=0,1,\cdots,8\,856 \quad (6.4.2)$$

式中，X_j 表示权函数，K 为式(6.4.1)权函数的个数，$E_j(t)$ 是天文变量，它可以通过前面的有关公式计算。利用一年的潮汐资料可以得到比较稳定的权函数。已有实测潮位 $\zeta(t)(t=0,1,\cdots,8\,856$ h)，依式(6.4.2)可以建立 8 857 个方程式，在方程式数大于未知数的情况下，依据最小二乘法原理建立法方程式的方法得线性方程组

$$\sum_{j=1}^{m}X_j\frac{1}{8\,857}\sum_{t=0}^{8\,856}E_j(t)E_i(t)=\frac{1}{8\,857}\sum_{t=0}^{8\,856}\zeta(t)E_i(t)$$
$$i=1,2,\cdots,m \quad (6.4.3)$$

以消元法求解上式即可得到各权函数。

表 6.4.1 给出了 Newly 站各权函数的量值。其中 a_2^0 栏内 0.172 79，$-0.061\,11$，0.191 96 3 个量值为该站 $n=2,m=0$ 对应于 $s=1,0,-1$ 的天文潮权函数 $u_2^0(s)$。$C_2^1(s)$、$C_2^2(s)$ 对应的量值分别为 $n=2,m=1,2$ 的天文潮权函数 $u_2^m(s)$ 和 $v_2^m(s)$。$C_3^1(s)$，$C_3^2(s)$，$C_3^3(s)$ 栏内列有 $n=3$ 的天文潮权函数。$C_2^{2-1}(s,s')$ 栏内的量值是天文潮 2 族与 1 族相互干扰形成的 1 族非线性潮权函数。$C_2^{2+1}(s,s')$ 为 2 族与 1 族形成的 3 族非线性潮。$\alpha_1^0(0),\alpha_1^{0'}(0),\alpha_2^0(0),\alpha_2^{0'}(0),\chi_1^1(0),\chi_2^1(0),\chi_2^2(0)$ 对应的量值是太阳辐射潮的权函数。$(\tilde{\zeta}^I)^{2-2}$ 栏的量值为 2 族与 2 族的一级预报水位形成的 0 族非线性潮权函数，其余类推。

各个权函数求得后，分别代入式(6.1.11)，(6.2.10)，(6.3.6)可以得到引力潮、辐射潮及非线性潮。图 6.4.1 的实线是秦皇岛 1975 年 2 天的实测潮位曲线，下图虚线是引力潮曲线，它和实测曲线相差较大，中图虚线是引力潮与辐射潮之和的潮位曲线，它和实测曲线已比较接近。上图虚线是引力潮、辐射潮和非线性潮三者之和的潮位曲线，它与实测曲线相当拟合了。

表 6.4.1 Newlyn 站的响应权函数

天文变量	S	u_s	v_s	天文变量	S	u_s	v_s
a_2^0	1	0.172 79		c_2^2	3	0.686 89	$-1.774\ 75$
	0	$-0.061\ 11$			2	$-7.918\ 64$	2.763 38
	-1	0.191 96			1	13.485 24	7.190 30
$a_1^0, a_1^{0'}$	0	$-10.109\ 01$	$-9.554\ 70$		0	$-9.427\ 39$	$-20.602\ 48$
$a_2^0, a_2^{0'}$	0	1.027 73	25.517 77		-1	$-5.182\ 10$	17.296 59
$(\tilde{\zeta}^l)^{2-2}$	0,0	4.63×10^{-6}			-2	8.283 95	$-4.867\ 26$
c_2^1	2	0.255 29	0.236 13		-3	$-2.554\ 34$	$-0.841\ 52$
	1	$-0.475\ 27$	$-0.371\ 77$	c_3^2	1	0.464 32	3.356 23
	0	0.375 20	0.550 67		0	3.577 49	$-2.786\ 16$
	-1	$-0.172\ 57$	$-0.474\ 04$		-1	$-1.739\ 39$	0.259 17
	-2	$-0.008\ 02$	0.181 29	χ_2^2	0	22.428 19	24.785 12
c_3^1	0	0.054 93	1.222 19	$\bar{\zeta}^l$	0	$-0.000\ 25$	$-0.000\ 17$
χ_1^1	0	$-0.221\ 71$	0.079 08	$\bar{\zeta}^l \zeta^l (\tilde{\zeta}^l)^*$	0	-2.16×10^{-6}	-2.18×10^{-6}
χ_2^1	0	7.119 96	4.566 25	c_3^3	1	0.923 03	0.763 66
$\bar{\zeta} c_2^1$	0	$-0.000\ 06$	0.000 12		0	$-0.649\ 15$	$-1.301\ 28$
c_2^{2-1}	0,0	$-0.003\ 55$	$-0.003\ 28$		-1	$-0.919\ 30$	0.153 72
	$-1,0$	0.001 53	0.000 41	c_2^{2+1}	0,0	$-0.000\ 35$	0.000 29
	$0,-1$	0.000 47	0.000 65		$-1,0$	$-0.000\ 25$	$-0.000\ 11$
	1,0	$-0.000\ 17$	0.002 29		$0,-1$	0.000 28	$-0.000\ 13$
	0,1	0.001 09	$-0.000\ 53$		1,0	0.000 25	$-0.000\ 16$
$(\tilde{\zeta}^x)^{2+2}$	0,0	-61×10^{-6}	368×10^{-6}		0,1	0.000 04	0.000 22

对中国数 10 个站一年潮汐资料的分析表明,通过响应分析能很好地将 Sa,Ssa 的天文潮及太阳辐射潮分离开,但对 S_2 分潮的分离不理想。

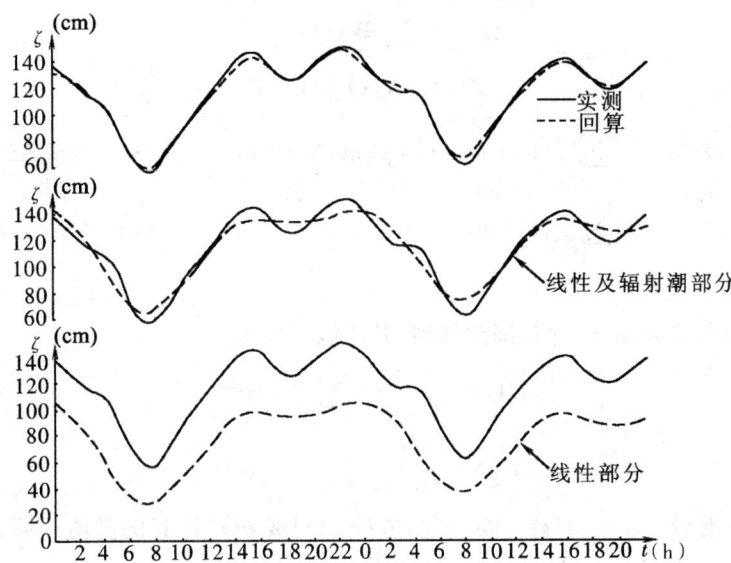

图 6.4.1 秦皇岛潮位曲线图

§6.5 潮汐导纳

对于 n 次 m 族的潮位

$$\zeta(t) = \sum_{s=-s}^{s} W_n^m(s) C_n^{m*}(t-s\Delta\tau)$$

它对应于

$$H(\nu) = Z(\nu)G(\nu) \tag{6.5.1}$$

式中

$$\begin{cases} H(\nu) = \int_{-\infty}^{\infty} \zeta(t) e^{i2\pi\nu t} dt \\ Z(\nu) = \int_{-\infty}^{\infty} W_n^m(\tau) e^{-i2\pi\nu\tau} d\tau \\ G(\nu) = \int_{-\infty}^{\infty} c_n^m(t) e^{i2\pi\nu t} dt \end{cases} \tag{6.5.2}$$

依式(6.5.1)得

$$Z(\nu) = \frac{H(\nu)}{G(\nu)} \tag{6.5.3}$$

$Z(\nu)$ 被称为潮汐导纳。它有两种计算方法:①利用式(6.5.2)对响应权函数进行傅氏变换,求其频谱 $Z(\nu)$;②利用式(6.5.3)通过计算潮位谱 $H(\nu)$ 和天文变量谱 $G(\nu)$ 来计算 $Z(\nu)$。对于离散情况下

$$Z(\nu) = \sum_{s=-s}^{s} W(s) e^{-i2\pi\nu s \Delta \tau} \tag{6.5.4}$$

或
$$Z(\nu) = X(\nu) + iY(\nu) \tag{6.5.5}$$

式中 $X(\nu) = u_0 + \sum_{s=1}^{s} [(u_s + u_{-s})\cos(2\pi\nu s\Delta\tau) + (v_s - v_{-s})\sin(2\pi\nu s\Delta\tau)]$

$Y(\nu) = v_0 + \sum_{s=1}^{s} [(v_s + v_{-s})\cos(2\pi\nu s\Delta\tau) - (u_s - u_{-s})\sin(2\pi\nu s\Delta\tau)]$

$$\tag{6.5.6}$$

也可以采用式(6.5.3)计算潮汐导纳,其离散型公式

$$H(\nu) = \frac{2}{2N+1} \sum_{t=-N}^{N} \zeta(t) e^{i2\pi\nu t} \tag{6.5.7}$$

$$G(\nu) = \frac{2}{2N+1} \sum_{t=-N}^{N} C(t) e^{i2\pi\nu t}$$

由于天文变量 $C(t) = a(t) + ib(t)$ 中,依据 $a(t)$ 或 $b(t)$ 计算的谱值相同,仅位相相差 90°,因此上式可改为 $G(\nu) = \frac{2}{2N+1} \sum_{t=-N}^{N} a(t) e^{i2\pi\nu t}$ \hfill (6.5.8)

从式(6.5.3)看出,潮汐导纳是潮位谱与天文变量谱的比值,它体现海洋对引潮力的响应情况。$|Z(\nu)|$ 表示实际潮汐对平衡潮振幅在频率 ν 处的放大倍数,$Arg(Z(\nu))$ 表示实际潮汐在频率 ν 上超前于平衡潮的相位。

由于响应分析的计算量太大,Zetler[63] 提出一种简单的计算方法。它基于导纳平滑的观念,未考虑浅水分潮的影响,利用 N_2, M_2, K_2 3 个分潮的导纳由抛物插值法得到天文分潮的导纳 $Z_{S_2}^{(a)}$,再依下式计算天文分潮 S_2 的调和常数

$$R_{S_2}^{(a)} = H_{S_2}^{(a)} e^{ig_{S_2}^{(a)}} = q_{S_2} Z_{S_2}^{(a)} \tag{6.5.9}$$

式中,H, g 是调和常数;R 是复数形式的调和常数;q 是平衡潮系数。从而得到辐射分潮 S_2 的复调和常数

$$R_{S_2}^{(r)} = R_{S_2} - R_{S_2}^{(a)} \tag{6.5.10}$$

式中,R_{S_2} 是实际分析的 S_2 分潮的复调和常数。Zetler 计算了美国两海岸 16 个站的辐射分潮,其振幅介于 0.3 cm 至 7.0 cm,与天文分潮 S_2 的平均振幅比为 0.16,平均迟角差为 133°。美国东海岸 15 站辐射分潮 S_2 的振幅介于 0.6 cm 至 18.6 cm 之间,与天文分潮 S_2 的平均振幅比为 0.16,平均迟角差为 185°。中国沿海 42 个站的辐射分潮 S_2 的振幅介于 1.6 cm 至 16.0 cm,与天文分潮的平均振幅比为 0.17,平均迟角差为 119°[18]。

第7章 潮波数值计算

在航海活动中,需要掌握海区的潮流分布变化情况,特别在近海,由于潮流较强,若对潮流情况了解不够,有可能造成船舶偏离计划航线甚至发生触礁、碰撞、搁浅等严重的海难事故。由于海上测流受人力、物力的限制,人们只能掌握有限测站的潮流资料,不能全面系统地掌握海区的潮流状况。自从用电子计算机实施潮流数值计算和预报以来,已经可以充分了解潮流的分布变化规律。

在污染物扩散及泥沙运移的研究中,需要首先通过潮流数值计算掌握潮流场的分布及变化。在建港等岸边工程中,也需要了解建港前潮流场的分布及建港后对潮流场、污染扩散及泥沙运移的影响。在岸边建设电站时,需吸取大量的海水来冷却发电设备,这需要通过潮流场和温排水的数值计算达到合理地安排吸水口和温排水口的位置,以便确保有效的降温效果。

Defant(1919)是首先提出动力学方程数值解的人之一。他在长渠的潮波方程中引入了分潮波的时间因子 $e^{-i\sigma t}$,从而建立了不含时间变量的潮波方程,并使用了数值方法。Hansen(1952)首先将这一方法推广至北海的二维潮波数值计算中,给出了潮波边值问题的数值方法,即通常所说的边值方法。在这个方法中,根据给定海岸边界上的潮汐数据以及水体边界上的潮汐或潮流数据,对潮波方程进行数值计算。Sansen 指出,这种分潮波的边值问题方法只有在线性方程的情况下才是可行的,因而不适应于需要采用非线性方程研究的浅水海域,而且它没有考虑海岸对潮流的限制作用,因而所得的潮流,特别在近岸区域,可能与观测资料有显著偏差。但是由于这个方法只需计算 $t=0$ 及 $t=\dfrac{T}{4}$ 两个时刻的潮位在海区中的分布,即可得到分潮的调和常数和潮流要素。从计算量来考虑,这种方法省时,在电子计算机还不普及的 20 世纪 50 年代和 60 年代初,这种方法获得了广泛的应用并取得了相当大的成功。从 60 年代开始采用初值方法,它只需要给出水界的潮汐或潮流数据,并同时确定岸界的法向流速为零,以此对方程进行数值计算,再以岸边和海上的潮汐、潮流资料对计算模型进行检验。自从电子计算机普及应用以来,采用初值方法的各种非线性理论模型迅速发展起来,并在各种海区得到了广泛应用。

本章仅介绍在科研和生产建设中经常使用的几种方法。

§7.1 潮波数值计算的 ADI 法

Leendertse J. J. 提出一种二维单层流体力学数值模型[104]，采用的方法是稳式方向交替法(Alternating Direction Implicit Method)，简称 ADI 法。它是目前广泛应用的一种差分近似方法。

7.1.1 运动方程和连续方程

在平均海面上取 x 轴向东，y 轴向北，z 轴垂直向上。设 $z=-h$ 和 $z=\zeta$ 分别表示海底和海面。假定：

①流体是黏性无压缩的；②压强是静压分布；③铅直方向流动的时间、空间变化 $\left(\dfrac{\partial w}{\partial t}, \dfrac{\partial w}{\partial x}, \dfrac{\partial w}{\partial y}, \dfrac{\partial w}{\partial z}\right)$ 忽略不计；④水平混合项比铅直混合项小，可以忽略不计。

因此 x, y, z 三个方向的潮波运动方程为

$$\frac{\partial u}{\partial t}+u\frac{\partial u}{\partial x}+v\frac{\partial u}{\partial y}+w\frac{\partial u}{\partial z}-fv=-\frac{1}{\rho}\frac{\partial p}{\partial x}+\frac{1}{\rho}\frac{\partial \tau_x}{\partial z} \tag{7.1.1}$$

$$\frac{\partial v}{\partial t}+u\frac{\partial v}{\partial x}+v\frac{\partial v}{\partial y}+w\frac{\partial v}{\partial z}+fu=-\frac{1}{\rho}\frac{\partial p}{\partial y}+\frac{1}{\rho}\frac{\partial \tau_y}{\partial z} \tag{7.1.2}$$

$$0=-\frac{1}{\rho}\frac{\partial p}{\partial z}-g \tag{7.1.3}$$

式中，t 表示时间；$f=2\omega\sin\varphi$ 表示柯氏系数；p 表示流体的压强；τ_x, τ_y 分别表示在垂直于 z 轴的面上作用于 x, y 轴方向上的切应力；ρ 表示海水的密度。

连续方程为

$$\frac{\partial u}{\partial x}+\frac{\partial v}{\partial y}+\frac{\partial w}{\partial z}=0 \tag{7.1.4}$$

以下讨论连续方程、运动方程的二维化，已知

$$\text{在海底}\quad z=-h(x,y)$$
$$\text{在海面}\quad z=\zeta(x,y,t)$$

依以上两式得

$$\begin{cases} w(-h)=-u(-h)\dfrac{\partial h}{\partial x}-v(-h)\dfrac{\partial h}{\partial y} \\ w(\zeta)=\dfrac{\partial \zeta}{\partial t}+u(\zeta)\dfrac{\partial \zeta}{\partial x}+v(\zeta)\dfrac{\partial \zeta}{\partial y} \end{cases} \tag{7.1.5}$$

第 7 章 潮波数值计算

对连续方程从海底至海面进行垂直积分得

$$\frac{\partial}{\partial x}\int_{-h}^{\zeta}u\,\mathrm{d}z-u(\zeta)\frac{\partial \zeta}{\partial x}-u(-h)\frac{\partial h}{\partial x}+$$

$$\frac{\partial}{\partial y}\int_{-h}^{\zeta}v\,\mathrm{d}z-v(\zeta)\frac{\partial \zeta}{\partial y}-v(-h)\frac{\partial h}{\partial y}+$$

$$w(\zeta)-w(-h)=0$$

代入式(7.1.5)得

$$\frac{\partial \zeta}{\partial t}+\frac{\partial}{\partial x}\int_{-h}^{\zeta}u\,\mathrm{d}z+\frac{\partial}{\partial y}\int_{-h}^{\zeta}v\,\mathrm{d}z=0 \tag{7.1.6}$$

将式(7.1.4)乘以 u 再与式(7.1.1)相加得

$$\frac{\partial u}{\partial t}+\frac{\partial (u^2)}{\partial x}+\frac{\partial (uv)}{\partial y}+\frac{\partial (uw)}{\partial z}-fv+\frac{1}{\rho}\frac{\partial p}{\partial x}-\frac{1}{\rho}\frac{\partial \tau_x}{\partial z}=0$$

同理

$$\frac{\partial v}{\partial t}+\frac{\partial (vu)}{\partial x}+\frac{\partial (v^2)}{\partial y}+\frac{\partial (vw)}{\partial z}+fu+\frac{1}{\rho}\frac{\partial p}{\partial y}-\frac{1}{\rho}\frac{\partial \tau_y}{\partial z}=0$$

由式(7.1.3)得

$$\frac{\partial p}{\partial x}=\rho g\frac{\partial \zeta}{\partial x}$$

$$\frac{\partial p}{\partial y}=\rho g\frac{\partial \zeta}{\partial y}$$

代入以上二式得

$$\frac{\partial u}{\partial t}+\frac{\partial (u^2)}{\partial x}+\frac{\partial (uv)}{\partial y}+\frac{\partial (uw)}{\partial z}-fv+g\frac{\partial \zeta}{\partial x}-\frac{1}{\rho}\frac{\partial \tau_x}{\partial z}=0 \tag{7.1.7}$$

$$\frac{\partial v}{\partial t}+\frac{\partial (vu)}{\partial x}+\frac{\partial (v^2)}{\partial y}+\frac{\partial (vw)}{\partial z}+fu+g\frac{\partial \zeta}{\partial y}-\frac{1}{\rho}\frac{\partial \tau}{\partial z}=0 \tag{7.1.8}$$

对以上两式从海底至海面积分并代入式(7.1.5)得

$$\frac{\partial}{\partial t}\int_{-h}^{\zeta}u\,\mathrm{d}z+\frac{\partial}{\partial x}\int_{-h}^{\zeta}u^2\,\mathrm{d}z+\frac{\partial}{\partial y}\int_{-h}^{\zeta}uv\,\mathrm{d}z-f\int_{-h}^{\zeta}v\,\mathrm{d}z+$$

$$g\frac{\partial \zeta}{\partial x}\int_{-h}^{\zeta}\mathrm{d}z-\frac{1}{\rho}[\tau_x(\zeta)-\tau_x(-h)]=0 \tag{7.1.9}$$

$$\frac{\partial}{\partial t}\int_{-h}^{\zeta}v\,\mathrm{d}z+\frac{\partial}{\partial x}\int_{-h}^{\zeta}uv\,\mathrm{d}z+\frac{\partial}{\partial y}\int_{-h}^{\zeta}v^2\,\mathrm{d}z+f\int_{-h}^{\zeta}u\,\mathrm{d}z+$$

$$g\frac{\partial \zeta}{\partial y}\int_{-h}^{\zeta}\mathrm{d}z-\frac{1}{\rho}[\tau_y(\zeta)-\tau_y(-h)]=0 \tag{7.1.10}$$

式中,$\tau_x(\zeta),\tau_y(\zeta)$分别是在海面 x,y 方向上受到的切应力,通常视为风应力,仅计算潮流场时,可忽略不计。$\tau_x(-h),\tau_y(-h)$分别是在海底 x,y 方向上受到的切应力,通常视为海底摩擦。

以 $\bar{u}, \bar{v}$ 分别表示潮流东、北分量自海底至海面的平均流速：

$$\bar{u} = \frac{1}{\zeta+h} \int_{-h}^{\zeta} u \, dz$$

$$\bar{v} = \frac{1}{\zeta+h} \int_{-h}^{\zeta} v \, dz$$

代入(7.1.6)，(7.1.9)和(7.1.10)得

$$\begin{cases} \dfrac{\partial \zeta}{\partial t} + \dfrac{\partial}{\partial x}[(\zeta+h)\bar{u}] + \dfrac{\partial}{\partial y}[(\zeta+h)\bar{v}] = 0 \\ \dfrac{\partial \zeta}{\partial t}[(\zeta+h)\bar{u}] + \dfrac{\partial}{\partial x}[(\zeta+h)\bar{u}^2] + \dfrac{\partial}{\partial y}[(\zeta+h)\bar{u}\,\bar{v}] - \\ \quad f(\zeta+h)\bar{v} + g\dfrac{\partial \zeta}{\partial x}(\zeta+h) + \dfrac{1}{\rho}\tau_x(-h) = 0 \\ \dfrac{\partial \zeta}{\partial t}[(\zeta+h)\bar{v}] + \dfrac{\partial}{\partial x}[(\zeta+h)\bar{u}\,\bar{v}] + \dfrac{\partial}{\partial y}[(\zeta+h)\bar{v}^2] + \\ \quad f(\zeta+h)\bar{u} + g\dfrac{\partial \zeta}{\partial y}(\zeta+h) + \dfrac{1}{\rho}\tau_y(-h) = 0 \end{cases} \quad (7.1.11)$$

取海底摩擦力

$$\begin{cases} \tau_x(-h) = \rho \dfrac{g}{c^2} \bar{u} \sqrt{\bar{u}^2 + \bar{v}^2} \\ \tau_y(-h) = \rho \dfrac{g}{c^2} \bar{v} \sqrt{\bar{u}^2 + \bar{v}^2} \end{cases} \quad (7.1.12)$$

式中，c 为 chezy 系数，取为

$$c = \frac{1}{n}(\zeta+h)^{1/6}$$

n 为 manning 糙度系数。

式(7.1.12)代入(7.1.11)，并去掉 $\bar{u}, \bar{v}$ 的横线，得

$$\frac{\partial \zeta}{\partial t} + \frac{\partial}{\partial x}[(\zeta+h)u] + \frac{\partial}{\partial y}[(\zeta+h)v] = 0 \quad (7.1.13)$$

$$\frac{\partial u}{\partial t} + u\frac{\partial u}{\partial x} + v\frac{\partial u}{\partial y} - fv + g\frac{\partial \zeta}{\partial x} + g\frac{u\sqrt{u^2+v^2}}{(\zeta+h)c^2} = 0 \quad (7.1.14)$$

$$\frac{\partial v}{\partial t} + u\frac{\partial v}{\partial x} + v\frac{\partial v}{\partial y} + fu + g\frac{\partial \zeta}{\partial y} + g\frac{v\sqrt{u^2+v^2}}{(\zeta+h)c^2} = 0 \quad (7.1.15)$$

式中的 u, v 分别表示潮流东、北分量自海底至海面的流速平均值。

7.1.2 差分

ADI 法是 Peaceman, Rachford 等人提出的一种有限差分近似算法，即隐式方

第 7 章 潮波数值计算

向交替法[114,11]。Leendertse J. J. 首先应用到潮流和扩散方程的计算。其特点是将时间步长分为二等分,在前半时间步长 $k\Delta t \to \left(k+\dfrac{1}{2}\right)\Delta t$ 内,x 方向分量用隐式方程表示,y 方向分量用显式方程表示;在后半时间步长 $\left(k+\dfrac{1}{2}\right)\Delta t \to (k+1)\Delta t$ 内,y 方向分量用稳式方程表示,x 方向用显式方程表示。网格间距为 $\Delta x, \Delta y$。u, v, ζ 并不位于同一点上,而是如图 7.1.1 所示,"+"表示潮位 ζ 及糙度系数 c 点,"。"表示水深 h 点,"−"表示潮流 x 方向分量 u 点,"|"表示潮流 y 方向分量 v 点。

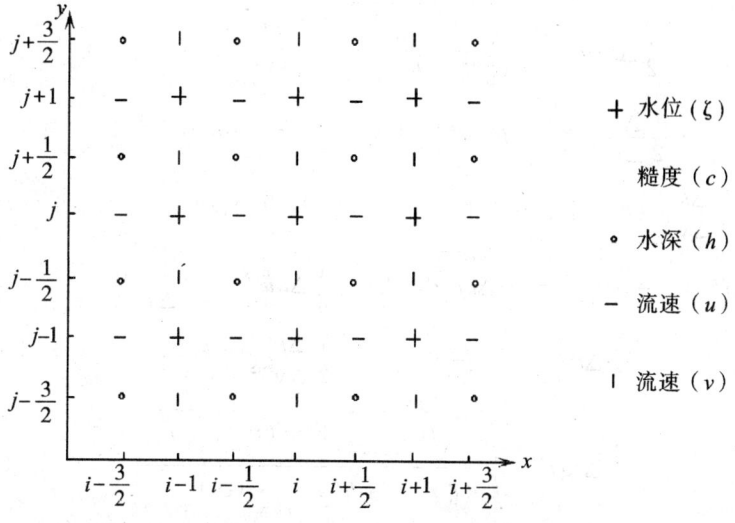

图 7.1.1 差分网格图

在前半时间步长 $k\Delta t \to \left(k+\dfrac{1}{2}\right)\Delta t$ 内对式(7.1.14),(7.1.13),(7.1.15)分别在 $\left(i+\dfrac{1}{2}, j\right), (i,j), \left(i, j+\dfrac{1}{2}\right)$ 点上进行差分。式(7.1.14)的差分为

$$\frac{u^{(k+\frac{1}{2})}_{(i+\frac{1}{2},j)} - u^{(k)}_{(i+\frac{1}{2},j)}}{\Delta t/2} + u^{(k+\frac{1}{2})}_{(i+\frac{1}{2},j)} \frac{u^{(k+\frac{1}{2})}_{(i+\frac{3}{2},j)} - u^{(k+\frac{1}{2})}_{(i-\frac{1}{2},j)}}{2\Delta x} +$$

$$\overline{v}^{(k+\frac{1}{2})}_{(i+\frac{1}{2},j)} \frac{u^{(k+\frac{1}{2})}_{(i+\frac{1}{2},j+1)} - u^{(k+\frac{1}{2})}_{(i+\frac{1}{2},j-1)}}{2\Delta y} - f\overline{v}^{(k+\frac{1}{2})}_{(i+\frac{1}{2},j)} + g\frac{\zeta^{(k+\frac{1}{2})}_{(i+1,j)} - \zeta^{(k+\frac{1}{2})}_{(i,j)}}{\Delta x} +$$

$$g\frac{u^{(k+\frac{1}{2})}_{(i+\frac{1}{2},j)} \sqrt{\left[u^{(k+\frac{1}{2})}_{(i+\frac{1}{2},j)}\right]^2 + \left[\overline{v}^{(k+\frac{1}{2})}_{(i+\frac{1}{2},j)}\right]^2}}{\left[\dfrac{h_{(i+\frac{1}{2},j+\frac{1}{2})} + h_{(i+\frac{1}{2},j-\frac{1}{2})}}{2} + \dfrac{\zeta^{(k+\frac{1}{2})}_{(i+1,j)} + \zeta^{(k+\frac{1}{2})}_{(i,j)}}{2}\right]\left[\dfrac{c_{(i+1,j)} + c_{(i,j)}}{2}\right]^2} = 0$$

上式中对于非线性项中的 $u^{(k+\frac{1}{2})}$, $v^{(k+\frac{1}{2})}$ 作显示处理，用 $u^{(k)}$, $v^{(k)}$ 代替。在 $(i+\frac{1}{2}, j)$ 点上没有 v 值，用周围四点 v 的平均值代替，以 $\bar{v}$ 表示。式(7.1.14)，(7.1.13)，(7.1.15)的差分式分别为

$$u^{(k+\frac{1}{2})}_{(i+\frac{1}{2},j)} = u^{(k)}_{(i+\frac{1}{2},j)} + \frac{1}{2}\Delta t f \bar{v}^{(k)}_{(i+\frac{1}{2},j)} - \frac{1}{2}\Delta t u^{(k+\frac{1}{2})}_{(i+\frac{1}{2},j)} \langle \frac{\Delta u}{\Delta x} \rangle^{(k)}_{(i+\frac{1}{2},j)} -$$

$$\frac{1}{2}\Delta t \bar{v}^{(k)}_{(i+\frac{1}{2},j)} \langle \frac{\Delta u}{\Delta y} \rangle^{(k)}_{(i+\frac{1}{2},j)} - \frac{1}{2}\frac{\Delta t}{\Delta x} g \zeta^{(k+\frac{1}{2})}_{x(i+\frac{1}{2},j)} -$$

$$\frac{1}{2}\Delta t g u^{(k)}_{(i+\frac{1}{2},j)} \frac{\sqrt{(u^{(k)}_{(i+\frac{1}{2},j)})^2 + (\bar{v}^{(k)}_{(i+\frac{1}{2},j)})^2}}{(\bar{\zeta}^{x(k)} + \bar{h}^y)_{(i+\frac{1}{2},j)} (\bar{c}^x)^2_{(i+\frac{1}{2},j)}} \quad (7.1.16)$$

$$\zeta^{(k+\frac{1}{2})}_{(i,j)} = \zeta^{(k)}_{(i,j)} - \frac{1}{2}\frac{\Delta t}{\Delta x}\{[(\bar{\zeta}^{x(k)} + \bar{h}^y)u^{(k+\frac{1}{2})}]_{(i+\frac{1}{2},j)} - [(\bar{\zeta}^{x(k)} + \bar{h}^y)u^{(k+\frac{1}{2})}]_{(i-\frac{1}{2},j)}\} -$$

$$\frac{1}{2}\frac{\Delta t}{\Delta y}\{[(\bar{\zeta}^{y(k)} + \bar{h}^x)v^{(k)}]_{(i,j+\frac{1}{2})} - [(\bar{\zeta}^{y(k)} + \bar{h}^x)v^{(k)}]_{(i,j-\frac{1}{2})}\} \quad (7.1.17)$$

$$v^{(k+\frac{1}{2})}_{(i,j+\frac{1}{2})} = v^{(k)}_{(i,j+\frac{1}{2})} - \frac{1}{2}\Delta t f \bar{u}^{(k+\frac{1}{2})}_{(i,j+\frac{1}{2})} - \frac{1}{2}\Delta t \bar{u}^{(k+\frac{1}{2})}_{(i,j+\frac{1}{2})} \langle \frac{\Delta v}{\Delta x} \rangle^{(k)}_{(i,j+\frac{1}{2})} -$$

$$\frac{1}{2}\Delta t v^{(k+\frac{1}{2})}_{(i,j+\frac{1}{2})} \langle \frac{\Delta v}{\Delta y} \rangle^{(k)}_{(i,j+\frac{1}{2})} - \frac{1}{2}\frac{\Delta t}{\Delta y} g \zeta^{(k+\frac{1}{2})}_{y(i,j+\frac{1}{2})} -$$

$$\frac{1}{2}\Delta t g v^{(k+\frac{1}{2})}_{(i,j+\frac{1}{2})} \frac{\sqrt{(\bar{u}^{(k+\frac{1}{2})}_{(i,j+\frac{1}{2})})^2 + (v^{(k)}_{(i,j+\frac{1}{2})})^2}}{(\bar{\zeta}^{y(k+\frac{1}{2})} + \bar{h}^x)_{(i,j+\frac{1}{2})} (\bar{c}^y)^2_{(i,j+\frac{1}{2})}} \quad (7.1.18)$$

在后半时间步长 $\left(k+\frac{1}{2}\right)\Delta t \to (k+1)\Delta t$ 内对式(7.1.15)，(7.1.13)和(7.1.14)在 $\left(i, j+\frac{1}{2}\right)$，$(i,j)$，$\left(i+\frac{1}{2}, j\right)$ 点上进行差分，得到

$$v^{(k+1)}_{(i,j+\frac{1}{2})} = v^{(k+\frac{1}{2})}_{(i,j+\frac{1}{2})} - \frac{1}{2}\Delta t f \bar{u}^{(k+\frac{1}{2})}_{(i,j+\frac{1}{2})} - \frac{1}{2}\Delta t \bar{u}^{(k+\frac{1}{2})}_{(i,j+\frac{1}{2})} \langle \frac{\Delta v}{\Delta x} \rangle^{(k+\frac{1}{2})}_{(i,j+\frac{1}{2})} -$$

$$\frac{1}{2}\Delta t v^{(k+1)}_{(i,j+\frac{1}{2})} \langle \frac{\Delta v}{\Delta y} \rangle^{(k+\frac{1}{2})}_{(i,j+\frac{1}{2})} - \frac{1}{2}\frac{\Delta t}{\Delta y} g \zeta^{(k+1)}_{y(i,j+\frac{1}{2})} -$$

$$\frac{1}{2}\Delta t \, g v^{(k+\frac{1}{2})}_{(i,j+\frac{1}{2})} \frac{\sqrt{(\bar{u}^{(k+\frac{1}{2})}_{(i,j+\frac{1}{2})})^2 + (v^{(k+\frac{1}{2})}_{(i,j+\frac{1}{2})})^2}}{(\bar{\zeta}^{y(k+\frac{1}{2})} + \bar{h}^x)_{(i,j+\frac{1}{2})} (\bar{c}^y)^2_{(i,j+\frac{1}{2})}} \quad (7.1.19)$$

$$\zeta^{(k+1)}_{(i,j)} = \zeta^{(k+\frac{1}{2})}_{(i,j)} - \frac{1}{2}\frac{\Delta t}{\Delta x}\{[(\bar{\zeta}^{x(k+\frac{1}{2})} + \bar{h}^y)u^{(k+\frac{1}{2})}]_{(i+\frac{1}{2},j)} -$$

$$[(\bar{\zeta}^{x(k+\frac{1}{2})} + \bar{h}^y)u^{(k+\frac{1}{2})}]_{(i-\frac{1}{2},j)}\} -$$

第 7 章 潮波数值计算

$$\frac{1}{2}\frac{\Delta t}{\Delta y}\{[(\overline{\zeta}^{(k+\frac{1}{2})}+\overline{h}^x)v^{(k+1)}]_{(i,j+\frac{1}{2})} - [(\overline{\zeta}^{(k+\frac{1}{2})}+\overline{h}^x)v^{(k+1)}]_{(i,j-\frac{1}{2})}\} \quad (7.1.20)$$

$$u_{(i+\frac{1}{2},j)}^{(k+1)} = u_{(i+\frac{1}{2},j)}^{(k+\frac{1}{2})} + \frac{1}{2}\Delta t f \overline{v}_{(i+\frac{1}{2},j)}^{(k+1)} - \frac{1}{2}\Delta t u_{(i+\frac{1}{2},j)}^{(k+1)}\langle\frac{\Delta u}{\Delta x}\rangle_{(i+\frac{1}{2},j)}^{(k+\frac{1}{2})} -$$

$$\frac{1}{2}\Delta t \overline{v}_{(i+\frac{1}{2},j)}^{(k+1)}\langle\frac{\Delta u}{\Delta y}\rangle_{(i+\frac{1}{2},j)}^{(k+\frac{1}{2})} - \frac{1}{2}\frac{\Delta t}{\Delta x}g\zeta_{x(i+\frac{1}{2},j)}^{(k+\frac{1}{2})} -$$

$$\frac{1}{2}\Delta t g u_{(i+\frac{1}{2},j)}^{(k+1)}\frac{\sqrt{(u_{(i+\frac{1}{2},j)}^{(k+\frac{1}{2})})^2 + (\overline{v}_{(i+\frac{1}{2},j)}^{(k+1)})^2}}{(\overline{\zeta}^{x(k+\frac{1}{2})}+\overline{h}^y)_{(i+\frac{1}{2},j)}(\overline{c}^x)^2_{(i+\frac{1}{2},j)}} \quad (7.1.21)$$

以上诸式上脚标表示的时间序列,其对应的时间为上脚标与时间步长 Δt 的乘积。ζ, u, v 的函数式可写为

$$F_{(i,j)}^{(k)} = F(i\Delta x, j\Delta y, k\Delta t)$$

式中,

$$\overline{F}^x_{(i+\frac{1}{2},j)} = \frac{1}{2}(F_{(i,j)}+F_{(i+1,j)})$$

$$\overline{F}^y_{(i,j+\frac{1}{2})} = \frac{1}{2}(F_{(i,j)}+F_{(i,j+1)})$$

$$F_x = F_{(i,j)} - F_{(i-1,j)} \qquad 在\left(i-\frac{1}{2},j\right)点$$

$$F_y = F_{(i,j)} - F_{(i,j-1)} \qquad 在\left(i,j-\frac{1}{2}\right)点$$

$$\overline{F}_{(i+\frac{1}{2},j+\frac{1}{2})} = \frac{1}{4}(F_{(i,j)}+F_{(i,j+1)}+F_{(i+1,j)}+F_{(i+1,j+1)})$$

式中,F 代表 ζ, u, v, h, c。

$$\langle\frac{\Delta u}{\Delta x}\rangle_{(i+\frac{1}{2},j)} = \frac{1}{2\Delta x}(u_{(i+\frac{3}{2},j)} - u_{(i-\frac{1}{2},j)})$$

$$\langle\frac{\Delta u}{\Delta y}\rangle_{(i+\frac{1}{2},j)} = \frac{1}{2\Delta y}(u_{(i+\frac{1}{2},j+1)} - u_{(i+\frac{1}{2},j-1)})$$

$$\langle\frac{\Delta v}{\Delta x}\rangle_{(i,j+\frac{1}{2})} = \frac{1}{2\Delta x}(v_{(i+1,j+\frac{1}{2})} - v_{(i-1,j+\frac{1}{2})})$$

$$\langle\frac{\Delta v}{\Delta y}\rangle_{(i,j+\frac{1}{2})} = \frac{1}{2\Delta y}(v_{(i,j+\frac{3}{2})} - v_{(i,j-\frac{1}{2})})$$

7.1.3 前半时间步长 ζ, u, v 的计算

在 $k\Delta t \rightarrow \left(k+\frac{1}{2}\right)\Delta t$ 内联立式(7.1.16),(7.1.17),导出以下递推关系式:

$$\zeta_{(i,j)}^{(k+\frac{1}{2})} = -P_{(i,j)}u_{(i+\frac{1}{2},j)}^{(k+\frac{1}{2})} + Q_{(i,j)} \quad (7.1.22)$$

$$u^{(k+\frac{1}{2})}_{(i-\frac{1}{2},j)} = -R_{(i-1,j)} \zeta^{(k+\frac{1}{2})}_{(i,j)} + S_{(i-1,j)}$$

$$k = 0, 1, \cdots, N-1 \qquad (7.1.23)$$

式中

$$P_{(i,j)} = \frac{r_{(i+\frac{1}{2},j)}}{1 + r_{(i-\frac{1}{2},j)} R_{(i-1,j)}} \qquad (7.1.24)$$

$$Q_{(i,j)} = \frac{A^{(k)}_{(i,j)} + r_{(i-\frac{1}{2},j)} S_{(i-1,j)}}{1 + r_{(i-\frac{1}{2},j)} R_{(i-1,j)}} \qquad (7.1.25)$$

$$R_{(i,j)} = \frac{r_1}{r'_{(i+\frac{1}{2},j)} + r_1 P_{(i,j)}} \qquad (7.1.26)$$

$$S_{(i,j)} = \frac{B^{(k)}_{(i+\frac{1}{2},j)} + r_1 Q_{(i,j)}}{r'_{(i+\frac{1}{2},j)} + r_1 P_{(i,j)}} \qquad (7.1.27)$$

式中

$$r_1 = \frac{1}{2} \frac{\Delta t}{\Delta x} g$$

$$r_{(i-\frac{1}{2},j)} = \frac{1}{2} \frac{\Delta t}{\Delta x} (\bar{\zeta}^{x(k)} + \bar{h}^y)_{(i-\frac{1}{2},j)}$$

$$r_{(i+\frac{1}{2},j)} = \frac{1}{2} \frac{\Delta t}{\Delta x} (\bar{\zeta}^{x(k)} + \bar{h}^y)_{(i+\frac{1}{2},j)}$$

$$r'_{(i+\frac{1}{2},j)} = 1 + \frac{\Delta t}{4\Delta x} (u^{(k)}_{(i+\frac{3}{2},j)} - u^{(k)}_{(i-\frac{1}{2},j)})$$

$$A^{(k)}_{(i,j)} = \zeta^{(k)}_{(i,j)} - \frac{\Delta t}{2\Delta y} [(\bar{\zeta}^y + \bar{h}^x) v]^{(k)}_{y(i,j)}$$

$$B^{(k)}_{(i+\frac{1}{2},j)} = u^{(k)}_{(i+\frac{1}{2},j)} + \frac{\Delta t}{2} f \bar{v}_{(i+\frac{1}{2},j)} - \frac{\Delta t}{4\Delta y} \bar{v}^{(k)}_{(i+\frac{1}{2},j)} (u^{(k)}_{(i+\frac{1}{2},j+1)} - u^{(k)}_{(i+\frac{1}{2},j-1)}) -$$

$$\frac{\Delta t}{2} g u^{(k)}_{(i+\frac{1}{2},j)} \frac{\sqrt{(u^{(k)}_{(i+\frac{1}{2},j)})^2 + (\bar{v}^{(k)}_{(i+\frac{1}{2},j)})^2}}{(\bar{\zeta}^{x(k)} + \bar{h}^y)_{(i+\frac{1}{2},j)} \bar{c}^{x^2}_{(i+\frac{1}{2},j)}} \qquad (7.1.28)$$

在 x 轴上沿着 i 增加的方向求出各点的 $P_{(i,j)}, Q_{(i,j)}, R_{(i,j)}, S_{(i,j)}$，然后交替使用式(7.1.22),(7.1.23)沿 i 减小的方向逐点求出 $\zeta^{(k+\frac{1}{2})}_{(i,j)}, u^{(k+\frac{1}{2})}_{(i-\frac{1}{2},j)}$。在 y 方向上沿着 j 增加的方向逐行求出每行各点的 $\zeta^{(k+\frac{1}{2})}_{(i,j)}, u^{(k+\frac{1}{2})}_{(i-\frac{1}{2},j)}$ 后，再依据式(7.1.18)显式计算各点的 $v^{(k+\frac{1}{2})}_{(i,j+\frac{1}{2})}$。

7.1.4 后半时间步长 ζ, v, u 的计算

在 $\left(k+\frac{1}{2}\right)\Delta t \to (k+1)\Delta t$ 内联立式(7.1.19),(7.1.20)，导出以下递推公

第 7 章 潮波数值计算

式：
$$\zeta^{(k+1)}_{(i,j)} = -P_{(i,j)} v^{(k+1)}_{(i,j+\frac{1}{2})} + Q_{(i,j)} \tag{7.1.29}$$

$$v^{(k+1)}_{(i,j-\frac{1}{2})} = -R_{(i,j-1)} \zeta^{(k+1)}_{(i,j)} + S_{(i,j-1)} \tag{7.1.30}$$

$$k = 0, 1, \cdots, N-1$$

式中
$$P_{(i,j)} = \frac{r_{(i,j+\frac{1}{2})}}{1 + r_{(i,j-\frac{1}{2})} R_{(i,j-1)}} \tag{7.1.31}$$

$$Q_{(i,j)} = \frac{A^{(k+\frac{1}{2})}_{(i,j)} + r_{(i,j-\frac{1}{2})} S_{(i,j-1)}}{1 + r_{(i,j-\frac{1}{2})} R_{(i,j-1)}} \tag{7.1.32}$$

$$R_{(i,j)} = \frac{r_1}{r'_{(i,j+\frac{1}{2})} + r_1 P_{(i,j)}} \tag{7.1.33}$$

$$S_{(i,j)} = \frac{B^{(k+\frac{1}{2})}_{(i,j+\frac{1}{2})} + r_1 Q_{(i,j)}}{r'_{(i,j+\frac{1}{2})} + r_1 P_{(i,j)}} \tag{7.1.34}$$

式中
$$r_1 = \frac{1}{2} \frac{\Delta t}{\Delta y} g$$

$$r_{(i,j-\frac{1}{2})} = \frac{1}{2} \frac{\Delta t}{\Delta y} (\overline{\zeta}^{y(k+\frac{1}{2})} + \overline{h}^x)_{(i,j-\frac{1}{2})}$$

$$r_{(i,j+\frac{1}{2})} = \frac{1}{2} \frac{\Delta t}{\Delta y} (\overline{\zeta}^{y(k+\frac{1}{2})} + \overline{h}^x)_{(i,j+\frac{1}{2})}$$

$$r'_{(i,j+\frac{1}{2})} = 1 + \frac{\Delta t}{4\Delta y} (v^{(k+\frac{1}{2})}_{(i,j+\frac{3}{2})} - v^{(k+\frac{1}{2})}_{(i,j-\frac{1}{2})})$$

$$A^{(k+\frac{1}{2})}_{(i,j)} = \zeta^{(k+\frac{1}{2})}_{(i,j)} - \frac{\Delta t}{2\Delta x} [(\overline{\zeta}^x + \overline{h}^y) u]^{(k+\frac{1}{2})}_{x(x,j)}$$

$$B^{(k+\frac{1}{2})}_{(i,j+\frac{1}{2})} = v^{(k+\frac{1}{2})}_{(i,j+\frac{1}{2})} - \frac{1}{2} \Delta t f \overline{u}^{(k+\frac{1}{2})}_{(i,j+\frac{1}{2})} -$$

$$\frac{\Delta t}{4\Delta x} \overline{u}^{(k+\frac{1}{2})}_{(i,j+\frac{1}{2})} (v^{(k+\frac{1}{2})}_{(i+1,j+\frac{1}{2})} - v^{(k+\frac{1}{2})}_{(i-1,j+\frac{1}{2})}) -$$

$$\frac{\Delta t}{2} g v^{(k+\frac{1}{2})}_{(i,j+\frac{1}{2})} \frac{\sqrt{(\overline{u}^{(k+\frac{1}{2})}_{(i,j+\frac{1}{2})})^2 + (v^{(k+\frac{1}{2})}_{(i,j+\frac{1}{2})})^2}}{(\overline{\zeta}^{y(k+\frac{1}{2})} + \overline{h}^x)_{(i,j+\frac{1}{2})} (\overline{c}^y)^2_{(i,j+\frac{1}{2})}} \tag{7.1.35}$$

在 y 轴上沿 j 增加的方向求出各点的 $P_{(i,j)}, Q_{(i,j)}, R_{(i,j)}, S_{(i,j)}$，然后交替使用式(7.1.29)和(7.1.30)沿 j 减小的方向求出 $\zeta^{(k+1)}_{(i,j)}, v^{(k+1)}_{(i,j-\frac{1}{2})}$。在 x 方向沿着 i 增加的方向逐列求出各列各点的 $\zeta^{(k+1)}_{(i,j)}, v^{(k+1)}_{(i,j-\frac{1}{2})}$，再依据式(7.1.21)显式计算各点的 $u^{(k+1)}_{(i+\frac{1}{2},j)}$。

7.1.5 潮波数值计算的边界条件

在计算域中有两种边界,一种是海-陆边界(即岸界),称为闭边界,另一种是海-海边界,称为开边界。在闭边界处流速 $v_n=0$,界外点 $\zeta=0$。在开边界处,需输入随时间变化的 ζ 值,称为强迫水位。

7.1.5.1 开边界条件

对某一分潮波进行数值计算时,计算强迫水位的公式为

$$\zeta_{(i,j)}(k) = H_{(i,j)} \cos(\sigma k - g_{(i,j)})$$
$$k = 0, 1, \cdots, N-1 \quad (7.1.36)$$

式中,H,g 为开边界水位点上给定的潮汐调和常数;N 表示一个潮周期的时间步长个数,每隔半个时间步长提供一次强迫水位;σ 表示一个时间步长 Δt 内该分潮的位相变化量。

为了同时计算全日潮和半日潮,也可以用下式提供强迫水位[10]:

$$\zeta(t) = H_{m_1} \cos(\sigma_{m_1} t - g_{m_1}) + H_{M_2} \cos(\sigma_{M_2} t - g_{M_2}) \quad (7.1.37)$$

式中,m_1 表示 K_1 和 O_1 的平均值,$H_{m_1} = \frac{1}{2}(H_{K_1} + H_{O_1})$,$g_{m_1} = \frac{1}{2}(g_{K_1} + g_{O_1})$,$\sigma_{m_1} = \frac{1}{2}(\sigma_{K_1} + \sigma_{O_1})$。由于 $\sigma_{M_2} = 2\sigma_{m_1}$,$m_1$ 的周期为 M_2 周期的 2 倍,将 m_1 的周期长度分为 N 个时间步长进行数值计算。最后从计算结果中用傅氏级数展开的方法将 m_1 和 M_2 分离开。由于 m_1 和 M_2 的周期成倍数关系,可以计算余流。

7.1.5.2 闭边界条件

1. 左端闭边界(在 x 轴方向)

如图 7.1.2 所示,$IS-\frac{1}{2}$ 为左端闭边界点,IS 为水域中第一个水位点,$IS-1$ 为界外点。依边界条件

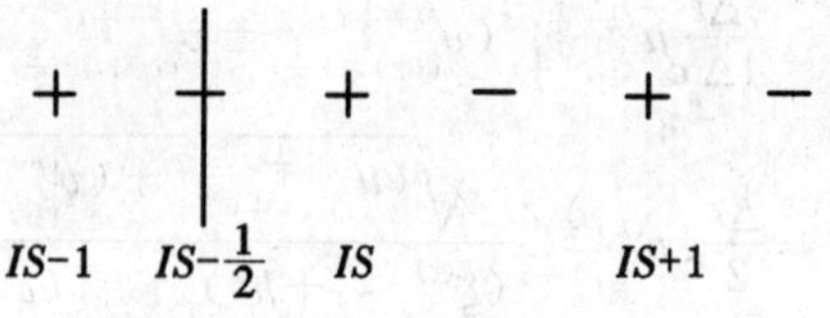

图 7.1.2 左端闭边界

$$\zeta_{(IS-1,j)}^{(k+\frac{1}{2})} = 0$$
$$u_{(IS-\frac{1}{2},j)}^{(k+\frac{1}{2})} = 0$$

IE 点上的潮位

$$\zeta_{(IS,j)}^{(k+\frac{1}{2})} = -P_{(IS,j)} u_{(IS+\frac{1}{2},j)}^{(k+\frac{1}{2})} + Q_{(IS,j)} \quad (7.1.38)$$

可以设

$$R_{(IS-1,j)} = 0$$
$$S_{(IS-1,j)} = 0$$

那么式(7.1.24),(7.1.25)分别变为

$$P_{(IS,j)} = \frac{\Delta t}{2\Delta x} (\bar{\zeta}^{x(k)} + \bar{h}^y)_{(IS+\frac{1}{2},j)} \quad (7.1.39)$$

$$Q_{(IS,j)} = \zeta_{(IS,j)}^{(k)} - \frac{\Delta t}{2\Delta y} [(\bar{\zeta}^y + \bar{h}^x) v]_{y(IS,j)}^{(k)} \quad (7.1.40)$$

2. 右端闭边界（在 x 轴方向）

如图 7.1.3 所示，$IE+\frac{1}{2}$ 是右端闭边界点，$IE+1$ 是界外点，IE 是水域中最右端的水位点。依边界条件

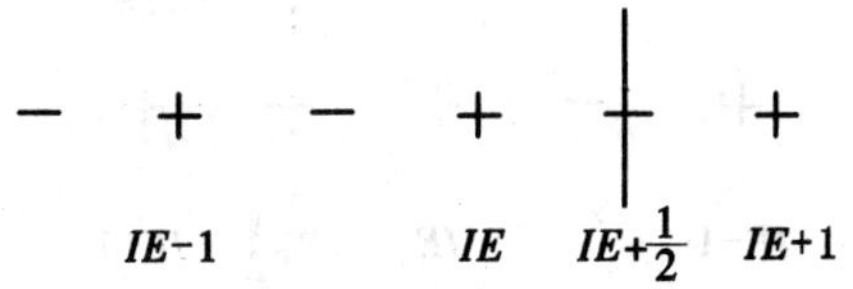

$$\begin{array}{ccccc} - & + & - & + & | & + \\ IE-1 & & IE & IE+\frac{1}{2} & IE+1 \end{array}$$

图 7.1.3 右端闭边界

$$u_{(IE+\frac{1}{2},j)} = 0$$
$$\zeta_{(IE+1,j)} = 0$$

那么 (IE,j) 点的水位

$$\begin{aligned}\zeta_{(IE,j)}^{(k+\frac{1}{2})} &= -P_{(IE,j)} u_{(IE+\frac{1}{2},j)}^{(k+\frac{1}{2})} + Q_{(IE,j)} \\ &= \frac{A_{(IE,j)} + r_{(IE-\frac{1}{2},j)} S_{(IE-1,j)}}{1 + r_{(IE-\frac{1}{2},j)} R_{(IE-1,j)}}\end{aligned} \quad (7.1.41)$$

3. 左端开边界（在 x 轴方向）

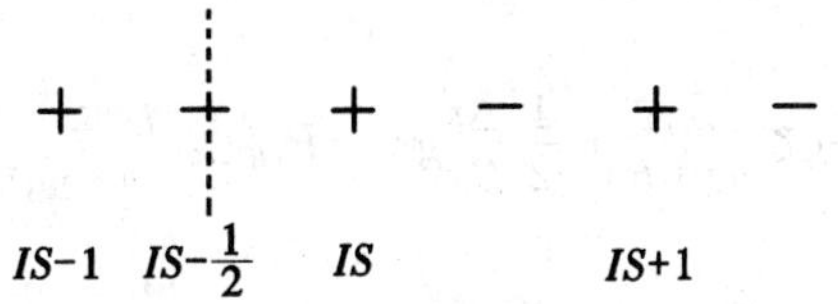

$$\begin{array}{ccccc} + & \vdots & + & - & + & - \\ IS-1 & IS-\frac{1}{2} & IS & & IS+1 \end{array}$$

图 7.1.4 左端开边界

在 $(IS-1,j)$ 点上给予强迫水位 $\zeta_{(IS-1,j)}^{(k+\frac{1}{2})}$。由于 $u_{(IS-\frac{3}{2},j)}$ 是未知的，假定 $u_{(IS+\frac{1}{2},j)} = u_{(IS-\frac{3}{2},j)}$，依据式(7.1.16)得

$$u^{(k+\frac{1}{2})}_{(IS-\frac{1}{2},j)} = u^{(k)}_{(IS-\frac{1}{2},j)} + \frac{1}{2}\Delta t f \bar{v}^{(k)}_{(IS-\frac{1}{2},j)} - \frac{1}{2}\Delta t \bar{v}^{(k)}_{(IS-\frac{1}{2},j)} \langle \frac{\Delta u}{\Delta y} \rangle^{(k)}_{(IS-\frac{1}{2},j)} -$$

$$\frac{1}{2}\frac{\Delta t}{\Delta x} g \zeta^{(k+\frac{1}{2})}_{x(IS-\frac{1}{2},j)} - \frac{1}{2}\Delta t g u^{(k)}_{(IS-\frac{1}{2},j)} \frac{\sqrt{(u^{(k)}_{(IS-\frac{1}{2},j)})^2 + (\bar{v}^{(k)}_{(IS-\frac{1}{2},j)})^2}}{(\bar{\zeta}^{x(k)} + \bar{h}^y)_{(IS-\frac{1}{2},j)} (\bar{c}^x)^2_{(IS-\frac{1}{2},j)}}$$

令

$$B^{(k)}_{(IS-\frac{1}{2},j)} = u^{(k)}_{(IS-\frac{1}{2},j)} + \frac{1}{2}\Delta t f \bar{v}^{(k)}_{(IS-\frac{1}{2},j)} - \frac{1}{2}\Delta t \bar{v}^{(k)}_{(IS-\frac{1}{2},j)} \langle \frac{\Delta u}{\Delta y} \rangle^{(k)}_{(IS-\frac{1}{2},j)} -$$

$$\frac{1}{2}\Delta t g u^{(k)}_{(IS-\frac{1}{2},j)} \frac{\sqrt{(u^{(k)}_{(IS-\frac{1}{2},j)})^2 + (\bar{v}^{(k)}_{(IS-\frac{1}{2},j)})^2}}{(\bar{\zeta}^{x(k)} + \bar{h}^y)^{(k)}_{(IS-\frac{1}{2},j)} (\bar{c}^x)^2_{(IS-\frac{1}{2},j)}} \qquad (7.1.42)$$

得

$$u^{(k+\frac{1}{2})}_{(IS-\frac{1}{2},j)} = -\frac{1}{2}\frac{\Delta t}{\Delta x} g \zeta^{(k+\frac{1}{2})}_{(IS,j)} + \frac{1}{2}\frac{\Delta t}{\Delta x} g \zeta^{(k+\frac{1}{2})}_{(IS-1,j)} + B^{(k)}_{(IS-\frac{1}{2},j)} \qquad (7.1.43)$$

4. 右端开边界（在 x 轴方向）

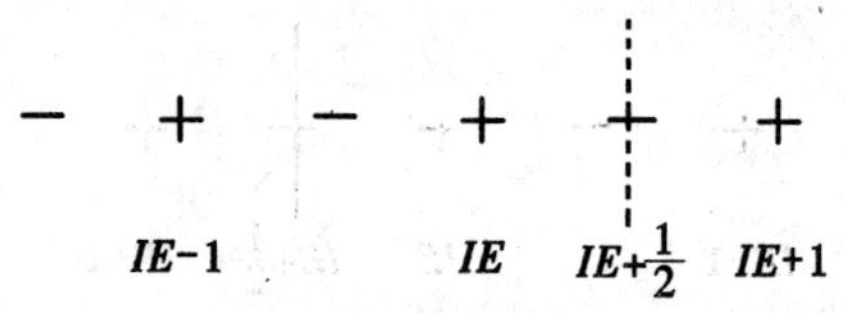

$$- \quad + \quad - \quad + \quad \vdots \quad +$$
$$IE-1 \qquad IE \quad IE+\frac{1}{2} \quad IE+1$$

图 7.1.5 右端开边界

在 $(IE+1,j)$ 点上给予强迫水位，假定 $\langle \frac{\Delta u}{\Delta x} \rangle_{(IE+\frac{1}{2},j)} = 0$，依式(7.1.16)得

$$u^{(k+\frac{1}{2})}_{(IE+\frac{1}{2},j)} = -\frac{1}{2}\frac{\Delta t}{\Delta x} g \zeta^{(k+\frac{1}{2})}_{(IE+1,j)} + \frac{1}{2}\frac{\Delta t}{\Delta x} g \zeta^{(k+\frac{1}{2})}_{(IE,j)} + B^{(k)}_{(IE+\frac{1}{2},j)} \qquad (7.1.44)$$

式中，$B^{(k)}_{(IE+\frac{1}{2},j)} = u^{(k)}_{(IE+\frac{1}{2},j)} + \frac{1}{2}\Delta t f \bar{v}^{(k)}_{(IE+\frac{1}{2},j)} - \frac{1}{2}\Delta t v^{(k)}_{(IE+\frac{1}{2},j)} \langle \frac{\Delta u}{\Delta y} \rangle^{(k)}_{(IE+\frac{1}{2},j)} -$

$$\frac{1}{2}\Delta t g u^{(k)}_{(IE+\frac{1}{2},j)} \frac{\sqrt{(u^{(k)}_{(IE+\frac{1}{2},j)})^2 + (\bar{v}^{(k)}_{(IE+\frac{1}{2},j)})^2}}{(\bar{\zeta}^x + \bar{h}^y)^{(k)}_{(IE+\frac{1}{2},j)} (\bar{c}^x)^2_{(IE+\frac{1}{2},j)}} \qquad (7.1.45)$$

上式可变为

$$u^{(k+\frac{1}{2})}_{(IE+\frac{1}{2},j)} = -\frac{1}{2}\frac{\Delta t}{\Delta x} g \zeta^{(k+\frac{1}{2})}_{(IE+1,j)} + \frac{1}{2}\frac{\Delta t}{\Delta x} g (-P_{(IE,j)} u^{(k+\frac{1}{2})}_{(IE+\frac{1}{2},j)} + Q_{(IE,j)}) + B^{(k)}_{(IE+\frac{1}{2},j)}$$

得

$$u^{(k+\frac{1}{2})}_{(IE+\frac{1}{2},j)} = [-\frac{1}{2}\frac{\Delta t}{\Delta x} g \zeta^{(k+\frac{1}{2})}_{(IE+1,j)} + \frac{1}{2}\frac{\Delta t}{\Delta x} g Q_{(IE,j)} + B^{(k)}_{(IE+\frac{1}{2},j)}] / (1 + \frac{1}{2}\frac{\Delta t}{\Delta x} g P_{(IE,j)})$$

$$(7.1.46)$$

在下半时间步长内对 y 方向上、下边界的处理与上面类同。

7.1.6 计算参量

格网间距 $\Delta x, \Delta y$ 依据课题项目的要求及计算域面积的大小和计算机的计算能力来确定。Δy 确定之后,$\Delta x = \Delta y \cos\varphi$,$\varphi$ 是地理纬度。在计算域较小的情况下,可以依据海图确定 $\Delta x = \Delta y$ 对应的格点。

计算公式中的水深 h 是指从平均海面至海底的深度。从海图中摘取的各水深点的水深是从海图深度基准面至海底的深度,它还应该加上从深度基准面到平均海面的高度,以 L 表示,它可以近似地取为

$$L = H_{M_2} + H_{S_2} + H_{K_1} + H_{O_1} + \Delta H \tag{7.1.47}$$

式中四大分潮平均振幅之和对应于略最低低潮面。ΔH 是季节订正,它表示年平均海面与最低月平均海面高度之差。对于较小的计算域,可以视 L 为一常数,它可以从海图或潮信表中查取。

时间步长 $(\Delta t/2)$ 控制着计算的稳定性和收敛性,一般应满足下面的关系,当 Δt 过大时,计算发散。

$$\frac{\Delta t}{2} \leqslant \frac{\alpha \Delta s}{\sqrt{g h_{\max}}} (\alpha = 1 \sim 3) \tag{7.1.48}$$

式中,Δs 表示 Δx 或 Δy;$h_{\max}$ 是计算域内的最大水深。上式表示网格步长 Δs 不应小于波速 $c = \sqrt{gh}$ 与时间步长 $\Delta t/2$ 的乘积。试验表明,α 在 $1 \sim 3$ 范围内为宜。

取初值 $\zeta = u = v = 0$,以第一个潮周期各计算点最后的 ζ, u, v 值作为第二个潮周期的初值,依此类推。一般计算四五个潮周期即可达到稳定,此时各内格点最后两个潮周期的 u, v, ζ 之差值均小于 0.1 cm/s 和 0.1 cm,以最后一个潮周期计算的 ζ, u, v 作为数值计算的结果,从而得到了不同时刻的潮流场,并可进一步计算各点的潮汐、潮流调和常数及潮流椭圆要素。

7.1.7 计算结果分析

依据数值计算最后一个潮周期得到的各点在 $k = 1, 2, \cdots, N$ 时的 ζ, u, v 值进行分析。由于 $\zeta(k), u(k), v(k)$ 分别位于 $(i, j), (i+\frac{1}{2}, j), (i, j+\frac{1}{2})$。需要计算

东分量:$u_{(i,j)}(k) = \frac{1}{2}[u_{(i+\frac{1}{2},j)}(k) + u_{(i-\frac{1}{2},j)}(k)]$

北分量:$v_{(i,j)}(k) = \frac{1}{2}[v_{(i,j+\frac{1}{2})}(k) + v_{(i,j-\frac{1}{2})}(k)]$

流速:$w_{(i,j)}(k) = [u_{(i,j)}^2(k) + v_{(i,j)}^2(k)]^{1/2}$

流向：$\theta_{(i,j)}(k)=\arctan\dfrac{u_{(i,j)}(k)}{v_{(i,j)}(k)}$ (7.1.49)

规定潮流流向向北为 $0°$，向东为 $90°$。

可以依据同一时刻各点的潮流流向、流速绘制海区的潮流流场图，以便分析潮流随时间、地点的分布变化规律。

由于运动方程中包含有非线性项和底摩擦项，在潮波传播过程中能够产生高次谐波，获得浅水分潮。例如计算 M_2 分潮得到的 ζ,u,v 中，不仅包含有 M_2，还包含有 $M_4,M_6,\cdots$ 一系列倍潮波。它们的角速率成倍增大，而周期相应缩短。可以按照傅氏级数展开的方法将它们分离开，以 M_2 为例。

1. 潮位调和常数的计算

$$\begin{cases} A_{M_2}=\dfrac{2}{N}\sum_{k=1}^{N}\zeta(k)\cos\sigma k \\[2pt] B_{M_2}=\dfrac{2}{N}\sum_{k=1}^{N}\zeta(k)\sin\sigma k \\[2pt] H_{M_2}=(A_{M_2}^2+B_{M_2}^2)^{1/2} \\[2pt] g_{M_2}=\arctan\dfrac{B_{M_2}}{A_{M_2}} \\[2pt] A_{M_4}=\dfrac{2}{N}\sum_{k=1}^{N}\zeta(k)\cos2\sigma k \\[2pt] B_{M_4}=\dfrac{2}{N}\sum_{k=1}^{N}\zeta(k)\sin2\sigma k \\[2pt] H_{M_4}=(A_{M_4}^2+B_{M_4}^2)^{1/2} \\[2pt] g_{M_4}=\arctan\dfrac{B_{M_4}}{A_{M_4}} \end{cases}$$ (7.1.50)

式中，σ 是一个时间步长 Δt 内分潮相位的变化量。

2. 潮流北分量调和常数的计算

$$\begin{cases} A'_{M_2}=\dfrac{2}{N}\sum_{k=1}^{N}v(k)\cos\sigma k \\[2pt] B'_{M_2}=\dfrac{2}{N}\sum_{k=1}^{N}v(k)\sin\sigma k \\[2pt] U_{M_2}=(A'^2_{M_2}+B'^2_{M_2})^{1/2} \\[2pt] \xi_{M_2}=\arctan\dfrac{B'_{M_2}}{A'_{M_2}} \end{cases}$$ (7.1.51)

3. 潮流东分量调和常数的计算

$$\begin{cases} A'_{M_2} = \dfrac{2}{N}\sum_{k=1}^{N} u(k)\cos\sigma k \\ B'_{M_2} = \dfrac{2}{N}\sum_{k=1}^{N} u(k)\sin\sigma k \\ V_{M_2} = (A'^2_{M_2} + B'^2_{M_2})^{1/2} \\ \eta_{M_2} = \arctan\dfrac{B'_{M_2}}{A'_{M_2}} \end{cases} \quad (7.1.52)$$

潮流 M_4 的计算与潮位 M_4 的计算相同。

4. 潮汐余水位、潮汐余流（欧拉余流）

余水位：$A_0 = \dfrac{1}{N}\sum_{k=1}^{N}\zeta(k)$

潮汐余流北分量：$u_0 = \dfrac{1}{N}\sum_{k=1}^{N}v(k)$

潮汐余流东分量：$v_0 = \dfrac{1}{N}\sum_{k=1}^{N}u(k)$

流速：$w_0 = (u_0^2 + v_0^2)^{1/2}$

流向：$\theta_0 = \arctan\dfrac{v_0}{u_0}$ 　　　　(7.1.53)

需要指出，在潮流数值计算中以 u,v 分别表示潮流的东、北分量，而在潮流分析和预报中，习惯以 u,v 分别表示潮流的北、东分量。

依据各点的潮流调和常数按 §5.11 的方法计算各点的潮流椭圆长、短半轴，最大流速方向，潮流旋转方向，椭率以及最大流速发生的时间，并分别绘制潮波图、潮流椭圆轴分布图等。

§7.2　Leendertse 三维非线性潮波数值模式

本节介绍 Leendertse J. J.[105,106] 提出的三维非线性潮波数值模式，该模式在我国沿海的生产和科研应用中取得了相当满意的结果。

7.2.1　三维潮波微分方程

潮波动力学方程为

$$\dfrac{\partial u}{\partial t} + \dfrac{\partial (uu)}{\partial x} + \dfrac{\partial (uv)}{\partial y} + \dfrac{\partial (uw)}{\partial z} - fv + \dfrac{1}{\rho}\dfrac{\partial p}{\partial x} - \dfrac{1}{\rho}\left(\dfrac{\partial \tau_{xx}}{\partial x} + \dfrac{\partial \tau_{xy}}{\partial y} + \dfrac{\partial \tau_{xz}}{\partial z}\right) = 0$$

(7.2.1)

$$\frac{\partial v}{\partial t}+\frac{\partial (vu)}{\partial x}+\frac{\partial (vv)}{\partial y}+\frac{\partial (vw)}{\partial z}+fu+\frac{1}{\rho}\frac{\partial p}{\partial y}-\frac{1}{\rho}(\frac{\partial \tau_{yx}}{\partial x}+\frac{\partial \tau_{yy}}{\partial y}+\frac{\partial \tau_{yz}}{\partial z})=0 \tag{7.2.2}$$

$$\frac{\partial p}{\partial z}+\rho g=0 \tag{7.2.3}$$

$$\frac{\partial u}{\partial x}+\frac{\partial v}{\partial y}+\frac{\partial w}{\partial z}=0 \tag{7.2.4}$$

取 x 轴向东为正,y 轴向北为正,z 轴以平均海面为零,铅直向上为正。式中 u,v,w 分别表示 x,y,z 轴上的流速分量;$f=2\omega\sin\varphi$ 表示柯氏参量,p 为压强;τ_{xx},τ_{xy},τ_{xz},τ_{yx},τ_{yy},τ_{yz} 为切应力分量。

如图 7.2.1 所示,在垂直方向上把海区水深分为 b 层,从上至下各层的水深厚度依次为 $h_1+\zeta$,h_2,h_3,…,h_b。对每一层依式(7.2.1),(7.2.2)进行垂直积分,第 k 层的垂直积分为

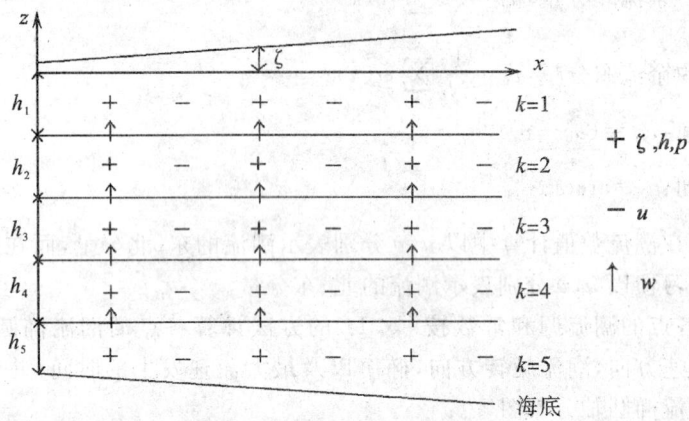

图 7.2.1 $x\text{-}z$ 面格点示意图

$$\frac{\partial \langle u\rangle}{\partial t}+\frac{\partial \langle uu\rangle}{\partial x}+\frac{\partial \langle uv\rangle}{\partial y}+(uw)_{k-\frac{1}{2}}-(uw)_{k+\frac{1}{2}}-f\langle v\rangle+$$
$$\frac{1}{\rho}\langle\frac{\partial p}{\partial x}\rangle-\frac{1}{\rho}[(\tau^{xz}_{k-\frac{1}{2}}-\tau^{xz}_{k+\frac{1}{2}})+\langle\frac{\partial \tau_{xx}}{\partial x}\rangle+\langle\frac{\partial \tau_{xy}}{\partial y}\rangle]=0 \tag{7.2.5}$$

$$\frac{\partial \langle v\rangle}{\partial t}+\frac{\partial \langle vu\rangle}{\partial x}+\frac{\partial \langle vv\rangle}{\partial y}+(vw)_{k-\frac{1}{2}}-(vw)_{k+\frac{1}{2}}+f\langle u\rangle+$$
$$\frac{1}{\rho}\langle\frac{\partial p}{\partial y}\rangle-\frac{1}{\rho}[(\tau^{yz}_{k-\frac{1}{2}}-\tau^{yz}_{k+\frac{1}{2}})+\langle\frac{\partial \tau_{yz}}{\partial x}\rangle+\langle\frac{\partial \tau_{yy}}{\partial y}\rangle]=0 \tag{7.2.6}$$

第 7 章 潮波数值计算

式中

$$\begin{cases} \langle \ \rangle_k = \int_{k+\frac{1}{2}}^{k-\frac{1}{2}} (\ )\mathrm{d}z \\ \langle u \rangle_k = \int_{k+\frac{1}{2}}^{k-\frac{1}{2}} u\mathrm{d}z = (h\bar{u})_k \\ \langle v \rangle_k = \int_{k+\frac{1}{2}}^{k-\frac{1}{2}} v\mathrm{d}z = (h\bar{v})_k \end{cases} \quad (7.2.7)$$

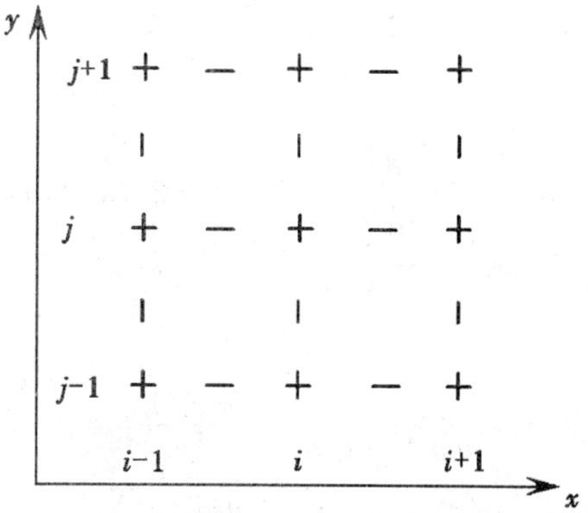

图 7.2.2 $x\text{-}y$ 面格点示意图

对式(7.2.5),(7.2.6)中的第 2,3 项作如下近似处理:

$$\frac{\partial \langle uu \rangle}{\partial x} = \frac{\partial \left(\frac{1}{h}\langle u \rangle \langle u \rangle\right)}{\partial x} = \frac{\partial (h\bar{u}\bar{u})}{\partial x}$$

$$\frac{\partial \langle uv \rangle}{\partial y} = \frac{\partial \left(\frac{1}{h}\langle u \rangle \langle v \rangle\right)}{\partial y} = \frac{\partial (\bar{u}\bar{v})}{\partial y}$$

$$\frac{\partial \langle uv \rangle}{\partial x} = \frac{\partial \left(\frac{1}{h}\langle u \rangle \langle v \rangle\right)}{\partial x} = \frac{\partial (h\bar{u}\bar{v})}{\partial x}$$

$$\frac{\partial \langle vv \rangle}{\partial y} = \frac{\partial \left(\frac{1}{h}\langle v \rangle \langle v \rangle\right)}{\partial y} = \frac{\partial (h\bar{v}\bar{v})}{\partial y} \quad (7.2.8)$$

式中的 $\bar{u},\bar{v}$ 分别表示每层潮流东、北分量的平均流速,以下将 $\bar{u},\bar{v}$ 的横线去掉。

方程(7.2.3)中,对垂直压强梯度可以近似写为

$$\frac{p_{k-1}-p_k}{\frac{1}{2}(h_{k-1}+h_k)} = -\rho_{k-\frac{1}{2}}g$$

得

$$p_k = p_{k-1} + h_{k-\frac{1}{2}}g\rho_{k-\frac{1}{2}} \quad (7.2.9)$$

式中，p_k 是第 k 层的平均压强，$\rho_{k-\frac{1}{2}} = \frac{1}{2}(\rho_{k-1} + \rho_k)$ 是两层的平均海水密度。

在动量方程的水平压强梯度项中，对于表层

$$\begin{cases} \dfrac{\partial p_1}{\partial x} = g\rho_1 \dfrac{\partial \zeta}{\partial x} + \dfrac{1}{2}gh_1 \dfrac{\partial \rho_1}{\partial x} \\ \dfrac{\partial p_1}{\partial y} = g\rho_1 \dfrac{\partial \zeta}{\partial y} + \dfrac{1}{2}gh_1 \dfrac{\partial \rho_1}{\partial y} \end{cases} \quad k=1 \qquad (7.2.10)$$

对于其他各层

$$\begin{cases} \dfrac{\partial p_k}{\partial x} = \dfrac{\partial p_{k-1}}{\partial x} + gh_{k-\frac{1}{2}} \dfrac{\partial \rho_{k-\frac{1}{2}}}{\partial x} \\ \dfrac{\partial p_k}{\partial y} = \dfrac{\partial p_{k-1}}{\partial y} + gh_{k-\frac{1}{2}} \dfrac{\partial \rho_{k-\frac{1}{2}}}{\partial y} \end{cases} \quad k=2,3,\cdots,b \qquad (7.2.11)$$

对应力项近似地取

$$\left\langle \frac{\partial \tau_{xx}}{\partial x} \right\rangle = \frac{\partial \langle \tau_{xx} \rangle}{\partial x}, \left\langle \frac{\partial \tau_{xy}}{\partial y} \right\rangle = \frac{\partial \langle \tau_{xy} \rangle}{\partial y}$$

$$\left\langle \frac{\partial \tau_{yx}}{\partial x} \right\rangle = \frac{\partial \langle \tau_{yx} \rangle}{\partial x}, \left\langle \frac{\partial \tau_{yy}}{\partial y} \right\rangle = \frac{\partial \langle \tau_{yy} \rangle}{\partial y}$$

取

$$\begin{cases} \tau_{xx} = A_x \dfrac{\partial u}{\partial x}, \tau_{xy} = A_x \dfrac{\partial u}{\partial y} \\ \tau_{yx} = A_y \dfrac{\partial v}{\partial x}, \tau_{yy} = A_y \dfrac{\partial v}{\partial y} \end{cases} \qquad (7.2.12)$$

式中，A_x, A_y 为侧向涡动黏滞系数。

依以上关系，动量方程可变为

$$\frac{\partial(hu)}{\partial t} + \frac{\partial(huu)}{\partial x} + \frac{\partial(huv)}{\partial y} + (uw)_{k-\frac{1}{2}} - (uw)_{k+\frac{1}{2}} - fhv + \frac{h}{\rho}\frac{\partial p}{\partial x} +$$

$$\left(\frac{1}{\rho}\tau^{xz}\right)_{k+\frac{1}{2}} - \left(\frac{1}{\rho}\tau^{xz}\right)_{k-\frac{1}{2}} - \frac{1}{\rho}\frac{\partial\left(hA_x \frac{\partial u}{\partial x}\right)}{\partial x} - \frac{1}{\rho}\frac{\partial\left(hA_x \frac{\partial u}{\partial y}\right)}{\partial y} = 0 \qquad (7.2.13)$$

$$\frac{\partial(hv)}{\partial t} + \frac{\partial(hvu)}{\partial x} + \frac{\partial(hvv)}{\partial y} + (vw)_{k-\frac{1}{2}} - (vw)_{k+\frac{1}{2}} + fhu + \frac{h}{\rho}\frac{\partial p}{\partial y} +$$

$$\left(\frac{1}{\rho}\tau^{yz}\right)_{k+\frac{1}{2}} - \left(\frac{1}{\rho}\tau^{yz}\right)_{k-\frac{1}{2}} - \frac{1}{\rho}\frac{\partial\left(hA_y \frac{\partial v}{\partial x}\right)}{\partial x} - \frac{1}{\rho}\frac{\partial\left(hA_y \frac{\partial v}{\partial y}\right)}{\partial y} = 0 \qquad (7.2.14)$$

式中，u, v, p, ρ 表示每层的平均值。

在每一层上对连续方程进行垂直积分：

$$\int_{k+\frac{1}{2}}^{k-\frac{1}{2}} \left(\frac{\partial w}{\partial z} + \frac{\partial u}{\partial x} + \frac{\partial v}{\partial y} \right) dz = 0$$

依据式(7.2.7)得

$$\Delta w = -\left[\frac{\partial (h\bar{u})}{\partial x} + \frac{\partial (h\bar{v})}{\partial y} \right] \tag{7.2.15}$$

式中,$\bar{u},\bar{v}$ 分别表示每层潮流东、北分量的平均流速,以下去掉横线。u,v 仍分别表示为每层潮流东、北分量的平均流速。

对式(7.2.15)自 k 层至底层 b 进行垂直积分:

$$\int_k^b \Delta w \, dz = -\int_k^b \left[\frac{\partial (hu)}{\partial x} + \frac{\partial (hv)}{\partial y} \right] dz$$

$$\sum_{l=k}^b (w_{k-\frac{1}{2}} - w_{k+\frac{1}{2}}) = -\sum_{l=k}^b \left[\frac{\Delta (hu)}{\Delta x} + \frac{\Delta (hv)}{\Delta y} \right]$$

由于海底处 $w_{b+\frac{1}{2}} = 0$,得任一层的垂直流速为

$$w_{k-\frac{1}{2}} = -\sum_{l=k}^b \left[\frac{\Delta (hu)}{\Delta x} + \frac{\Delta (hv)}{\Delta y} \right] \tag{7.2.16}$$

那么连续方程为

$$\frac{\partial \zeta}{\partial t} + \sum_{l=1}^b \left[\frac{\partial (hu)}{\partial x} + \frac{\partial (hv)}{\partial y} \right] = 0 \tag{7.2.17}$$

7.2.2 差分

如图 7.2.1 和图 7.2.2 所示,"+"表示水位 ζ 和水层厚度 h,"—"表示流速 u,"|"表示流速 v,"↑"表示垂直流速 w。它位于两层水体的交界面上,ζ,u,v 位于水层的中间位置,采用空间交错网格进行差分。

7.2.2.1 连续方程的差分

对连续方程式(7.2.17)在 (i,j) 点上进行差分:

$$\frac{\zeta_{(i,j)}^{n+1} - \zeta_{(i,j)}^{n-1}}{2\Delta t} = -\sum_{k=1}^b \left\{ \frac{1}{\Delta x} \left[(hu)_{(i+\frac{1}{2},j,k)}^n - (hu)_{(i-\frac{1}{2},j,k)}^n \right] - \frac{1}{\Delta y} \left[(hv)_{(i,j+\frac{1}{2},k)}^n - (hv)_{(i,j-\frac{1}{2},k)}^n \right] \right\}$$

得 $n+1$ 时刻的水位:

$$\zeta_{(i,j)}^{n+1} = \zeta_{(i,j)}^{n-1} - 2\Delta t \sum_{k=1}^b \left\{ \frac{1}{\Delta x} \left[\frac{h_{(i+1,j,k)} + h_{(i,j,k)}}{2} u_{(i+\frac{1}{2},j,k)}^n - \frac{h_{(i,j,k)} + h_{(i-1,j,k)}}{2} u_{(i-\frac{1}{2},j,k)}^n \right] + \frac{1}{\Delta y} \left[\frac{h_{(i,j+1,k)} + h_{(i,j,k)}}{2} v_{(i,j+\frac{1}{2},k)}^n - \frac{h_{(i,j,k)} + h_{(i,j-1,k)}}{2} v_{(i,j-\frac{1}{2},k)}^n \right] \right\} \tag{7.2.18}$$

依据 $n-1$ 时刻的 ζ 和 n 时刻的 u,v 即可求得 $n+1$ 时刻的 ζ 值。式中第一层水体厚度为 $h_1+\zeta$。

7.2.2.2 动量方程的差分

以动量方程式(7.2.13)为例对各项在 $\left(i+\dfrac{1}{2},j,k\right)$ 点上进行差分。

$$(1) = \frac{\partial(hu)}{\partial t} = \frac{1}{\Delta t}\left[(hu)^{n+1}_{(i+\frac{1}{2},j,k)} - (hu)^{n}_{(i+\frac{1}{2},j,k)}\right]$$

$$= \frac{1}{2\Delta t}\left[(h^{n+1}_{(i,j,k)} + h^{n+1}_{(i+1,j,k)})u^{n+1}_{(i+\frac{1}{2},j,k)} - (h^{n}_{(i,j,k)} + h^{n}_{(i+1,j,k)})u^{n}_{(i+\frac{1}{2},j,k)}\right]$$

$$(2) = \frac{\partial(huu)}{\partial x} = \frac{1}{\Delta x}\left[(hu)^{n}_{(i+1,j,k)}u^{n}_{(i+1,j,k)} - (hu)^{n}_{(i,j,k)}u^{n}_{(i,j,k)}\right]$$

$$= \frac{1}{8\Delta x}\{[(h^{n}_{(i+1,j,k)} + h^{n}_{(i+2,j,k)})u^{n}_{(i+\frac{3}{2},j,k)} +$$
$$(h^{n}_{(i,j,k)} + h^{n}_{(i+1,j,k)})u^{n}_{(i+\frac{1}{2},j,k)}](u^{n}_{(i+\frac{3}{2},j,k)} + u^{n}_{(i+\frac{1}{2},j,k)}) -$$
$$[(h^{n}_{(i,j,k)} + h^{n}_{(i+1,j,k)})u^{n}_{(i+\frac{1}{2},j,k)} +$$
$$(h^{n}_{(i-1,j,k)} + h^{n}_{(i,j,k)})u^{n}_{(i-\frac{1}{2},j,k)}](u^{n}_{(i+\frac{1}{2},j,k)} + u^{n}_{(i-\frac{1}{2},j,k)})\}$$

$$(3) = \frac{\partial(hvu)}{\partial y} = \frac{1}{\Delta y}\left[(hv)^{n}_{(i+\frac{1}{2},j+\frac{1}{2},k)}u^{n}_{(i+\frac{1}{2},j+\frac{1}{2},k)} - (hv)^{n}_{(i+\frac{1}{2},j-\frac{1}{2},k)}u^{n}_{(i+\frac{1}{2},j-\frac{1}{2},k)}\right]$$

$$(4) = (uw)_{k-\frac{1}{2}} - (uw)_{k+\frac{1}{2}}$$

$$= \frac{1}{4}\left[(u^{n}_{(i+\frac{1}{2},j,k-1)} + u^{n}_{(i+\frac{1}{2},j,k)})(w^{n}_{(i+1,j,k-\frac{1}{2})} + w^{n}_{(i,j,k-\frac{1}{2})}) -\right.$$
$$\left.(u^{n}_{(i+\frac{1}{2},j,k)} + u^{n}_{(i+\frac{1}{2},j,k+1)})(w^{n}_{(i+1,j,k+\frac{1}{2})} + w^{n}_{(i,j,k+\frac{1}{2})})\right]$$

式中，w 依式(7.2.16)差分计算。

$$(5) = fhv = \frac{1}{8}f(h^{n}_{(i+1,j,k)} + h^{n}_{(i,j,k)}) \cdot$$
$$(v^{n}_{(i+1,j+\frac{1}{2},k)} + v^{n}_{(i,j+\frac{1}{2},k)} + v^{n}_{(i+1,j-\frac{1}{2},k)} + v^{n}_{(i,j-\frac{1}{2},k)})$$

$(6) = \dfrac{h}{\rho}\dfrac{\partial p}{\partial x}$ 依据式(7.2.10)，(7.2.11)计算，对于正压状况下，

$$\frac{h}{\rho}\frac{\partial p}{\partial x} = hg\frac{\partial \zeta}{\partial x}$$

$$= \frac{g}{2\Delta x}(h^{n+1}_{(i,j,k)} + h^{n+1}_{(i+1,j,k)})(\zeta^{n+1}_{(i+1,j,k)} - \zeta^{n+1}_{(i,j,k)})$$

$$(7) = \left(\frac{1}{\rho}\tau^{xz}\right)_{k+\frac{1}{2}} - \left(\frac{1}{\rho}\tau^{xz}\right)_{k-\frac{1}{2}}$$

τ^{xz} 的计算在后面介绍。

$$(8) = \frac{1}{\rho}\frac{\partial(hA_x\frac{\partial u}{\partial x})}{\partial x}\bigg|_{(i+\frac{1}{2},j,k)}$$

$$= \frac{1}{\rho}\frac{1}{\Delta x^2}[(hA_x)^n_{(i+1,j,k)}(u^n_{(i+\frac{3}{2},j,k)} - u^n_{(i+\frac{1}{2},j,k)}) -$$

$$(hA_x)^n_{(i,j,k)}(u^n_{(i+\frac{1}{2},j,k)} - u^n_{(i-\frac{1}{2},j,k)})]$$

$$(9) = \frac{1}{\rho}\frac{\partial(hA_y\frac{\partial u}{\partial y})}{\partial y}\bigg|_{(i+\frac{1}{2},j,k)}$$

$$= \frac{1}{\Delta y^2}[(hA_y)^n_{(i+\frac{1}{2},j+\frac{1}{2},k)}(u^n_{(i+\frac{1}{2},j+1,k)} - u^n_{(i+\frac{1}{2},j,k)}) -$$

$$(hA_y)^n_{(i+\frac{1}{2},j-\frac{1}{2},k)}(u^n_{(i+\frac{1}{2},j,k)} - u^n_{(i+\frac{1}{2},j-1,k)})]$$

式(7.2.13)差分后变为

$$(1)+(2)+(3)+(4)-(5)+(6)+(7)-(8)-(9)=0 \quad (7.2.19)$$

从中可以计算出 $n+1$ 时刻的 $u^{n+1}_{(i+\frac{1}{2},j,k)}$。

对式(7.2.14)进行类似的差分,得到 $v^{n+1}_{(i,j+\frac{1}{2},k)}$ 的计算公式。

7.2.3 切应力的计算

7.2.3.1 第1层上界的切应力

该切应力为风应力,计算公式为

$$\begin{cases} \frac{1}{\rho}\tau^{xz}_{(i+\frac{1}{2},j,\frac{1}{2})} = c\,\rho_a w_a^2 \sin\varphi \\ \frac{1}{\rho}\tau^{yz}_{(i,j+\frac{1}{2},\frac{1}{2})} = c\,\rho_a w_a^2 \cos\varphi \end{cases} \quad (7.2.20)$$

式中,c 为空气摩擦系数;ρ_a 为空气密度;w_a 为海面上的风速;φ 为风向与 y 轴的交角。如果仅作潮波数值计算时,可不考虑风应力。

7.2.3.2 中间各层上界的切应力

$$\begin{cases} \frac{1}{\rho}\tau^{xz(n)}_{(i+\frac{1}{2},j,k-\frac{1}{2})} = \nu(\delta_z u)[(\delta_z u)^2 + (\delta_z \overline{v}^{xy})^2]^{1/2}_{(i+\frac{1}{2},j,k-\frac{1}{2})} \\ \frac{1}{\rho}\tau^{yz(n)}_{(i,j+\frac{1}{2},k-\frac{1}{2})} = \nu(\delta_z v)[(\delta_z \overline{u}^{xy})^2 + (\delta_z v)^2]^{1/2}_{(i,j+\frac{1}{2},k-\frac{1}{2})} \end{cases} \quad (7.2.21)$$

式中

$$\delta_z u = \frac{1}{\overline{h}^{z(n)}_{(i+\frac{1}{2},j,k-\frac{1}{2})}}(u^n_{(i+\frac{1}{2},j,k-1)} - u^n_{(i+\frac{1}{2},j,k)})$$

$$\delta_z \overline{v}^{xy} = \frac{1}{\overline{h}^{z(h)}_{(i+\frac{1}{2},j,k-\frac{1}{2})}}(\overline{v}^{xy(n)}_{(i+\frac{1}{2},j,k-1)} - \overline{v}^{xy(n)}_{(i+\frac{1}{2},j,k)})$$

$$\delta_z v = \frac{1}{\overline{h}^{z(n)}_{(i,j+\frac{1}{2},k-\frac{1}{2})}}(v^n_{(i,j+\frac{1}{2},k-1)} - v^n_{(i,j+\frac{1}{2},k)})$$

$$\delta_z \overline{u}^{xy} = \frac{1}{\overline{h}^{z(n)}_{(i,j+\frac{1}{2},k-\frac{1}{2})}} (\overline{u}^{xy(n)}_{(i,j+\frac{1}{2},k-1)} - \overline{u}^{xy(n)}_{(i,j+\frac{1}{2},k)})$$

中间各层下界切应力 $\tau^{xz(n)}_{(i,j+\frac{1}{2},k+\frac{1}{2})}$, $\tau^{yz(n)}_{(i,j+\frac{1}{2},k+\frac{1}{2})}$ 的计算与上式类同,只将 k 改为 $k+1$,$k-1$ 改为 k 即可。式中,ν 为垂直涡动黏滞系数。

7.2.3.3 底层下界切应力的底摩擦力

$$\begin{cases} \dfrac{1}{\rho}\tau^n_{(i+\frac{1}{2},j,b+\frac{1}{2})} = \dfrac{gu\sqrt{u^2+(\overline{v}^{xy})^2}}{(\overline{c}^x)^2} \Big|^n_{(i+\frac{1}{2},j,b)} \\ \dfrac{1}{\rho}\tau^n_{(i,j+\frac{1}{2},b+\frac{1}{2})} = \dfrac{gv\sqrt{(\overline{u}^{xy})^2+v^2}}{(\overline{c}^y)^2} \Big|^n_{(i,j+\frac{1}{2},b)} \end{cases} \quad (7.2.22)$$

式中,$c = \dfrac{1}{n} h_b^{1/6}$ 为 chezy 系数,h_b 为底层厚度,n 为 manning 系数。上角标 n 是时间步长的序号。

垂直流速 w 依式(7.2.16)在点 $(i,j,k-\dfrac{1}{2})$ 上进行差分。

对于水深只可分为一层的格网点进行差分时,作二维处理。

7.2.4 边界条件

取固体边界法向流速 $v_n = 0$。

在 x 方向的右端开边界的水位点上,给予强迫水位。只计算某一分潮时的强迫水位:

$$\zeta(n\Delta t) = H\cos(\sigma n - g) \quad (7.2.23)$$

式中,H,g 为分潮调和常数,n 为时间序号,σ 为一个时间步长 Δt 内该分潮的位相变化量。

计算强迫水位点左边第 1 个流速 u 时,忽略动量方程中的非线性项和侧向涡动项,得到

$$u^{n+1}_{(i-\frac{1}{2},j,k)} = u^{n-1}_{(i-\frac{1}{2},j,k)} + \frac{2\Delta t}{\overline{h}^x_{(i-\frac{1}{2},j,k)}}[f\overline{h}_{(i-\frac{1}{2},j,k)} \overline{v}^{xy}_{(i-\frac{1}{2},j,k)} -$$
$$\frac{g\overline{h}^x_{(i-\frac{1}{2},j,k)}}{\Delta x}(\zeta^{n+1}_{(i,j)} - \zeta^{n-1}_{(i-1,j)}) + \frac{1}{\rho}(\tau^{xz}_{(i-\frac{1}{2},j,k-\frac{1}{2})} - \tau^{xz}_{(i-\frac{1}{2},j,k+\frac{1}{2})})]$$

$$(7.2.24)$$

x 方向左端开边界以及 y 方向的两端开边界也作类似处理。

7.2.5 计算参量

各水深点自平均海面至海底的深度以及时间步长 Δt、空间步长 $\Delta x,\Delta y$ 的

确定可参考§7.1。各水深点分的层数以及每层的厚度视海区和课题要求而定。文献[46]在研究东海沿岸上升流时,将水深分为9层,取涡动黏滞系数 $A_x=A_y=1\,000\ \text{m}^2/\text{s}$,垂直涡动黏滞系数 $\nu=0.018\ \text{m}^2/\text{s}$,manning 糙度系数 $n=0.016$。这些参量的选取依海区而定。

计算过程中对内格点取初值 $\zeta=u=v=0$,第1个潮周期的最后值作为第2个潮周期的初始值,依此类推,数个潮周期后即可达到稳定。以最后一个潮周期各点的 ζ,u,v 作为数值计算的结果,并依此进一步计算潮汐、潮流调和常数及潮流椭圆要素(参看§7.1)。

§7.3 Backhaus 三维非线性潮波数值模式

本节介绍 Backhaus J. O.[58,59] 提出的三维非线性分层理论模式。该模式在研究陆架动力学上有独特的优越性。在处理外压项和垂直切应力项时引入隐式算子,使得该模式的差分形成为半隐半显式,在运动方程中对科氏力项引入一个稳定的二阶旋转矩阵,以克服科氏力项在时间迭代过程中产生的线性不稳定。该模式在中国近海的应用[37,107]中取得了很好的效果。

7.3.1 控制方程

所用的坐标系为右手笛卡尔坐标系,东向为 x 轴方向,北向为 y 轴方向,垂直向上为 z 轴方向,z 轴的零面取在平均海面上。模式所用的偏微分方程为:

x 方向的运动方程

$$\frac{\partial u}{\partial t}+u\frac{\partial u}{\partial x}+v\frac{\partial u}{\partial y}+w\frac{\partial u}{\partial z}-fv=-\frac{1}{\rho}\frac{\partial p}{\partial x}+A_H\left(\frac{\partial^2 u}{\partial x^2}+\frac{\partial^2 u}{\partial y^2}\right)+\frac{\partial \tau^x}{\partial z} \quad (7.3.1)$$

y 方向的运动方程

$$\frac{\partial v}{\partial t}+u\frac{\partial v}{\partial x}+v\frac{\partial v}{\partial y}+w\frac{\partial v}{\partial z}+fu=-\frac{1}{\rho}\frac{\partial p}{\partial y}+A_H\left(\frac{\partial^2 v}{\partial x^2}+\frac{\partial^2 v}{\partial y^2}\right)+\frac{\partial \tau^y}{\partial z} \quad (7.3.2)$$

垂向静力平衡方程

$$\frac{\partial p}{\partial z}+pg=0$$

连续方程

$$\frac{\partial u}{\partial x}+\frac{\partial v}{\partial y}+\frac{\partial w}{\partial z}=0 \quad (7.3.3)$$

式中,u,v,w 分别是 x,y,z 轴上的流速分量;ζ 是从平均海面起算的水位;f 是柯氏参量;A_H 是水平涡动黏滞系数。压强 p 可分为正压分量 $g\rho_1\zeta$ 和与海水密

度有关的斜压分量 I 两部分：

$$p = g\rho_1 \zeta + I \tag{7.3.4}$$

将连续方程乘 u 与式(7.3.1)相加，连续方程乘 v 与式(7.3.2)相加，得运动方程：

$$\frac{\partial u}{\partial t} + \frac{\partial(uu)}{\partial x} + \frac{\partial(uv)}{\partial y} + \frac{\partial(uw)}{\partial z} - fv = -\frac{1}{\rho}\frac{\partial p}{\partial x} + A_H\left(\frac{\partial^2 u}{\partial x^2} + \frac{\partial^2 u}{\partial y^2}\right) + \frac{\partial \tau^x}{\partial z} \tag{7.3.5}$$

$$\frac{\partial v}{\partial t} + \frac{\partial(vu)}{\partial x} + \frac{\partial(vv)}{\partial y} + \frac{\partial(vw)}{\partial z} + fu = -\frac{1}{\rho}\frac{\partial p}{\partial y} + A_H\left(\frac{\partial^2 v}{\partial x^2} + \frac{\partial^2 v}{\partial y^2}\right) + \frac{\partial \tau^y}{\partial z} \tag{7.3.6}$$

7.3.2 层积分方程

7.3.2.1 运动方程

将海区水深分为 L 层，每层的水深分别为 $h_1+\zeta, h_2, h_3, \cdots, h_L$。$h_1 \sim h_{L-1}$ 为定值，h_L 依地点而定。图 7.3.1 和图 7.3.2 标示了 x-z 面和水平面上的格点分布图。

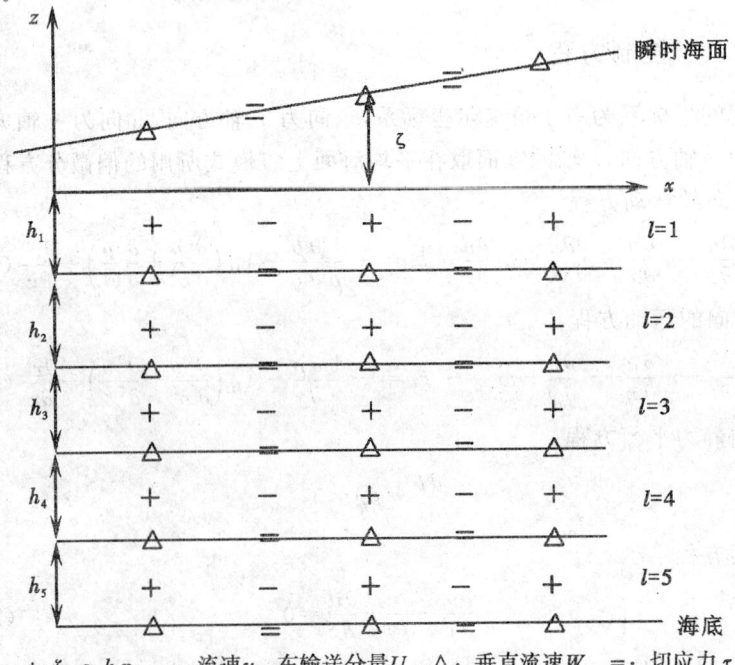

$+$: ζ, ρ, h, p $-$: 流速 u、东输送分量 U $\triangle$: 垂直流速 W $=$: 切应力 τ

图 7.3.1 x-z 面格点示意图（分 5 层为例）

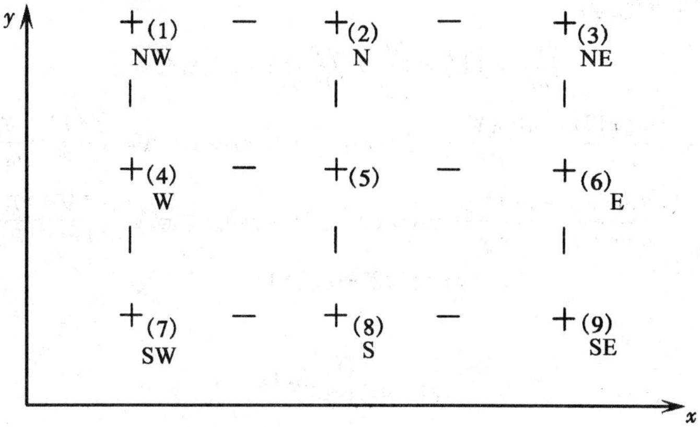

第 7 章 潮波数值计算

```
y↑    +(1)    —    +(2)    —    +(3)
      NW           N             NE
      |                |             |
      +(4)    —    +(5)   —    +(6)
      W                              E
      |                |             |
      +(7)    —    +(8)   —    +(9)
      SW          S              SE
                                        → x
```

$+$: ζ, ρ, h, p　　$-$: 流速u、东输送分量U　　$|$: 流速v、北输送分量V

图 7.3.2　x-y 面格点示意图

对式(7.3.5)和(7.3.6)在每一层上进行垂直积分,以式(7.3.5)为例。应用莱布尼兹积分公式得

$$\frac{\partial}{\partial t}\int_{l+\frac{1}{2}}^{l-\frac{1}{2}} u\mathrm{d}z - u(l-\frac{1}{2})\frac{\partial(l-\frac{1}{2})}{\partial t} + u(l+\frac{1}{2})\frac{\partial(l+\frac{1}{2})}{\partial t} +$$

$$\frac{\partial}{\partial x}\int_{l+\frac{1}{2}}^{l-\frac{1}{2}} u^2 \mathrm{d}z - u^2(l-\frac{1}{2})\frac{\partial(l-\frac{1}{2})}{\partial x} + u^2(l+\frac{1}{2})\frac{\partial(l+\frac{1}{2})}{\partial x} +$$

$$\frac{\partial}{\partial y}\int_{l+\frac{1}{2}}^{l-\frac{1}{2}} uv\mathrm{d}z - u(l-\frac{1}{2})v(l-\frac{1}{2})\frac{\partial(l-\frac{1}{2})}{\partial y} + u(l+\frac{1}{2})v(l+\frac{1}{2})\frac{\partial(l+\frac{1}{2})}{\partial y} +$$

$$u(l-\frac{1}{2})w(l-\frac{1}{2}) - u(l+\frac{1}{2})w(l+\frac{1}{2}) - f\int_{(l+\frac{1}{2})}^{l-\frac{1}{2}} v\mathrm{d}z$$

$$= -\frac{1}{\rho_l}\frac{\partial P}{\partial x}\int_{l+\frac{1}{2}}^{l-\frac{1}{2}} \mathrm{d}z + \int_{l+\frac{1}{2}}^{l-\frac{1}{2}} A_H\left(\frac{\partial^2 u}{\partial x^2}+\frac{\partial^2 u}{\partial y^2}\right)\mathrm{d}z + (\Delta\tau^x)_l$$

令

$$\begin{cases} U_l = \int_{l+\frac{1}{2}}^{l-\frac{1}{2}} u\mathrm{d}z \\ V_l = \int_{l+\frac{1}{2}}^{l-\frac{1}{2}} v\mathrm{d}z \end{cases} \tag{7.3.7}$$

式(7.3.5)变为

$$\frac{U_l}{\partial t} - fV_l + \left(\frac{h}{\rho}\right)_l\frac{\partial p}{\partial x} = X_l + (\Delta\tau^x)_l \tag{7.3.8}$$

同理,式(7.3.6)变为

$$\frac{\partial V_l}{\partial t}+fU_l+(\frac{h}{\rho})_l\frac{\partial p}{\partial y}=Y_l+(\Delta\tau^y)_l \qquad (7.3.9)$$

式中
$$\begin{cases} X_l=-\dfrac{\partial(uU)_l}{\partial x}-\dfrac{\partial(uV)_l}{\partial y}-(uw)_{l-\frac{1}{2}}+(uw)_{l+\frac{1}{2}}+A_H(\dfrac{\partial^2 U}{\partial x^2}+\dfrac{\partial^2 U}{\partial y^2})_l \\ Y_l=-\dfrac{\partial(vU)_l}{\partial x}-\dfrac{\partial(vV)_l}{\partial y}-(vw)_{l-\frac{1}{2}}+(vw)_{l+\frac{1}{2}}+A_H(\dfrac{\partial^2 V}{\partial x^2}+\dfrac{\partial^2 V}{\partial y^2})_l \end{cases}$$

$$l=2,3,\cdots,L-1 \qquad (7.3.10)$$

对于第 1 层

$$\begin{cases} U_1=\int_{-h_1}^{\zeta} u\,dz \\ V_1=\int_{-h_1}^{\zeta} v\,dz \end{cases} \qquad (7.3.11)$$

式(7.3.10)变为

$$\begin{cases} X_1=-\dfrac{\partial(uU)_1}{\partial x}-\dfrac{\partial(uV)_1}{\partial y}+u(-h_1)w(-h_1)+A_H(\dfrac{\partial^2 U_1}{\partial x^2}+\dfrac{\partial^2 U_1}{\partial y^2}) \\ Y_1=-\dfrac{\partial(vU)_1}{\partial x}-\dfrac{\partial(vV)_1}{\partial y}+v(-h_1)w(-h_1)+A_H(\dfrac{\partial^2 V_1}{\partial x^2}+\dfrac{\partial^2 V_1}{\partial y^2}) \end{cases}$$

$$(7.3.12)$$

对于底层

$$U_L=\int_{L+\frac{1}{2}}^{L-\frac{1}{2}} u\,dz$$

$$V_L=\int_{L+\frac{1}{2}}^{L-\frac{1}{2}} v\,dz$$

$$\begin{cases} X_L=-\dfrac{\partial(uU)_L}{\partial x}-\dfrac{\partial(uV)_L}{\partial y}-u(L-\dfrac{1}{2})w(L-\dfrac{1}{2})+A_H(\dfrac{\partial^2 U_L}{\partial x^2}+\dfrac{\partial^2 U_L}{\partial y^2}) \\ Y_L=\dfrac{\partial(vU)_L}{\partial x}-\dfrac{\partial(vV)_L}{\partial y}-v(L-\dfrac{1}{2})w(L-\dfrac{1}{2})+A_H(\dfrac{\partial^2 V_L}{\partial x^2}+\dfrac{\partial^2 V_L}{\partial y^2}) \end{cases}$$

$$(7.3.13)$$

7.3.2.2 连续方程

对连续方程进行全深度的垂直积分:

$$\int_{-h}^{\zeta}\frac{\partial u}{\partial x}dz+\int_{-h}^{\zeta}\frac{\partial v}{\partial y}dz+\int_{-h}^{\zeta}\frac{\partial w}{\partial z}dz=0$$

$$\frac{\partial}{\partial x}\int_{-h}^{\zeta} u\,dz-u(\zeta)\frac{\partial\zeta}{\partial x}+u(-h)\frac{\partial(-h)}{\partial x}+$$

$$\frac{\partial}{\partial y}\int_{-h}^{\zeta} v\,dz-v(\zeta)\frac{\partial\zeta}{\partial y}+v(-h)\frac{\partial(-h)}{\partial y}+$$

$$w(\zeta)-w(-h)=0$$

在海面,$z=\zeta(x,y,t)$

$$w(\zeta)=\frac{\partial \zeta}{\partial t}+u(\zeta)\frac{\partial \zeta}{\partial x}+v(\zeta)\frac{\partial \zeta}{\partial y}$$

在海底,$z=-h(x,y)$

$$w(-h)=-u(-h)\frac{\partial h}{\partial x}-v(-h)\frac{\partial h}{\partial y}$$

代入上式得

$$\frac{\partial \zeta}{\partial t}+\frac{\partial}{\partial x}\int_{-h}^{\zeta}u\,dz+\frac{\partial}{\partial y}\int_{-h}^{\zeta}v\,dz=0$$

因为

$$\begin{cases}\int_{-h}^{\zeta}u\,dz=\sum_{l=1}^{L}\int_{l+\frac{1}{2}}^{l-\frac{1}{2}}u\,dz=\sum_{l=1}^{L}U_l=\overline{U} \\ \int_{-h}^{\zeta}v\,dz=\sum_{l=1}^{L}\int_{l+\frac{1}{2}}^{l-\frac{1}{2}}v\,dz=\sum_{l=1}^{L}V_l=\overline{V}\end{cases} \quad (7.3.14)$$

得连续方程

$$\frac{\partial \zeta}{\partial t}=-\left(\frac{\partial \overline{U}}{\partial x}+\frac{\partial \overline{V}}{\partial y}\right) \quad (7.3.15)$$

式中,$\overline{U},\overline{V}$ 分别表示自海面至海底潮流东、北分量的全流;U,V 分别表示每层潮流东、北分量的输运分量;u,v 分别表示每层潮流流速的东、北分量。

7.3.3 运动方程的差分

依式(7.3.8),(7.3.9)或分别在每层的$(i+\frac{1}{2},j)$和$(i,j+\frac{1}{2})$点上差分。

$$\frac{U_l^{n+1}-U_l^n}{\Delta t}-fV_l^{n+\frac{1}{2}}+\left(\frac{h}{\rho}\right)_l\left(g\rho_1\frac{\partial \zeta}{\partial x}+\frac{\partial I}{\partial x}\right)_l^{n+\frac{1}{2}}=X_l^{n+\frac{1}{2}}+(\Delta \tau^x)_l^{n+\frac{1}{2}}$$

$$\frac{V_l^{n+1}-V_l^n}{\Delta t}+fU_l^{n+\frac{1}{2}}+\left(\frac{h}{\rho}\right)_l\left(g\rho_1\frac{\partial \zeta}{\partial y}+\frac{\partial I}{\partial y}\right)_l^{n+\frac{1}{2}}=Y_l^{n+\frac{1}{2}}+(\Delta \tau^y)_l^{n+\frac{1}{2}}$$

对 X,Y,I 作显式处理,另外取

$$\alpha=\cos(f\Delta t),\beta=\sin(f\Delta t),\gamma=1-\cos(f\Delta t)$$

再引入两个旋转矩阵

$$\boldsymbol{T}_1=\begin{pmatrix}\alpha & \beta \\ -\beta & \alpha\end{pmatrix},\quad \boldsymbol{T}_2=\frac{1}{f}\begin{pmatrix}\beta & \gamma \\ -\gamma & \beta\end{pmatrix}$$

上式变为

$$\begin{pmatrix}U \\ V\end{pmatrix}_l^{n+1}=\boldsymbol{T}_1\begin{pmatrix}U \\ V\end{pmatrix}_l^n-\left(\frac{h}{\rho}\right)_l\boldsymbol{T}_2\left[\rho_1 g\begin{pmatrix}\partial \zeta/\partial x \\ \partial \zeta/\partial y\end{pmatrix}^{n+\frac{1}{2}}+\begin{pmatrix}\partial I/\partial x \\ \partial I/\partial y\end{pmatrix}_l^n\right]+$$

$$\Delta t \binom{X}{Y}_l^n + \Delta t \binom{\Delta \tau^x}{\Delta \tau^y}_l^{n+\frac{1}{2}}$$

或者分开写为

$$U_l^{n+1} = \alpha U_l^n + \beta V_l^n - \left(\frac{h}{\rho}\right)_l \frac{1}{f}\left[g\rho_1\left(\beta\frac{\partial \zeta}{\partial x} + \gamma\frac{\partial \zeta}{\partial y}\right)^{n+\frac{1}{2}} + \left(\beta\frac{\partial I}{\partial x} + \gamma\frac{\partial I}{\partial y}\right)_l^n\right] +$$
$$\Delta t X_l^n + \Delta t(\tau_l^x - \tau_{l+1}^x)^{n+\frac{1}{2}} \tag{7.3.16}$$

$$V_l^{n+1} = \alpha V_l^n - \beta U_l^n - \left(\frac{h}{\rho}\right)_l \frac{1}{f}\left[g\rho_1\left(-\gamma\frac{\partial \zeta}{\partial x} + \beta\frac{\partial \zeta}{\partial y}\right)^{n+\frac{1}{2}} + \left(-\gamma\frac{\partial I}{\partial x} + \beta\frac{\partial I}{\partial y}\right)_l^n\right] +$$
$$\Delta t Y_l^n + \Delta t(\tau_l^y - \tau_{l+1}^y)^{n+\frac{1}{2}} \tag{7.3.17}$$

令

$$\hat{U}_l^n = \alpha U_l^n + \beta V_l^n - \left(\frac{h}{\rho}\right)_l \frac{1}{f}\left(\beta\frac{\partial I}{\partial x} + \gamma\frac{\partial I}{\partial y}\right)^n + \Delta t X_l^n + \frac{\Delta t}{2}(\tau_l^x - \tau_{l+1}^x)^n$$

$$\hat{V}_l^n = \alpha V_l^n - \beta U_l^n - \left(\frac{h}{\rho}\right)_l \frac{1}{f}\left(-\gamma\frac{\partial I}{\partial x} + \beta\frac{\partial I}{\partial y}\right)^n + \Delta t Y_l^n + \frac{\Delta t}{2}(\tau_l^y - \tau_{l+1}^y)^n$$

上式变为

$$U_l^{n+1} = \hat{U}_l^n - \left(\frac{h}{\rho}\right)_l \frac{1}{f}g\rho_1\left(\beta\frac{\partial \zeta}{\partial x} + \gamma\frac{\partial \zeta}{\partial y}\right)^{n+\frac{1}{2}} + \frac{\Delta t}{2}(\tau_l^x - \tau_{l+1}^x)^{n+1} \tag{7.3.18}$$

$$V_l^{n+1} = \hat{V}_l^n - \left(\frac{h}{\rho}\right)_l \frac{1}{f}g\rho_1\left(-\gamma\frac{\partial \zeta}{\partial x} + \beta\frac{\partial \zeta}{\partial y}\right)^{n+\frac{1}{2}} + \frac{\Delta t}{2}(\tau_l^y - \tau_{l+1}^y)^{n+1}$$
$$l = 1, 2, \cdots, L-1 \tag{7.3.19}$$

对于底层 L，取

$$\begin{cases} \tau_{L+1}^{x(n+1)} = rU_L^{n+1}S \\ \tau_{L+1}^{y(n+1)} = rV_L^{n+1}S \end{cases} \tag{7.3.20}$$

式中

$$S = \frac{\sqrt{U_L^2 + V_L^2}}{h_L^2}$$

r 为无维参量，是底摩擦系数。底层 $n+1$ 时刻的流速

$$U_L^{n+1} = F\left[\hat{U}_L - \left(\frac{h}{\rho}\right)_L \frac{1}{f}g\rho_1\left(\beta\frac{\partial \zeta}{\partial x} + \gamma\frac{\partial \zeta}{\partial y}\right)^{n+\frac{1}{2}} + \frac{\Delta t}{2}\tau_L^{x(n+1)}\right] \tag{7.3.21}$$

$$V_L^{n+1} = F\left[\hat{V}_L - \left(\frac{h}{\rho}\right)_L \frac{1}{f}g\rho_1\left(-\gamma\frac{\partial \zeta}{\partial x} + \beta\frac{\partial \zeta}{\partial y}\right)^{n+\frac{1}{2}} + \frac{\Delta t}{2}\tau_L^{y(n+1)}\right] \tag{7.3.22}$$

式中

$$\hat{U}_L = \alpha U_L^n + \beta V_L^n - \left(\frac{h}{\rho}\right)_L \frac{1}{f}\left(\beta\frac{\partial I}{\partial x} + \gamma\frac{\partial I}{\partial y}\right)_L^n + \Delta t X_L^n + \frac{\Delta t}{2}\tau_L^{x(n)}$$

$$\hat{V}_L^n = \alpha V_L^n - \beta U_L^n - \left(\frac{h}{\rho}\right)_L \frac{1}{f}\left(-\gamma\frac{\partial I}{\partial x} + \beta\frac{\partial I}{\partial y}\right)_L^n + \Delta t Y_L^n + \frac{\Delta t}{2}\tau_L^{y(n)}$$

$$F = \frac{1}{1+r\Delta ts}$$

7.3.4　连续方程的差分及水位 ζ 的求解

7.3.4.1　椭圆方程的导出

依式(7.3.14)，全流

$$\overline{U}^{n+1} = \sum_{l=1}^{L} U_l^{n+1}$$
$$= \widetilde{U} - \left[\sum_{l=1}^{L-1}\left(\frac{h}{\rho}\right)_l + F\left(\frac{h}{\rho}\right)_L\right] g\rho_1 \frac{1}{f}\left(\beta\frac{\partial\zeta}{\partial x} + \gamma\frac{\partial\zeta}{\partial y}\right)^{n+\frac{1}{2}} \quad (7.2.23)$$

$$\overline{V}^{n+1} = \sum_{l=1}^{L} V_l^{n+1}$$
$$= \widetilde{V} - \left[\sum_{l=1}^{L-1}\left(\frac{h}{\rho}\right)_l + F\left(\frac{h}{\rho}\right)_L\right] g\rho_1 \frac{1}{f}\left(-\gamma\frac{\partial\zeta}{\partial x} + \beta\frac{\partial\zeta}{\partial y}\right)^{n+\frac{1}{2}} \quad (7.2.24)$$

式中

$$\widetilde{U} = \sum_{l=1}^{L-1}\hat{U}_l^n + FU_L^n + \frac{\Delta t}{2}[\tau_1^x - (1-F)\tau_L^x]^{n+1}$$

$$\widetilde{V} = \sum_{l=1}^{L-1}\hat{V}_l^n + FV_L^n + \frac{\Delta t}{2}[\tau_1^y - (1-F)\tau_L^y]^{n+1}$$

上面诸式代入式(7.3.15)，令

$$A_1 = \alpha\overline{U}^n + \beta\overline{V}^n - \overline{\left(\frac{h}{\rho}\right)}\frac{g\rho_1}{2f}\left(\beta\frac{\partial\zeta}{\partial x} + \gamma\frac{\partial\zeta}{\partial y}\right)^n - \overline{\left(\frac{h}{\rho}\right)}\frac{1}{f}\left(\beta\frac{\partial\overline{I}}{\partial x} + \gamma\frac{\partial\overline{I}}{\partial y}\right)^n +$$
$$\Delta t X^n + \Delta t(\tau_1^x - \tau_{L+1}^x)^{n+\frac{1}{2}}$$

$$A_2 = \alpha\overline{V}^n - \beta\overline{U}^n - \overline{\left(\frac{h}{\rho}\right)}\frac{g\rho_1}{2f}\left(-\gamma\frac{\partial\zeta}{\partial x} + \beta\frac{\partial\zeta}{\partial y}\right)^n - \overline{\left(\frac{h}{\rho}\right)}\frac{1}{f}\left(-\gamma\frac{\partial\overline{I}}{\partial x} + \beta\frac{\partial\overline{I}}{\partial y}\right)^n +$$
$$\Delta t Y^n + \Delta t(\tau_1^y - \tau_{L+1}^y)^{n+\frac{1}{2}}$$

$$A_3 = \frac{2}{\Delta t}\zeta^n - \left(\frac{\partial\overline{U}}{\partial x} + \frac{\partial\overline{V}}{\partial y}\right)^n$$

得椭圆方程

$$\zeta^{n+1} - \frac{\Delta t g}{4f}\frac{\partial}{\partial x}\left[\overline{\left(\frac{h}{\rho}\right)}\rho_1\left(\beta\frac{\partial\zeta^{n+1}}{\partial x} + \gamma\frac{\partial\zeta^{n+1}}{\partial y}\right)\right] - \frac{\Delta t g}{4f}\frac{\partial}{\partial y}\left[\overline{\left(\frac{h}{\rho}\right)}\rho_1\left(-\gamma\frac{\partial\zeta^{n+1}}{\partial x} + \beta\frac{\partial\zeta^{n+1}}{\partial y}\right)\right]$$
$$= \frac{\Delta t}{2}\left[A_3 - \left(\frac{\partial A_1}{\partial x} + \frac{\partial A_2}{\partial y}\right)\right] \quad (7.3.25)$$

7.3.4.2　椭圆方程的差分

在图 7.3.2 所示的 U 点("—")上，取

$$a_x = \frac{h_x^* \beta}{\Delta x}, b_x = \frac{h_x^* \gamma}{4\Delta y}$$

在 V 点("|")上,取

$$a_y = \frac{h_y^* \beta}{\Delta y}, b_y = \frac{h_y^* \gamma}{4\Delta x}$$

式中

$$h_x^* = \frac{g\Delta t}{4f\Delta x} \overline{\left[\sum_{l=1}^{L-1}\left(\frac{h}{\rho}\right)_l + F\left(\frac{h}{\rho}\right)_L\right]}^x$$

$$h_y^* = \frac{g\Delta t}{4f\Delta y} \overline{\left[\sum_{l=1}^{L-1}\left(\frac{h}{\rho}\right)_l + F\left(\frac{h}{\rho}\right)_L\right]}^y$$

式中,上横线表示空间平均。

1. 椭圆方程左端的差分

依图 7.3.2 所示网格,对式(7.3.25)左端进行差分,得到 9 点上 ζ 的系数,其中的下标与图中相应的序号及方程相对应。

$$\begin{cases} c_1 = -\rho_{NW}(b_{X,W} + b_{Y,N}), c_2 = \rho_N(-b_{X,W} + b_{X,E} + b_{Y,N}), c_3 = \rho_{NE}(b_{X,E} + b_{Y,N}) \\ c_4 = \rho_W(a_{X,W} - b_{Y,N} + b_{Y,S}), c_5 = \rho_{(i,j)}(a_{X,E} + a_{X,W} + a_{Y,N} + a_{Y,S}) \\ c_6 = \rho_E(a_{X,E} + b_{Y,N} - b_{Y,S}), c_7 = \rho_{SW}(b_{X,W} + b_{Y,S}) \\ c_8 = \rho_S(a_{Y,S} - b_{X,E} + b_{X,W}), c_9 = -\rho_{SE}(b_{X,E} + b_{Y,S}) \end{cases}$$
(7.3.26)

式中的 ρ 均指表层密度。最后椭圆方程左端的差分公式为

$$(1+c_5)\zeta_{i,j}^{n+1} - c_1\zeta_{NW}^{n+1} - c_2\zeta_N^{n+1} - c_3\zeta_{NE}^{n+1} - c_4\zeta_W^{n+1} - c_6\zeta_E^{n+1} - c_7\zeta_{SW}^{n+1} - c_8\zeta_S^{n+1} - c_9\zeta_{SE}^{n+1}$$

2. 椭圆方程右端的差分

式(7.3.25)右端中令

$$B = \zeta_{(i,j)}^n + \frac{\Delta t g}{4f}\frac{\partial}{\partial x}\overline{\left[\left(\frac{h}{\rho}\right)\rho_1\left(\beta\frac{\partial\zeta}{\partial x} + \gamma\frac{\partial\zeta}{\partial y}\right)^n\right]}_{(i,j)} + \frac{\Delta t g}{4f}\frac{\partial}{\partial y}\overline{\left[\left(\frac{h}{\rho}\right)\rho_1\left(-\gamma\frac{\partial\zeta}{\partial x} + \beta\frac{\partial\zeta}{\partial y}\right)^n\right]}_{(i,j)}$$

与式(7.3.25)左端的形式相类似,得

$$B = (1-c_5)\zeta_{i,j}^n + c_1\zeta_{NW}^n + c_2\zeta_N^n + c_3\zeta_{NE}^n + c_4\zeta_W^n + c_6\zeta_E^n + c_7\zeta_{SW}^n + c_8\zeta_S^n + c_9\zeta_{SE}^n \quad (7.3.27)$$

再令

$$C = -\frac{\Delta t}{2}\left(\frac{\partial \overline{U}}{\partial x} + \frac{\partial \overline{V}}{\partial y}\right)_{(i,j)}^n - \frac{\Delta t}{2}\left(\frac{\partial \widetilde{U}}{\partial x} + \frac{\partial \widetilde{V}}{\partial y}\right)_{(i,j)} \quad (7.3.28)$$

最后得到椭圆方程的差分格式

$$(1+c_5)\zeta_{i,j}^{n+1} - c_1\zeta_{NW}^{n+1} - c_2\zeta_N^{n+1} - c_3\zeta_{NE}^{n+1} - c_4\zeta_W^{n+1} - c_6\zeta_E^{n+1} - c_7\zeta_{SW}^{n+1} - c_8\zeta_S^{n+1} - c_9\zeta_{SE}^{n+1}$$
$$= B + C \quad (7.3.29)$$

7.3.4.3 超松弛迭代(SOR)求解 ζ

通过超松弛迭代法计算每一时间步长的 ζ^{n+1} 值。下式中 k 为迭代的序号,

式中去掉了时间步长的序号。迭代公式为
$$\zeta_{(i,j)}^{k+1} = (1-\omega)\zeta_{(i,j)}^{k} + \omega^{*}(B + C + C_1\zeta_{NW}^{k+1} + C_2\zeta_{N}^{k+1} + C_3\zeta_{NE}^{k+1} +$$
$$C_4\zeta_{W}^{k+1} \qquad\qquad + C_6\zeta_{E}^{K} +$$
$$C_7\zeta_{SW}^{k} + C_8\zeta_{S}^{k} + C_9\zeta_{SE}^{k}) \qquad (7.3.30)$$

式中,$\omega^{*} = \dfrac{\omega}{1+C_5}$,$\omega$ 为松弛参数。

依该式计算 $\zeta_{(i,j)}^{k+1}$ 时,j 从大到小、i 从小到大逐点计算。

7.3.5 垂直隐式系统求解 U^{n+1},V^{n+1}

通过 SOR 迭代公式(7.3.30)求得海区每一时间步长各内格点的 ζ^{n+1} 后,即可求得各点各水层的流体输运分量 U^{n+1},V^{n+1},并进一步计算流速 u^{n+1} 和 v^{n+1}。

在式(7.3.18),(7.3.19)中令
$$T_{x,l} = \hat{U}_l^n - \left(\frac{h}{\rho}\right)_l \frac{1}{f}g\left(\beta\frac{\partial(\rho_1\zeta)}{\partial x} + \gamma\frac{\partial(\rho_1\zeta)}{\partial y}\right)^{n+\frac{1}{2}}$$
$$T_{y,l} = \hat{V}_l^n - \left(\frac{h}{\rho}\right)_l \frac{1}{f}g\left(-\gamma\frac{\partial(\rho_1\zeta)}{\partial x} + \beta\frac{\partial(\rho_1\zeta)}{\partial y}\right)^{n+\frac{1}{2}}$$

式(7.3.18),(7.3.19)变为
$$U_l^n - \frac{\Delta t}{2}(\tau_l^x - \tau_{l+1}^x)^{n+1} = T_{x,l} \qquad (7.3.31)$$
$$V_l^n - \frac{\Delta t}{2}(\tau_l^y - \tau_{l+1}^y)^{n+1} = T_{Y,l} \qquad (7.3.32)$$
$$l = 1, 2, \cdots, L-1$$
$$U_L^n - F\frac{\Delta t}{2}\tau_L^{x^{(n+1)}} = FT_{x,L} \qquad (7.3.33)$$
$$V_L^n - F\frac{\Delta t}{2}\tau_L^{y^{(n+1)}} = FT_{y,L} \qquad (7.3.34)$$
$$l = L$$

取
$$\tau^x = A_v\frac{\partial u}{\partial z}, \tau^y = A_v\frac{\partial v}{\partial z}$$

式中,A_v 是垂向涡动黏性系数。

那么
$$\tau_l^x = \frac{A_{v,l}}{(h_{l-1}+h_l)/2}\left[\left(\frac{U}{h}\right)_{l-1} - \left(\frac{U}{h}\right)_l\right]$$
$$\tau_l^y = \frac{A_{v,l}}{(h_{l-1}+h_l)/2}\left[\left(\frac{V}{h}\right)_{l-1} - \left(\frac{V}{h}\right)_l\right]$$

代入式(7.3.31),(7.3.32)得

$$-a_l U^{n+1}_{l-1} + b_l U^{n+1}_l - c_l U^{n+1}_{l+1} = d_{x,l} \qquad (7.3.35)$$
$$-a_l V^{n+1}_{l-1} + b_l V^{n+1}_l - c_l V^{n+1}_{l+1} = d_{y,l} \qquad (7.3.36)$$
$$l = 1, 2, \cdots, L$$

式中

$$\begin{cases} a_1 = 0 \\ a_l = \dfrac{\Delta t A_{v,l}}{h_{l-1}(h_{l-1} + h_l)}, l = 2, 3, \cdots, L-1 \\ a_L = F \dfrac{\Delta t A_{v,L}}{(h_{L-1} + h_L) h_{L-1}} \end{cases}$$

$$b_l = 1 + \dfrac{\Delta t}{h_l} \left(\dfrac{A_{v,l}}{h_{l-1} + h_l} + \dfrac{A_{v,(l+1)}}{h_l + h_{l+1}} \right) = 1 + (a_l h_{l-1} + c_l h_{l+1})/hl, l = 1, 2, \cdots, L$$

$$\begin{cases} c_l = \dfrac{\Delta t A_{v,(l+1)}}{h_{l+1}(h_l + h_{l+1})}, & l = 1, 2, \cdots, L-2 \\ c_{L-1} = F c_{l=L-1} \\ c_L = 0 \end{cases}$$

$$\begin{cases} d_1 = T_1 + \dfrac{\Delta t}{2} \tau_1^{n+1} \\ d_l = T_l, & l = 2, 3, \cdots, L \end{cases}$$

依式(7.3.35),(7.3.36)分别求解三对角方程组,即可稳式求得各层各点的输运分量 U, V,从而得到各层各点的流速 u, v。

7.3.6 垂直流速 w

对连续方程进行层积分,得

$$\Delta w = -\left(\dfrac{\partial U}{\partial x} + \dfrac{\partial V}{\partial y} \right)$$

再从第 k 层至海底求积分,得各层的垂直流速

$$w_l = -\sum_{k=l}^{L} \left(\dfrac{\Delta U}{\Delta x} + \dfrac{\Delta V}{\Delta y} \right)_k, l = 1, 2, \cdots, L$$

差分形式为

$$w_{(i,j,l)} = -\sum_{k=l}^{L} \left[\dfrac{U_{(i+\frac{1}{2},j,k)} - U_{(i-\frac{1}{2},j,k)}}{\Delta x} + \dfrac{V_{(i,j+\frac{1}{2},k)} - V_{(i,j-\frac{1}{2},k)}}{\Delta y} \right]$$
$$(7.3.37)$$

7.3.7 边界条件的处理

在开边界的水位点上给予强迫水位。强迫水位的计算公式与 §7.1 和

§7.2相同。在固体边界上取法向流速为零。

7.3.8 计算参量

取时间步长 $\Delta t = T/N$，T 是分潮的周期，N 是一个潮周期内时间步长的个数，N 取值较小时，计算容易发散。

关于摩擦系数的取值，在计算黄渤海的潮波时[49]，取水平涡动黏性系数 $A_H = 10^7 \text{ cm}^2/\text{s}$，垂直滑动黏性系数 $A_v = 8 \text{ cm}^2/\text{s}$，底摩擦系数 $r = 10^{-4}$。

计算中如果不考虑海水密度的影响，可取 $\rho = 1$，视整个海区的海水密度均匀。

不计风的影响时，取表面应力 $\tau_1 = 0$。

§7.4 潮流数值预报

人们在进行航海、海上军事活动以及海上经济开发中要求掌握海区的潮流变化情况。以往都是在若干点进行测流，再经过潮流分析进而达到潮流预报的目的。但是由于受到人力物力的限制，不可能在海上安排太多的测流。自从有了电子计算机以来，开展了潮流数值计算工作，使潮流数值预报得以实现。检验表明，数值预报的精度达到了实用的程度。

通过二维潮流数值模式可以预报海区内每一点自海面至海底的平均潮流，三维模式可以预报海区内各点各水层的潮流。

下面介绍两种预报方法[50]。

7.4.1 方法1

采用的二维、三维潮流数值预报模式与前几节介绍的潮流数值计算模式相同，但是在开边界水位点上依下式提供强迫水位：

$$\zeta(k\Delta t) = \sum_{j=1}^{4} D_j H_j \cos(\sigma_j k \Delta t - d_j^0 - g_j) \tag{7.4.1}$$

式中，j 表示 O_1，K_1，M_2，S_2 4 个分潮；H，g 是开边界水位点的潮汐调和常数；σ 是分潮的角速度；D，d^0 是各分潮的天文变量。虽然式(7.4.1)中只包含 4 个分潮，但是由于按照准调和分潮计算天文变量，它实质上包括了日和半日族的全部天文分潮。也可以采用调和分潮的方法进行强迫水位预报，但需要更多的分潮数目。式(7.4.1)中虽然未包含浅水分潮，但由于数值模式是非线性理论模式，在计算过程中会自动地包含了所有的浅水分潮。

依海区的水深确定时间步长 Δt 的大小，例如在黄渤海的数值预报中，取 $\Delta t = 300$ s。预报过程中，在海区的各计算点上，第一天取初值 $\zeta = u = v = 0$ 之后，每天第 24 时的 ζ, u, v 值作为次日 $t=0$ 的初值。从第一天开始可以连续进行潮流场的数值预报。由于第一天的初值为零,不符合实际情况,前两天的预报结果不正确,舍弃不用。因此预报某天的潮流,要从前两天计算,从第三天开始作正式预报。

预报出任一时刻任一点的 ζ, u, v 后,依式(7.4.2)计算潮流流向、流速。由于 ζ, u, v 不在同一点上,需首先将 u, v 统一到 ζ 点上。

$$\begin{cases} \text{流向} \quad \theta(t)=\arctan\dfrac{u(t)}{v(t)} \\ \text{流速} \quad w(t)=[u^2(t)+v^2(t)]^{1/2} \end{cases} \tag{7.4.2}$$

7.4.2 方法 2

首先对 O_1, K_1, M_2, S_2 分别进行潮流数值模拟,计算海区各计算点的潮流调和常数,再依据潮流调和常数预报潮流。§7.1～§7.3 已经介绍了对各分潮进行数值计算时,开边界的强迫水位。

$$\zeta(k)=H\cos(\sigma k-g)$$
$$k=0,1,\cdots,N-1 \tag{7.4.3}$$

由于采用非线性理论模式,能够产生一系列倍潮波,出现一系列浅水分潮。考虑到浅水分潮一般较小,可以只采用 M_4 分潮,另外再近似计算 MS_4 的调和常数。MS_4 是复合分潮,不能通过单一分潮的数值计算获得。

$$U_{MS_4}=H'_4 U_{M_4}, V_{MS_4}=H'_4 V_{M_4}$$
$$\xi_{MS_4}=g'_4+\xi_{M_4}, \eta_{MS_4}=g'_4+\eta_{M_4}$$

式中的 H'_4, g'_4 依各点的 S_2, M_2 的潮汐调和常数计算:

$$H'_4=\frac{2H_{S_2}}{H_{M_2}}, g'_4=g_{S_2}-g_{M_2}$$

依潮流调和常数预报潮流:

$$\begin{aligned} \text{北分量} \quad & u(t)=u_0+\sum_{j=1}^{6} D_j U_j \cos(\sigma_j t-d_j^0-\xi_j) \\ \text{东分量} \quad & v(t)=v_0+\sum_{j=1}^{6} D_j V_j \cos(\sigma_j t-d_j^0-\eta_j) \\ \text{流速} \quad & w(t)=[u^2(t)+v^2(t)]^{1/2} \\ \text{流向} \quad & \theta(t)=\arctan\frac{v(t)}{u(t)} \end{aligned} \tag{7.4.4}$$

式中,u, v 分别表示潮流的北、东分量;u_0, v_0 分别表示北、东分量的余流;D, d^0 是预报日的天文变量;U, V, ξ, η 是通过数值计算得到各点的潮流调和常数。

第 7 章 潮波数值计算

方法 2 虽然不能充分考虑浅水分潮的影响,但使用时方便快捷,而且除了 M_4, MS_4 分潮以外,其他的浅水分潮均很小,不会带来很大的误差。况且在使用方法 2 对每个分潮数值模拟时,可以对不同的分潮采取不同的摩擦系数,从而能够得到更精确的潮流调和常数,以期达到更准确的潮流预报。而方法 1 对 4 个分潮只能采取同一的摩擦系数,势必降低预报精度,因此采用方法 2 进行潮流数值预报为宜。

也可以对 Q_1, O_1, K_1, P_1, N_2, M_2, S_2, K_2 8 个分潮进行数值模拟,以调和分潮的预报公式进行潮流预报。

图 7.4.1 是通过方法 2 绘制的 1985 年 10 月 30 日 0 时、3 时、6 时、9 时黄渤海二维潮流场。从中可以看出在一个潮周期内的潮流变化情况。

通过 9 个站的验证结果表明,预报流速的均方误差为 4.5~14.9 cm/s,流向的均方误差为 13.0°~20.0°,达到了一般使用的精度。

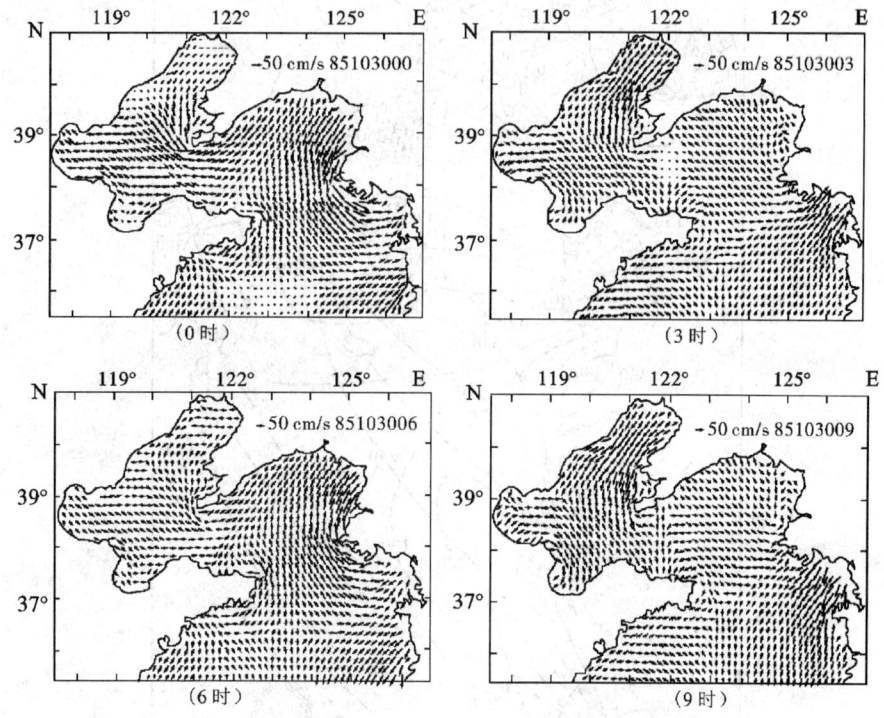

图 7.4.1 黄渤海二维潮流场(1985 年 10 月 30 日)

§7.5 海洋潮波

本节主要介绍中国海的潮波分布状况,解释潮波特性的形成原因。

7.5.1 中国近海潮波的分布状况

通过潮波数值计算得到海区各点的潮汐调和常数及潮流椭圆要素,即可绘制分潮的等振幅线和等迟角线或同潮时($g/30°$)线图和潮流椭圆要素分布图,可以清楚地表现出潮波在海区内的分布变化情况。本节主要介绍方国洪依据数值计算和实测数据提出的中国海潮波图[79]。

图 7.5.1 显示,M_2 分潮波从太平洋进入东中国海后,在黄渤海形成了 4 个潮波系统,有 4 个无潮点。同潮时线在半个太阴日内绕无潮点以逆时针方向旋

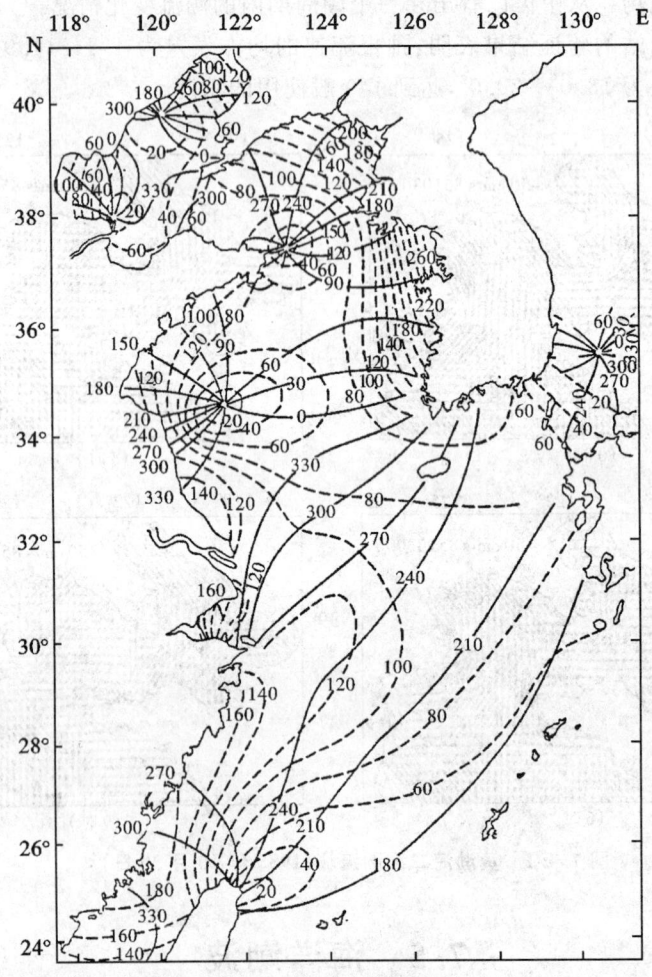

图 7.5.1 东中国海 M_2 分潮等振幅线(cm)和等迟角线(°,120°E)图

转一周。无潮点处的振幅为零,振幅向外逐渐增大。等迟角线(同潮时线)表示该分潮同时达到高潮的线,是潮波的波峰线。

S_2 等半日分潮波在黄渤海也有 4 个绕各自的无潮点逆时针方向旋转的潮波系统。但振幅和迟角的分布与 M_2 不同。S_2 分潮的无潮点与 M_2 的无潮点相距较近。

图 7.5.2 是 K_1 分潮的等振幅线和等迟角线图。在渤海和黄海各有一个绕无潮点作逆时针方向旋转的潮波系统。K_1 分潮旋转一周的时间为 23.93 h。

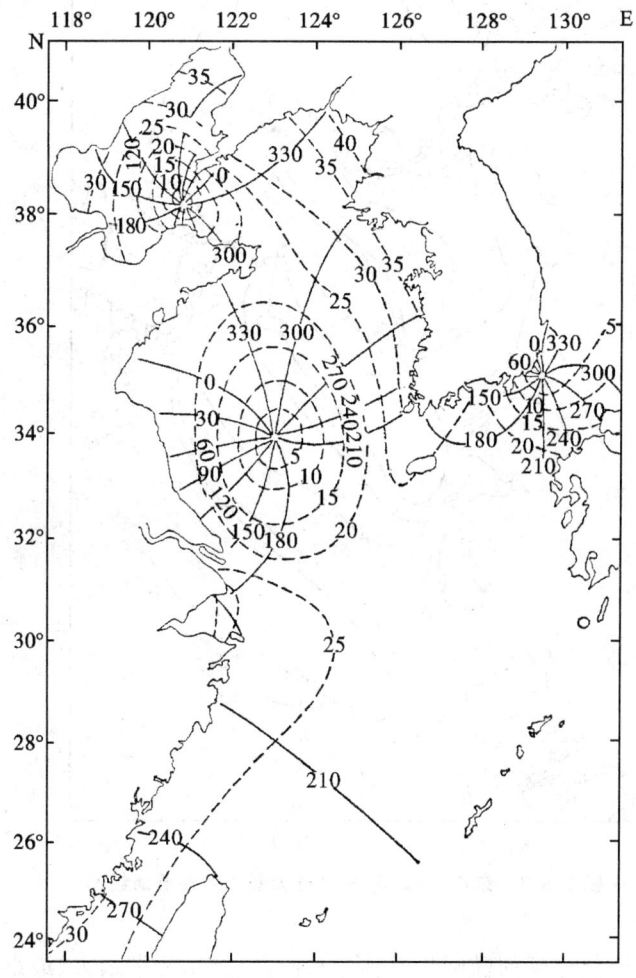

图 7.5.2 东中国海 K_1 分潮等振幅线(cm)和等迟角线(°,120°E)图

图 7.5.3 是 M_2 分潮的最大潮流同潮流时线图,同潮流时线绕圆流点旋转。圆流点是指潮流椭圆长半轴和短半轴相等的点,其潮流流速并不为零。在圆流点上不存在最大潮流发生的时间。

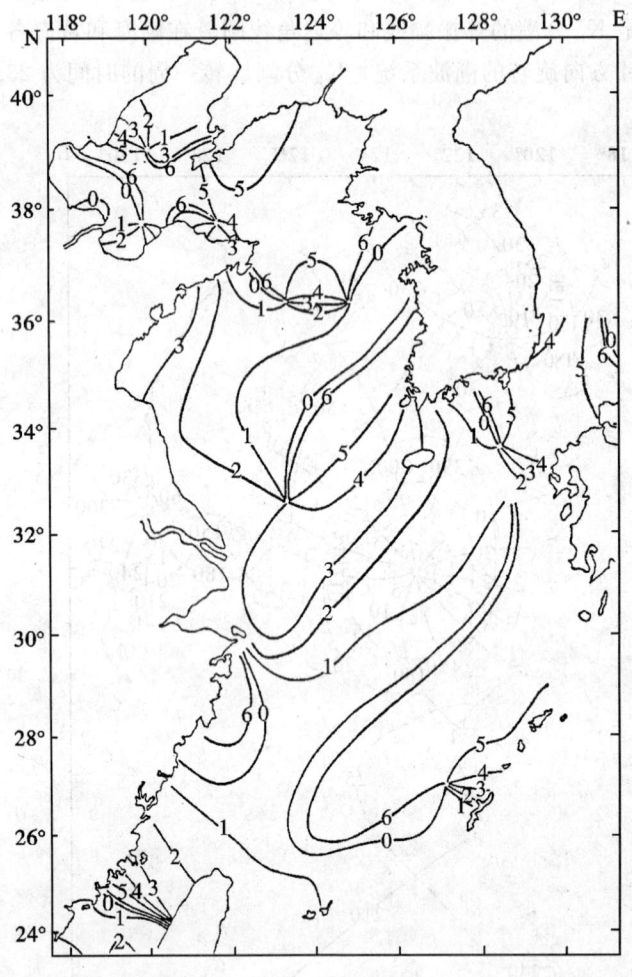

图 7.5.3　东中国海 M_2 分潮最大潮流同潮流时线图

此外还可绘制分潮的椭圆长短轴分布图,以显示分潮最大、最小流速的方向及最大、最小流速的分布情况;绘制潮流旋转方向分布图以显示潮流的旋转情况。

图 7.5.4 和图 7.5.5 是南中国海 M_2 和 K_1 分潮的潮波图。

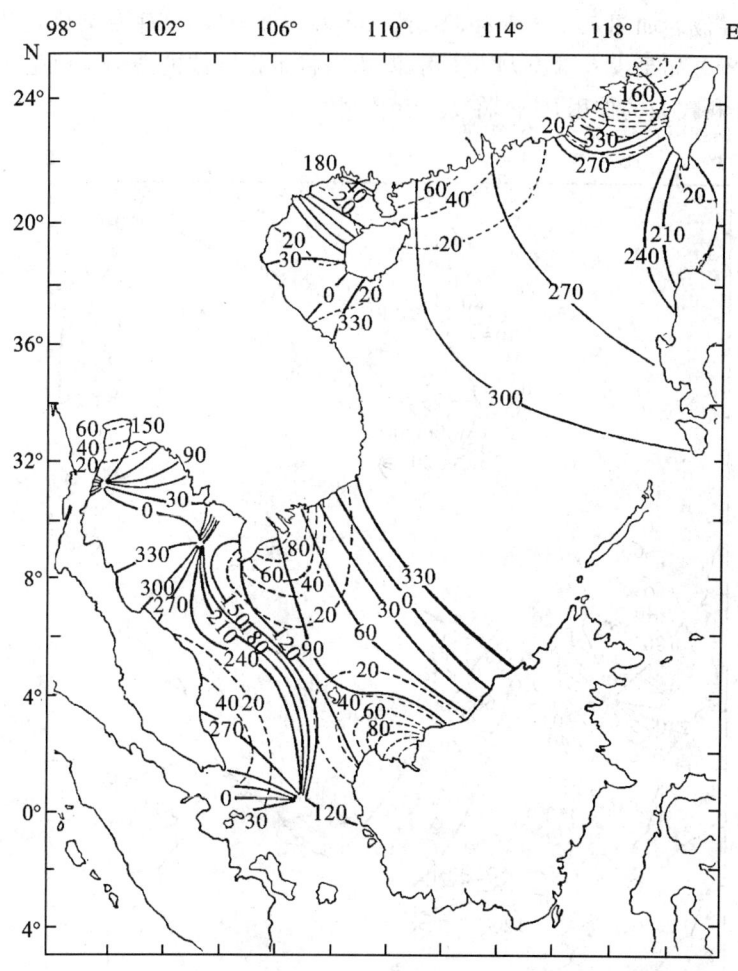

图 7.5.4　南中国海 M_2 分潮等振幅线(cm)和等迟角线(°,120°E)图

孙文心等人采用冯士筰提出的潮汐三维非线性理论模式[81]对渤海 M_4，MS_4 两个浅水分潮进行了潮波数值模拟，得到了渤海 M_4，MS_4 分潮的潮波图[13]。M_4 分潮是 M_2 分潮的倍潮，MS_4 是 M_2，S_2 的复合潮。它们在渤海均有 4 个无潮点，4 个潮波系统。M_4，MS_4 的振幅比 M_2，S_2 小 1～2 个量级。

7.5.2　长方形海湾的旋转潮波

为了说明黄海旋转潮波的产生原因，将黄海视为一个如图 7.5.6 所示的等深等宽的长方形海湾。潮波从外海传入，至湾底形成反射波。入射波与反射波干扰形成驻波。如图 7.5.6 所示,AC 线表示驻波波节线,湾底及湾口是驻波波腹线的位置。如果没有科氏力的作用,海湾内将维持驻波的振动。但是实际情况是,由于科氏力的作用,驻波将变为旋转潮波。

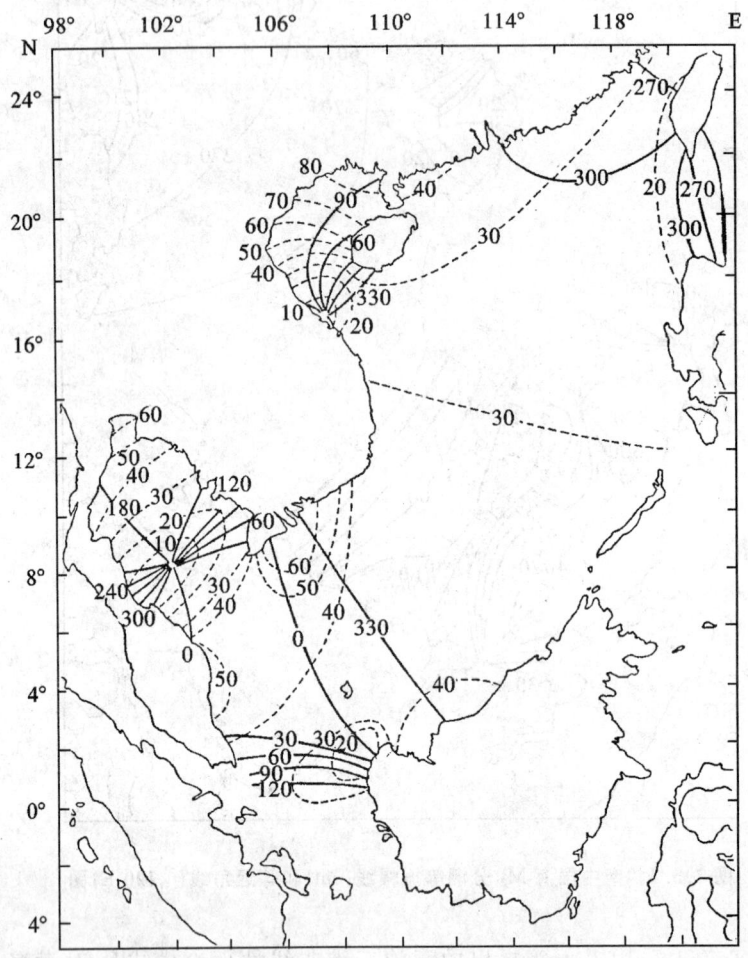

图 7.5.5 南中国海 K_1 分潮等振幅线(cm)和等迟角线($°$,120°E)图

在 AC 线以内海域处于涨潮、AC 线以外海域处于落潮过程中,当 $t=0$ 时,海面位于平均海面的位置。此时除了波腹线上流速为零外,其余各点均是海水向湾内流动、流速达到最大的时刻,而且波节线上的流速更大。由于科氏力的作用,使得本来处于平均海面的位置发生了变化,C 点的海面最高,A 点最低,

OC 线成为波峰线,OA 线成为波谷线。之后 AC 线以内海面继续上升,AC 线以外海面下降。至 $t=3$ 时,在驻波的作用下,AC 线以内海面达到高潮,AC 线以外达到低潮。在科氏力的作用下,波峰线由 OC 线传播到 OD 线,波谷线由 OA 传至 OB。之后海水从湾内向湾外流动。至 $t=6$ 时,海面又处于平均海面的位置,海水从里向外的流速达到最大,波节线的流速更大,在科氏力的作用下,OA 成为波峰线,OC 成为波谷线。之后到 $t=9$ 时,OB 是波峰线,OD 是波谷线。至 $t=12$ 时,又回复到 $t=0$ 时的状况。

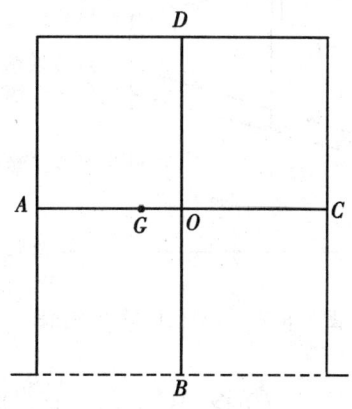

图 7.5.6　长方形海湾

通过以上的讨论得到:在科氏力的作用下,海湾内驻波波节线消失,而产生了无潮点。在一个潮周期内波峰线绕无潮点以逆时针方向旋转一周(北半球)。分潮振幅从无潮点向外逐渐增大。

如果取黄海的平均水深为 45 m,那么 4 个主要分潮的波长分别是 $\lambda_{M_2}=939$ km,$\lambda_{S_2}=907$ km,$\lambda_{K_1}=1\,809$ km,$\lambda_{O_1}=1\,952$ km。由于无潮点位于驻波波节的位置,它距离湾底为 $1/4\lambda$ 和 $3/4\lambda$ 的地方,而黄海有 700 km 左右的长度,因而 M_2、S_2 分潮在黄海有 2 个无潮点,而 K_1、O_1 分潮只能有 1 个无潮点。潮波从黄海进入渤海后,受渤海地形和科氏力的影响,M_2、S_2 各有 2 个无潮点,K_1、O_1 各有 1 个无潮点。

由于在北半球科氏力作用于流体运动的右方,形成了潮波波峰线逆时针方向旋转,而在南半球由于科氏力作用于流体运动的左方,它的潮波是顺时针方向旋转。在北半球只有个别海域由于受到地形等因素的影响,潮波按顺时针方向旋转,例如图 7.5.4 所示泰国湾的 M_2 潮波系统。

7.5.3 摩擦对海湾无潮点的影响

从黄渤海潮波图看出,无潮点并不在海湾的中轴线上,而是偏移到左方(面向湾底)。这是由于摩擦影响的结果。

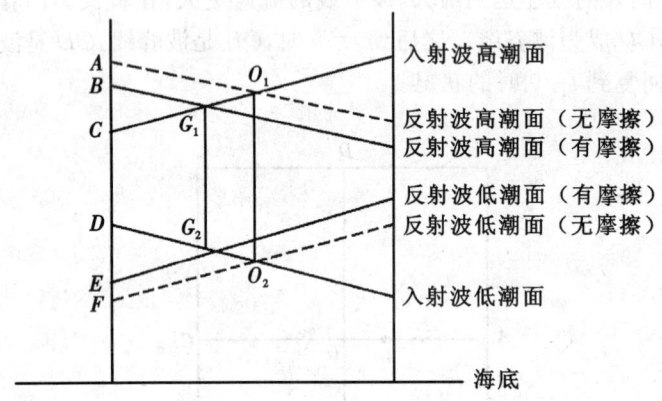

图 7.5.7 波节处的垂直剖面图

图 7.5.7 是位于图 7.5.6 波节线 AC 处的垂直剖面图。图 7.5.7 显示,C 面和 D 面分别是入射波在科氏力作用下的高、低潮面,A 面和 F 面分别是反射波的高、低潮面。入射波和反射波在驻波节线中间一点形成的潮差等于 O_1O_2。由于反射波和入射波的潮差相等、位相相反,因而形成了该点是无潮点,它位于海湾的中轴线上。由于摩擦作用,使得反射波的潮差小于入射波的潮差,B 面和 E 面分别是受到摩擦作用后的反射波的高、低潮面。在原先的无潮点上入射波的潮差大于反射波的潮差,该点已经不能成为无潮点,而在中轴线的左边 G 点(见图 7.5.6),此处的入射波和反射波的潮差相等、位相相反,形成了摩擦后的无潮点。

当海湾足够长,从湾底向外形成了第二个无潮点,由于该点离湾底更远,摩擦作用使该处反射波的潮差更小,因而无潮点的位置更加偏左。

以上说明了在北半球由于摩擦作用造成了无潮点的位置偏左的现象。由此使得海湾右岸的潮差比左岸的潮差大。

Pugh(1981)在研究爱尔兰海的潮波时,发现每天的半日分潮无潮点的位置是变化的。在爱尔兰海的南部垂直于海峡长轴的方向上,从大潮至小潮的半个月周期中,无潮点的位置移动了70 km。大潮时,无潮点退化至海峡西岸上;小潮期间,无潮点又进入爱尔兰海。

7.5.4 M_2 无潮点处的潮汐、潮流类型

秦皇岛外、旧黄河口外以及山东半岛成山头外存在着 M_2, S_2 的无潮点。这里的半日潮非常小,相对而言,K_1,O_1 较大,因而形成了潮汐具有不正规日潮和正规日潮类型。而由于半日分潮无潮点处的半日分潮流最大,而日潮流相对较弱,形成了潮流具有正规半日潮流的类型。这就是 M_2 无潮点处潮汐是正规日潮类型而潮流是正规半日潮类型产生的原因。

7.5.5 大洋潮波

大洋潮波是在各个大洋区域,各自在引潮力作用下,由于洋盆地形对引潮力的某些频率作共振响应形成的,并各自产生了旋转潮波系统。潮波从大洋向其附属海传播时,在深度骤然变浅的海域,波速变慢,这时发生了能量聚集的现象,导致潮差变大,潮流流速加大,同时伴随而来的是潮波能量消耗也加大了。全球海洋大多数海区为正规半日潮类型,少数海区是其他类型的潮汐。

Pekeris 和 Accad(1969)首次发表没有引用实测数据只按拉普拉斯潮汐方程和摩擦效应求得的世界海洋 M_2 分潮的数值解。Hendershott(1972)引入地潮效应对大洋计算了 M_2 分潮的同潮图(图 7.5.8)。Gordeev 等人(1997)研究了地潮静力效应和荷载等因素效应的 M_2 潮波的分布。文献[79]利用卫星测高

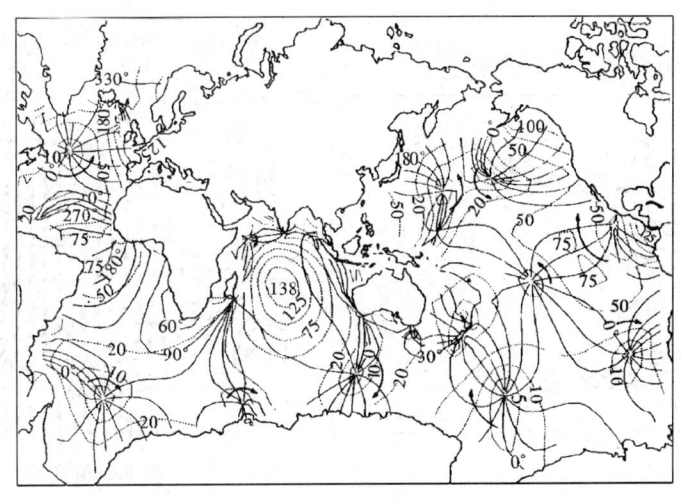

实线:等迟角线(°,格林威治时),虚线:等振幅线(cm)

图 7.5.8 世界大洋 M_2 分潮同潮图(Hendershott,引自文献[66])

资料采用准调和分潮的方法计算了全球 M_2，K_1 的同潮图。

从大洋潮波来看，北半球大部分潮波呈逆时针方向旋转，南半球普遍为顺时针方向旋转。大洋潮汐很小，接近于平衡计算的潮差。

§7.6 烟台海域潮汐、潮流类型相异的原因[49]

烟台海域潮汐属于正规半日潮类型，而潮流为正规日潮流和不正规日潮流类型，这和半日分潮无潮点区的情况恰好相反。

潮波图显示，烟台海域位于黄海北部半日分潮潮波系统和渤海南部半日分潮潮波系统的交界处。M_2 潮波从黄海向渤海传播过程中，一部分潮波传入渤海，一部分潮波在烟台附近转向变为沿着山东半岛沿岸自西向东传播。烟台海域 M_2 分潮的迟角变化很小。数值计算和实测资料分析的结果均表明，在烟台海域 M_2 分潮落潮过程中，它的潮流呈辐散现象，而在 M_2 的涨潮过程中，它的潮流呈辐聚现象，而且 M_2 发生高、低潮时，潮流流速为零，位于平均海面时流速较大。这表明 M_2 分潮在烟台海域呈驻波振荡现象[49]。由于受潮流的辐散、辐聚现象的影响，使得烟台海域 M_2 的潮流很小。O_1，K_1 分潮的潮波在烟台海域自西往东传播，没有潮流的辐散、辐聚现象。相对而言，O_1，K_1 的潮流较大，因而造成烟台海域的潮流为正规日潮流和不正规日潮流类型，而潮汐是正规半日潮类型。

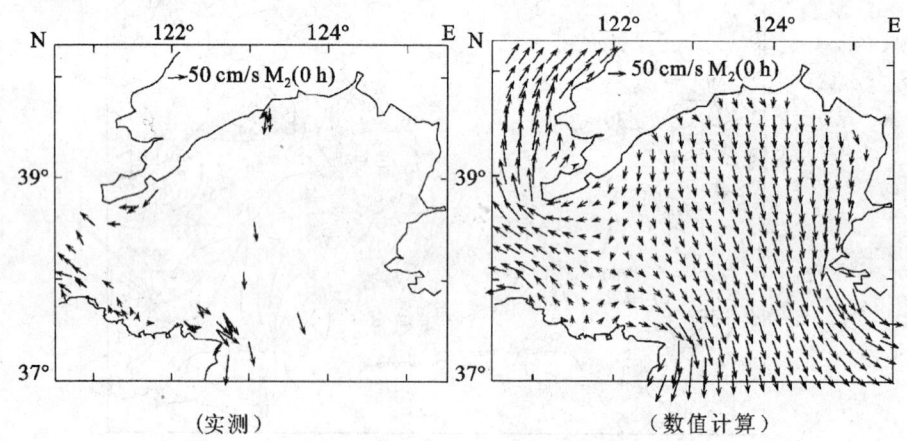

图 7.6.1　M_2 分潮落潮流流场图

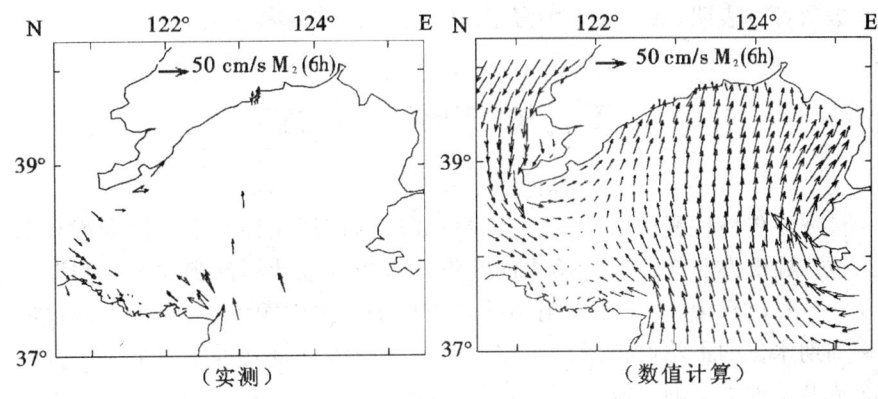

图 7.6.2　M_2 分潮涨潮流流场图

§7.7　渤海潮波系统的变迁

潮波从黄海传入渤海后,由于受到辽东湾和渤海湾的反射而形成反射波,入射波与反射波的相互作用形成驻波,在科氏力的作用下,驻波的波节线消失,最终形成了波峰线绕无潮点按逆时针方向旋转的潮波系统。半日分潮(M_2,S_2)在渤海有 2 个无潮点,日分潮(K_1,O_1)有 1 个无潮点。

1936 年小仓伸吉[53]在对黄海北部的潮汐研究中,利用沿岸各潮汐站及海上若干个潮汐站及潮流站的资料,以等高线法给出了黄海北部及渤海的同潮图。数十年来由于黄河携带大量泥沙入海,黄河三角洲的岸线已经大大地向外延伸了,这对于渤海的潮汐、潮流产生了很大的影响。20 世纪 30 年代旧黄河口外的 M_2 无潮点远离岸边,而现在无潮点已抵岸边,潮汐实测资料分析证实了这一点。

依 20 世纪 30 年代的海图水深、岸形及烟台、小平岛的潮汐资料对渤海进行潮波数值计算,得到的同潮图与小仓伸吉的同潮图一致[43]。依现代的海图和烟台、小平岛的潮汐资料通过数值计算得到的渤海同潮图与以前的同潮图相比较,发现渤海北部现代的 M_2,S_2 潮波系统变化较小,只有它的无潮点沿着岸线向南移动了一小段距离。而渤海南部 M_2,S_2 的潮波系统发生了变化,尤其是莱州湾的潮波发生了很大的变化。如图 5.9.2 所示,1960～1978 年期间,龙口的 M_2 分潮迟角(g)变化很大,除了具有 19 年的周期性变化外,还有大约每年增加 $0.7°$的变化趋势[47]。而在此期间,塘沽、葫芦岛的 M_2 迟角 g 变化较小,这证实了数值计算结果的正确性。

数值计算表明,数十年来渤海 K_1,O_1 分潮潮波分布变化不大。

§7.8 潮汐岬角锋

潮波在传播过程中由于受到非线性效应的作用能够产生潮汐余流和潮汐余水位。在潮波非线性理论模式的数值计算中能够计算出潮汐余流和潮汐余水位。计算过程中,将一个潮周期的潮流取平均得到潮汐欧拉余流,同样取一个潮周期水位的平均值得潮汐余水位。海洋测流资料分析出的余流包含有潮汐余流及其他类型的海流。

潮汐余流一般较小。渤海大部分的海域,潮汐余流在 1 cm/s 以下[6,43]。但是在岸线剧烈弯曲的海角、岬角处,有相当强的潮汐余流,形成潮汐岬角峰。当潮流沿着海角流动时,由于岸线有很大的曲率而出现较强的离心作用,使海水向外流去,产生离岸流,而且海角附近海面降低,两侧海水向海角附近补充,形成旋转方向相反的两个涡环。离岸流的右侧为顺时针方向旋转的涡环,左侧为逆时针方向旋转的涡环。渤海海峡老铁山水道西侧,由于受到海角的离心效应,产生的离岸流达 10 cm/s 多。旧黄河口处也有一股较强的离岸流,两边也有旋转方向相反的两个余环流。在海角、海岬处产生岬角锋是普遍存在的现象。

图 7.8.1 是平格里 R,D. 通过潮流数值计算得到的波特兰岬(英国多塞特南岸)附近海域的潮汐余流图。[57]它显示出在岬角处有很强的离岸流,两边有旋转方向相反的涡环。图 7.8.2 是该海域实测潮流资料分析的余流场,它证实了数值计算的合理性,图 7.8.3 是该海域的余水位分布图,图中显示在波特兰岬的顶端平均海面下降了 15 cm[57]。

在潮流数值计算中,一般计算到第四五个潮周期时,潮流场即可达到稳定,但潮汐余流场可能需要更多潮周期的计算。例如作者在计算黄海潮流时,当计算至第 5 个潮周期时,成山头外海仍没有算出离岸流及涡环,但当计算至第 8 个潮周期时,离岸流及两边的涡环已清晰可见。

实测潮流资料分析的余流中包含潮汐余流和风海流等海流。文献[48]对渤海中部一点一年的潮流资料用低通滤波的方法计算表明,该站在 1986 年 9 月至 1987 年 8 月一年期间表层和中层的最大余流值为 31.9 cm/s,流向 45.7°,它主要是由风海流形成的。

第7章 潮波数值计算

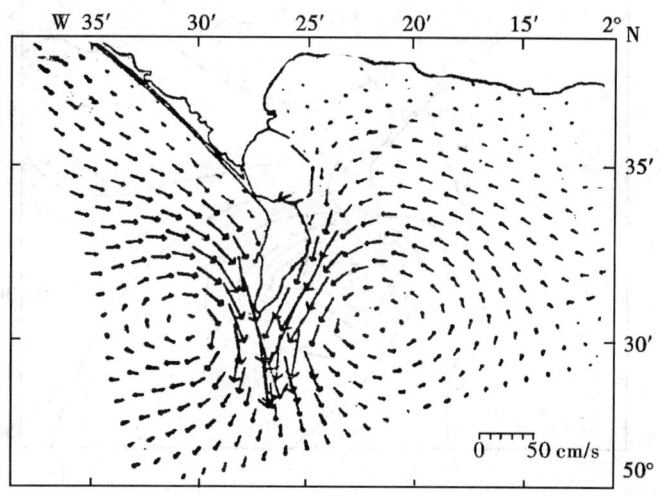

图 7.8.1 波特兰岬附近海域的潮汐余流场(数值计算)(引自文献[57])

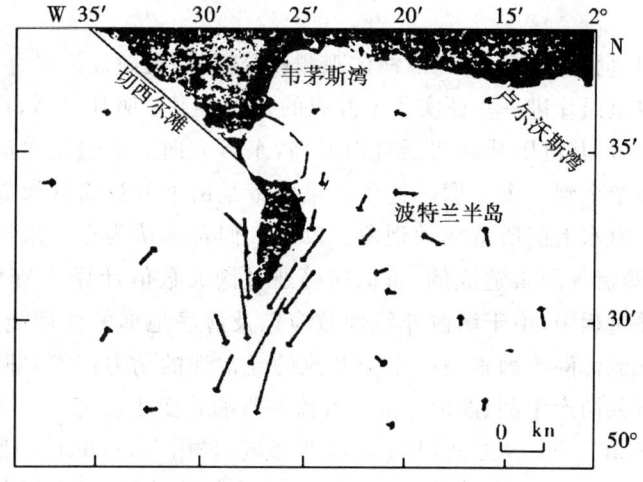

图 7.8.2 波特兰岬附近海域的余流场(实测分析)(引自文献[57])

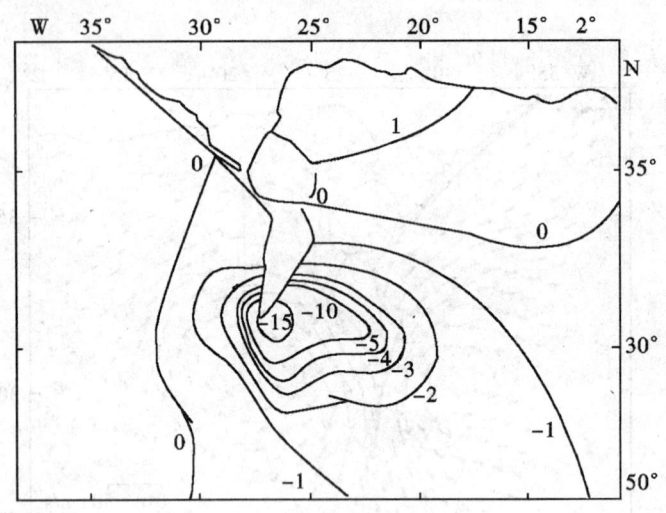

图 7.8.3 波特兰岬附近海域的潮汐余水位(cm)分布图
(以英吉利海峡西口的平均海面为参考面)(引自文献[57])

§7.9 东海沿岸潮致上升流

早在 20 世纪 60 年代,通过海洋观测和分析,发现浙江沿岸存在上升流,近年来通过卫星照片进一步证实了上升流的存在。卫星照片显示,在东海沿岸有一条低温水带,其范围从闽北至舟山群岛,东西方向上普遍从离岸一段距离开始往东跨越半个到 1 个经度。这条低温水带是由上升流将外海深层的低温海水带到沿岸海水上层所造成的现象。以往人们普遍认为东海沿岸的上升流是由风、台湾暖流等因素造成的,黄祖珂等通过潮波数值计算认为[46,107],潮波在东海的传播过程中,由于潮波非线性效应以及海底地形的作用能够在闽、浙沿岸产生上升流。潮汐因素是产生上升流的经常性的动力因素,潮汐与风、台湾暖流等因素共同产生闽、浙沿岸的上升流并影响其变化。

对东海 26°~31°N 之间,124°E 以西海域,采用 Loendertse 理论模式(分 9 层)和 Backhaus 理论模式(分 12 层)进行潮流数值计算,得到了各层的水平及垂直余流分布图。从各层的垂直余流图中看出,从舟山群岛至闽北有一条上升流带,它离岸有一段距离。上升流的宽度为半个经度至 1 个经度,大体上位于闽浙海域 30~70 m 水深的海底陡坡上。图 7.9.1 是 10 米层和 30 米层上升流的分布图,它给出了垂直余流的流速等值线。上升流带以外的海域为下降流(垂直余流为负值)。图 7.9.1 所示上升流带的位置与卫星照片所示的低温水带的位置相当一致。

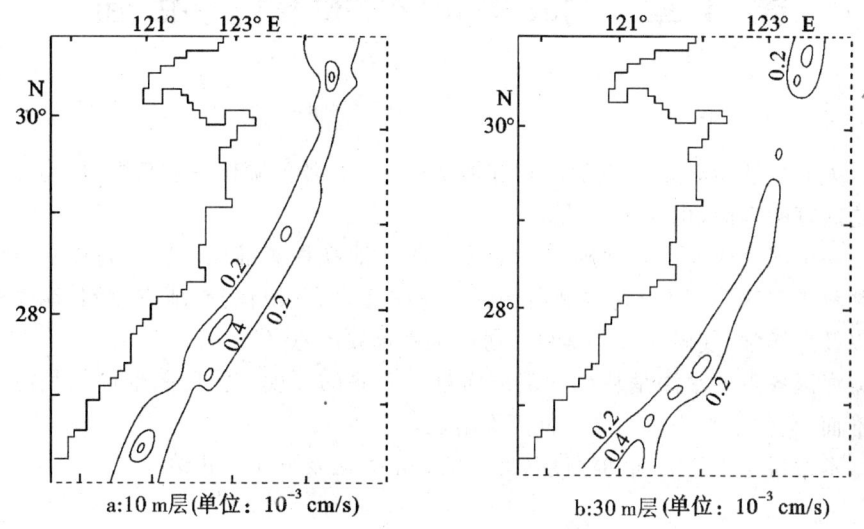

图 7.9.1 东海海岸上升流的分布图

由于潮汐的作用,在东西向的垂直剖面上形成了潮致陆架环流。在上升流带的东边,上层海水向外海流去,下层的海水向岸边流动以便补充流出的海水,从而达到平衡。在垂直剖面上形成一个顺时针方向旋转的涡环(面向北)。而在上升流的西边的浅水域,上层海水向岸边流动,下层海水离岸流动,在垂直剖面上形成一个逆时针方向旋转的小涡环。

第8章 海平面和海图基准面

人们要测量陆地各点的高程和海洋的深度,都必须有一个起算面,起算面就是起算的零面,也叫做基准面。

一个国家或地区必须确定一个统一的陆地高程基准面。这个高程基准面必须科学和稳定,因为它对测绘、制图、海岸建设、环境保护、地震监测、地壳升降以及海洋学、气候学等各学科的研究都有重要的意义。

海区各点的水深是从深度基准面量至海底的深度。深度基准面就是海图基准面,它位于平均海面之下低潮面附近。

本章讨论平均海面和深度基准面的确定方法及分布变化情况。

§8.1 平均海面和国家高程基准

长期验潮站在整理潮汐月报表时,均要计算每天的日平均海面和每月的月平均海面。日平均海面是一天之中24个小时潮高值的平均值,一月之中全月日平均海面的平均值作为月平均海面。全年月平均海面的平均值为年平均海面。多年(最好是19年)的平均值为多年平均海面,多年平均海面也称为海平面。海平面可以认为是消除了各种随机振动和短周期振动、长周期振动之后的理想平面。它的高度对固定地点而言,在空间一段时间内处于相对稳定状态,因而把它视为定值的情况下,可取作一个地区或一个国家统一的高程系统的基准面。1949年以前我国采用的高程基准面很不统一,有大沽零点、青岛零点、废黄河口零点、吴淞零点、坎门零点等10多个基准面。从1957年起采用"黄海平均海水面"作为统一全国高程的基准面,之后又准确地确定了"1985国家高程基准"[24~27],于1987年经国务院批准由国家测绘局公告全国启用。欧洲地区以阿姆斯特丹验潮站,英国以纽林验潮站,美国以波特兰验潮站,日本以东京灵岸岛验潮站的平均海面分别取为该地区或国家的高程基准面。

平均海面与半潮面不一致,半潮面是指高潮与低潮的平均值。

8.1.1 黄海平均海水面

1957 年,我国选定青岛 1950～1956 年 7 年的平均海面作为全国统一的高程基准面,命名为"黄海平均海水面"。在一些报告中提到的 56 黄海平均海面就是指黄海平均海水面。它位于青岛验潮站水尺零点之上 2.39 m。

8.1.2 1985 国家高程基准

由于 1957 年确定黄海平均海水面时,依据的潮汐资料太少,算得的平均海面不稳定,而且 1950～1951 年的潮汐资料有较大的系统误差,鉴于这些原因,决定确立新的高程基准面。陈宗镛等通过对青岛等 42 个验潮站的潮汐资料进行连续时间序列资料处理,采用 5 种低通滤波公式进行计算,得到了各站的平均海面、海平面的变化和分布规律,最终依据青岛验潮站 10 组 19 年的潮汐资料确定了"1985 国家高程基准"作为我国的高程基准面,并通过精确的水准测量测得了各验潮站当地的平均海面与 1985 国家高程基准的高差。

按照以下分别为中数法以及 Doodson、Rossiter、陈宗镛、Godin 提出的 5 个低通滤波公式计算日平均海面的方法[24]为

(1) $M_0 = \dfrac{1}{24} \sum\limits_{t=0}^{23} \zeta_t$ (8.1.1)

(2) $X_0 = [(\zeta_0 + \zeta_2) + (\zeta_5 + \zeta_7) + (\zeta_{10} + \zeta_{12}) + (\zeta_{15} + \zeta_{17}) + (\zeta_{20} + \zeta_{22}) +$
$(\zeta_8 + \zeta_{10}) + (\zeta_{13} + \zeta_{15}) + (\zeta_{18} + \zeta_{20}) + (\zeta_{23} + \zeta_{25}) + (\zeta_{28} + \zeta_{30}) +$
$(\zeta_{16} + \zeta_{18}) + (\zeta_{21} + \zeta_{23}) + (\zeta_{26} + \zeta_{28}) + (\zeta_{31} + \zeta_{33}) + (\zeta_{36} + \zeta_{38})]/30$
(8.1.2)

式中,ζ_{25}, ζ_{26}, …为第 2 天 1 时、2 时……的潮高值。

(3) $Z_0 = [\zeta_0 + \zeta_3 + \zeta_6 + 2(\zeta_9 + \zeta_{12} + \zeta_{15} + \zeta_{18} + \zeta_{21}) +$
$\zeta_{24} + \zeta_{27} + \zeta_{30}]/16$ (8.1.3)

(4) $N_0 = [(\zeta_0 + \zeta_3) + (\zeta_6 + \zeta_9) + (\zeta_{12} + \zeta_{15}) + (\zeta_{18} + \zeta_{21})]/8$ (8.1.4)

(5) $G_0 = \dfrac{1}{25^2 \times 24} \sum\limits_{j=1}^{24} Y_j$ (8.1.5)

式中 $Y_j = \sum\limits_{i=0}^{24} X_{i+j}$,而 $X_i = \sum\limits_{k=0}^{24} \zeta_{k+i}$

以上 5 种公式,其滤波器的谱分别为

$H_{M_0}(\sigma) = \dfrac{\sin 12\sigma}{24 \sin \sigma/2}$ (8.1.6)

$H_{X_0}(\sigma) = \dfrac{1}{15} \dfrac{\cos\sigma \sin 12\sigma \sin 12.5\sigma}{\sin 4\sigma \sin 2.5\sigma}$ (8.1.7)

$$H_{Z_0}(\sigma) = \cos3\sigma\cos1.5\sigma\cos4.5\sigma\cos6\sigma \quad (8.1.8)$$

$$H_{N_0}(\sigma) = \cos3\sigma\cos1.5\sigma\cos6\sigma \quad (8.1.9)$$

$$H_{G_0}(\sigma) = \left(\frac{\sin12\sigma}{24\sin\sigma/2}\right)\left(\frac{\sin12.5\sigma}{25\sin\sigma/2}\right)^2 \quad (8.1.10)$$

从以上 5 个滤波器的谱可以得出滤波效果,它能够基本上消除日、1/2 日～1/12 日族的潮汐,而保留了低频振动部分的潮汐。为了得到多年平均海面,最好利用连续 19 年或 18.61 年的潮汐资料进行计算。其公式为

$$M_0 = \frac{1}{24D}\sum_{d=1}^{D}\left(\sum_{t=0}^{23}\zeta_t\right)_d \quad (8.1.11)$$

$$X_0 = \frac{1}{30D}\sum_{d=1}^{D}\left[(\zeta_0 + \zeta_1 + 2\zeta_2 + 2\zeta_4 + \zeta_5 + \zeta_6 + 2\zeta_7 + \zeta_8 + \zeta_9 + 2\zeta_{10} + 2\zeta_{12} + \zeta_{13} + \zeta_{14} + 2\zeta_{15} + \zeta_{16} + \zeta_{17} + 2\zeta_{18} + 2\zeta_{20} + \zeta_{21} + \zeta_{22} + 2\zeta_{23})_d - (\zeta_1 + \zeta_2 + 2\zeta_4 + \zeta_6 + \zeta_7 + \zeta_9 + \zeta_{12} + \zeta_{14})_{d=1} + (\zeta_1 + \zeta_2 + 2\zeta_4 + \zeta_6 + \zeta_7 + \zeta_9 + \zeta_{12} + \zeta_{14})_{d=D+1}\right] \quad (8.1.12)$$

$$Z_0 = \frac{1}{16D}\sum_{d=1}^{D}\left[2(\zeta_0 + \zeta_3 + \zeta_6 + \zeta_9 + \zeta_{12} + \zeta_{15} + \zeta_{18} + \zeta_{21})_d - (\zeta_0 + \zeta_3 + \zeta_6)_{d=1} + (\zeta_0 + \zeta_3 + \zeta_6)_{d=D+1}\right] \quad (8.1.13)$$

$$N_0 = \frac{1}{8D}\sum_{d=1}^{D}(\zeta_0 + \zeta_3 + \zeta_6 + \zeta_9 + \zeta_{12} + \zeta_{15} + \zeta_{18} + \zeta_{21})_d \quad (8.1.14)$$

$$G_0 = \frac{1}{24D}\left\{\sum_{d=1}^{D+2}\sum_{t=0}^{23}(\zeta_t)_d - 0.0016\left[\sum_{t=0}^{23}\left(624 + \frac{1}{2}(-3-t)t\right)\zeta_t\right]_{d=1} + \left[\sum_{t=0}^{23}\left(300 + \frac{1}{2}(-49+t)t\right)\zeta_t\right]_{d=2} + \left[\sum_{t=0}^{23}\left(\frac{1}{2}(3+t)t+1\right)\zeta_t\right]_{d=D+1} + \left[\sum_{t=0}^{23}\left(325 + \frac{1}{2}(49-t)t\right)\zeta_t\right]_{d=D+2}\right\} \quad (8.1.15)$$

式中,t 为每天零时起算的整小时数,d 为日期序号,D 为总的天数。

表 8.1.1 和表 8.1.2 列出了依式(8.1.11)至(8.1.15)5 种方法计算的青岛验潮站 10 组 19 年及 18.61 年的平均海面。从 10 组的平均值来看,5 种方法计算的 19 年的平均海面为 2.429 m,18.61 年的平均海面为 2.428 m。

考虑到季节变化对平均海面的影响,要比由于月球升交点西退一周(18.61 年)对平均海面的影响来得重要,因而取 10 组 19 年的平均海面的平均值作为高程基准面,即确定 1985 国家高程基准在青岛验潮站水尺零点之上 2.429 m[27]。

第8章 海平面和海图基准面

表 8.1.1 青岛 19 年周期平均海面

	年份	M_0	X_0	Z_0	N_0	G_0
1	1952~1970	2.430 80	2.430 78	2.430 84	2.430 85	2.430 80
2	1953~1971	2.430 19	2.430 15	2.430 22	2.430 22	2.430 18
3	1954~1972	2.429 28	2.429 23	2.429 33	2.429 33	2.429 27
4	1955~1973	2.427 99	2.427 93	2.428 08	2.428 08	2.427 99
5	1956~1974	2.428 82	2.428 77	2.428 94	2.428 94	2.428 82
6	1957~1975	2.430 50	2.430 41	2.430 61	2.430 61	2.430 50
7	1958~1976	2.430 53	2.430 43	2.430 65	2.430 65	2.430 53
8	1959~1977	2.430 09	2.429 97	2.430 21	2.430 21	2.430 08
9	1960~1978	2.426 52	2.426 41	2.426 63	2.426 62	2.426 52
10	1961~1979	2.423 87	2.423 76	2.423 95	2.423 94	2.423 87
	平均	2.428 86	2.428 78	2.428 95	2.428 94	2.428 86

表 8.1.2 青岛 18.61 年周期平均海面

	年份	M_0	X_0	Z_0	N_0	G_0
1	1952~1970	2.429 40	2.429 41	2.429 40	2.429 39	2.429 42
2	1953~1971	2.429 51	2.429 48	2.429 52	2.429 55	2.429 48
3	1954~1972	2.428 68	2.428 64	2.428 75	2.428 75	2.428 66
4	1955~1973	2.428 83	2.428 83	2.428 97	2.428 95	2.428 86
5	1956~1974	2.428 71	2.428 68	2.428 82	2.428 82	2.428 72
6	1957~1975	2.428 36	2.428 26	2.428 46	2.428 48	2.428 34
7	1958~1976	2.430 10	2.430 01	2.430 26	2.430 26	2.430 09
8	1959~1977	2.428 88	2.428 82	2.429 04	2.429 02	2.428 92
9	1960~1978	2.426 33	2.426 24	2.426 42	2.426 42	2.426 33
10	1961~1979	2.423 62	2.423 49	2.423 68	2.423 69	2.423 59
	平均	2.428 24	2.428 19	2.428 33	2.428 33	2.428 24

用 1980 年观测的中华人民共和国水准原点网,备用水准原点网共同平差推算得到青岛国家水准原点高程为 72.260 m[27](从 1985 国家高程基准起算),全国各地的陆地高程由该点向外联测。

§8.2 海平面高度的分布

依全国 42 个验潮站的潮汐资料计算各站当地的平均海面,再对各站进行一等水准联测,求得各站的平均海面与 1985 国家高程基准的高差[26]。图 8.2.1 绘出了各站平均海面的高度(未包括江河河口附近的站)。测量结果表明我国沿海的平均海面呈南高北低的分布趋势,南北最大高差为 70±10 cm,渤海与北黄海平均海面的平均高度为 2.34 m,南黄海为 2.42 m,东海为 2.67 m,南海北部为 2.92 m,大陆沿海 26 个站平均海面的平均高度为 2.62 m,比 1985 国家高程基准(2.429 m)高 19 cm。

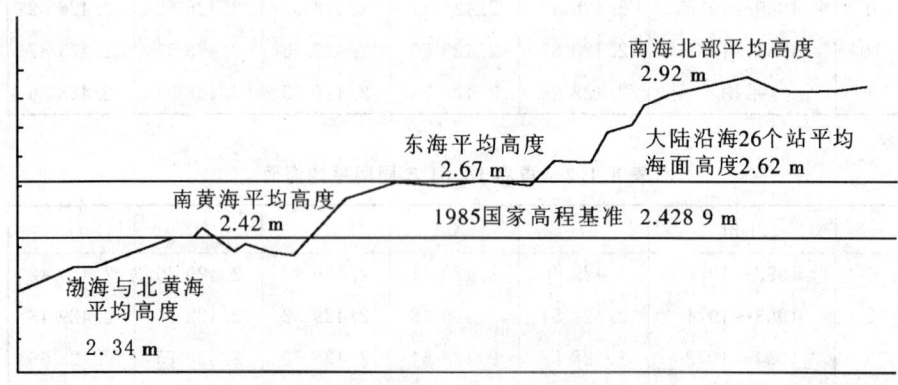

图 8.2.1　1985 国家高程基准与大陆沿海海平面关系图
(不包括江河河口附近,引自文献[27])

精密大地水准测量表明,美国沿岸最低平均海面出现在佛罗里达州的基伟斯特(Keywest)[30]。沿大西洋海岸往北,平均海面不断增高,到缅因州的波特兰,平均海面上升了 58 cm。太平洋沿岸的平均海面高于大西洋沿岸,例如旧金山(太平洋)的平均海面比弗吉尼亚州(大西洋)的诺福克高 62 cm,巴拿马运河南端(太平洋)的平均海面比北端(大西洋)高 22 cm。在地中海区域,从直布罗陀海峡海平面向东倾斜,坡度达 $1/(1.7 \times 10^7)$。在红海海域,平均海面从南到北降低了 30 cm。

§8.3 太阳辐射潮对月平均海面变化的影响

Doodson 对引潮势的展开表明,年、半年、1/3 年周期的天文分潮(它们的名字分别以 Sa,Ssa,Sst 表示)的平衡潮系数为 0.011 76,0.072 87,0.004 27。由于它们具有相同的地理因子,因而是可以比较的。Ssa 的振幅是 Sa 振幅的 6 倍多。按此推论,平均海面应该呈现半年周期变化过程。然而中国沿岸的平均海面具有显著的年变化过程,潮汐调和分析的结果表明 Sa 的振幅远大于 Ssa 的振幅,这不能用天文因素来解释。人们已经认识到这是由于气压、风、温度等气象因素引起的,其根本原因是由于太阳热辐射影响的结果。本节采用响应分析探讨太阳热辐射对月平均海面变化的影响[44]。

8.3.1 中国沿岸潮汐的低频振动

通过中国沿岸各站同步一年的潮汐资料调和分析的结果表明,Sa 分潮的振幅从渤海到南海呈逐渐减小的变化趋势,只有台湾海峡的振幅比海峡外边略大一些。渤海的振幅为 25～30 cm,黄海为 20～25 cm,东海为 13～20 cm,南海为 10～13 cm。半年周期 Ssa 的振幅在渤海和黄海为 4～6 cm,东海至南海为 8 cm 左右。1/3 年周期的 Sst 分潮的振幅在渤海为 1 cm 左右,黄海至南海为 2～4 cm。Sa,Ssa,Sst 的迟角从渤海至南海呈逐渐增加的变化趋势。就是说,这 3 个分潮的分潮波从北往南传播。由于中国沿岸的长周期分潮中以 Sa 为主,决定了平均海面具有明显的年周期性变化。

中国沿海的月平均海面,在渤海一般 1 月份最低,7～8 月份最高,两者相差 60 cm 左右;黄海沿岸 1～2 月份最低,8 月份最高,年较差约 45 cm;东海沿岸 2～4 月份最低,9 月份最高,年较差 35 cm 左右;台湾沿岸 1～2 月份最低,8 月份最高,相差 25 cm 左右;南海沿岸最低发生在 3～6 月份,最高发生在 10～11 月份,年较差 20～30 cm。

8.3.2 零族潮位的响应分析

取一年的潮汐资料依式(4.6.3)计算零族的潮位

$$\zeta_{实}(t) = \frac{1}{24^2}\frac{1}{25}\mathscr{A}_{24}^2 \mathscr{A}_{25}$$

$$t = 0, 1, \cdots, 8\,856 \text{ h} \quad (8.3.1)$$

零族潮位包含全部的长周期潮。由于滤波对 Sa,Ssa,Sst 分潮造成损失很小,仅为 0.000 04, 0.000 15 和 0.000 34,依据零族潮位按照响应分析法将零族的天文潮、太阳辐射和非线性潮分离开。

依据式(6.1.11)得零族的天文潮位

$$\zeta_{引}^0(t) = \sum_{n=2}^{\infty} \sum_{s=-s}^{s} u_n^0(s) a_n^0(t-s\Delta\tau) \tag{8.3.2}$$

式中,仅取 $n=2$ 的零族潮位;$u_n^0(s)$ 是天文潮的脉冲响应权函数,$v_n^0(s)=0$;$S=-1,0,1$;$\Delta\tau=48h$;天文变量 $a_n^0(t-s\Delta\tau)$ 是输入函数。

$$a_n^0(t) = \frac{\mu_0}{g}\left(\frac{4\pi}{2n+1}\right)^{1/2}\left[\frac{M}{\overline{D}}\left(\frac{a}{D}\right)^n\left(\frac{\overline{D}}{D}\right)^{n+1} P_n^0(\cos z) + \right.$$
$$\left. \frac{s}{\overline{D}_S}\left(\frac{a}{D_S}\right)^n\left(\frac{\overline{D}_S}{D_S}\right)^{n+1} P_n^0(\cos z_S)\right] \tag{8.3.3}$$

式中,M,S 是月球、太阳的质量;$\overline{D},D$ 是地月之间的平均距离和距离;$\overline{D}_S,D_S$ 是地日之间的平均距离和距离;Z,Z_S 是月球、太阳的余赤纬。

依据式(6.2.10)得太阳辐射潮零族潮位

$$\zeta_{辐}^0(t) = \sum_{n=1}^{2} [\alpha_n^0(t) u_n^0(0) + \alpha_n^{0'}(t) u_n^{0'}(0)] \tag{8.3.4}$$

式中,$u_n^0(0), u_n^{0'}(0)$ 为辐射潮的响应权函数;$\alpha_n^0(t), \alpha_n^{0'}(t)$ 是辐射潮的输入函数,其中引入 $\alpha_n^{0'}(t)$ 是为了调整由于热量惯性引起的相位滞后。

$$\begin{cases} \alpha_1^0(t) = S\left(\frac{\overline{D}_S}{D_S}\right)\left(\frac{\pi}{3}\right)^{1/2} \cos z_S \\ \alpha_2^0(t) = S\left(\frac{\overline{D}_S}{D_S}\right)\frac{5}{8}\left(\frac{\pi}{5}\right)^{1/2}\left(\frac{3}{2}\cos^2 z_S - \frac{1}{2}\right) \\ \alpha_1^{0'} = \frac{365.242}{2\pi}[\alpha_1^0(t+12) - \alpha_1^0(t-12)] \\ \alpha_2^{0'} = \frac{365.242}{4\pi}[\alpha_2^0(t+12) - \alpha_2^0(t-12)] \end{cases} \tag{8.3.5}$$

式中,S 为太阳辐射常数。

天文潮的非线性输入函数

$$a_n^{m\pm m'}(t,s,s') = a_n^m(t-s\Delta\tau)a_n^{m'}(t-s'\Delta\tau) \mp b_n^m(t-s\Delta\tau)b_n^{m'}(t-s'\Delta\tau)$$
$$b_n^{m\pm m'}(t,s,s') = b_n^m(t-s\Delta\tau)a_n^{m'}(t-s'\Delta\tau) \pm a_n^m(t-s\Delta\tau)b_n^{m'}(t-s'\Delta\tau)$$

式中,零族 $m=0$,日族 $m=1$,半日族 $m=2$。取日族与日族、半日族与半日族相互干扰产生的零族非线性潮,其天文变量

$$\begin{cases} a_2^{1-1}(t,s,s') = a_2^1(t-s\Delta\tau)a_2^1(t-s'\Delta\tau) + b_2^1(t-s\Delta\tau)b_2^1(t-s'\Delta\tau) \\ a_2^{2-2}(t,s,s') = a_2^2(t-s\Delta\tau)a_2^2(t-s'\Delta\tau) + b_2^2(t-s\Delta\tau)b_2^2(t-s'\Delta\tau) \end{cases} \tag{8.3.6}$$

(s,s') 取为三对:$(0,0),(0,-1),(0,1)$。

第8章 海平面和海图基准面

由天文潮产生的非线潮零族潮位

$$\zeta_{\text{非}}^{0}(t) = \sum_{\substack{m,m' \\ s,s'}} a_{2}^{m-m'}(t,s,s') u_{2}^{m-m'}(s,s') \tag{8.3.7}$$

另外太阳辐射潮的零族非线性潮是由 $n=1$ 的零族辐射潮和 $n=2$ 的零族辐射潮相互作用产生的,它对应的输入函数和潮位是

$$\alpha^{0}(t) = \alpha_{1}^{0}(t)\alpha_{2}^{0}(t)$$

$$\zeta^{0}(t) = \alpha^{0}(t) u^{0}(t) \tag{8.3.8}$$

通过低通滤波得到的零族潮位包括天文潮、太阳辐射和非线性潮,其表达式为:

$$\zeta_{\text{实}}^{0}(t) = \sum_{n=2}^{\infty} \sum_{s=-s}^{s} u_{n}^{0}(s) a_{n}^{0}(t - s\Delta\tau) +$$

$$\sum_{n=1}^{2} \left[\alpha_{n}^{0}(t) u_{n}^{0}(t) + \alpha_{n}^{0'} u_{n}^{0'}(0) \right] + \alpha^{0}(t) u^{0}(0) +$$

$$\sum_{\substack{m,m' \\ s,s'}} a_{2}^{m-m'}(t,s,s') u_{2}^{m-m'}(s,s') \quad t = 0,1,\cdots,8\,856 \tag{8.3.9}$$

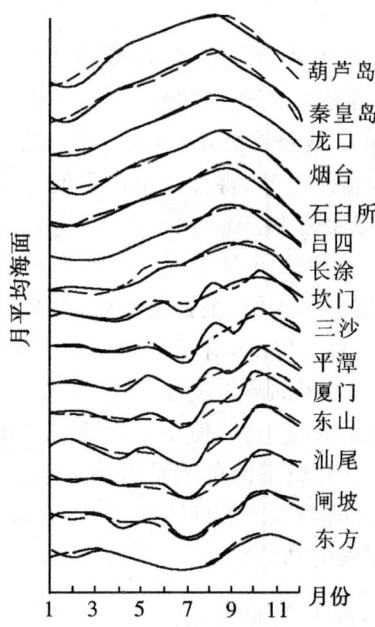

图 8.3.1 月平均海面(实线)及太阳辐射潮(虚线)的年过程曲线(1975)

式中,$u_{n}^{0}(s), u_{n}^{0}(0), u_{n}^{0'}(0), u^{0}(0), u_{2}^{m-m'}(s,s')$ 为待求的权函数。计算天文潮3个权函数,辐射潮5个,非线性潮6个,共14个权函数,依式(8.3.9)可建立8 857个

方程式,在方程式数大于未知数的情况下,以最小二乘法建立该方程式求解权函数的最优解。

各权函数求得后代入式(8.3.9)右端三行,分别算出零族的天文潮、辐射潮和非线性潮,再对它们分别进行调和分析,求得各部分各分潮的调和常数。从中国沿岸 20 个站的分析结果表明:天文 Sa 分潮的振幅很小,其振幅为 0.05～0.73 cm,天文潮的 Ssa 与 Sa 的振幅之比为 5.04～6.63,而平衡潮的比值为 0.072 87/0.011 76＝6.20,说明了分析结果与理论值相一致;中国沿岸辐射 Sa 分潮远大于天文 Sa 分潮,其振幅在渤黄海为 21 cm 至 28 cm 之间,东海为 20 cm 左右,南海为 10 cm 左右;辐射潮的 Sa 比 Ssa 分潮大数倍,决定了月平均海面的年变化过程。太阳辐射潮的影响是形成平均海面年变化的主要原因。图 8.3.1 的实线是中国沿岸各港口实测的平均海面的年变化曲线,虚线是太阳辐射潮的年变化过程曲线,两者拟合良好,说明了平均海面的年周期变化主要是由太阳辐射潮引起的。

§8.4 海平面的长期变化

1994 年联合国环境规划署发表《环境数据报告》的文件指示,地球正在变暖,冰川正在缩小,海平面正在上升。根据过去 60 年的验潮资料表明,每年全球平均海面上升 0.18 cm。埃及首都开罗,人口所居之地离高潮面仅 1 m,还有水城威尼斯,如果海平面持续上升,将会产生严重的后果。中国的天津、上海等地区也在海平面上升的威胁之下。

海平面的上升将加剧沿海地区风暴灾害的破坏程度,加大沿海城市的洪涝威胁,减弱港口功能,引发海水入侵、土壤盐渍化、海岸侵蚀等,同时还造成沿海城市市政排污工程的排污能力降低,对环境和人类活动构成直接威胁。海平面上升的问题已经引起世界各国的严重关注。

有些地区,由于地壳的缓慢上升,使得平均海面相对而言呈下降的趋势。

平均海面除了具有上升或下降的趋势外,还具有 18.61 年等长周期的变化。在研究平均海面的上升或下降的问题时,一定要首先消除平均海面长周期变化部分,否则会得出错误的结论。

8.4.1 平均海面的长周期变化

大于 1 年的长周期分潮有周期为 18.61 年的交点潮,9.31 年的半交点潮,8.85 年的近点潮,以及 430 天左右的极潮和由于太阳黑子活动周期为 11.13 年引起的潮汐。

文献[47]对葫芦岛、坎门的 19 年逐时资料进行 19 年总体分析时,得到葫芦岛交点潮的振幅为 4.51 cm,坎门为 3.38 cm,说明了月球升交点在 18.61 年西退一周过程中所引起的葫芦岛平均海面的变化为 9 cm,坎门将近有 7 cm。这是一个不容忽视的量值,在探讨平均海面的增高趋势时必须消除掉它的影响。千万不要将周期性的上升时段内平均海面的升高当作增高趋势。

郑文振依据我国 51 个站月平均海面的资料求得了我国沿海 18.61 年和 11.13 年两个长周期分潮的振幅(见表 8.4.1)[29],渤海交点潮的振幅最大,6 个站的平均值为 3.5 cm,全国平均为 2.7 cm。渤海太阳黑子分潮的振幅为 1.9 cm,全国平均为 1.4 cm。

表 8.4.1　中国沿海平均海面 18.61 年和 11.13 年分潮振潮(cm)

海区	站数	交点潮(18.61 年)		太阳黑子潮(11.13 年)	
		平均	变化范围	平均	变化范围
渤海	6	3.5	0.9~7.3	1.9	0.5~3.2
黄海	9	2.2	0.7~4.5	1.2	0.7~1.7
东海	16	2.5	0.7~6.8	1.5	0.4~3.3
南海	20	3.0	0.9~6.4	1.4	0.3~3.4
全国平均		2.7	0.7~7.3	1.4	0.3~3.4

8.4.2　海平面的上升趋势

大部分的太阳辐射为可见光,它们可不受阻拦地通过大气而到达地面,使地球变暖,但地面则以红外辐射将热量辐射出去。因大气中的 CO_2、水蒸气和其他一些气体能吸引红外辐射,所以一部分热量不能进入太空,使地球变暖,被称为温室效应。

在过去的三四千年里,海平面几乎没有上升,可是近百年来随着工业的兴起发展和石油能源的应用,人类向自然界释放的 CO_2 增加,增大了温室效应的强度,使全球气候变暖。

气候变暖,海水温度也随之升高,由于水温升高使海水热膨胀造成海平面上升。与此同时,地球两极海洋和大气的变暖使极地和格陵兰等地区附近海域的冰盖开始消融,也促使海平面不断上升。另外有些地区由于地面沉降,造成了海平面的相对升高。

依据全球 102 个站数十年平均海面的资料利用下式研究海平面上升的速率[29]。

$$M(t)=A+Bt+\sum_{i=1}^{n}R_i\cos(\sigma_i t+V_i-g_i) \quad (8.4.1)$$

式中，M 为 t 时的平均海面；A 为多年平均海面；B 是年变率（海平面每年的平均变化速度）；R 和 g 是长周期分潮的振幅和迟角；σ,V 是分潮的角速度和天文相角；i 包括 18.61 年的交点潮、11.13 年的太阳黑子分潮以及极潮。如果采用月平均海面进行计算，还需包括年周期的 Sa 分潮和半年周期的 Ssa 分潮。

计算表明，大西洋美国沿岸海平面的年变率为 0.36 cm/a，大西洋东岸从法国至加纳海岸的年变率为 0.21 cm/a，大西洋两岸平均为 0.29 cm/a，太平洋（除中国和日本外）的年变率平均为 0.10 cm/a。全球 102 个验潮站中，海平面下降的有 23 个站，占 22.5%。其中有的站可能曾受冰川重压而下沉，现因溶冰而陆地上升，使海平面年变率上升减少。有的甚至出现海平面相对下降的现象，102 个站中有 79 个站的海平面上升，占总数的 77.5%。总的来看，全球海平面平均每年上升 0.15 cm。[29]

依据中国沿海 50 个验潮站平均海面的资料计算得到：海平面上升的站有 41 个，占总数的 82%，下降的占 18%，平均每年上升 0.14～0.20 cm，最近几年上升幅度更为明显。

国家海洋局发布的 2003 年中国海平面公报报道，近 50 年来，中国沿海海平面平均上升速率为 2.5 mm/a，略高于全球海平面上升速率。各海区中，东海海平面上升速率较高，平均达 3.1 mm/a，黄海、南海和渤海分别为 2.6 mm/a，2.3 mm/a 和 2.1 mm/a。

通常国际上将 1975～1986 年的平均海平面称为常年平均海平面。2003 年我国沿海海平面比常年平均海平面高 6 cm。

Douglas B.C.[76] 精选 9 个海区 21 个长期验潮站从 1880 年至 1980 年的海平面的资料，求得全球海平面每年平均上升 0.18 cm（±0.01 cm）。Emary K.O. 等人得出近 50～100 年来，全球海平面平均每年上升 0.1～0.3 cm，未来 100 年海平面上升的速率将是过去百年的 3～6 倍。

由于温室效应引起全球海平面上升的观点是目前多数专家的意见，但也有人持相反的观点。国外有的研究人员认为温室效应模式是错误的，认为地球上的气温上升时，海水蒸发额外产生了非常多的云量，这些云量把太阳热量反射回太空，从而使气温下降，其下降幅度超过了温室效应引起的气温上升。

虽然影响海平面变化的因素目前尚未完全掌握，但海平面的上升对全球环境和沿海经济建设以及对生命财产的安全事关重大，面临着这一严峻事实，人类必须重视对海平面的观测。各国政府间海洋学委员会（ICD）于 1987 年 3 月通过了全球海面观测系统实施计划。GLOSS 是全球海洋观测系统的一个组成部分，由 308 个海平面观测站组成，我国有 8 个站参与其中工作。

根据政府间气候变化专业委员会（IPCC）2001 年评估报告，20 世纪全球海平面平均每年上升 0.1~0.2 cm。根据温室气体的不同排放情况预测,全球海平面高度在 1990~2100 年期间将上升 9~88 cm,但区域间的差异十分明显。1990~2025 年和 1990~2050 年期间全球海平面将分别上升 3~14 cm 和 5~32 cm。

§8.5　短期验潮站年平均海面的确定

短期验潮站只具有短期的验潮资料(例如只有 1 个月),不足以计算多年平均海面,可采用水准联测法和同步改正法依据附近长期站的多年平均海面的高度确定短期站的多年平均海面。但是短期站离长期站的距离不能太远,而且长期站和短期的水文环境状况应尽量一致。

8.5.1　水准联测法

如图 8.5.1 所示,长期站的多年平均海面已经确定,水准点 A 与多年平均海面的高差为 h_1。视长期站与短期站的多年平均海面的高度一致。在短期站设水准点 B,进行水准测量,求得水准点 A 和水准点 B 的高度差 Δh,那么短期站的多年平均海面

$$h_2 = h_1 - \Delta h \tag{8.5.1}$$

再通过测量得到多年平均海面在短期站水尺零点之上的高度。

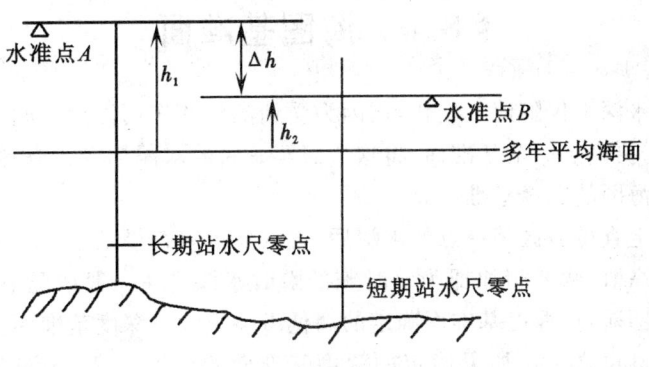

图 8.5.1　水准联测法

8.5.2　同步改正法

短期验潮站具有短期的验潮资料,取附近长期站同步的短期验潮资料,计算它们短期同步的平均海面,分别以 h_2, h_3 表示(图 8.5.2)。长期站的多年平均海面 h_1 为已知。视两个站的多年平均海面及短期平均海面高度一致,则短

期站的多年平均海面从它的水尺零点起算的高度

$$h = h_3 + (h_1 - h_2) \tag{8.5.2}$$

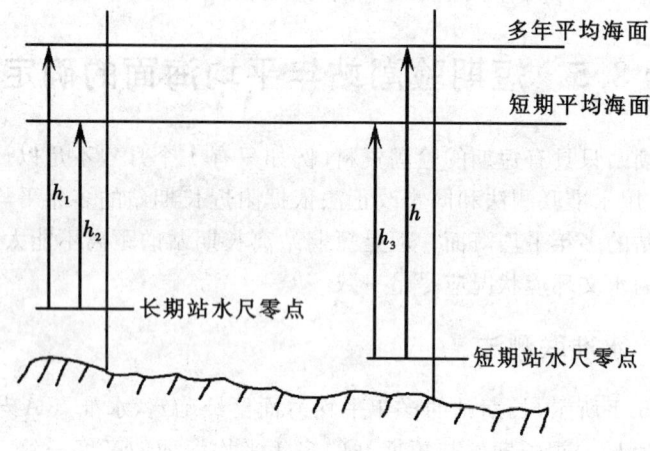

图 8.5.2　同步改正法

实际工作中,最好采用水准联测法确定短期站的多年平均海面,再用同步改正法进行校核。

§8.6　海图基准面

海洋的水深不仅随地点变化,还因为受到潮汐的作用而随时间变化。为了编制海图,需要确定一个基准面,将这个面至海底的水深标定在海图上,这个基准面被称为海图的深度基准面。

从海图上查得海区某一点的水深后,再从潮汐表查得某一时刻从深度基准面起始的潮高值,两者相加即为该时刻的瞬时水深。在一般情况下,如果航海人员仅凭海图航行,深度基准面确定的高低事关重大。深度基准面需要确定在大多数的低潮位之下。如果确定的深度基准面的位置太高,在许多低潮情况下,实际水深小于海图水深,航行时容易误导船只搁浅;如果深度基准面定得太低,有些不易干出的地方,在海图上干出了,使得本来可以航行的水道,而误认为不能通航,就会降低航道的使用率。

深度基准面的确定,一般应有95%以上的保证率。保证率是指全年高于深度基准面的低潮次数与低潮总次数之比,即

$$保证率 = \frac{全年高于深度基准面的低潮次数}{全年低潮总次数} \times 100\%$$

8.6.1 概况

各主要国家采用的深度基准面的概况如下。

1. 略最低低潮面

略最低低潮面又称印度大潮低潮面。它指在当地平均海面之下的距离

$$L = H_{M_2} + H_{S_2} + H_{K_1} + H_{O_1} \quad (8.6.1)$$

采用略最低低潮面的国家有印度、日本。1956 年以前我国也采用它。

2. 平均低潮面

$$L = H_{M_2} \quad (8.6.2)$$

美国大西洋沿岸、瑞典的北海地区和荷兰等国采用。

3. 平均低低潮面

$$L = H_{M_2} + (H_{K_1} + H_{O_1})\cos 45° \quad (8.6.3)$$

美国的太平洋沿岸、菲律宾和夏威夷岛采用。

4. 最低潮面

$$L = 1.2(H_{M_2} + H_{S_2} + H_{K_2}) \quad (8.6.4)$$

法国、西班牙、葡萄牙、巴西等国采用。

5. 平均大潮低潮面

$$L = H_{M_2} + H_{S_2} \quad (8.6.5)$$

欧洲若干国家采用。

6. 理论深度基准面

该深度基准面由前苏联弗拉基米尔提出。依据潮汐调和常数计算理论最低潮面作为深度基准面。前苏联及 1956 年以后我国采用。

深度基准面各地的高度不同,潮差大的海区深度基准面低,潮差小的海区,深度基准面高。同一幅海图上各点的深度基准面的高度也不相同。海图上潮信表内标明的若干站(当地)平均海面的高度是从深度基准面起算的高度。如果各站的高度不同,是指深度基面的高度不同,而非平均海面不同。海区的深度基准面已经确定,不能任意改动,以免发生错误。理论深度基准面作为我国的法定深度基准面。

下面介绍理论最低潮位的计算方法,顺便也介绍理论最高潮位的计算方法[28]。

8.6.2 理论深度基准面

当 $H_{M_4} + H_{MS_4} + H_{M_6} \leqslant 20$ cm 时,用 $M_2, S_2, N_2, K_2, K_1, O_1, P_1, Q_1$ 8 个分

潮的调和常数计算理论最高、最低潮位,从平均海面起算的潮位

$$\zeta(t) = \sum_{j=1}^{8} (fH)_j \cos[\sigma_j t + (V_0+u)_j - g_j]$$
$$= \sum_{j=1}^{8} R_j \cos\varphi_j \qquad (8.6.6)$$

式中

$$R = fH$$

$$\begin{cases} \varphi_{M_2} = 30t - 2s + 2h - g_{M_2} \\ \varphi_{S_2} = 30t - g_{S_2} \\ \varphi_{N_2} = 30t + 2h - 3s + p - g_{N_2} \\ \varphi_{K_2} = 30t + 2h - g_{K_2} \\ \varphi_{K_1} = 15t + h + 90° - g_{K_1} \\ \varphi_{O_1} = 15t + h - 2s + 270° - g_{O_1} \\ \varphi_{P_1} = 15t - h + 270° - g_{P_1} \\ \varphi_{Q_1} = 15t + h - 3s + p + 270° - g_{Q_1} \end{cases} \qquad (8.6.7)$$

得

$$\begin{cases} \varphi_{K_2} = 2\varphi_{K_1} + (2g_{K_1} - 180° - g_{K_2}) = 2\varphi_{K_1} + a \\ \varphi_{M_2} - \varphi_{O_1} = \varphi_{K_1} + (g_{K_1} + g_{O_1} - g_{M_2}) = \tau_1 \\ \varphi_{S_2} - \varphi_{P_1} = \varphi_{K_1} + (g_{K_1} + g_{P_1} - g_{S_2}) = \tau_2 \\ \varphi_{N_2} - \varphi_{Q_1} = \varphi_{K_1} + (g_{K_1} + g_{Q_1} - g_{N_2}) = \tau_3 \end{cases} \qquad (8.6.8)$$

式(8.6.8)代入式(8.6.6),得

$$\begin{aligned}\zeta(t) = & R_{K_1}\cos\varphi_{K_1} + R_{K_2}\cos(2\varphi_{K_1}+a) + \\ & R_{M_2}\cos\varphi_{M_2} + R_{O_1}\cos(\varphi_{M_2}-\tau_1) + \\ & R_{S_2}\cos\varphi_{S_2} + R_{P_1}\cos(\varphi_{S_2}-\tau_2) + \\ & R_{N_2}\cos\varphi_{N_2} + R_{Q_1}\cos(\varphi_{N_2}-\tau_3) \end{aligned} \qquad (8.6.9)$$

将 M_2 与 O_1,S_2 与 P_1,N_2 与 Q_1 合并,例

$$\begin{cases} R_{M_2} + R_{O_1}\cos\tau_1 = R_1\cos\varepsilon_1 \\ R_{O_1}\sin\tau_1 = R_1\sin\varepsilon_1 \end{cases}$$

式(8.6.9)变为

$$\begin{aligned}\zeta(t) = & R_{K_1}\cos\varphi_{k_1} + R_{K_2}\cos(2\varphi_{K_1}+a) + \\ & R_1\cos(\varphi_{M_2}-\varepsilon_1) + R_2\cos(\varphi_{S_2}-\varepsilon_2) + R_3\cos(\varphi_{N_2}-\varepsilon_3) \end{aligned} \qquad (8.6.10)$$

式中
$$\begin{cases} R_1 = (R_{M_2}^2 + R_{O_1}^2 + 2R_{M_2}R_{O_1}\cos\tau_1)^{1/2}, \tan\varepsilon_1 = \dfrac{R_{O_1}\sin\tau_1}{R_{M_2}+R_{O_1}\cos\tau_1} \\ R_2 = (R_{S_2}^2 + R_{P_1}^2 + 2R_{S_2}R_{P_1}\cos\tau_2)^{1/2}, \tan\varepsilon_2 = \dfrac{R_{P_1}\sin\tau_2}{R_{S_2}+R_{P_1}\cos\tau_2} \\ R_3 = (R_{N_2}^2 + R_{Q_1}^2 + 2R_{N_2}R_{Q_1}\cos\tau_3)^{1/2}, \tan\varepsilon_3 = \dfrac{R_{Q_1}\sin\tau_3}{R_{N_2}+R_{Q_1}\cos\tau_3} \end{cases} \quad (8.6.11)$$

对式(8.6.10)取$(\varphi_{M_2}-\varepsilon_1)=0°$，$(\varphi_{S_2}-\varepsilon_2)=0°$，$(\varphi_{N_2}-\varepsilon_3)=0°$，用以计算最高潮位$H$，取$(\varphi_{M_2}-\varepsilon_1)=180°$，$(\varphi_{S_2}-\varepsilon_2)=180°$，$(\varphi_{N_2}-\varepsilon_3)=180°$，计算最低潮位$L$。

$$H = (fH)_{K_1}\cos\varphi_{K_1} + (fH)_{K_2}\cos(2\varphi_{K_1}+2g_{K_1}-180°-g_{K_2}) + (R_1+R_2+R_3) \quad (8.6.12)$$

$$L = (fH)_{K_1}\cos\varphi_{K_1} + (fH)_{K_2}\cos(2\varphi_{K_1}+2g_{K_1}-180°-g_{K_2}) - (R_1+R_2+R_3) \quad (8.6.13)$$

取$\zeta_{K_1}=1°,2°,\cdots,360°$代入式(8.6.12)，(8.6.13)进行计算，从中取最大的H作为理论最高潮位，取绝对值最大的L作为理论最低潮位。

采用理论最低潮位作为深度基准面，称为理论深度基准面。

为了得到合理的理论最高、最低潮位，式(8.6.12)，(8.6.13)中应取最大的f值。从表8.6.1知，升交点在18.61年西退一周的过程中，当$N=0°$时，K_1，O_1的f最大，M_2，S_2的f最小；而当$N=180°$时，M_2，N_2时f最大，K_1，O_1的f最小。考虑到半日潮海区，以M_2，S_2，N_2，…为主的情况下，对正规半日潮海区取各分潮$N=180°$的f值；对正规日潮区，各分潮取$N=0°$的f值；对混合潮海区，取$N=0°$和$N=180°$两者都进行计算，从中挑选绝对值最大的H，L值作为所求的理论最高、最低潮位。

表 8.6.1　交点因子 f

分潮	升交点黄经 N			
	0°	90°	180°	270°
M_2	0.963	1.000	1.038	1.000
S_2	1.000	1.000	1.000	1.000
N_2	0.963	1.000	1.038	1.000
K_2	1.317	1.016	0.748	1.016
K_1	1.113	1.015	0.882	1.015
O_1	1.183	1.024	0.806	1.024
P_1	1.000	1.000	1.000	1.000
Q_1	1.183	1.024	0.807	1.024
M_4	0.928	1.000	1.077	1.000
MS_4	0.963	1.000	1.038	1.000
M_6	0.894	1.000	1.118	1.000

8.6.3 浅水分潮订正

对于浅水分潮大的海区,当 $H_{M_4}+H_{MS_4}+H_{M_6}>20$ cm 时,应该对上面计算的理论最低潮位进行浅水分潮订正。从上面的计算中找到发生理论最低潮位对应的 $(\varphi_{K_1})_{最低}$,再计算各分潮的位相。

$$\begin{cases} \varphi_{M_2}=\varepsilon_1+180° \\ \varphi_{S_2}=\varepsilon_2+180° \\ \varphi_{N_2}=\varepsilon_3+180° \\ \varphi_{K_2}=2(\varphi_{K_1})_{最低}+(2g_{K_1}-180°-g_{K_2}) \\ \varphi_{O_1}=\varphi_{M_2}-[(\varphi_{K_1})_{最低}+(g_{K_1}+g_{O_1}-g_{M_2})] \\ \varphi_{P_1}=\varphi_{S_2}-[(\varphi_{K_1})_{最低}+(g_{K_1}+g_{P_1}-g_{S_2})] \\ \varphi_{Q_1}=\varphi_{N_2}-[(\varphi_{K_1})_{最低}+(g_{K_1}+g_{Q_1}-g_{N_2})] \\ \varphi_{M_4}=2\varphi_{M_2}+2g_{M_2}-g_{M_4} \\ \varphi_{MS_4}=\varphi_{M_2}+\varphi_{S_2}+g_{M_2}+g_{S_2}-g_{MS_4} \\ \varphi_{M_6}=3\varphi_{M_2}+3g_{M_2}-g_{M_6} \end{cases} \quad (8.6.14)$$

得到包含浅水分潮影响的理论最低潮位

$$L=\sum_{j=1}^{11}(fH)_j\cos(\varphi_j)_{最低} \quad (8.6.15)$$

考虑了浅水分潮后,理论最低潮位对应的 $(\varphi_{K_1})_{最低}$ 可能出现了一定的差值,为了得到真正的理论最低潮位,可在 $(\varphi_{K_1})_{最低}$ 前后一定的角度范围内按上面的公式多进行几次计算,以求出绝对值最大的 L 值,作为理论深度基准面。

8.6.4 平均海面季节订正

按照 8 个分潮或 11 个分潮的调和常数计算理论最低潮位时,都没有考虑长周期分潮的影响,而在我国沿海年周期 Sa 分潮和半年周期 Ssa 分潮具有相当大的振幅,致使冬、春、季的月平均海面比年平均海面低,例如在渤海低 30 cm 左右。为此需对理论最低潮面进行季节订正(特别是对于潮差小的海域),使其下移 ΔL。ΔL 为该海区最低的月平均海面与年平均海面之高度差。也可以按 Sa,Ssa 分潮的调和常数计算 ΔL。

第9章 工程潮位

在港口建设及海上石油开发中必须依据工程潮位及有关的潮汐特征值作为设计依据。本章介绍设计高(低)水位、多年一遇的高(低)水位等工程潮位和潮汐特征值的计算方法。

§9.1 潮汐特征值

9.1.1 潮汐类型

第1章介绍了依据一个月内每天出现二高、二低和一高、一低的天数来确定潮汐类型的方法,实行时不方便,现在普遍依据潮汐调和常数计算。我国判断潮汐类型的标准为

$$\frac{H_{K_1}+H_{O_1}}{H_{M_2}} \leqslant 0.5, \quad 正规半日潮类型$$

$$0.5 < \frac{H_{K_1}+H_{O_1}}{H_{M_2}} \leqslant 2.0, \quad 不正规半日潮类型 \left.\begin{array}{l}\\ \\\end{array}\right\}混合潮$$

$$2.0 < \frac{H_{K_1}+H_{O_1}}{H_{M_2}} \leqslant 4.0, \quad 不正规日潮类型$$

$$\frac{H_{K_1}+H_{O_1}}{H_{M_2}} > 4.0, \quad 正规日潮类型$$

我国渤、黄、东海大部分海区为正规半日潮和不正规半日潮类型,只有在半日分潮无潮点区为正规日潮和不正规日潮类型。在南海有许多港口为不正规日潮和正规日潮类型。

9.1.2 潮龄

从潮汐平衡潮理论来看,在一个朔望月中当出现朔或望时,平衡潮展开的 S_2 与 M_2 的相角 ($\sigma t + V_0 + u$) 达到一致,应该发生大潮,但实际上要推迟 1~3 天才能发生大潮,推迟的时间称为半日潮龄。这是由于实际分潮 S_2,M_2 的相角

$(\sigma t+V_0+u-g)$ 要推迟一段时间后才能一致所造成的。

半日潮龄的时间长度的计算公式为

$$\frac{g_{S_2}-g_{M_2}}{\sigma_{S_2}-\sigma_{M_2}}=0.984(g_{S_2}-g_{M_2}) \tag{9.1.1}$$

例如一个港口的 $g_{S_2}=180°,g_{M_2}=122°$,那么半日潮龄为 57 h。

对于日潮区,在一个回归月中当月球位于北(南)赤纬最大时刻至发生回归大潮的时间间隔为日潮龄,其计算公式为

$$\frac{g_{K_1}-g_{O_1}}{\sigma_{K_1}-\sigma_{O_1}}=0.911(g_{K_1}-g_{O_1}) \tag{9.1.2}$$

9.1.3 涨潮时间与落潮时间

对于半日潮海区,如果没有浅水分潮或者浅水分潮很小,那么它的平均涨潮时间和平均落潮时间为 6 h 12.5 min。但是在浅水海域,潮波产生变形,使得涨潮时间变短,落潮时间延长。但也有一些海区,涨潮时间长,落潮时间短。

在浅水效应明显的半日潮海区,如果只取 M_2 和它的倍潮 M_4,M_6 分潮,简单取 $f=1$,并设定月中天时刻为时间的起始时刻,则潮高表达式

$$\zeta=H_{M_2}\cos(\sigma t-g_{M_2})+H_{M_4}\cos(2\sigma t-g_{M_4})+H_{M_6}\cos(3\sigma t-g_{M_6}) \tag{9.1.3}$$

式中,σ 为 M_2 分潮的角速率。出现高、低潮时,$\dfrac{d\zeta}{dt}=0$,得

$$-H_{M_2}\sin(\sigma t-g_{M_2})-2H_{M_4}\sin(2\sigma t-g_{M_4})-3H_{M_6}\sin(3\sigma t-g_{M_6})=0 \tag{9.1.4}$$

由于浅水分潮 M_4,M_6 的影响,$\sigma t-g_{M_2}=0°$ 时,不能发生高潮,而是当 $\sigma t-g_{M_2}+V=0°$ 时才出现高潮。

$$t_{高}=\frac{g_{M_2}-V}{\sigma_{M_2}} \tag{9.1.5}$$

上式变为

$$H_{M_2}\sin(g_{M_2}-V-g_{M_2})+2H_{M_4}\sin(2g_{M_2}-2V-g_{M_4})+ \\ 3H_{M_6}\sin(3g_{M_2}-3V-g_{M_6})=0 \tag{9.1.6}$$

得

$$\sin V=\frac{2H_{M_4}\sin(2g_{M_2}-g_{M_4}-2V)+3H_{M_6}\sin(3g_{M_2}-g_{M_6}-3V)}{H_{M_2}} \tag{9.1.7}$$

可以采用逐次迭代方法求式中的 V 值。上式右边先令 $V=0$,求左边的 V,再代入右边 V 中,又一次计算左边的 V,依此迭代数次即可。

或者近似地取 $\sin 2V=2\sin V$, $\sin 3V=3\sin V$, $\cos 3V=\cos V$, $\cos 2V=\cos V$。

依式(9.1.4)得

$$\tan V = \frac{2H_{M_4}\sin(2g_{M_2}-g_{M_4})+3H_{M_6}\sin(3g_{M_2}-g_{M_6})}{H_{M_2}+4H_{M_4}\cos(2g_{M_2}-g_{M_4})+9H_{M_6}\cos(3g_{M_2}-g_{M_6})} \tag{9.1.8}$$

对于低潮取 $\sigma t - g_{M_2} \pm 180° + W = 0°$，则

$$t_{低} = \frac{g_{M_2}-W\pm 180°}{\sigma_{M_2}} \tag{9.1.9}$$

依式(9.1.4)得

$$\tan W = \frac{2H_{M_4}\sin(2g_{M_2}-g_{M_4})-3H_{M_6}\sin(3g_{M_2}-g_{M_6})}{-H_{M_2}+4H_{M_4}\cos(2g_{M_2}-g_{M_4})+9H_{M_6}\cos(3g_{M_2}-g_{M_6})} \tag{9.1.10}$$

那么涨潮时间为

$$t_{高}-t_{低}=\frac{180°}{\sigma_{M_2}}-\frac{V-W}{\sigma_{M_2}}$$

落潮时间为

$$t_{低}-t_{高}=\frac{180°}{\sigma_{M_2}}+\frac{V-W}{\sigma_{M_2}}$$

从以上各式看出，当浅水分潮的振幅很小可以忽略不计时，V,W 为零，涨、落潮时间均为 $\frac{180°}{\sigma_{M_2}}=6\ \text{h}\ 12.5\ \text{min}$。而当浅水分潮明显时，如果 $V-W>0$，涨潮时间短，落潮时间长；$V-W<0$，涨潮时间长，落潮时间短。V,W 由潮汐调和常数计算，各地不同。

9.1.4 潮信表

海图中一般附有潮信表，大体上提供若干港口有关的潮汐信息，以备航海人员使用。对半日潮港，提供平均高潮间隙、平均低潮间隙、平均大潮升、平均小潮升。对日潮海区，提供回归潮的平均高高潮间隙、平均高高潮潮高、平均低低潮间隙、平均低低潮潮高。还要提供分点潮的平均高潮间隙、平均低潮间隙、平均高潮高、平均低潮高。潮高的高度均从深度基准面起算。对于长期验潮站，最好依据长期的潮汐资料统计以上各值，但对许多地点只有短期的验潮资料，可依据潮汐调和常数进行近似计算[9.28]。以下简单介绍半日潮海区潮信表等有关数值的计算方法。

平均潮差 $M_n = 2.02 H_{M_2} + 0.58 \frac{H_{S_2}^2}{H_{M_2}} + 0.08 \frac{(H_{K_1}+H_{O_1})^2}{H_{M_2}}$

平均半潮面：平均高潮高与平均低潮高的平均值。

$$HTL = A_0 - 0.03 \frac{(H_{K_1}+H_{O_1})^2}{H_{M_2}}\cos\eta$$

式中，A_0 为从深度基准面起始的多年平均海面，$\eta=-2[\frac{1}{2}g_{M_2}-\frac{1}{2}(g_{K_1}+g_{O_1})]$

$$\text{平均高潮高}=HTL+\frac{1}{2}M_n$$

$$\text{平均低潮高}=HTL-\frac{1}{2}M_n$$

平均大潮差：大潮平均高潮高与大潮平均低潮高之差

$$S_g=2.014(H_{M_2}+H_{S_2})+0.050\frac{(H_{K_1}+H_{O_1})^2}{H_{M_2}}$$

平均小潮差：小潮平均高潮高与小潮平均低潮高之差

$$N_p=2.114(H_{M_2}+H_{S_2})+0.148\frac{(H_{K_1}+H_{O_1})^2}{H_{M_2}}$$

大潮平均半潮面

$$S_h=A_0-0.020\frac{(H_{K_1}+H_{O_1})^2}{H_{M_2}}\cos\eta$$

平均大潮升：大潮平均高潮高

$$S\bar{Z}_0=S_h+\frac{1}{2}S_g$$

小潮平均半潮面

$$N_h=A_0-0.061\frac{(H_{K_1}+H_{O_1})^2}{H_{M_2}}\cos\eta$$

平均小潮升：小潮平均高潮高

$$N\bar{Z}_0=N_h+\frac{1}{2}N_p$$

平均高潮间隙

$$HWI=\frac{g_{M_2}}{\sigma_{M_2}}=0.0345g_{M_2}$$

平均低潮间隙

$$LWI=\frac{g_{M_2}\pm180°}{\sigma_{M_2}}=HWI\pm6.21\text{ h}$$

9.1.5 从实测资料中统计潮汐特征值

在港口建设中，最可信的潮汐特征值是从长期验潮资料中统计得到的。例如某验潮站具有 n 年的潮汐资料，从 n 年的潮汐月报表、年报表中查取历年的最高高潮高、历年最低低潮高、历年最大潮差。再依据每年的年平均潮差，计算多年的平均潮差。依据每天的高、低潮时统计平均涨潮时间和平均落潮时间以及工程上所要求的有关特征值。

§9.2 设计高、低水位

在海港工程的总体设计和水工建筑物结构设计中,设计高、低水位是重要的设计依据。

9.2.1 长期站设计高、低水位的计算方法

按照《海港水文规范》(1998)规定,对于海岸港和潮汐作用明显的河口港,设计高水位采用高潮累积频率10%的潮位,简称高潮10%;设计低水位采用低潮累积频率90%的潮位,简称低潮90%。也可采用历时累积频率1%的潮位作为设计高水位,历时累积频率98%的潮位作为设计低水位。统计和绘制高、低潮及历时累积频率曲线应依据至少一年或多年的潮汐资料来完成。

高、低潮或历时潮位的累积频率的定义为

$$P(\zeta \geqslant x) = \int_x^\infty f(x) \mathrm{d}x \tag{9.2.1}$$

将潮位划分成10 cm为一级,将上式右边变为求和的形式,那么式中的 $f(x)$ 表示潮位在各潮位级内出现的频率。以高潮为例,统计在各潮位级内出现的高潮次数被高潮总数除之,即为在该潮位级内出现的频率。求 $\zeta \geqslant x$ 的各潮位级的频率之和即为 $\zeta \geqslant x$ 的累积频率。或者直接对高潮由高至低统计 $\zeta \geqslant x$ 出现的次数被高潮总次数除之即为累积频率。在方格纸上以纵坐标表示潮位,以横坐标表示累积频率,将各累积频率及其相应的潮位级下限值点绘在方格纸上,即得高潮累积频率曲线。同样的方法依低潮资料点绘出低潮累积频率曲线,或依逐时的潮位资料点绘出历时累积频率曲线。

在高潮累积频率曲线上摘取累积频率为10%的潮位为设计高水位,在低潮累积频率上摘取累积频率为90%的潮位值为设计低水位。

表9.2.1是我国某港依据5年的潮汐资料得到的设计高、低水位计算表。图9.2.1、图9.2.2分别是该港的高、低潮累积频率曲线。

下面图、表中的潮位是从验潮站水尺零点起始的高度,需按照工程要求化算至1985国家高程基准或其他基准面起始的高度。

表 9.2.1　X 港设计高、低水位计算表

高潮				低潮			
潮位级（cm）	出现次数	累积次数	累积频率（%）	潮位级（cm）	出现次数	累积次数	累积频率（%）
490~	4	4	0.11	180~	9	9	0.26
480~489	9	13	0.37	170~179	6	15	0.43
470~479	15	28	0.79	160~169	13	28	0.79
460~469	23	51	1.45	150~159	15	43	1.22
450~459	48	99	2.81	140~149	21	64	1.82
440~449	72	171	4.85	130~139	33	97	2.75
430~439	81	252	7.15	120~129	65	162	4.60
420~429	96	348	9.88	110~119	79	241	6.84
410~419	143	491	13.93	100~109	122	363	10.30
400~409	190	681	19.32	90~ 99	187	550	15.61
390~399	257	938	26.62	80~ 99	197	747	21.20
380~389	245	1 183	33.57	70~ 79	196	943	26.76
370~379	289	1 472	41.77	60~ 69	215	1 158	32.86
360~369	299	1 771	50.26	50~ 59	252	1 410	40.01
350~359	306	2 077	58.94	40~ 49	274	1 684	47.79
340~349	289	2 366	67.14	30~ 39	277	1 961	55.65
330~339	263	2 629	74.60	20~ 29	315	2 276	64.59
320~329	218	2 847	80.79	10~ 19	318	2 594	73.61
310~319	180	3 027	85.90	0~ 9	301	2 895	82.15
300~309	137	3 164	89.78	−10~ −1	209	3 104	88.08
290~299	115	3 279	93.05	−20~ −11	186	3 290	93.36
280~289	87	3 366	95.52	−30~ −21	131	3 421	97.08
270~279	61	3 427	97.25	−40~ −31	51	3 472	98.52
260~269	35	3 462	98.24	−50~ −41	21	3 493	99.12
250~259	32	3 494	99.15	−60~ −51	6	3 499	99.29
240~249	13	3 507	99.52	−70~ −61	9	3 508	99.55
230~239	10	3 517	99.80	−80~ −71	3	3 511	99.63
~229	7	3 524	100.00	~ −81	13	3 524	100.00

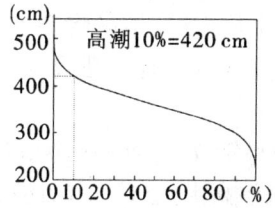
图 9.2.1　某港高潮累积频率曲线

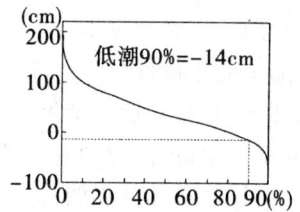
图 9.2.2　某港低潮累积频率曲线

9.2.2　短期站设计高、低水位的计算方法

在新建港口设计中,如果缺少潮汐资料,需进行至少一个月验潮,同时搜集附近潮汐性质相似、水文环境一致的长期站至少一年的潮汐资料,还要获取与短期站至少同步一个月的潮汐资料。计算长期站的设计高、低水位和长、短期站同步的平均潮差,按短期同步差比法计算短期站的设计高、低水位。计算公式为

$$h_{sy} = A_{Ny} + \frac{R_y}{R_x}(h_{sx} - A_{Nx}) \qquad (9.2.2)$$

式中,h_{sx},h_{sy} 分别为长期站和短期站的设计高(低)水位;R_x,R_y 分别为长、短期站同步的平均潮差;A_{Nx},A_{Ny} 分别为长、短期站的年平均海面。由于两站的距离较近且水文环境条件一致,视两站的年平均海面及同步验潮期间的平均海面一致,那么

$$A_{Ny} = A_y + \Delta A_y \qquad (9.2.3)$$

式中,A_y 为短期站短期的平均海面,ΔA_y 为长期站年平均海面与它的同步期间平均海面之差。

§9.3　多年一遇的高、低水位

在海港工程设计中,要求计算多年一遇的高、低水位,取 50 年一遇的高、低水位作为极端高、低水位。极端高、低水位即相当于 1987 年版《海港水文规范》中的校核高、低水位。对码头来说,出现极端高、低水位时,可以不再靠船和作业。

9.3.1　长期站多年一遇高、低水位的计算

采用第 I 型极值分布律计算多年一遇高、低水位,而不采用皮尔逊 III 型曲

线进行计算。这是由于皮尔逊Ⅲ型的均值 X、离差系数 C_V、偏差系数 C_S 的大小取决于验潮站零点的选取,随着潮位起算点的不同,计算结果将产生一定差异。而且潮位的年最低潮位经常出现负值,如果按皮尔逊Ⅲ型曲线,必须调整计算零点,既麻烦又易造成结果的任意性。

《海港水文规范》对我国几个港口采用不同资料年数(15年、20年、30年、50年)作了对比计算。计算表明,30年资料计算的极端高水位与50年计算的极端高水位相差只有几厘米至十几厘米,20年与50年资料的计算结果相差 20 cm 左右,用15年资料计算,相差可达 30 cm 以上。由于我国有30年以上验潮资料的港口太少,故规定在计算极端高、低水位时所需的资料年数一般不少于连续20年。

以高潮为例,有 n 年潮汐资料,从每年的高潮中采取一个最高的高潮,共有 n 个年最高高潮 $X_i(i=1,2,\cdots,n)$。按第Ⅰ型极值分布律,对高潮而言,大于和等于某一 X 值的频率。

$$P\{x_a \geqslant x\} = 1 - \left[1 - \frac{1}{k}\mathrm{e}^{-y}\right]^k \tag{9.3.1}$$

式中
$$y = \alpha(x-u) \tag{9.3.2}$$

α, u 是两个待定的参数。将上式写为

$$P = 1 - \left[1 + \frac{1}{\dfrac{1}{-\dfrac{1}{k}\mathrm{e}^{-y}}}\right]^{-\dfrac{1}{k}\mathrm{e}^{-y}(-\mathrm{e}^{-y})}$$

取
$$Z = -\frac{1}{\dfrac{1}{k}\mathrm{e}^{-y}}$$

得
$$P = 1 - \left[(1+\frac{1}{Z})^Z\right]^{(-\mathrm{e}^{-y})}$$

$$\lim_{Z \to \infty}(1+\frac{1}{Z})^Z = \mathrm{e}$$

$$P = 1 - \mathrm{e}^{-\mathrm{e}^{-y}} = 1 - \mathrm{e}^{-\mathrm{e}^{-\alpha(x-u)}}$$

由上式得
$$x_p = u + \frac{1}{\alpha}\{-\ln[-\ln(1-p)]\} \tag{9.3.3}$$

依最小二乘法求得
$$\alpha = \frac{\sigma_n}{S_x}, \quad u = \bar{x}_n - \frac{\bar{y}_n}{\alpha} \tag{9.3.4}$$

式中标准差

第 9 章 工程潮位

$$S_x = \sqrt{\frac{1}{n}\sum_{i=1}^{n} x_i^2 - (\frac{1}{n}\sum_{i=1}^{n} x_i)^2} \qquad (9.3.5)$$

$$\sigma_n = \sqrt{\frac{1}{n}\sum_{i=1}^{n} y_i^2 - (\frac{1}{n}\sum_{i=1}^{n} y_i)^2} \qquad (9.3.6)$$

平均值

$$\bar{x}_n = \frac{1}{n}\sum_{i=1}^{n} x_i \qquad (9.3.7)$$

$$\bar{y}_n = \frac{1}{n}\sum_{i=1}^{n} y_i \qquad (9.3.8)$$

以及

$$y_i = -\ln[-\ln(1-\frac{i}{n+1})]$$

$$i = 1, 2, \cdots, n \qquad (9.3.9)$$

令

$$\lambda_{pn} = \frac{1}{\sigma_n}\left\{-\ln[-\ln(1-p)] - \bar{y}_n\right\} \qquad (9.3.10)$$

得多年一遇的高水位

$$x_{P高} = \bar{x}_{n高} + \lambda_{pn} S_{x高} \qquad (9.3.11)$$

类似地得到多年一遇的低水位

$$s_{P低} = \bar{x}_{n低} - \lambda_{pn} S_{x低} \qquad (9.3.12)$$

式中,$\bar{x}_n$ 为 n 个年最高或最低潮位的平均值,S_x 是最高或最低潮位的标准差。

表 9.3.1 是依据我国某港 1972 年至 2003 年共 32 年的年最高、最低潮位计算多年一遇高、低水位的实例。计算频率为 $0.1\%, 0.2\%, 0.5\%, \cdots$ 对应于重现期为 1000 年、500 年、200 年……一遇的高、低水位。重现期 T(年)与频率 $P(\%)$ 的关系为

$$T = \frac{100}{P} \qquad (9.3.13)$$

该港口 50 年一遇的高水位为 566 cm,作为极端高水位。50 年一遇的低水位为 -115 cm,作为极端低水位。由于所用的资料年限仍然很短,计算的 1000 年、500 年、200 年、100 年一遇的高、低水位仅供参考。依据计算的多年一遇高、低水位点绘高潮重现期曲线(图 9.3.1)和低潮重现期曲线(图 9.3.2)。表 9.3.1 中将 n 年的年最高高潮由大至小排列,年最低低潮由小至大排列。计算它们对应的经验频率及重现期 T_r(年)。

$$P = \frac{i}{n+1} \times 100\% \qquad (9.3.14)$$

$$T_r = \frac{100}{p}$$

表 9.3.1 某港多年一遇高、低潮计算表

i	$\frac{i}{n+1} \times 100\%$	年最高高潮(cm)	年最低低潮(cm)	$P(\%)$	λ_{pn}	多年一遇的高水位(cm)	多年一遇的低水位(cm)
1	3.03	535	−131				
2	6.06	535	−98				
3	9.09	528	−88				
4	12.12	522	−76				
5	15.15	520	−75				
6	18.18	510	−69				
7	21.21	510	−69				
8	24.24	509	−66				
9	27.27	503	−66				
10	30.30	503	−64	0.1	5.690	642	−163
11	33.33	499	−62	0.2	5.071	625	−152
12	36.36	484	−62	0.5	4.251	601	−137
13	39.39	483	−62	1.0	3.629	584	−126
14	42.42	481	−61	2.0	3.005	566	−115
15	45.45	478	−61	4.0	2.377	548	−104
16	48.48	477	−58	5.0	2.173	543	−100
17	51.52	474	−58	10.0	1.530	525	−89
18	54.55	470	−57	25.0	0.632	499	−73
19	57.58	467	−57	50.0	−0.153	477	−59
20	60.61	465	−56	75.0	−0.772	459	−48
21	63.64	464	−55	90.0	−1.226	447	−40
22	66.67	463	−53	95.0	−1.461	440	−35
23	69.70	462	−52	97.0	−1.602	436	−33
24	72.73	460	−51	99.0	−1.845	429	−29
25	75.76	460	−50	99.9	−2.207	419	−22
26	78.79	459	−49				
27	81.82	455	−49				
28	84.85	453	−47				
29	87.88	451	−46				
30	90.91	445	−44				
31	93.94	443	−41				
32	96.97	431	−35				

$n=32$

高潮：$\bar{x}_n=481.2 \text{ cm}, \bar{S}_x=28.284 \text{ cm}$

低潮：$\bar{x}_n=-61.5 \text{ cm}, \bar{S}_x=17.812 \text{ cm}$

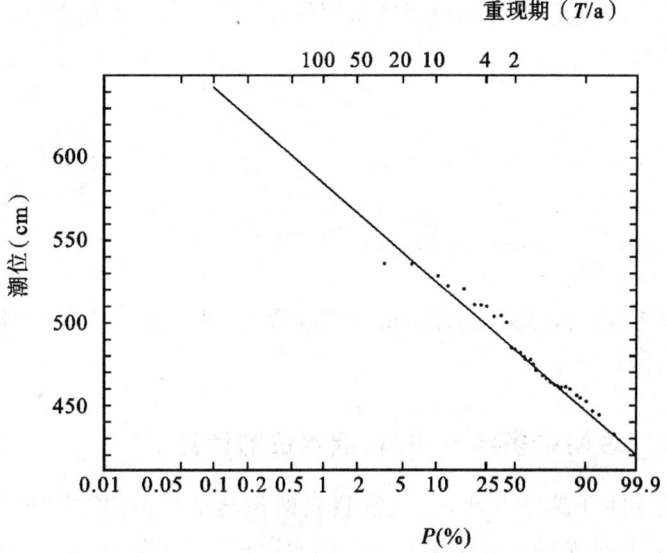

图 9.3.1　某港高潮重现期曲线图

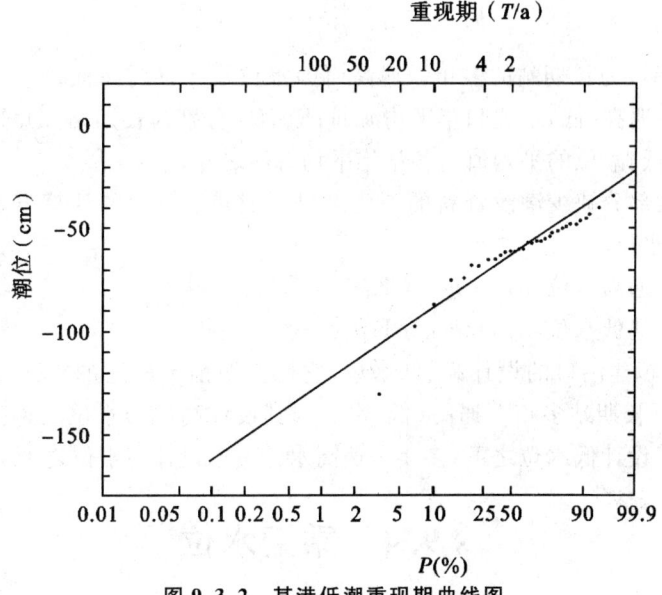

图 9.3.2　某港低潮重现期曲线图

式中的 $i=1,2,\cdots,n$ 表示排列的序号，将高、低潮的经验频率点点绘在高、低潮重现期曲线图上，以便与理论曲线比较。

《海港水文规范》要求，若在原有 n 年的验潮资料以外，根据调查得出在历

史上 N 年中出现过的特高潮位或特低潮位,应按以下公式计算不同重现期的高潮位或低潮位

$$x_p = \bar{x} \pm \lambda_{PN} S \tag{9.3.15}$$

$$\bar{x} = \frac{1}{N}(x_N + \frac{N-1}{n}\sum_{i=1}^{n} x_i)$$

$$S = \sqrt{\frac{1}{N}(x_N^2 + \frac{N-1}{n}\sum_{i=1}^{n} x_i^2) - \bar{x}^2}$$

式中,x_N 为 N 年出现的特高潮位或特低潮位值。特大值的经验频率 $P = \frac{1}{N+1} \times 100\%$。

9.3.2 短期站多年一遇高、低水位的计算

对于有不少于连续 5 年高、低潮资料的拟建港口,可按照"极值同步差比法"利用附近长期站的计算结果和同步潮汐资料计算它的极端高、低水位,两站的潮汐性质及水文环境状况应相近。其计算公式为

$$h_{JY} = A_{NY} + \frac{R_Y}{R_X}(h_{JX} - A_{NX})$$

式中,h_{JX},A_{NX} 为长期站的多年一遇高(低)水位及年平均海面;h_{JY},A_{NY} 为短期站的多年一遇高(低)水位和年平均海面;R_X,R_Y 分别为长期站和短期站同期各年年最高(低)潮位的平均值与各站年平均海面之差。

对于大部分缺少潮汐资料的拟建港口只能采取近似的计算方法计算多年一遇高、低水位。

多年一遇高水位:$h_{J高} = h_{S高} + K_1$

多年一遇低水位:$h_{J低} = h_{S低} + K_2$

式中,h_S 为拟建港口的设计高、低水位,它已按照前节所述的方法计算好。K_1(K_2)为附近长期站多年一遇高(低)水位与其设计高(低)水位之差。多年一遇低水位位于设计低水位之下,多年一遇高水位位于设计高水位之上。

§9.4 乘潮水位

乘潮水位分高潮乘潮水位和低潮乘潮水位。高潮乘潮水位是指大的船舶在考虑乘高潮进出港或乘高潮作业所需的水位。而乘低潮水位是施工部门考虑乘低潮作业所需的水位。前者关心的是在某一确定的时间内水位大于或等于某一高度的可能性,而后者关心的是在某一确定的时间内水位小于或等于某

一高度的可能性。

在进行高（低）潮乘潮水位统计时，应根据具体作业要求，首先确定乘潮延续时间 Δt。例如 Δt 分别取 2 h 或 3 h，然后在全年潮位曲线的高潮和低潮上各量取 $\Delta t = 2$ h，3 h 对应的潮位值，并按照§9.2 的方法统计并绘制乘高、低潮累积频率曲线。表 9.4.1 列出了某港部分乘高、低潮 2 h 和 3 h 的潮位高度。例如表中所示，全年 70% 的高潮能够满足在 2 h 的乘潮作业中确保有高于和等于 276 cm 的潮位高度。

表 9.4.1 某港乘潮水位累积频率表(cm，潮高基准面起算)

累积频率(%)	乘高潮水位		乘低潮水位	
	2 h	3 h	2 h	3 h
10	394	369	188	198
20	372	350	167	180
30	352	333	153	168
40	332	314	141	156
50	311	294	131	148
60	290	276	120	136
70	276	258	107	125
80	258	242	90	110
90	239	225	68	90
100	168	162	16	34

第 10 章 固体潮

在月球、太阳引潮力的作用下,地面能够产生倾斜,并形成周期性的潮汐变化,重力和形变地球表面的应变也能产生潮汐变化过程。它们分别被称为地面倾斜潮、重力潮和应变潮汐,通称为固体潮或体潮。固体潮变化的量值虽然很小,但已能进行测量。我国大陆设有若干固体潮验潮站,进行长期的连续观测,为固体潮的研究提供了可贵的资料。

海洋潮汐对固体潮能产生额外的负荷作用,形成相应的倾斜负荷潮、重力负荷潮和应变负荷潮。沿海地区的负荷潮较大,内陆也受到海洋潮汐负荷的影响。对倾斜潮最大影响达到几十毫秒,量级达到甚至超过体潮的影响。对重力潮可以达到体潮的 5%,对应变潮可以达到体潮的 50%。观测到的倾斜潮汐,重力潮汐和应变潮汐是体潮和负荷潮共同作用的结果。

研究体潮及负荷潮对于空间动力学、大地测量学、水文学、地球内部物理学以及大地构造学的研究有重要价值。例如对月球和人造卫星的激光测距的精度将达几厘米,而地球径向潮汐形变为 30~40 cm,因而在测量距离时应考虑地球潮汐形变的影响。

§ 10.1 倾斜潮汐分析及海潮负荷效应[45]

黄祖珂等采用分析海洋潮汐和潮流的方法并引入倾斜负荷潮的输入函数对倾斜潮汐资料进行调和分析和响应分析,将体潮和负荷潮分离开,并探讨地面倾斜的变化情况。

10.1.1 零点漂移

利用 SQ 石英水平摆倾斜仪或 FSQ 水管倾斜仪,对地面倾斜的南北分量和东西分量进行测量,获取地面倾斜角度资料,用以分析研究。

规定南北分量的北低南高为正,反之为负,东西分量的东低西高为正,反之为负。地面倾斜角度以 $1'' \times 10^{-3}$ (ms)为测量单位。倾斜潮汐的观测资料具有严重的零点漂移现象,它严重影响了计算的精度。为了消除这种影响,首先

第 10 章 固体潮

按

$$\frac{\mathscr{A}_{24}^2}{24^2} \cdot \frac{\mathscr{A}_{25}}{25} \tag{10.1.1}$$

对倾斜潮的南北分量和东西分量进行低通滤波,用去掉零点漂移后的剩余值进行分析之用。它包含日族到 1/12 日族全部的倾斜潮汐。图 10.1.1 是厦门 1988 年 6 月 28 日至 7 月 18 日经过消除零点漂移后的倾斜潮南北分量变化示意图。从中可以看出,厦门站地面倾斜具有明显的潮汐变化过程,半月之中有一个大潮和一个小潮,且有明显的潮汐日不等现象。

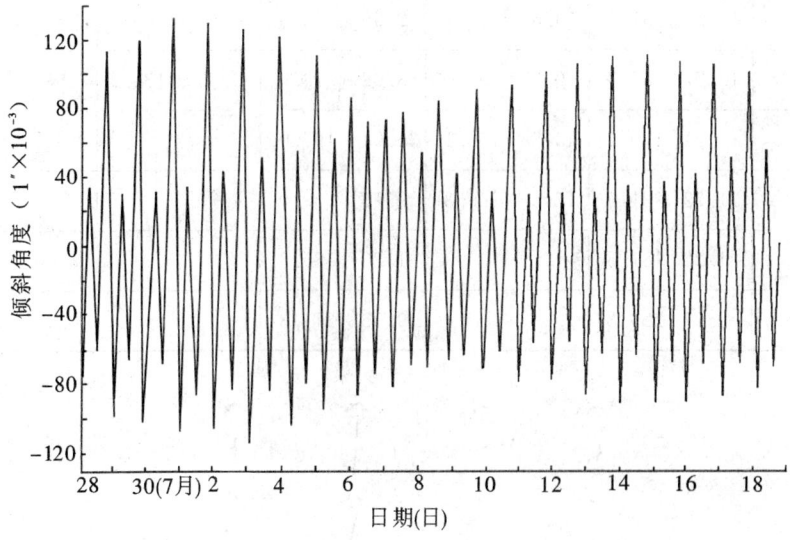

1988 年 6 月 28 日～7 月 18 日(引自文献[45])
图 10.1.1 厦门倾斜潮汐北分量变化示意图

10.1.2 倾斜潮的调和分析

倾斜潮北、东分量的表达式

$$\zeta_u(t) = u_0 + \sum_{j=1}^{m} f_j H_{u_j} \cos\left[\sigma_j t + (V_o + u)_j - g_u\right] \tag{10.1.2}$$

$$\zeta_v(t) = v_0 + \sum_{j=1}^{m} f_j H_{v_j} \cos\left[\sigma_j t + (V_o + u)_j - g_v\right] \tag{10.1.3}$$

式中,$\zeta_u(t), \zeta_v(t)$ 为倾斜潮经过消除零点漂移后的北、东分量;H_u, g_u 为分潮北分量的潮汐调和常数;H_v, g_v 为东分量的潮汐调和常数。利用取样间隔了 $\Delta t =$

1 h 共 8 857 个小时的倾斜潮资料,采用分析海潮的方法对倾斜潮北、东分量分别进行调和分析,求得北、东分量各 170 个分潮的调和常数。计算表明,倾斜潮的浅水分潮非常小。表 10.1.1 列出了厦门站倾斜潮北分量 6 个分潮的调和常数。表中还列出了后面响应分析的结果,其中 M_2 分潮的振幅为 71.14 ms。

表 10.1.1 厦门倾斜北分量调和常数(H:ms;g(°))

分潮	调和分析		响		应		分		析	
	倾斜潮		引力潮		负荷潮		辐射潮		非线性潮	
	H	g	H	g	H	g	H	g	H	g
O_1	16.11	51.5	13.89	57.2	2.56	16.6				
K_1	17.77	87.7	9.37	97.0	8.02	73.9	0.63	122.2		
M_2	71.14	170.4	43.88	153.1	31.04	195.0				
S_2	21.72	221.5	17.50	200.3	9.75	239.0	4.70	1.7		
M_4	1.22	181.5			1.20	185.3			0.06	165.4
MS_4	0.77	229.8			0.55	214.3			0.19	253.5

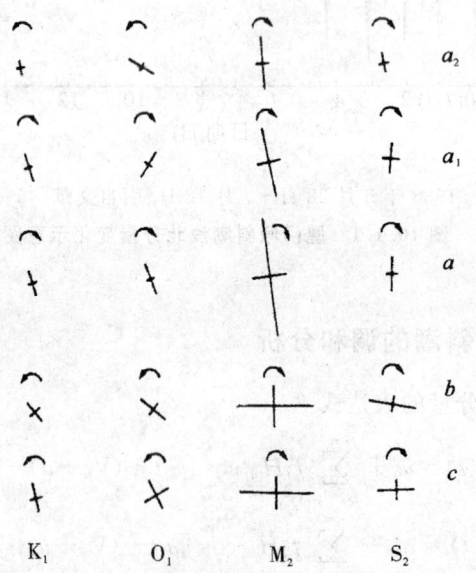

a—厦门,b—长沙,c—楚雄,a_1—厦门引力潮,a_2—厦门负荷潮

图 10.1.2 倾斜潮汐旋转椭圆长、短轴及旋转方向图(引自文献[45])

依据各分潮倾斜潮北、东分量的调和常数按照计算潮流椭圆要素的方法计算倾斜潮的最大倾斜方向,最大、最小倾斜角度以及地面倾斜的旋转方向。图 10.1.2 中,a,b,c 是厦门、长沙、楚雄三站 K_1,O_1,M_2,S_2 分潮倾斜潮汐旋转椭圆长、短轴及旋转方向图。长轴方向是倾斜最大方向,长半轴表示最大倾斜角度,箭头表示地面的旋转方向。各地的最大倾斜方向及最大的倾斜角度均不同,地面倾斜的旋转方向也有顺时针旋转和反时针旋转两种形式。

10.1.3 倾斜潮的响应分析

实测的倾斜潮资料是引潮力直接引起的体潮(也称为引力潮)和海潮引起的负荷潮共同作用的结果。由于响应分析能够将频率相同而来源不同的各种分振动分离开,文献[45]对厦门、长沙、楚雄三站的一年倾斜潮资料进行了响应分析,将引力潮、负荷潮、辐射潮及非线性潮分离开,再对各部分倾斜潮进行调和分析。

1. 倾斜引力潮

月球、太阳的引潮势:

$$V = \frac{\mu_0 M}{\overline{D}} \sum_{n=2}^{\infty} \left(\frac{a}{D}\right)^n \left(\frac{\overline{D}}{D}\right)^{n+1} P_n(\cos\Theta) + \frac{\mu_0 S}{\overline{D}_S} \sum_{n=2}^{\infty} \left(\frac{a}{D_S}\right)^n \left(\frac{\overline{D}_S}{D_S}\right)^{n+1} P_n(\cos\Theta_S)$$

(10.1.4)

式中,μ_0 为万有引力常数;$D,\overline{D}(D_S,\overline{D}_S)$ 为地月(日)中心距离和平均距离;a 为地球半径;M 和 S 为月球及太阳质量;Θ 和 Θ_S 为月球及太阳的天顶距。

对勒让德多项式进行球函数展开:

$$\begin{cases} P_n(\cos\Theta) = \frac{4\pi}{2n+1} A \sum_{m=0}^{n} [U_n^m(Z,L)U_n^m(\theta,\lambda) + V_n^m(Z,L)V_n^m(\theta,\lambda)] \\ P_n(\cos\Theta_S) = \frac{4\pi}{2n+1} A \sum_{m=0}^{n} [U_n^m(Z_S,L_S)U_n^m(\theta,\lambda) V_n^m(Z_S,L_S), V_n^m(\theta,\lambda)] \end{cases}$$

$$m=0, A=1; m \geqslant 1, A=2 \quad (10.1.5)$$

式中,θ,λ 为观测点的余纬度和陆地东经;Z,Z_S 为月和日的余赤纬;L,L_S 为月和日的陆地东经;U_n^m, V_n^m 是球函数。

式(10.1.5)代入式(10.1.4)得

$$V = \mathrm{Re}\, g \sum_{n=2}^{\infty} \sum_{m=0}^{n} C_n^{m*}(t) W_n^m(\theta,\lambda) \quad (10.1.6)$$

式中

$$W_n^m(\theta,\lambda) = U_n^m(\theta,\lambda) + iV_n^m(\theta,\lambda)$$

$$C_n^m(t) = Q\left[\frac{M}{\overline{D}}\left(\frac{a}{D}\right)^n \left(\frac{\overline{D}}{D}\right)^{n+1} P_n^m(\cos Z)e^{imL} + \frac{S}{\overline{D}_S}\left(\frac{a}{D_S}\right)^n \left(\frac{\overline{D}_S}{D_S}\right)^{n+1} P_n^m(\cos Z_S)e^{imL_S}\right]$$

(10.1.7)

$$Q=(-1)^m\left(\frac{4\pi}{2n+1}\right)^{1/2}\left[\frac{(n-m)!}{(n+m)!}\right]^{1/2}\frac{\mu_0}{g}A$$

对式(9.1.6)进行卷积滤波得倾斜引力潮

$$\zeta_1(t)=\mathrm{Re}\sum_{n=2}^{\infty}\sum_{m=0}^{n}\sum_{s=-s}^{S}W_n^m(S)C_n^{m*}(t-S\Delta\tau) \tag{10.1.8}$$

式中，$W_n^m(S)=u_n^m(S)+\mathrm{i}v_n^m(S)$ 是脉冲响应权函数。Munk 对海潮进行响应分析时，取迟滞间隔 $\Delta\tau=48$ h，文献[45]试验的结果，取 $\Delta\tau=41$ h 为宜。

2. 倾斜负荷潮

以 $\zeta^1(t),\zeta^2(t),\zeta^4(t)$ 和 $\zeta^6(t)$ 分别表示海潮的日、半日、1/4 日和 1/6 日族的潮汐部分，它们可以用同步实测的海潮通过带通滤的方法或潮族预报的方法求得，潮族带通滤波公式。

$$\zeta^m(t)=\frac{1}{n}\sum_{K=-n}^{n}(1+\cos\frac{\pi k}{n})\zeta(t-k\Delta t)\cos(2\pi k\Delta t\frac{m}{T})$$

$$\Delta t=1, n=24, T=24.841\,2\text{ h}, m=1,2,4,6 \tag{10.1.9}$$

潮族预报公式：

$$\zeta^m(t)=\sum_{i=i_1}^{i_2}f_iH_i\cos[\sigma_it+格(V_0+u)_i-g_i] \tag{10.1.10}$$

式中，H,g 为海潮潮汐调和常数；$f,(V_0+u)$ 是天文变量；i_1 至 i_2 是各潮族在分潮序列中的序号。

以 $\zeta^m(t-S\Delta\tau)$ 作为负荷潮各族的输入函数。其中 $m=1,2,4,6$，表示族数；$t=0,1,\cdots,8\,856$ h；$S=-3,-2,\cdots,3$；$\Delta\tau=41$ h。它们具有相应的倾斜负荷潮权函数 $u^m(S)$。负荷潮的表达式

$$\zeta_2(t)=\sum_{m=1,2,4,6}\sum_{S=-S}^{S}\zeta^m(t-S\Delta\tau)u^m(S) \tag{10.1.11}$$

3. 太阳热辐射效应

太阳热辐射对倾斜潮汐具有一定的影响，它是由于热辐射对地面的冷热效应以及大气潮汐的间接影响等因素所造成的。它比引力潮和负荷潮小得多。

太阳热辐射函数：

$$V=1.946\frac{\overline{D}_S}{D_S}\sum_{n=0,1,2,4}K_nP_n(\cos\Theta_S)$$

式中，$K_0=1/4, K_1=1/2, K_2=5/16, K_4=-9/96$。辐射潮的输入函数：

$$d_n^m(t)=\alpha_n^m(t)+\mathrm{i}\beta_n^m(t)$$

$$=1.946\frac{\overline{D}_S}{D_S}\frac{2\pi}{B}A(-1)^m\left(\frac{4\pi}{2n+1}\right)^{1/2}\left[\frac{(n-m)!}{(n+m)!}\right]^{1/2}P_n^m(\cos z_S)\mathrm{e}^{\mathrm{i}mL_S}$$

$$n=1, B=3; n=2, B=8; m=0, A=1; m\neq 0, A=2.$$

倾斜辐射潮的表达式：

$$\zeta_3(t) = \sum_{n=1}^{2}\sum_{m=0}^{n}\left[\alpha_n^m(t)u_n^m(0)+\beta_n^m(t)v_n^m(0)\right]+\alpha_1^{0'}(t)u_1^{0'}(0)+\alpha_2^{0'}(t)u_2^{0'}(0)$$

(10.1.12)

4. 倾斜潮汐的非线性效应

在海洋潮汐中，浅水区域的非线性效应非常明显，为了判明倾斜潮汐中是否存在着非线性效应，采用海潮的分析模式对其进行非线性效应的分析。

倾斜潮汐的非线性潮由两部分组成，一部分是由引力潮相互干扰而成的，另一部分是海潮中的非线性潮对倾斜潮汐的负荷效应，两者的频率相同，其中引力潮非线性效应的输入函数：

$$C_n^{m\pm m'}(t,S,S') = a_n^{m\pm m'}(t,S,S')+\mathrm{i}b_n^{m\pm m'}(t,S,S')$$
$$= [a_n^m(t-S\Delta\tau)a_n^{m'}(t-S'\Delta\tau)\mp b_n^m(t-S\Delta\tau)b_n^{m'}(t-S'\Delta\tau)]+$$
$$\mathrm{i}[b_n^m(t-S\Delta\tau)a_n^{m'}(t-S'\Delta\tau)\pm a_n^m(t-S\Delta\tau)b_n^{m'}(t-S'\Delta\tau)]$$

(10.1.13)

式中，$a_n^m(t)$ 和 $b_n^m(t)$ 是天文变量 $C_n^m(t)$ 的实部和虚部。对于 $m,m'=1,2$，即日族和半日族的引力潮相互作用时，可以产生从零族至 1/12 日族的非线性潮，考虑到倾斜潮的非线性效应不明显，可以只对 1/4 日和 1/6 日族进行分析，非线性潮的表达式：

$$\zeta_4(t) = \sum_{\substack{n,m,m'\\s,s'}}\left[a_n^{m\pm m'}(t,S,S')u_n^{m\pm m'}(S,S')+b_n^{m\pm m'}(t,S,S')v_n^{m\pm m'}(S,S')\right]$$

(10.1.14)

式中，$u_n^{m\pm m'}(S,S')$ 和 $v_n^{m\pm m'}(S,S')$ 是非线性潮的权函数。

5. 权函数的计算

倾斜潮的北（东）分量由引力潮（ζ_1）、负荷潮（ζ_2）、辐射潮（ζ_3）和非线性潮（ζ_4）组成

$$\zeta(t) = \zeta_1(t)+\zeta_2(t)+\zeta_3(t)+\zeta_4(t) \tag{10.1.15}$$

ζ_1 式中，取 $n=2$ 时，对 $m=0$，取 $s=-1,0,1$；对 $m=1,2$，取 $s=-3,-2,\cdots,3$，一共需求 31 个引力潮的响应权函数 $u_2^m(s)$ 或 $v_2^m(s)$，对应的天文变量 $a_n^m(t-S\Delta\tau)$，$b_n^m(t-S\Delta\tau)$ 依式(10.1.7)计算；倾斜负荷潮对 $m=1,2,4,6$ 潮族均取 $S=-3,-2,\cdots,3$，一共有 28 个权函数。$\zeta_3(t)$ 包含有 10 个权函数。$\zeta_4(t)$ 对 4 族和 6 族仅计算 16 个权函数，即 $u_2^{2+2}(S,S')$，$v_2^{2+2}(S,S')$，$u_2^{2+2+2}(S,S')$ 和 $v_2^{2+2+2}(S,S')$，其中 $S,S'=0,\pm1$。

依据 $t=0,1,\cdots,8\,856\,\mathrm{h}$ 的倾斜潮北（东）分量，依式(10.1.15)可以建立

8 857个方程式,依最小二乘法建立求解权函数的线性方程组,权函数可求。

依据各部分的权函数计算 $t=0,1,\cdots,8\,856$ 时的引力潮、负荷潮、辐射潮及非线性潮,再对各部分潮汐计算各分潮北、东分量的调和常数。表 10.1.1 列出了厦门站倾斜潮北分量依据响应分析得到的引力潮(体潮)、负荷潮、射辐潮、非线性潮 6 个分潮的调和常数,显示出负荷潮具有相当大的量值,M_2 的引力潮为 43.88 ms,负荷潮值为 31.04 ms,S_2 分潮的辐射潮具有 4.70 ms;M_4,MS_4 的负荷潮具有一定的量值,这是海潮中浅水分潮引起的负荷潮,固体潮本身引起的非线性效应很微弱,可以忽略不计。图 10.1.2 中的 a_1,a_2 为厦门的倾斜引力潮和负荷潮的椭圆长、短轴,箭头显示出 M_2,S_2 为顺时针方向旋转。

§10.2 LOVE 数及负荷 LOVE 数

10.2.1 LOVE 数[109]

水平引潮力能够使铅垂线发生偏离。月球能够使铅垂线与原先不考虑引潮力的铅垂线之间最大偏离大约 17 ms(0″.001),太阳能产生最大 8 ms 的偏离。

依据引潮力测量的结果,人们发现测量所得的量值与理论上计算的结果不一致。设想地球是绝对刚体,如果在引潮力作用下地球不发生形变,那么观测值应等于理论计算值。事实上观测值总小于理论值,这说明地球能够发生某种程度的形变。达尔文(1883)引用海洋潮汐观测的结果,得出观测值只有理论值的 0.7 倍。

LOVE 于 1909 年引入两个描述球体弹性的新参数 h 和 k,这两个数是无量纲的数,并以 LOVE 的名字命名。1912 年 Shida 引入第 3 个参数 l。若位势可以展开成球函数多项式,则利用这三个数可以实际表示这种位势产生的所有形变现象。因为这些函数正交,所以每一种形变效应(例如压力、体膨胀、线位移分量、附加位势等)可以同样展开成球函数,这种展开中的每一项与扰动位的相应项成正比。

引潮势能够使固体地球上各个质点引起径向位移

$$u_r = \sum_{n=2}^{\infty} H_n(r) \frac{V_n}{g} \tag{10.2.1}$$

式中,V 是引潮势,r 是某点到地心的距离。其中,引潮势的二次项和三次项为

$$V_2 = \frac{GM}{2}\left[\frac{r^3}{D^3}(3\cos^2\Theta-1)\right]$$

$$V_3 = \frac{GM}{2}\left[\frac{r^3}{D^4}(5\cos^3\Theta-3\cos\Theta)\right]$$

在引潮势的作用下,固体地球各点在纬向和经向引起的位移

$$u_\theta = \frac{1}{g} \sum_{n=2}^{\infty} L_n(r) \frac{\partial V_n}{\partial \theta} \qquad (10.2.2)$$

$$u_\lambda = \frac{1}{g} \sum_{n=2}^{\infty} L_n(r) \frac{\partial V_n}{\sin\theta \partial \lambda} \qquad (10.2.3)$$

式中,θ 是天体的余赤纬,λ 是天体的经度。

同样,形变本身以及形变引起的体膨胀和物质的表面移动所伴随的密度变化而造成的引力位可以写成

$$W = W_0 + \sum_{n=2}^{\infty} K_n(r) V_n$$

对于地球表面上($r=a$),有

$$H_n(a) = h_n, K_n(a) = k_n, L_n(a) = l_n \qquad (10.2.4)$$

h_n, k_n, l_n 为 n 阶 LOVE 数,$n=2,3,\cdots$

因为地球形变后总的引潮势

$$V_n^* = (1+k_n) V_n \qquad (10.2.5)$$

海面相对于地心升高的平衡潮是

$$\zeta_0 = (1+k_n) \frac{V_n}{g} \qquad (10.2.6)$$

根据定义,地壳的固体潮是

$$\zeta_c = h_n \frac{V_n}{g} \qquad (10.2.7)$$

因此,海面相对于海底升高的平衡潮是两者之差

$$\zeta = \zeta_0 - \zeta_c = (1+k_n-h_n) \frac{V_n}{g} \qquad (10..2.8)$$

$n=2$ 的 $1+k-h$ 约等于 0.7。

10.2.2 负荷 LOVE 数[109,23]

大洋固定地点的实测潮位为

$$\zeta = \sum_n \zeta_n$$

由于海潮的作用,在固体地球表面上又附加了一个荷载 $\rho g \zeta_n$。ρ 是海水的平均密度。这一荷载的位势根据 M. A. Lamb 的计算,等于

$$g \alpha_n \zeta_n$$

式中,$\alpha_n = \dfrac{3\rho}{(2n+1)\rho_c}$,$\rho_c$ 是地球的平均密度,而固体地球由于这一荷载引起的高

度改变量为 $h'_n\alpha_n\zeta_n$。它被称为负载潮或负荷潮。由于负载的存在,又将引起一附加的引潮势

$$k'_n g\alpha_n\zeta_n \qquad (10.2.9)$$

因此对大洋而言,总的引潮势为

$$\Gamma_n=(1+k_n)V_n+(1+k'_n)g\alpha_n\zeta_n \qquad (10.2.10)$$

由引潮力和海潮负载引起的总的地潮高度

$$\xi_n=h_n\frac{V_n}{g}+h'_n\alpha_n\zeta_n \qquad (10.2.11)$$

对于固定在海底的验潮站,其观测值

$$\zeta=\zeta_0-\xi \qquad (10.2.12)$$

令

$$Z=\zeta_0-\frac{\Gamma}{g} \qquad (10.2.13)$$

将式(10.2.10),(10.2.11),(10.2.13)代入式(10.2.12),得

$$\zeta=Z+\sum_n(1+k_n-h_n)\frac{V_n}{g}+\sum_n(1+k'_n-h'_n)\alpha_n\zeta_n \qquad (10.2.14)$$

式中,k'_n,h'_n 为 n 阶负荷 LOVE 数[17]。图 10.2.1 给出了依据两种地球模型计算的 k'_n,h'_n 曲线图。图中显示,当 n 足够大时,负荷 LOVE 数趋于常数。

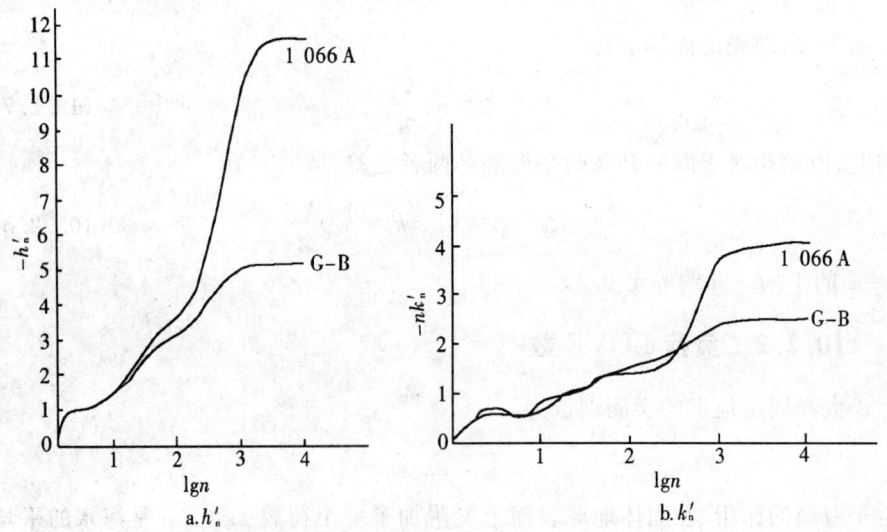

图 10.2.1 负荷 LOVE 数(摘自文献[17])

§10.3 重力潮

在引潮力的作用下，重力不再是常量，而能够产生周期性的潮汐变化。通过高精度的重力测量仪可以将重力的潮汐变化测量出来。

使质量为 1g 的物体产生单位加速度(cm/s^2)之力称为 1 达因，在重力测量中称为 1 伽(gal)，以千分之一伽为毫伽，毫伽的千分之一为微伽(μgal)。重力潮研究中，通常以微伽作为计量单位，本节介绍通过引潮力计算重力潮的理论值和通过实测的重力潮观测值分析重力潮的变化情况。

10.3.1 重力潮理论值的计算方法

月球引潮势

$$V_M = \frac{\mu_o M}{D} \sum_{n=2}^{\infty} \left(\frac{a}{D}\right)^n P_n(\cos\Theta)$$

式中，μ_o 为万有引力常数，M 为月球质量，D 为地月中心之间的距离，a 为地球半径，Θ 为月球天顶距，$P_n(\cos\Theta)$ 为勒让德多项式。

按潮汐的静力学理论，把地球作为刚体，对于由引潮力引起的地球重力变化，许厚泽等通过引潮势对地球向径求一阶导数来计算重力变化的理论值[15,20]。

$$\Delta g = -\frac{\partial V}{\partial a} = -\mu_o M \sum_{n=2}^{\infty} n \frac{a^{n-1}}{D^{n+1}} P_n(\cos\Theta) \quad (10.3.1)$$

上式负号表示重力向下为正，若要精确到 1 微伽，月球应算到 $n=3$，太阳算到 $n=2$ 即可，那么

$$\Delta g = -\left(\frac{\partial V_{2M}}{\partial a} + \frac{\partial V_{3M}}{\partial a} + \frac{\partial V_{2S}}{\partial a}\right) \quad (10.3.2)$$

式中

$$V_{2M} = \frac{3\mu_o M a^2}{2D^3}\left(\cos^2\Theta - \frac{1}{3}\right)$$

$$V_{3M} = \frac{\mu_o M a^3}{D^4}\left(\frac{5}{2}\cos^3\Theta - \frac{3}{2}\cos\Theta\right)$$

$$V_{2S} = \frac{3\mu_o S a^2}{2D_S^3}\left(\cos^2\Theta_S - \frac{1}{3}\right)$$

S 为太阳质量，Θ_S 为太阳天顶距，D_S 为地日中心之间的距离。式(10.3.2)中

$$\frac{\partial V_{2M}}{\partial a} = 3\mu_o M \frac{a}{D^3}\left(\cos^2\Theta - \frac{1}{3}\right)$$

$$= 3\frac{\mu_o E}{R^2}\frac{M}{E}\left(\frac{R}{D}\right)^3 \frac{a}{R}\left(\frac{\overline{D}}{D}\right)^3\left(\cos^2\Theta - \frac{1}{3}\right) \quad (10.3.3)$$

取引力常数 $\mu_o E = 398\,603 \text{ km}^3/\text{s}^2$，地球赤道半径 $R = 6\,378.160 \text{ km}$，月地平均距离 $\overline{D} = 384\,400 \text{ km}$，月地质量之比 $\dfrac{M}{E} = \dfrac{1}{81.30}$，代入上式

再取
$$F(\varphi) = \frac{a}{R} = 0.998\,327 + 0.001\,676 \cos 2\varphi$$

得
$$\frac{\partial V_{2M}}{\partial a} = 0.000\,165\,17\, F(\varphi)\left(\frac{\overline{D}}{D}\right)^3 \left(\cos^2\Theta - \frac{1}{3}\right) \text{伽}$$
$$= 165.17\, F(\varphi)\left(\frac{\overline{D}}{D}\right)^3 \left(\cos^2\Theta - \frac{1}{3}\right) \text{微伽}$$

依此得到重力潮理论值的基本公式

$$\Delta g = -165.17 F(\varphi)\left(\frac{\overline{D}}{D}\right)^3 \left(\cos^2\Theta - \frac{1}{3}\right) -$$
$$1.37 F^2(\varphi)\left(\frac{\overline{D}}{D}\right)^4 (5\cos^3\Theta - 3\cos\Theta) -$$
$$76.08 F(\varphi)\left(\frac{\overline{D}_S}{D_S}\right)^3 \left(\cos^2\Theta_S - \frac{1}{3}\right) \tag{10.3.4}$$

式中，D_S，$\overline{D}_S$ 为地日中心之间的距离及平均距离，Θ_S 为太阳的天顶距，φ 为计算点的地理纬度。

式(10.3.4)中 $\left(\dfrac{\overline{D}}{D}\right)^3$，$\left(\dfrac{\overline{D}_S}{D_S}\right)^3$，$\Theta$，$\Theta_S$ 任意时刻的量值可以通过§2.2的有关公式计算。

由于地球并非刚体，而是一个弹性体，重力潮的理论值应乘以一个重力潮汐因子 δ 才能等于实测的重力固体潮。δ 与 LOVE 数 k，h 的关系为

$$\delta = \frac{\text{实际观测到的重力变化}}{\text{理论的重力变化}} = 1 + h - \frac{3}{2}k$$

δ 永远大于 1。实际观测表明，由于地球各部分的区域构造不同，各地的 δ 存在着某些差异，平均值大约为 $1.16^{[15,120]}$。

也可以采用§2.4介绍的方法[42]，将垂直引潮力作球函数展开，并计算 $n=6$ 阶球函数，能快速地计算出高精度的重力潮理论值。

图 10.3.1 是依据垂直引潮力计算的各分潮振幅随纬度的变化图。半日分潮的振幅在南北极为零，赤道最大，日分潮的振幅在南北极及赤道均为零，而在 $\varphi = \pm 45°$ 地区的振幅最大。

10.3.2 重力固体潮的分析[42]

重力固体潮的观测资料具有明显的零点漂移现象。为了得到正确的分析结果，必须很好地消除零点漂移的影响。

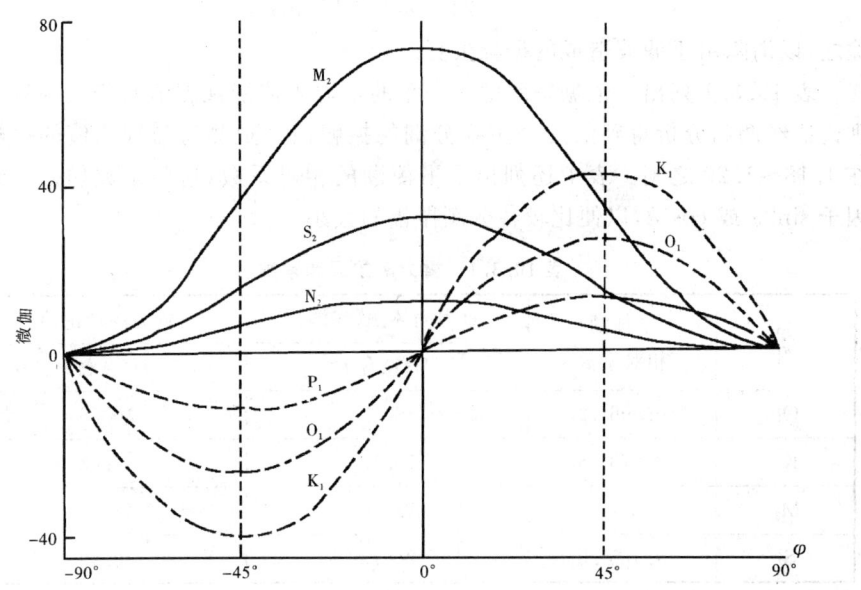

图 10.3.1 垂直引潮力的各分潮振幅分布图(引自文献[109])

在最小二乘法的意义下,以

$$\hat{\zeta}(t) = \sum_{j=0}^{K} b_j t^j, \qquad t=1,2,\cdots,N \qquad (10.3.5)$$

拟合固体潮的观测值 $\zeta(t)$,使

$$Q(b) = \sum_{t=1}^{N} \left[\zeta(t) - \sum_{j=0}^{K} b_j t^j\right]^2 = min$$

取

$$\frac{\partial Q(b)}{\partial b_i} = 0$$

得

$$\sum_{j=0}^{K} b_j \sum_{t=1}^{N} t^{i+j} = \sum_{t=1}^{N} \zeta(t) t^i, \qquad i,j=0,1,\cdots,K \qquad (10.3.6)$$

求解线性方程组式(10.3.6)即可求得任意阶的 b_j,代入式(10.3.5)得到零点漂移之值 $\hat{\zeta}(t)$。取 $[\zeta(t)-\hat{\zeta}(t)](t=1,2,\cdots,N)$ 作为分析之用。

当 $K=1$ 时,$\hat{\zeta}(t)=b_0+b_1 t$,零点漂移表现为线性趋势变化。当 $K=2$ 时,对应于抛物线消零法。

也可以采用§4.6介绍的卷积滤波的方法进行消零,消零后分析得到的各分潮的振幅需用滤波的谱

$$H(\sigma) = (\frac{\sin 12\sigma}{24\sin\sigma/2})^2 \frac{\sin 12.5\sigma}{25\sin\sigma/2}$$

除之,以消除由于滤波造成的振幅失真。

表 10.3.1 列出了依据华北地区一年的重力固体潮观测值及相应的重力潮理论值经调和分析得到的几个主要分潮的振幅值。观测值与理论值的振幅比在 1.18~1.20 之间。表中还列出了平衡潮的相对系数,这些系数加入了地理因子 $\sin 2\varphi$ 或 $\cos^2\varphi$,以便比较各分潮振幅的大小。

表 10.3.1 重力潮的调和常数

分潮	平衡潮相对系数	重力固体潮(实测) H(微伽)	重力潮理论值 H(微伽)
O_1	0.696 12	36.57	30.56
K_1	0.978 98	50.78	43.03
M_2	1.0	52.90	43.97
S_2	0.465 25	24.75	20.43

§10.4 海潮对固体潮的负荷影响

本节不是通过倾斜固体潮实测资料研究海洋潮汐对固体潮的负荷影响,而是采用许厚译等依据海洋潮波图从理论上计算海洋潮汐对地面倾斜潮、重力潮和地球表面应变的负荷影响[17,35]。

由于地球表面所受的海潮负荷很不规则,负荷潮的计算一般分为两步,首先求出地球对单位质量负荷的响应函数,即格林函数,然后利用格林函数对不规则的海潮负荷作卷积积分。

10.4.1 格林函数

形变表面的倾斜、重力变化与三个因素有关,即负荷质量的直接引力、负荷引起的地面形变、质量重新分布所引起的附加位的变化。综合这三种因素,得到倾斜和重力的格林函数[16]

$$倾斜:T(\Theta) = -\frac{1}{m}\sum_{n=0}^{\infty}(1+k'_n-h'_n)\frac{\partial}{\partial\Theta}P_n(\cos\Theta) \quad (10.4.1)$$

$$重力:G(\Theta) = \frac{g_o(a)}{m}\sum_{n=0}^{\infty}[n+2h'_n-(n+1)k'_n]P_n(\cos\Theta) \quad (10.4.2)$$

式中,a 和 m 分别是地球向径和质量;$g_o(a)$ 是地表重力;$P_n(\cos\Theta)$ 为 n 阶勒让德多项式;Θ是负荷点到观测站的极距;k'_n,h'_n是n阶负荷LOVE数。

从图10.2.1知,当n足够大时,h'_n,k'_n接近常数,Farrell定义

$$\lim_{n\to\infty}h'_n=h'_\infty,\lim_{n\to\infty}nk'_n=k'_\infty$$

也就是说,当n等于一个较大的数N时,$h'_n-h'_\infty=0,nk'_n-k'_\infty=0$,因此,格林函数的无穷级数可以变为有限和的形式[108]。

$$T(\Theta)=\frac{\cos\frac{\Theta}{2}}{4m\sin^2\frac{\Theta}{2}}-\frac{1}{m}\left\{\sum_{n=1}^N\left[\frac{nk'_n-k'_\infty}{n}+(h'_\infty-h'_n)\right]\frac{\partial}{\partial\Theta}P_n(\cos\Theta)+\right.$$

$$\left.\frac{h'_\infty\cos\frac{\Theta}{2}}{4\sin^2\frac{\Theta}{2}}-\frac{k'_\infty\cos\frac{\Theta}{2}[1+2\sin\frac{\Theta}{2}]}{2\sin\frac{\Theta}{2}[1+\sin\frac{\Theta}{2}]}\right\} \quad (10.4.3)$$

$$G(\Theta)=-\frac{g_o(a)}{4m\sin\frac{\Theta}{2}}+\frac{g_o(a)}{m}\left\{\frac{2h'_\infty-k'_\infty}{2\sin\frac{\Theta}{2}}+\right.$$

$$\left.\sum_{n=0}^N[2(h'_n-h'_\infty)-(n+1)k'_n+k'_\infty]P_n(\cos\Theta)\right\} \quad (10.4.4)$$

上两式的第一项是负荷质量的直接引力部分,第二项是地球的弹性形变影响。计算$T(\Theta),G(\Theta)$时一般取$N=10\ 000$。图10.4.1给出了两种地球模型的倾斜和重力的负荷格林函数曲线图。

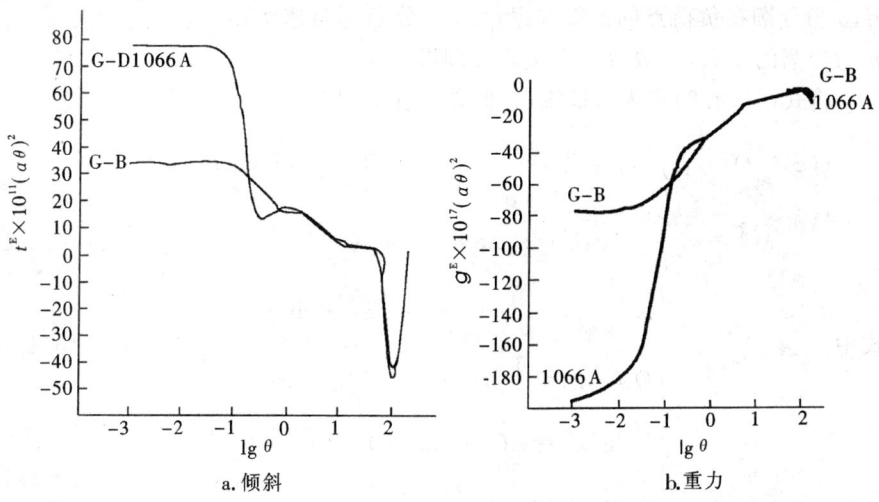

图10.4.1 负荷格林函数曲线图(摘自文献[17])

10.4.2 海潮对倾斜、重力潮的影响

由于海潮对地面倾斜、重力潮的作用，产生负荷潮。对海潮与格林函数进行卷积，由于格林函数含有负荷 LOVE 数，能够将负荷潮计算出来。以 ξ, η, δ_g 分别表示地面南北倾斜、东西倾率和地面重力的负荷潮，其公式为

$$\xi(\varphi,\lambda,t) = \int \rho \zeta(\varphi',\lambda',t) T(\Theta) \cos A \mathrm{d}s' \qquad (10.4.5)$$

$$\eta(\varphi,\lambda,t) = \int \rho \zeta(\varphi',\lambda',t) T(\Theta) \sin A \mathrm{d}s' \qquad (10.4.6)$$

$$\delta_g(\varphi,\lambda,t) = \int \rho \zeta(\varphi',\lambda',t) G(\Theta) \mathrm{d}s' \qquad (10.4.7)$$

式中，(φ',λ') 为海潮负荷点的球面坐标；(φ,λ) 是测点的球面坐标；A, Θ 为由测站量到负荷点的方位角及极距；$\mathrm{d}s'$ 为负荷面元；ρ 是海水密度；$\zeta(\varphi',\lambda',t)$ 是负荷点的海潮潮高。

$$\begin{aligned}\zeta(\varphi',\lambda',t) &= \sum_{j=1}^{m} H_j(\varphi',\lambda')\cos[\sigma_j t + x_j - \delta_j(\varphi',\lambda')] \\ &= \sum_{j=1}^{m} [A_j(\varphi',\lambda')]\cos(\sigma_j t + x_j) + B_j(\varphi',\lambda')\sin(\sigma_j t + x_j)\end{aligned}$$

$$(10.4.8)$$

式中

$$\begin{cases} A_j(\varphi',\lambda') = H_j(\varphi',\lambda')\cos\delta_j(\varphi',\lambda') \\ B_j(\varphi',\lambda') = H_j(\varphi',\lambda')\sin\delta_j(\varphi',\lambda') \end{cases} \qquad (10.4.9)$$

H, δ 为分潮在负荷点的振幅和迟角；σ 为分潮的角速率；x_j 为分潮的天文相角；m 为分潮的个数，一般取 8 个主要分潮即可。

将式(10.4.8)代入负荷潮(以倾斜东西分量为例)。

$$\begin{aligned}\eta(\varphi,\lambda,t) &= \sum_{j=1}^{m}[c_j(\varphi,\lambda)\cos(\sigma_j + x_j) + D_j(\varphi,\lambda)\sin(\sigma_j t + x_j)] \\ &= \sum_{j=1}^{m} L_j(\varphi,\lambda)\cos[\sigma_j t + x_j - \alpha_j(\varphi,\lambda)]\end{aligned} \qquad (10.4.10)$$

式中

$$\begin{cases} C_j(\varphi,\lambda) = \int \rho A_j(\varphi',\lambda') T(\Theta)\sin A \mathrm{d}s' \\ D_j(\varphi,\lambda) = \int \rho B_j(\varphi',\lambda') T(\Theta)\sin A \mathrm{d}s' \end{cases} \qquad (10.4.11)$$

$$\begin{cases} L_j(\varphi,\lambda) = \sqrt{C_j^{\,2}(\varphi,\lambda) + D_j^{\,2}(\varphi,\lambda)} \\ \alpha_j(\varphi,\lambda) = \arctan\left(\dfrac{D_j(\varphi,\lambda)}{C_j(\varphi,\lambda)}\right) \end{cases} \qquad (10.4.12)$$

文献[17]依据大洋潮波图和中国近海的潮波图计算了中国大陆 33 站各分潮倾

斜、重力及应变负荷潮的振幅 $L(\varphi,\lambda)$ 和迟角 $\alpha(\varphi,\lambda)$。依式(10.4.11)计算 $C(\varphi,\lambda),D(\varphi,\lambda)$ 时，按照数值积分的方法，将大洋分为 $1°\times1°$、近海分为 $15'\times15'$ 的许多小的负荷面元，依潮波图取各小区中心点的海潮加以计算。

计算表明，在海洋潮汐的作用下，形成的负荷潮均由东向西递减，但能影响到远至新疆地区，沿海地区影响较大。对重力而言，最大达到了 3μGal 量级，约为体潮影响的 5%；对倾斜潮，最大影响达几十毫秒，量级达到甚至超过体潮的影响；对应变而言，达 1×10^{-8} 量级，为体潮的 50%。因此在所有重力、倾斜及应变潮汐观测中，必须估计海潮负荷的影响。

§10.5 考虑到固体潮、平衡潮的潮波数值计算

对于像渤海这样的海区，潮波由外海传入，引潮力在当地产生的平衡潮很小，可以忽略不计。对于大的海域，特别是对大洋的潮波计算时，必须考虑到当地的平衡潮，最好考虑到固体潮对海潮的影响。

Hendershott(1972)考虑到固体潮、负荷潮等对海潮的影响，给出了修正的拉普拉斯方程

$$\begin{cases} \dfrac{\partial u}{\partial t}-2\omega v\sin\varphi=-\dfrac{g}{a\cos\varphi}\dfrac{\partial(\zeta-\Gamma/g)}{\partial\lambda}+\dfrac{1}{\rho D}\dfrac{\partial F}{\partial\lambda} \\ \dfrac{\partial v}{\partial t}+2\omega u\sin\varphi=-\dfrac{g}{a}\dfrac{\partial(\zeta-\Gamma/g)}{\partial\varphi}+\dfrac{1}{\rho D}\dfrac{\partial F}{\partial\varphi} \\ \dfrac{\partial(\zeta-\xi)}{\partial t}+\dfrac{1}{a\cos\varphi}\left[\dfrac{\partial(uD)}{\partial\lambda}+\dfrac{\partial(vD\cos\varphi)}{\partial\varphi}\right]=0 \end{cases} \quad (10.5.1)$$

式中，u,v 分别表示流速的东分量和北分量；ω 为地球自转角速度；λ,φ 为东经和北纬；a 为地球半径；D 为海洋深度；F 是海底应力；ζ,ξ 是相对地心的海潮和固体潮潮高；Γ 是所有引潮势之和。Hendershott 指出，固体潮效应具有天体引潮势本身的量级。固体潮的存在使储存潮能和引潮天体对海洋作功功率的一般表达式显著改变，估计引潮天体对海洋作功的功率为 3.04×10^{10} 尔格·s^{-1}。忽略固体潮引起的所有效应，产生的误差为 30%，这是因为 $1+k-h\doteq0.7$ 产生的结果。Hendershott 引入固体潮计算的大洋 M_2 潮波图见图 7.5.8。

方国洪(1994)对南海进行潮汐潮流数值模拟中，考虑了引潮力对南海产生的平衡潮及固体的影响。采用的球坐标连续方程和运动方程为

$$\dfrac{1}{R\cos\varphi}\left[\dfrac{\partial}{\partial\lambda}(Hu)+\dfrac{\partial}{\partial\varphi}(Hv\cos\varphi)\right]+\dfrac{\partial\zeta}{\partial t}=0 \quad (10.5.2)$$

$$\dfrac{\partial u}{\partial t}+\dfrac{u}{R\cos\varphi}\dfrac{\partial u}{\partial\lambda}+\dfrac{v}{R}\dfrac{\partial u}{\partial\varphi}-\dfrac{uv\tan\varphi}{R}-2\omega v\sin\varphi+\dfrac{k_b u\sqrt{u^2+v^2}}{H}+$$

$$\frac{g}{R\cos\varphi}\frac{\partial(\zeta-\bar{\zeta})}{\partial\lambda}-\frac{A}{R^2\cos^2\varphi}\left[\frac{\partial^2 u}{\partial\lambda^2}+\cos\varphi\frac{\partial}{\partial\varphi}\left(\frac{\partial u}{\partial\varphi}\cos\varphi\right)\right]=0 \quad (10.5.3)$$

$$\frac{\partial v}{\partial t}+\frac{u}{R\cos\varphi}\frac{\partial v}{\partial\lambda}+\frac{v}{R}\frac{\partial v}{\partial\varphi}+\frac{u^2\tan\varphi}{R}+2\omega u\sin\varphi+\frac{k_b v\sqrt{u^2+v^2}}{H}+$$

$$\frac{g}{R}\frac{\partial(\zeta-\bar{\zeta})}{\partial\varphi}-\frac{A}{R^2\cos^2\varphi}\left[\frac{\partial^2 v}{\partial\lambda^2}+\cos\varphi\frac{\partial}{\partial\varphi}\left(\frac{\partial v}{\partial\varphi}\cos\varphi\right)\right]=0 \quad (10.5.4)$$

式中,λ,φ 是东经和北纬;u,v 是垂直平均流速的东分量和北分量;$H=h+\zeta$ 为总水深,h 为未扰动水深,ζ 为未扰动海面上的潮高;R 为地球半径;ω 为地球自转角速度;g 为重力加速度;A 为水平涡动黏性系数;k_b 为海底摩擦系数;$\bar{\zeta}$ 为考虑了固体潮效应后的平衡潮,取作平衡潮的 0.7 倍。其计算公式为

半日分潮:$\bar{\zeta}=0.7G\bar{H}\cos^2\varphi\cos[\sigma(t-S)+2\lambda]$ (10.5.5)

日分潮:$\bar{\zeta}=0.7G\bar{H}\sin2\varphi\cos[\sigma(t-S)+\lambda]$ (10.5.6)

式中,t 是区时;S 为标准子午线,对东八时区,取 $S=\frac{120°}{15°/\text{h}}=8\text{h}$;$\lambda$ 为观测点的经度;$\bar{H}$ 是引潮势展开中各分潮的平均系数,对 M_2,S_2,K_1,O_1 分别为 0.908 12,0.423 58,0.530 50,0.376 89;Doodson 常数 $G'=\frac{3}{4}g\frac{Ma^4}{E\bar{D}^3}=2.633\,583\,8\text{ m}^2/\text{s}^{2[34]}$,由于平衡潮 $\bar{\zeta}=\frac{V}{g}$,式(10.5.5)、(10.5.6)中的 G 应改为

$$G=\frac{3}{4}\frac{Ma^4}{E\bar{D}^3}=\frac{G'}{g}=\frac{2.633\,583\,8}{9.820\,240}=0.268\,179\text{ m}$$

那么考虑到固体潮影响的各分潮的平衡潮为

$$\begin{cases}\bar{\zeta}_{M_2}=0.170\,5\cos^2\varphi\cos[\sigma_{M2}(t-8)+2\lambda]\\ \bar{\zeta}_{S_2}=0.079\,5\cos^2\varphi\cos[\sigma_{S2}(t-8)+2\lambda]\\ \bar{\zeta}_{K_1}=0.099\,6\sin2\varphi\cos[\sigma_{K1}(t-8)+\lambda]\\ \bar{\zeta}_{O_1}=0.070\,8\sin2\varphi\cos[\sigma_{O_1}(t-8)+\lambda]\end{cases} \quad (10.5.7)$$

对南海进行潮流数值模拟时[10],取开边界的强迫水位

$$\zeta(t)=H_{m_1}\cos(\sigma_{m_1}t-g_{m_1})+H_{M_2}\cos(\sigma_{M_2}t-g_{M_2})$$

式中,$H_{m_1}=\frac{H_{K_1}+H_{O_1}}{2}$,$\sigma_{m_1}=\frac{\sigma_{K_1}+\sigma_{O_1}}{2}$,$g_{m_1}=\frac{g_{K_1}+g_{O_1}}{2}$。考虑了固体潮的平衡潮

$$\bar{\zeta}(t)=0.085\sin2\varphi\cos[\sigma_{m_1}(t-s)+\lambda]+$$
$$0.170\cos^2\varphi\cos2[\sigma_{m_1}(t-s)+\lambda] \quad (10.5.8)$$

对南海进行潮流数值模拟时,径向、纬向的网格间距为 $1°/4$,时间步长为 89.28s,水平涡动黏性系数 $A=10^4\text{ m}^2/\text{s}$,海底摩擦 $k_b=0.002\,2$。对陆界取法

向流速分量为零,水界给以强迫水位。取初始条件为 $t=0$ 各内格点的 $\zeta=u=v=0$,计算趋于稳定后,各内格点最后两潮周期 ζ 的最大差值为 0.1 cm。u,v 的最大差值为 0.1 cm/s。对最后一个潮周期内所有的 ζ,u,v 进行调和分析,可得各计算点上的潮汐潮流调和常数及潮流椭圆要素。

文献[93]对南海进行潮流数值模拟时,在水界上取强迫水位

$$\zeta(t) = \sum_c f_c H_c \cos[\sigma_c t + (V_0+u)_c - g_c] \qquad (10.5.9)$$

与该式相应的考虑了固体潮影响的平衡潮

$$\bar{\zeta}(t) = \sum_c f_c \bar{H}_c \cos[\sigma_c t + (V_0+u)_c + (P\lambda+\sigma_c S)] \qquad (10.5.10)$$

式中,c 包括 M_2, S_2, K_1, O_1 分潮;对于北京时间,取 $S=-8h$,对日分潮和半日分潮 P 分别为 1 和 2;λ 为计算点的经度;根据 Wahr(1981)的取值

$$\begin{aligned}&\bar{H}_{M_2}=0.168\cos^2\varphi, \qquad \bar{H}_{S_2}=0.078\cos^2\varphi,\\&\bar{H}_{K_1}=0.104\sin 2\varphi, \qquad \bar{H}_{O_1}=0.070\sin 2\varphi。\end{aligned} \qquad (10.5.11)$$

§10.6 潮汐触发地震

段华深(1991)通过对泰安、马陵山、佘山地面倾斜固体潮调和分析结果表明[31]:在海潮的作用下,地面倾斜能够发生异常变化,并可能触发地震。表 10.6.1 列出了泰安 1982~1984 年南北倾斜固体潮 M_2 的逐月振幅值。表中显示 1982 年 7 月底生成的 8204 号台风的影响,使得泰安 1982 年 8 月倾斜潮 M_2 的振幅偏大。泰安 1983 年 11 月的倾斜潮 M_2 的振幅也偏大。马陵山该月份的 M_2 振幅也比前后月份大,引起菏泽于 1983 年 11 月 7 日发生 5.9 级地震,菏泽地震震中距泰安 200 km。资料分析表明,地震前半月周期分潮 M_f 的振幅明显大于地震期间及地震后的振幅。1984 年 5 月 21 日在南黄海发生了 6.2 级地震,震中距佘山 150 km,表 9.6.2 显示,1984 年 5 月佘山 M_2 振幅增大。

从 1985~1990 年云南省楚雄和永胜台倾斜固体潮的分析结果来看[96],倾斜潮 M_2 振幅的异常变化也普遍能够触发地震。

表 10.6.1 泰安倾斜潮南北分量 M_2 的振幅值

振幅值(ms) 年 月	1	2	3	4	5	6	7	8	9	10	11	12
1982	5.50	5.62	5.69	5.91	5.61	5.60	5.51	5.89	5.50	5.49	5.57	5.53
1983	5.54	5.59	5.49	5.54	5.63	5.60	5.65	5.69	5.64	5.65	5.71	5.49
1984	5.59	5.60	5.52	5.61	5.65	5.72	5.50	5.53	5.50	5.58	5.65	5.56

表 10.6.2 佘山倾斜潮南北分量 M_2 的振幅值

振幅值(ms) 月 年	1	2	3	4	5	6	7	8	9	10	11	12
1983		2.88	2.96	3.13	3.20	3.73	3.87	3.74		3.84	3.69	3.72
1984	3.99	3.49	3.73	3.67	3.99	3.94	3.77	3.64	3.76	3.70	3.47	3.70
1985	3.73	3.60	3.13	3.81	3.34	3.66	3.53	3.26	3.81	3.46	3.53	3.31

Heaton[95]分析了 107 个地震的方位参数,得到的结论是,浅源(<30 km)大震级(>5 级)斜滑和倾滑型地震,是由潮汐应力触发的,而浅源走滑型地震或中源及深源地震,似乎与潮汐应力无关。

§10.7 黏性潮汐形变在地球自转长期减速中的作用[109]

海洋潮流对浅海海底产生的摩擦,能使地球自转速度减慢,天文学和古生物学证据表明,地球总能量耗散为 8.5×10^{26} 尔格·a^{-1}。Miller[110]估计在浅海中的能量耗散为 4.4×10^{26} 尔格·a^{-1};Newton 注意到,至少有一半的能量耗散不是由浅海摩擦造成的;Bostrom(1976)认为,固体潮的滞后是造成另一半能量耗散的原因。

如果将地月系统视作与外部作用无关的封闭系统,能量守恒定律为

$$E_{动} + E_{势} + E_{耗} = 常数 \tag{10.7.1}$$

得出能量耗散率(功率)为

$$\frac{dE_{耗}}{dt} = -\frac{dE_{动}}{dt} - \frac{dE_{势}}{dt} \tag{10.7.2}$$

它暗示月球和地球的自转及公转速度将随时间的延长而减小(动能减小),而地一月距离将增加(势能增加)。

地球自转的长期减速,是经过古代日全蚀地点的记录经度推断出来的。设 1 天的长度

$$J = \frac{2\pi}{\omega} \tag{10.7.3}$$

其中地球自转角速度

$$\omega = \omega_0 + rt \tag{10.7.4}$$

1970 年

$$\omega_{1970} = 7.29 \times 10^{-5} 弧度·s^{-1}$$

实验测定

第 10 章 固体潮

$$r = \frac{d\omega}{dt} = -4.8 \times 10^{-22} \text{弧度} \cdot \text{s}^{-2}$$

得

$$\frac{d\omega}{\omega} = -6.58 \times 10^{-18} \text{ s}^{-1} dt$$

$$d\omega = -6.58\omega \times 10^{-18} \text{ s}^{-1} dt \qquad (10.7.5)$$

取

$$dt = 3.2 \times 10^{12} \text{ s} \sim 100\ 000 \text{a}$$

得

$$d\omega = -2.1 \times 10^{-5} \omega \qquad (10.7.6)$$

且因

$$\frac{dJ}{J} = -\frac{d\omega}{\omega}$$

得到 100 000 年后,

$$dJ = +2 \times 10^{-5} J = 2 \text{ s} \qquad (10.7.7)$$

就是说 10 万年后,1 天延长 2 秒。

古生物学发现珊瑚化石可以作为化石钟,这些动物以本身每天生长一个环脊的形式发育。环脊的宽度,是动物接受光量的函数。因此我们可以观测它们的年调制,比较精确地数出一年所包含的天数(环数)。检验表明,现在的活珊瑚每年有 365 环,与一年有 365 天相一致。Wells, Pannella 和 Mac Clintok 对珊瑚化石进行了精确而巧妙的测量,得出了各个时期每天的长度及每年的天数(表 10.7.1)。从中看出 72 百万年前一天只有 23.67 h,一年有 370.33 天,说明那时地球自转快,因此一年的天数多。

表 10.7.1 地球自转减速表

时期	年龄(百万年)	年长(日)	日长(h)
现代	0	365.25	24
白垩纪	72	370.33	23.67
二叠纪	270	384.10	22.82
石炭纪	298	387.50	22.62
泥盆纪	380	398.75	21.98
志留纪	440	407.10	21.53

附表

附表1 杜德逊的引潮势展开式

1. 零族（长周期分潮族）

V_2 展开的分潮：$G_2^0(\varphi)A_2\cos\theta$

V_3 展开的分潮：$G_3^0(\varphi)B_3\sin\theta$

其中：$G_2^0 = \frac{1}{2}G(1-3\sin^2\varphi)$，$G_3^0 = 1.11803G\sin\varphi(3-5\sin^2\varphi)$

1	2						3	4	5
幅角数	τ (n_1)	s (n_2)	h (n_3)	p (n_4)	N' (n_5)	p_s (n_6)	名称	A_2	B_3
055.555	0	0	0	0	0	0	(A_0)	0.738 69	
055.565	0	0	0	0	1	0		−6 552	
055.575	0	0	0	0	2	0		64	
055.655	0	0	0	1	0	0			0.000 26
056.554	0	0	1	0	0	−1	(Sa)	1 160	
056.556	0	0	1	0	0	1		−61	
057.355	0	0	2	−2	0	0		73	
057.553	0	0	2	0	0	−2		30	
057.555	0	0	2	0	0	0	(Ssa)	7 299	
057.565	0	0	2	0	1	0		−181	
057.575	0	0	2	0	2	0		−40	
058.554	0	0	3	0	0	−1		427	
059.553	0	0	4	0	0	−2		17	
062.656	0	1	−3	1	0	1		68	
063.445	0	1	−2	−1	−1	0		−16	
063.645	0	1	−2	1	−1	0		−113	
063.655	0	1	−2	1	0	0		1 578	
063.665	0	1	−2	1	1	0		−103	
064.456	0	1	−1	−1	0	1		51	
064.555	0	1	−1	0	0	0		−44	
064.654	0	1	−1	1	0	−1		−13	
065.445	0	1	0	−1	−1	0		−542	
065.455	0	1	0	−1	0	0	(Mm)	8 254	
065.465	0	1	0	−1	1	0		−535	
065.545	0	1	0	0	−1	0			−24
065.555	0	1	0	0	0	0			466

(续表)

1	2						3	4	5
幅角数	τ (n_1)	s (n_2)	h (n_3)	p (n_4)	N' (n_5)	p_s (n_6)	名称	A_2	B_3
065.565	0	1	0	0	1	0			73
065.655	0	1	0	1	0	0		−442	
065.665	0	1	0	1	1	0		−179	
065.675	0	1	0	1	2	0		−47	
066.454	0	1	1	−1	0	−1		−43	
067.455	0	1	2	−1	0	0		−116	
067.465	0	1	2	−1	1	0		−58	
071.755	0	2	−4	2	0	0		26	
072.556	0	2	−3	0	0	1		91	
073.545	0	2	−2	0	−1	0		98	
073.555	0	2	−2	0	0	0		1 370	
073.565	0	2	−2	0	1	0		−88	
073.655	0	2	−2	1	0	0			15
074.554	0	2	−1	0	0	−1		−17	
074.556	0	2	−1	0	0	1		48	
074.566	0	2	−1	0	1	1		12	
075.345	0	2	0	−2	−1	0		−36	
075.355	0	2	0	−2	0	0		677	
075.365	0	2	0	−2	1	0		−44	
075.455	0	2	0	−1	0	0			76
075.465	0	2	0	0	1	0			12
075.555	0	2	0	0	0	0	(M_f)	0.156 42	
075.565	0	2	0	0	1	0		6 481	
075.575	0	2	0	0	2	0		607	
075.585	0	2	0	0	3	0		−13	
076.554	0	2	1	0	0	−1		−54	
076.564	0	2	1	0	1	−1		−14	
077.355	0	2	2	−2	0	0		−47	
077.365	0	2	2	−2	1	0		−19	
081.655	0	3	−4	1	0	0		42	
082.456	0	3	−3	−1	0	1		16	
082.656	0	3	−3	1	0	1		26	
082.666	0	3	−3	1	1	1		11	
083.445	0	3	−2	−1	−1	0		22	
083.455	0	3	−2	−1	0	0		217	
083.465	0	3	−2	−1	1	0		−14	
083.555	0	3	−2	0	0	0			13

(续表)

1	2						3	4	5
幅角数	τ (n_1)	s (n_2)	h (n_3)	p (n_4)	N' (n_5)	p_s (n_6)	名称	A_2	B_3
083.655	0	3	−2	1	0	0		569	
083.665	0	3	−2	1	1	0		236	
083.675	0	3	−2	1	2	0		21	
084.456	0	3	−1	−1	0	1		28	
084.466	0	3	−1	−1	1	1		10	
084.555	0	3	−1	0	0	0		−16	
085.255	0	3	0	−3	0	0		54	
085.455	0	3	0	−1	0	0		2 995	
085.465	0	3	0	−1	1	0		1 241	
085.475	0	3	0	−1	2	0		117	
085.555	0	3	0	0	0	0			38
085.565	0	3	0	0	1	0			24
085.675	0	3	0	1	2	0		−12	
086.454	0	3	1	−1	0	−1		−26	
091.555	0	4	−4	0	0	0		24	
091.755	0	4	−4	2	0	0		14	
092.556	0	4	−3	0	0	1		32	
092.566	0	4	−3	0	1	1		13	
093.355	0	4	−2	−2	0	0		25	
093.555	0	4	−2	0	0	0		478	
093.565	0	4	−2	0	1	0		200	
093.575	0	4	−2	0	2	0		19	
095.355	0	4	0	−2	0	0		396	
095.365	0	4	0	−2	1	0		165	
095.375	0	4	0	−2	2	0		16	
095.455	0	4	0	−1	0	0			11
0x1.655	0	5	−4	1	0	0		23	
0x3.455	0	5	−2	−1	0	0		116	
0x3.255	0	5	−2	−1	1	0		48	
0x5.265	0	5	0	−3	0	0		45	
0x5.265	0	5	0	−3	1	0		19	
0E1.555	0	6	−4	0	0	0		12	
0E3.355	0	6	−2	−2	0	0		19	

2.1 族(日周期分潮族)

V_2 展开的分潮：$G_2^1(\varphi)B_2\sin\theta$

V_3 展开的分潮：$G_3^1(\varphi)A_3\cos\theta$

其中：$G_2^1 = G\sin2\varphi$，$G_3^1 = 0.72618G\cos\varphi(1-5\sin^2\varphi)$。

幅角数	τ (n_1)	s (n_2)	h (n_3)	p (n_4)	N' (n_5)	p_s (n_6)	名称	A_3	B_2
105.955	1	−5	0	4	0	0			0.000 11
107.755	1	−5	2	2	0	0			46
109.555	1	−5	4	0	0	0			28
115.755	1	−4	0	2	0	0		−0.000 10	
115.845	1	−4	0	3	−1	0			21
115.855	1	−4	0	3	0	0			108
117.555	1	−4	2	0	0	0		−10	
117.645	1	−4	2	1	−1	0			53
117.655	1	−4	2	1	0	0			278
118.654	1	−4	3	1	0	−1			21
119.445	1	−4	4	−1	−1	0			10
119.455	1	−4	4	−1	0	0			54
124.756	1	−3	−1	2	0	1			−13
125.645	1	−3	0	1	−1	0		−23	
125.655	1	−3	0	1	0	0		−58	
125.745	1	−3	0	2	−1	0			180
125.755	1	−3	0	2	0	0	(2Q$_1$)		955
126.556	1	−3	1	0	0	1			−16
126.655	1	−3	1	1	0	0			−11
126.754	1	−3	1	2	0	−1			15
127.455	1	−3	2	−1	0	0		−11	
127.545	1	−3	2	0	−1	0			218
127.555	1	−3	2	0	0	0	(σ_1)		1 153
128.544	1	−3	3	0	−1	−1			14
128.554	1	−3	3	0	0	−1			79
129.355	1	−3	4	−2	0	0			35
133.855	1	−2	−2	3	0	0			−23
134.656	1	−2	−1	1	0	1			−61
135.435	1	−2	0	−1	−2	0			−28
135.545	1	−2	0	0	−1	0		−84	
135.555	1	−2	0	0	0	0		−211	

(续表)

幅角数	τ (n_1)	s (n_2)	h (n_3)	p (n_4)	N' (n_5)	p_S (n_6)	名称	A_3	B_2
135.635	1	−2	0	1	−2	0			−42
135.645	1	−2	0	1	−1	0			1 360
135.655	1	−2	0	1	0	0	(Q_1)		7 216
135.755	1	−2	0	2	0	0		−13	
135.855	1	−2	0	3	0	0			−19
136.456	1	−2	1	−1	0	1			−13
136.555	1	−2	1	0	0	0			−39
136.644	1	−2	1	1	−1	−1			11
136.654	1	−2	1	1	0	−1			68
137.445	1	−2	2	−1	−1	0			258
137.455	1	−2	2	−1	0	0	(ρ_1)		1 371
137.555	1	−2	2	0	0	0		−18	
137.655	1	−2	2	1	0	0			−78
137.665	1	−2	2	1	1	0			24
138.444	1	−2	3	−1	−1	−1			11
138.454	1	−2	3	−1	0	−1			64
139.455	1	−2	4	−1	0	0			−14
143.535	1	−1	−2	0	−2	0			−17
143.745	1	−1	−2	2	−1	0			−20
143.755	1	−1	−2	2	0	0			−113
144.546	1	−1	−1	0	−1	1			−15
144.556	1	−1	−1	0	0	1			−130
145.455	1	−1	0	−1	0	0		12	
145.535	1	−1	0	0	−2	0			−218
145.545	1	−1	0	0	−1	0			7 105
145.555	1	−1	0	0	0	0	(O_1)		0.376 89
145.645	1	−1	0	1	−1	0		16	
145.655	1	−1	0	1	0	0		−108	
145.665	1	−1	0	1	1	0		14	
145.755	1	−1	0	2	0	0			−243
145.765	1	−1	0	2	1	0			−40
146.544	1	−1	1	0	−1	−1			12
146.554	1	−1	1	0	0	−1			115
147.355	1	−1	2	−2	0	0			−21
147.455	1	−1	2	−1	0	0		−21	

(续表)

幅角数	τ (n_1)	s (n_2)	h (n_3)	p (n_4)	N' (n_5)	p_S (n_6)	名称	A_3	B_2
147.545	1	−1	2	0	−1	0			14
147.555	1	−1	2	0	0	0	(τ_1)		−491
147.565	1	−1	2	0	1	0			107
148.554	1	−1	3	0	0	−1			−33
152.656	1	0	−3	1	0	1			−14
153.645	1	0	−2	1	−1	0			−63
153.655	1	0	−2	1	0	0			−278
154.656	1	0	−1	1	0	1			15
155.435	1	0	0	−1	−2	0			17
155.445	1	0	0	−1	−1	0			−197
155.455	1	0	0	−1	0	0	(M_1)		−1 065
155.545	1	0	0	0	−1	0		98	
155.555	1	0	0	0	0	0		−661	
155.565	1	0	0	0	1	0		86	
155.645	1	0	0	1	−1	0			85
155.655	1	0	0	1	0	0	(NO_1)		−2 964
155.665	1	0	0	1	1	0			−594
155.675	1	0	0	1	2	0			17
156.555	1	0	1	0	0	0			16
156.654	1	0	1	1	0	−1			−18
157.445	1	0	2	−1	−1	0			16
157.455	1	0	2	−1	0	0	(χ_1)		−566
157.465	1	0	2	−1	1	0			−124
158.454	1	0	3	−1	0	−1			−24
161.557	1	1	−4	0	0	2			42
162.556	1	1	−3	0	0	1	(π_1)		1 029
163.535	1	1	−2	0	−2	0			14
163.545	1	1	−2	0	−1	0			−199
163.555	1	1	−2	0	0	0	(P_1)		0.17 584
163.557	1	1	−2	0	0	2			−11
163.755	1	1	−2	2	0	0			−26
164.554	1	1	−1	0	0	−1			−147
164.556	1	1	−1	0	0	1	(S_1)		−423
165.455	1	1	0	−1	0	0		−36	
165.545	1	1	0	0	−1	0			1 050

(续表)

幅角数	τ (n_1)	s (n_2)	h (n_3)	p (n_4)	N' (n_5)	p_s (n_6)	名称	A_3	B_2
165.555	1	1	0	0	0	0	(K_1)		−0.530 50(太阴太阳)
165.565	1	1	0	0	1	0			−7 182
165.575	1	1	0	0	2	0			154
165.655	1	1	0	1	0	0		−13	
166.554	1	1	1	0	0	−1	(Ψ_1)		−423
167.355	1	1	2	−2	0	0			−26
167.553	1	1	2	0	0	−2			−11
167.555	1	1	2	0	0	0	(ϕ_1)		−756
167.565	1	1	2	0	1	0			29
167.575	1	1	2	0	2	0			14
168.554	1	1	3	0	0	−1			−44
172.656	1	2	−3	1	0	1			−24
173.445	1	2	−2	−1	−1	0			−17
173.645	1	2	−2	1	−1	0			18
173.655	1	2	−2	1	0	0	(θ_1)		−566
173.665	1	2	−2	1	1	0			−112
173.765	1	2	−2	2	1	0		−89	
174.456	1	2	−1	−1	0	1			−18
174.555	1	2	−1	0	0	0			16
175.445	1	2	0	−1	−1	0			87
175.455	1	2	0	−1	0	0	(J_1)		−2 964
175.465	1	2	0	−1	1	0			−587
175.475	1	2	0	−1	2	0			13
175.555	1	2	0	0	0	0		−241	
175.655	1	2	0	1	0	0			46
175.665	1	2	0	1	1	0			29
175.675	1	2	0	1	2	0			17
176.454	1	2	1	−1	0	−1			15
177.455	1	2	2	−1	0	0			12
182.556	1	3	−3	0	0	1			−32
183.545	1	3	−2	0	−1	0			−16
183.555	1	3	−2	0	0	0			−492
183.565	1	3	−2	0	1	0			−96
185.355	1	3	0	−2	0	0			−240
185.365	1	3	0	−2	1	0			−48

(续表)

幅角数	τ (n_1)	s (n_2)	h (n_3)	p (n_4)	N' (n_5)	p_S (n_6)	名称	A_3	B_2
185.455	1	3	0	−1	0	0		−40	
185.465	1	3	0	−1	1	0		−16	
185.555	1	3	0	0	0	0	(OO$_1$)		−1 623
185.565	1	3	0	0	1	0			−1 039
185.575	1	3	0	0	2	0			−218
185.585	1	3	0	0	3	0			−14
191.655	1	4	−4	1	0	0			−15
193.455	1	4	−2	−1	0	0			−78
193.465	1	4	−2	−1	1	0			−15
193.655	1	4	−2	1	0	0			−59
193.665	1	4	−2	1	1	0			−38
195.255	1	4	0	−3	0	0			−19
195.455	1	4	0	−1	0	0			−311
195.465	1	4	0	−1	1	0			−199
195.475	1	4	0	−1	2	0			−42
1x3.555	1	5	−2	0	0	0			−50
1x3.565	1	5	−2	0	1	0			−32
1x5.355	1	5	0	−2	0	0			−41
1x5.365	1	5	0	−2	1	0			−87
1E3.455	1	6	−2	−1	0	0			−12

3.2 族(半日周期分潮族)

V_2 展开的分潮:$G_2^2 A_2 \cos\theta$

V_3 展开的分潮:$G_3^2 B_3 \sin\theta$

其中:$G_2^2 = G\cos^2\varphi$,$G_3^2 = 2.598\,08G\sin\varphi\cos^2\varphi$。

幅角数	τ (n_1)	S (n_2)	h (n_3)	p (n_4)	N' (n_5)	p_S (n_6)	名称	A_2	B_3
207.855	2	−5	2	3	0	0		0.000 15	
209.655	2	−5	4	1	0	0		18	
215.955	2	−4	0	4	0	0		27	
217.755	2	−4	2	2	0	0		111	
219.555	2	−4	4	0	0	0		69	
225.755	2	−3	0	2	0	0			−0.000 27
225.855	2	−3	0	3	0	0		259	

(续表)

幅角数	τ (n_1)	s (n_2)	h (n_3)	p (n_4)	N' (n_5)	p_S (n_6)	名称	A_2	B_3
226.656	2	−3	1	1	0	1		−12	
227.555	2	−3	2	0	0	0			−27
227.645	2	−3	2	1	−1	0		−25	
227.655	2	−3	2	1	0	0	(ϵ_2)	671	
228.654	2	−3	3	1	0	−1		54	
229.455	2	−3	4	−1	0	0		130	
22x.454	2	−3	5	−1	0	−1		15	
234.756	2	−2	−1	2	0	1		−31	
235.535	2	−2	0	0	−2	0		−14	
235.645	2	−2	0	1	−1	0			−27
235.655	2	−2	0	1	0	0			−156
235.745	2	−2	0	2	−1	0		−86	
235.755	2	−2	0	2	0	0	($2N_2$)	2 301	
236.556	2	−2	1	0	0	1		−40	
236.655	2	−2	1	1	0	0		−25	
236.754	2	−2	1	2	0	−1		36	
237.455	2	−2	2	−1	0	0			−29
237.545	2	−2	2	0	−1	0		−104	
237.555	2	−2	2	0	0	0	(μ_2)	2 777	
238.554	2	−2	3	0	0	−1		189	
239.355	2	−2	4	−2	0	0		85	
243.635	2	−1	−2	1	−2	0		−15	
243.855	2	−1	−2	3	0	0		−56	
244.656	2	−1	−1	1	0	1		−147	
245.435	2	−1	0	−1	−2	0		−63	
245.545	2	−1	0	0	−1	0			−97
245.555	2	−1	0	0	0	0			−569
245.556	2	−1	0	0	0	1		14	
245.645	2	−1	0	1	−1	0		−648	
245.655	2	−1	0	1	0	0	(N_2)	0.173 87	
245.755	2	−1	0	2	0	0			11
246.456	2	−1	1	−1	0	1		−33	
246.555	2	−1	1	0	0	0		−94	
246.654	2	−1	1	1	0	−1		163	

(续表)

幅角数	τ (n_1)	s (n_2)	h (n_3)	p (n_4)	N' (n_5)	p_S (n_6)	名称	A_2	B_3
247.445	2	−1	2	−1	−1	0		−123	
247.455	2	−1	2	−1	0	0	(ν_2)	3 303	
247.555	2	−1	2	0	0	0			15
247.655	2	−1	2	1	0	0		17	
247.665	2	−1	2	1	1	0		−12	
248.454	2	−1	3	−1	0	−1		153	
252.756	2	0	−3	2	0	1		−11	
253.535	2	0	−2	0	−2	0		−40	
253.755	2	0	−2	2	0	0		−273	
254.556	2	0	−1	0	0	1		−314	
254.655	2	0	−1	1	0	0		−14	
255.455	2	0	0	−1	0	0			32
255.535	2	0	0	0	−2	0		47	
255.545	2	0	0	0	−1	0		−3 386	
255.555	2	0	0	0	0	0	(M_2)	0.908 12	
255.655	2	0	0	1	0	0			86
255.665	2	0	0	1	1	0			16
255.755	2	0	0	2	0	0		53	
255.765	2	0	0	2	1	0		19	
256.554	2	0	1	0	0	−1		276	
257.355	2	0	2	−2	0	0		−52	
257.455	2	0	2	−1	0	0			17
257.555	2	0	2	0	0	0		107	
257.565	2	0	2	0	1	0		−51	
257.575	2	0	2	0	2	0		18	
262.656	2	1	−3	1	0	1		−33	
263.645	2	1	−2	1	−1	0		24	
263.655	2	1	−2	1	0	0	(λ_2)	−670	
264.456	2	1	−1	−1	0	1		−10	
264.555	2	1	−1	0	0	0		17	
265.445	2	1	0	−1	−1	0		95	
265.455	2	1	0	−1	0	0	(L_2)	−2 567	
265.545	2	1	0	0	−1	0			−31
265.555	2	1	0	0	0	0			525
265.565	2	1	0	0	1	0			99
265.645	2	1	0	1	−1	0		−12	

(续表)

幅角数	τ (n_1)	s (n_2)	h (n_3)	p (n_4)	N' (n_5)	ps (n_6)	名称	A_2	B_3
265.655	2	1	0	1	0	0		643	
265.665	2	1	0	1	1	0		283	
265.675	2	1	0	1	2	0		40	
267.455	2	1	2	−1	0	0		123	
267.465	2	1	2	−1	1	0		59	
271.557	2	2	−4	0	0	2		101	
272.556	2	2	−3	0	0	1	(T_2)	2 479	
273.545	2	2	−2	0	−1	0		94	
273.555	2	2	−2	0	0	0	(S_2)	0.423 58	
274.554	2	2	−1	0	−1	0	(R_2)	−354	
274.556	2	2	−1	0	0	1		92	
275.455	2	2	0	−1	0	0			29
275.545	2	2	0	0	−1	0		−147	
275.555	2	2	0	0	0	0	(K_2)	0.115 06 (太阴太阳)	
275.565	2	2	0	0	1	0		3 423	
275.575	2	2	0	0	2	0		372	
276.554	2	2	1	0	0	−1		92	
277.555	2	2	2	0	0	0		78	
283.655	2	3	−2	1	0	0		123	
283.665	2	3	−2	1	1	0		54	
285.445	2	3	0	−1	−1	0		−12	
285.455	2	3	0	−1	0	0	(η_2)	643	
285.465	2	3	0	−1	1	0		280	
285.475	2	3	0	−1	2	0		30	
285.555	2	3	0	0	0	0			48
285.565	2	3	0	0	1	0			31
293.555	2	4	−2	0	0	0		107	
293.565	2	4	−2	0	1	0		46	
295.355	2	4	0	−2	0	0		53	

(续表)

幅角数	τ (n_1)	s (n_2)	h (n_3)	p (n_4)	N' (n_5)	p_S (n_6)	名称	A_2	B_3
295.365	2	4	0	−2	1	0		23	
295.555	2	4	0	0	0	0		168	
295.565	2	4	0	0	1	0		146	
295.575	2	4	0	0	2	0		47	
2×3.455	2	5	−2	−1	0	0		17	
2×5.455	2	5	0	−1	0	0		32	
2×5.465	2	5	0	−1	1	0		28	

4.3 族(1/3 日分潮族)

V_3 展开的分潮: $G_3^3 A_3 \cos\theta$

其中, $G_3^3 = G\cos^3\varphi$。

幅角数	τ (n_1)	s (n_2)	h (n_3)	p (n_4)	N' (n_5)	p_S (n_6)	名称	A_3	B
327.655	3	−3	2	1	0	0		−0.000 17	
335.755	3	−2	0	2	0	0		−56	
337.555	3	−2	2	0	0	0		−57	
345.645	3	−1	0	1	−1	0		18	
345.655	3	−1	0	1	0	0		−326	
347.455	3	−1	2	−1	0	0		−61	
355.545	3	0	0	0	−1	0		66	
355.555	3	0	0	0	0	0	(M_3)	−1 188	
363.655	3	1	−2	1	0	0		17	
365.455	3	1	0	−1	0	0		67	
365.655	3	1	0	1	0	0		−25	
365.665	3	1	0	1	1	0		−11	
375.555	3	2	0	0	0	0		−155	
375.565	3	2	0	0	1	0		−68	

附表 2 一年潮汐分析的 170 个分潮一览表

1	2	3	4						5	6	7
序号	分潮	幅角数	15° (k_1)	s (k_2)	h (k_3)	p (k_4)	p_s (k_5)	Δ (°)	f	u	σ (°/h)
0	A_0	055.555	0	0	0	0	0	0	1.0	0.0	0.0
1	Sa	056.555	0	0	1	0	0	0	1.0	0.0	0.041 068 6
2	Ssa	057.555	0	0	2	0	0	0	1.0	0.0	0.082 137 3
3	(3)	058.554	0	0	3	0	−1	0	1.0	0.0	0.123 204 0
4	(4)	063.655	0	1	−2	1	0	0	(4)	(4)	0.471 521 1
5	Mm	065.455	0	1	0	−1	0	0	(Mm)	(Mm)	0.544 374 7
6	(6)	067.455	0	1	2	−1	0	180	(6)	(6)	0.626 512 0
7	MS_f	073.555	0	2	−2	0	0	0	$M_2 S_2$	S_2-M_2	1.015 895 8
8	M_f	075.555	0	2	0	0	0	0	M_f	(M_f)	1.098 033 1
9	(9)	083.455	0	3	−2	−1	0	0	$S_2 N_2$	S_2-N_2	1.560 270 5
10	Mn	085.455	0	3	0	−1	0	0	(Mn)	(Mn)	1.642 407 8
11	(11)	091.555	0	4	−4	0	0	0	1.0	0.0	2.031 791 6
12	(12)	093.555	0	4	−2	0	0	0	(12)	(12)	2.113 928 8
13	(13)	095.355	0	4	0	−2	0	0	(13)	(13)	2.186 782 5
14	(14)	0X3.455	0	5	−2	−1	0	0	(14)	(14)	2.658 303 5
15	$2Q_1$	125.755	1	−4	1	2	0	270	($2Q_1$)	($2Q_1$)	12.854 286 2
16	$σ_1$	127.555	1	−4	3	0	0	270	($σ_1$)	($σ_1$)	12.927 139 8
17	Q_1 Sa−	134.655	1	−3	0	1	0	270	Q_1 Sa	Q_1- Sa	13.357 592 2
18	Q_1	135.655	1	−3	1	1	0	270	(Q_1)	(Q_1)	13.398 660 9

(续表)

1	2	3	4					Δ(°)	5	6	7
			15°(k_1)	s(k_2)	h(k_3)	p(k_4)	p_S(k_5)		f	u	σ(°/h)
序号	分潮	幅角数									
19	Q_1 Sa+	136.655	1	−3	2	1	0	270	Q_1 Sa	Q_1+Sa	13.439 729 5
20	$ρ_1$	137.455	1	−3	3	−1	0	270	$(ρ_1)$	$(ρ_1)$	13.471 514 5
21	O_1 Ssa−	143.555	1	−2	−1	0	0	270	O_1 Ssa	O_1−Ssa	13.860 898 3
22	O_1 Sa−	144.555	1	−2	0	0	0	270	$(O_1$ Sa$)$	$(O_1$−Sa$)$	13.901 967 0
23	O_1	145.555	1	−2	1	0	0	270	O_1	O_1	13.943 035 6
24	O_1 Sa+	146.555	1	−2	2	0	0	270	O_1 Sa	O_1+Sa	13.984 104 2
25	MP_1	147.555	1	−2	3	0	0	90	$M_2 P_1$	M_2−P_1	14.025 172 9
26	$ν_1$	153.655	1	−1	−1	1	0	90	$(ν_1)$	$(ν_1)$	14.414 556 7
27	M_1	155.555	1	−1	1	0	0	0	$N_2 O_1$	N_2−O_1	14.492 052 1
28	x_1	157.455	1	−1	3	−1	0	90	(x_1)	(x_1)	14.569 547 6
29	$π_1$	162.556	1	0	−2	0	1	270	$(π_1)$	$(π_1)$	14.917 864 7
30	P_1	163.555	1	0	−1	0	0	270	(P_1)	(P_1)	14.958 931 4
31	S_1	164.555	1	0	0	0	0	0	(S_1)	(S_1)	15.000 000 0
32	K_1	165.555	1	0	1	0	0	90	(K_1)	(K_1)	15.041 068 6
33	$ψ_1$	166.554	1	0	2	0	−1	90	$(ψ_1)$	$(ψ_1)$	15.082 135 3
34	$φ_1$	167.555	1	0	3	0	0	90	$(φ_1)$	$(φ_1)$	15.123 205 9
35	$θ_1$	173.655	1	1	−1	1	0	90	$(θ_1)$	$(θ_1)$	15.512 589 7
36	J_1	175.455	1	1	1	−1	0	90	(J_1)	(J_1)	15.585 443 4
37	$2PO_1$	181.555	1	2	−3	0	0	270	$P_2^2 O_1$	$2P_1$−O_1	15.974 827 1

附表　279

(续表)

1	2	3	4					5	6	7
序号	分潮	幅角数	$15°$ (k_1)	s (k_2)	h (k_3)	p (k_4)	p_s (k_5)	Δ (°)	f	u	σ (°/h)
38	SO_1	183.555	1	2	−1	0	0	90	$S_2 O_1$	$S_2 - O_1$	16.056 964 4
39	OO_1	185.555	1	2	1	0	0	90	(OO_1)	(OO_1)	16.139 101 7
40	KQ_1	195.455	1	3	1	−1	0	90	$K_2 Q_1$	$K_2 - Q_1$	16.683 476 4
41	$2MN2S_2$	209.655	2	−7	6	1	0	0	$M_2^2 N_2 S_2^2$	$2M_2 + N_2 - 2S_2$	26.407 938 0
42	$2NS_2$	217.755	2	−6	4	2	0	0	$N_2^2 S_2$	$2N_2 - S_2$	26.879 459 1
43	$3M2S_2$	219.555	2	−6	6	0	0	0	$M_2^3 S_2^2$	$3M_2 - 2S_2$	26.952 312 7
44	OQ_2	225.655	2	−5	2	1	0	180	$O_1 Q_1$	$O_1 + Q_1$	27.341 696 5
45	MNS_2	227.655	2	−5	4	1	0	0	$M_2 N_2 S_2$	$M_2 + N_2 - S_2$	27.423 833 8
46	$MNK2S_2$	229.655	2	−5	6	1	0	0	$M_2^2 S_2 K_2^2$	$2M_2 + S_2 + K_2 - 2S_2$	27.505 971 0
47	$2MS2K_2$	233.555	2	−4	0	0	0	0	$M_2^2 S_2 K_2^2$	$2M_2 + S_2 - 2K_2$	27.803 933 9
48	$2N_2$	235.755	2	−4	2	2	0	0	$(2N_2)$	$(2N_2)$	27.895 354 8
49	μ_2	237.555	2	−4	4	0	0	0	(μ_2)	(μ_2)	27.968 208 5
50	SNK_2	243.655	2	−3	0	1	0	0	$S_2 N_2 K_2$	$S_2 + N_2 - K_2$	28.357 592 3
51	$NSa-$	244.655	2	−3	1	1	0	0	$N_2 Sa$	$N_2 - Sa$	28.398 660 9
52	N_2	245.655	2	−3	2	1	0	0	(N_2)	(N_2)	28.439 729 5
53	$NSa+$	246.655	2	−3	3	1	0	0	$N_2 Sa$	$N_2 + Sa$	28.480 798 2
54	ν_2	247.455	2	−3	4	−1	0	0	(ν_2)	(ν_2)	28.512 583 2
55	$2KN2S_2$	249.655	2	−3	6	1	0	0	$K_2^2 N_2 S_2^2$	$2K_2 + N_2 - 2S_2$	28.604 004 1
56	OP_2	253.555	2	−2	0	0	0	180	$O_1 P_1$	$O_1 + P_1$	28.901 967 0

(续表)

1	2	3	4						5	6	7
序号	分潮	幅角数	15° (k_1)	s (k_2)	h (k_3)	p (k_4)	p_S (k_5)	Δ (°)	f	u	σ (°/h)
57	MSa—	254.555	2	−2	1	0	0	0	M_2 Sa	M_2 − Sa	28.943 035 6
58	M_2	255.555	2	−2	2	0	0	0	(M_2)	(M_2)	28.984 104 2
59	$MS\varepsilon_2$	256.555	2	−2	3	0	0	0	M_2 S_ε	M_2 + S_ε	29.025 172 9
60	MKS_2	257.555	2	−2	4	0	0	0	M_2 K_2 S_2	M_2 + K_2 − S_2	29.066 241 5
61	$M2(KS)_2$	259.555	2	−2	6	0	0	0	M_2 K_2^2 S_2^2	M_2 + $2K_2$ − $2S_2$	29.148 378 8
62	$2SN(MK)_2$	261.655	2	−1	−2	1	0	0	$S_2^2 N_2$ $M_2 K_2$	$2S_2$ + N_2 − M_2 − K_2	29.373 488 0
63	λ_2	263.655	2	−1	0	1	0	180	(λ_2)	(λ_2)	29.455 625 3
64	L_2	265.455	2	−1	2	−1	0	180	(L_2)	(L_2)	29.528 478 9
65	$2SK_2$	271.555	2	0	−2	0	0	0	$S_2^2 K_2$	$2S_2$ − K_2	29.917 862 7
66	T_2	272.556	2	0	−1	0	1	0	1.0	0.0	29.958 933 3
67	S_2	273.555	2	0	0	0	0	0	(S_2)	(S_2)	30.000 000 0
68	R_2	274.554	2	0	1	0	−1	180	(R_2)	(R_2)	30.041 066 7
69	K_2	275.555	2	0	2	0	0	0	(K_2)	(K_2)	30.082 137 3
70	MSN_2	283.455	2	1	0	−1	0	0	$M_2 S_2 N_2$	M_2 + S_2 − N_2	30.544 374 7
71	KJ_2	285.455	2	1	2	−1	0	180	$K_1 J_1$	K_1 + J_1	30.626 512 0
72	$2KM(SN)_2$	287.455	2	1	4	−1	0	0	$K_2^2 M_2 S_2 N_2$	$2K_2$ + M_2 − S_2 − N_2	30.708 649 3
73	$2SM_2$	291.555	2	2	−2	0	0	0	$S_2^2 M_2$	$2S_2$ − M_2	31.015 895 8
74	SKM_2	293.555	2	2	0	0	0	0	$S_2 K_2 M_2$	S_2 + K_2 − M_2	31.098 033 1
75	$2SN_2$	2X1.455	2	3	−2	−1	0	0	$S_2^2 N_2$	$2S_2$ − N_2	31.560 270 5

(续表)

1	2	3	4						5	6	7
序号	分潮	幅角数	15°(k_1)	s(k_2)	h(k_3)	p(k_4)	p_s(k_5)	Δ(°)	f	u	σ(°/h)
76	SKN_2	2X3.455	2	3	0	-1	0	0	$S_2 K_2 N_2$	$S_2+K_2-N_2$	31.642 407 8
77	MQ_3	335.655	3	-5	3	1	0	270	$M_2 Q_1$	M_2+Q_1	42.382 765 1
78	MO_3	345.555	3	-4	3	0	0	270	$M_2 O_1$	M_2+O_1	42.927 139 8
79	$2MP_3$	347.555	3	-4	5	0	0	90	$M_2^2 P_1$	$2M_2-P_1$	43.009 277 1
80	M_3	355.555	3	-3	3	0	0	0	(M_3)	(M_3)	43.476 156 4
81	SO_3	363.555	3	-2	1	0	0	270	$S_2 O_1$	S_2+O_1	43.943 035 6
82	MK_3	365.555	3	-2	3	0	0	90	$M_2 K_1$	M_2+K_1	44.025 172 9
83	$2MQ_3$	375.455	3	-1	3	-1	0	90	$M_2^2 Q_1$	$2M_2-Q_1$	44.569 547 6
84	SP_3	381.555	3	0	-1	0	0	270	$S_2 P_1$	S_2+P_1	44.958 931 4
85	SK_3	383.555	3	0	1	0	0	90	$S_2 K_1$	S_2+K_1	45.041 068 7
86	K_3	385.555	3	0	3	0	0	90	$K_2 K_1$	K_2+K_1	45.123 206 0
87	$2MNS_4$	427.655	4	-7	6	1	0	0	$M_2^2 N_2 S_2$	$2M_2+N_2-S_2$	56.407 938 0
88	$3MK_4$	435.555	4	-6	4	0	0	0	$M_2^3 K_2$	$3M_2-K_2$	56.870 175 4
89	$3MS_4$	437.555	4	-6	6	0	0	0	$M_2^3 S_2$	$3M_2-S_2$	56.952 312 7
90	$MSNK_4$	443.655	4	-5	2	1	0	0	$M_2 S_2 N_2 K_2$	$M_2+S_2+N_2-K_2$	57.341 696 5
91	MN_4	445.655	4	-5	4	1	0	0	$M_2 N_2$	M_2+N_2	57.423 833 8
92	$M\nu_4$	447.455	4	-5	6	-1	0	0	$M_2 \nu_2$	$M_2+\nu_2$	57.496 687 4
93	$2MSK_4$	453.555	4	-4	2	0	0	0	$M_2^2 S_2 K_2$	$2M_2+S_2-K_2$	57.886 071 2
94	M_4	455.555	4	-4	4	0	0	0	M_2^2	$2M_2$	57.968 208 5

(续表)

1	2	3	4						5	6	7
序号	分潮	幅角数	15° (k_1)	s (k_2)	h (k_3)	p (k_4)	p_s (k_5)	Δ (°)	f	u	σ (°/h)
95	$2MKS_4$	457.555	4	−4	6	0	0	0	$M_2^2 K_2 S_2$	$2M_2 + K_2 − S_2$	58.050 345 8
96	SN_4	463.655	4	−3	2	1	0	0	$S_2 N_2$	$S_2 + N_2$	58.439 729 6
97	$3MN_4$	465.455	4	−3	4	−1	0	0	$M_2^3 N_2$	$3M_2 − N_2$	58.512 583 2
98	$2SMK_4$	471.555	4	−2	0	0	0	0	$S_2^2 M_2 K_2$	$2S_2 + M_2 − K_2$	58.901 967 0
99	MT_4	472.556	4	−2	2	0	1	0	$M_2 T_2$	$M_2 + T_2$	58.943 037 6
100	MS_4	473.555	4	−2	2	0	0	0	$M_2 S_2$	$M_2 + S_2$	58.984 104 3
101	MK_4	475.555	4	−2	4	0	0	0	$M_2 K_2$	$M_2 + K_2$	59.066 241 5
102	$2SNM_4$	481.655	4	−1	0	1	0	0	$S_2^2 N_2 M_2$	$2S_2 + N_2 − M_2$	59.455 625 3
103	$2MSN_4$	483.455	4	−1	2	−1	0	0	$M_2^2 S_2 N_2$	$2M_2 + S_2 − N_2$	59.528 479 0
104	S_4	491.555	4	0	0	0	0	0	S_2^2	$2S_2$	60.000 000 0
105	SK_4	493.555	4	0	2	0	0	0	$S_2 K_2$	$S_2 + K_2$	60.082 137 3
106	$2SMN_4$	4X1.455	4	1	0	−1	0	0	$S_2^2 M_2 N_2$	$2S_2 + M_2 − N_2$	60.544 374 7
107	$3SM_4$	4E1.555	4	2	−2	0	0	0	$S_2^3 M_2$	$3S_2 − M_2$	61.015 895 8
108	$2SKM_4$	4E1.555	4	2	0	0	0	0	$S_2^2 K_2 M_2$	$2S_2 + K_2 − M_2$	61.098 033 1
109	MNO_5	535.655	5	−7	5	1	0	270	$M_2 N_2 O_1$	$M_2 + N_2 + O_1$	71.366 869 4
110	$2MO_5$	545.555	5	−6	5	0	0	270	$M_2^2 O_1$	$2M_2 + O_1$	71.911 244 1
111	$3MP_5$	547.555	5	−6	7	0	0	90	$M_2^3 P_1$	$3M_2 − P_1$	71.993 381 3
112	M_5	555.555	5	−5	5	0	0	0	$M_4 M_1$	$M_4 + M_1$	72.460 260 6
113	$2MP_5$	563.555	5	−4	3	0	0	270	$M_2^2 P_1$	$2M_2 + P_1$	72.927 139 9

(续表)

1 序号	2 分潮	3 幅角数	4 $15°$ (k_1)	4 s (k_2)	4 h (k_3)	4 p (k_4)	4 p_s (k_5)	4 Δ (°)	5 f	6 u	7 σ (°/h)
114	$2MK_5$	565.555	5	-4	5	0	0	90	$M_2^2 K_1$	$2M_2+K_1$	73.009 277 1
115	MSK_5	583.555	5	-2	3	0	0	90	$M_2 S_2 K_1$	$M_2+S_2+K_1$	74.025 172 9
116	KKM_5	585.555	5	-2	5	0	0	90	$K_2 K_1 M_2$	$K_2+K_1+M_2$	74.107 310 2
117	$2(MN)S_6$	617.755	6	-10	8	2	0	0	$M_2^2 N_2^2 S_2$	$2M_2+2N_2-S_2$	84.847 667 5
118	$3NKS_6$	627.855	6	-9	8	3	0	0	$N_2^3 K_2 S_2$	$3N_2+K_2-S_2$	85.401 325 9
119	$2NM_6$	635.755	6	-8	6	2	0	0	$N_2^2 M_2$	$2N_2+M_2$	85.863 563 3
120	$2NMKS_6$	637.755	6	-8	8	2	0	0	$N_2^2 M_2 K_2 S_2$	$2N_2+M_2+K_2-S_2$	85.945 700 6
121	$2MSNK_6$	643.655	6	-7	4	1	0	0	$M_2^2 S_2 N_2 K_2$	$2M_2+S_2+N_2-K_2$	86.325 800 7
122	$2MN_6$	645.655	6	-7	6	1	0	0	$M_2^2 N_2$	$2M_2+N_2$	86.407 938 0
123	$2MNKS_6$	647.655	6	-7	8	1	0	0	$M_2^2 N_2 K_2 S_2$	$2M_2+N_2+K_2-S_2$	86.490 075 3
124	$3MSK_6$	653.555	6	-6	4	0	0	0	$M_2^3 S_2 K_2$	$3M_2+S_2-K_2$	86.870 175 4
125	M_6	655.555	6	-6	6	0	0	0	M_2^3	$3M_2$	86.952 312 7
126	MSN_6	663.655	6	-5	4	1	0	0	$M_2 S_2 N_2$	$M_2+S_2+N_2$	87.423 833 8
127	MKN_6	665.655	6	-5	6	1	0	0	$M_2 K_2 N_2$	$M_2+K_2+N_2$	87.505 971 1
128	$MK\nu_6$	667.455	6	-5	8	-1	0	0	$M_2 K_2 \nu_2$	$M_2+K_2+\nu_2$	87.578 824 7
129	$2MS_6$	673.555	6	-4	4	0	0	0	$M_2^2 S_2$	$2M_2+S_2$	87.968 208 5
130	$2MK_6$	675.555	6	-4	6	0	0	0	$M_2^2 K_2$	$2M_2+K_2$	88.050 345 8
131	$2SN_6$	681.655	6	-3	2	1	0	0	$S_2^2 N_2$	$2S_2+N_2$	88.439 729 6
132	NSK_6	683.655	6	-3	4	1	0	0	$N_2 S_2 K_2$	$N_2+S_2+K_2$	88.521 866 9

(续表)

1	2	3	4					5	6	7
序号	分潮	幅角数	$15°$ (k_1)	s (k_2)	h (k_3)	p (k_4)	p_S (k_5)	Δ $(°)$	f	u	σ $(°/h)$
133	MKL_6	685.455	6	-3	6	-1	0	180	$M_2^2 K_2 L_2$	$M_2+K_2+L_2$	88.594 720 5
134	$2SM_6$	691.555	6	-2	2	0	0	0	$S_2^2 M_2$	$2S_2+M_2$	88.984 104 3
135	MSK_6	693.555	6	-2	4	0	0	0	$M_2 S_2 K_2$	$M_2+S_2+K_2$	89.066 241 6
136	S_6	6E0.555	6	0	0	0	0	0	S_2^3	$3S_2$	90.000 000 1
137	$2SK_6$	6E0.555	6	0	2	0	0	0	$S_2^2 K_2$	$2S_2+K_2$	90.082 137 3
138	$2MNO_7$	735.655	7	-9	7	1	0	270	$M_2^3 N_2 O_1$	$2M_2+N_2+O_1$	100.350 973 6
139	$2NMK_7$	745.755	7	-8	7	2	0	90	$N_2^2 M_2 K_1$	$2N_2+M_2+K_1$	100.904 632 0
140	M_7	755.555	7	-7	7	0	0	0	$M_2^3 M_3$	$2M_2+M_3$	101.444 364 8
141	$2MSO_7$	763.555	7	-6	5	0	0	270	$M_2^2 S_2 O_1$	$2S_2+M_2+O_1$	101.911 244 1
142	$MSKO_7$	783.555	7	-4	5	0	0	270	$M_2 S_2 K_2 O_1$	$M_2+S_2+K_2+O_1$	103.009 277 2
143	$2(MN)_8$	835.755	8	-10	8	2	0	0	$M_2^2 N_2^2$	$2M_2+2N_2$	114.847 667 6
144	$3MN_8$	845.655	8	-9	8	1	0	0	$M_2^3 N_2$	$3M_2+N_2$	115.392 042 3
145	$3MNKS_8$	847.655	8	-9	10	1	0	0	$M_2^3 N_2 K_2 S_2$	$3M_2+N_2+K_2-S_2$	115.474 179 5
146	M_8	855.555	8	-8	8	0	0	0	M_2^4	$4M_2$	115.936 417 0
147	$2MSN_8$	865.555	8	-7	6	1	0	0	$M_2^2 S_2 N_2$	$2M_2+S_2+N_2$	116.407 938 0
148	$2MNK_8$	865.655	8	-7	8	1	0	0	$M_2^2 N_2 K_2$	$2M_2+N_2+K_2$	116.4900753
149	$3MS_8$	873.555	8	-6	6	0	0	0	$M_2^3 S_2$	$3M_2+S_2$	116.952 312 7
150	$3MK_8$	875.555	8	-6	8	0	0	0	$M_2^3 K_2$	$3M_2+K_2$	117.034 450 0
151	$MSNK_8$	883.655	8	-5	6	1	0	0	$M_2 S_2 N_2 K_2$	$M_2+S_2+N_2+K_2$	117.505 971 1

(续表)

1	2	3	4					5	6	7
序号	分潮	幅角数	$15°$ (k_1)	s (k_2)	h (k_3)	p (k_4)	p_s (k_5)	Δ $(°)$	f	u	σ $(°/h)$
152	$2(MS)_8$	891.555	8	−4	4	0	0	0	$M_2^2 S_2^2$	$2M_2 + 2S_2$	117.968 208 5
153	$2MSK_8$	893.555	8	−4	6	0	0	0	$M_2^2 S_2 K_2$	$2M_2 + S_2 + K_2$	118.050 345 8
154	$2M2NK_9$	945.755	9	−10	9	2	0	90	$M_2^3 N_2^2 K_1$	$2M_2 + 2N_2 + K_1$	129.888 736 2
155	$3MNK_9$	955.655	9	−9	9	1	0	90	$M_2^3 N_2 K_1$	$3M_2 + N_2 + K_1$	130.433 110 9
156	$4MK_9$	965.555	9	−8	9	0	0	90	$M_2^4 K_1$	$4M_2 + K_1$	130.977 485 6
157	$3MSK_9$	983.555	9	−6	7	0	0	90	$M_2^3 S_2 K_1$	$3M_2 + S_2 + K_1$	131.993 381 4
158	$4MN_{10}$	1045.655	10	−11	10	1	0	0	$M_2^4 N_2$	$4M_2 + N_2$	144.376 146 5
159	M_{10}	1055.555	10	−10	10	0	0	0	M_2^5	$5M_2$	144.920 521 2
160	$3MNS_{10}$	1063.655	10	−9	8	1	0	0	$M_2^3 N_2 S_2$	$3M_2 + N_2 + S_2$	145.392 042 3
161	$4MS_{10}$	1073.555	10	−8	8	0	0	0	$M_2^4 S_2$	$4M_2 + S_2$	145.936 417 0
162	$2(MS)N_{10}$	1081.655	10	−7	6	1	0	0	$M_2^2 S_2^2 N_2$	$2M_2 + N_2 + 2S_2$	146.407 938 1
163	$2MNSK_{10}$	1083.655	10	−7	8	1	0	0	$M_2^2 N_2 S_2 K_2$	$2M_2 + N_2 + S_2 + K_2$	146.490 075 3
164	$3M2S_{10}$	1091.555	10	−6	6	0	0	0	$M_2^3 S_2^2$	$3M_2 + 2S_2$	146.952 312 8
165	$4MSK_{11}$	1183.555	11	−8	9	0	0	90	$M_2^4 S_2 K_1$	$4M_2 + S_2 + K_1$	160.977 485 6
166	M_{12}	1255.555	12	−12	12	0	0	0	M_2^6	$6M_2$	173.904 625 4
167	$4MNS_{12}$	1263.555	12	−11	10	1	0	0	$M_2^4 N_2 S_2$	$4M_2 + N_2 + S_2$	174.376 146 5
168	$5MS_{12}$	1273.555	12	−10	10	0	0	0	$M_2^5 S_2$	$5M_2 + S_2$	174.920 521 2
169	$3MNKS_{12}$	1283.655	12	−9	10	1	0	0	$M_2^3 N_2 K_2 S_2$	$3M_2 + N_2 + K_2 + S_2$	175.474 179 6
170	$4M2S_{12}$	1291.555	12	−8	8	0	0	0	$M_2^4 S_2^2$	$4M_2 + 2S_2$	175.936 417 0

注：附表 1 的 n_2, n_3 与附表 2 的 k_2, k_3 的关系为：$k_2 = n_2 - k_1, k_3 = n_3 + k_1$。

参 考 文 献

1. 方国洪.潮汐分析和预报的准调和分潮方法（Ⅰ）——准调和分潮.海洋文集,第1集,1964:1~27
2. 方国洪.潮汐分析和预报的准调和分潮方法,Ⅰ,准调和分潮.海洋科学集刊,1974,9:1~15
3. 方国洪.潮汐分析和预报的准调和分潮方法,Ⅱ,短期观测的方法.海洋科学集刊,1976,11:33~56
4. 方国洪.潮汐分析和预报的准调和分潮方法,Ⅲ,潮流和潮汐分析的一个实际计算过程.海洋科学集刊,1981b,18:19~39
5. 方国洪,于克俊.浅水港口潮汐预报的一个方法.海洋与湖沼,1981,12(5):383~390
6. 方国洪,杨景飞.渤海潮运动的一个二维数值模型.海洋与湖沼,1985,16(5):337~346
7. 方国洪.潮波方程的有限差分－最小二乘方法及其对模拟黄海 M_2 潮的应用.中国科学(B),1985,4:356~364
8. 方国洪,王骥.渤海天文-气象分潮的分析.海洋学报,1986,8(4):399~407
9. 方国洪,郑文振,陈宗镛,王骥.潮汐和潮流的分析和预报.北京:海洋出版社,1986
10. 方国洪,曹德明,黄企洲.南海潮汐潮流的数值模拟.海洋学报,1994,16(4):1~12
11. 王化桐,方欣华,匡国瑞,等.胶州湾环流和污染扩散的数值模拟,Ⅰ,胶州湾潮流数值计算.山东海洋学院学报,1980,10(1):26~63
12. 王骥,方国洪.高、低潮数据的调和分析.海洋与湖沼,1986,17(4):318~328
13. 孙文心,陈宗镛,冯士筰.一种三维空间非线性潮波的数值模拟——渤海 M_4 和 MS_4 分潮波的试算.山东海洋学院学报,1981,11(1):23~31
14. 成安生.潮汐调和分析的算法.科学通报,1975,11:524~528
15. 许厚泽,毛慧琴.地球潮汐理论值重力分量的计算.中国科学院测量与地球物理研究所.固体潮论文集,第一集.北京:测绘出版社,1988:12~20
16. 许厚泽,毛伟建.中国大陆的海洋负荷潮汐改正.中国科学院测量与地球物理研究所.固体潮汐文集,第一集.北京:测绘出版社,1988:120~135
17. 许厚泽,毛伟建.中国大陆的海洋负荷潮汐改正模型.中国科学(B辑),1988(9):984~994
18. 吴乃华.中国沿岸的半日辐射潮.海洋学报,1991,13(6):741~752
19. 李红岩,黄祖珂,陈宗镛.潮汐响应分析及非线性输入函数的研究.海洋与湖沼,1989,20(4):330~337
20. 苏其辉,段燕飞,等.重力固体潮理论值导数的封闭公式.地球物理学报,1994,37(5):647~652
21. 陈宗镛.长方形浅水海湾的一种潮波模式.海洋与湖沼,1965,7(2):85~93

22 陈宗镛.潮汐分析和推算的一种模型.海洋与湖沼,1979,10(3):230~237
23 陈宗镛.潮汐学.北京:科学出版社,1980
24 陈宗镛,汤恩祥.我国高程基准面的确定问题.军事测绘专辑,1980,(3):19~24
25 陈宗镛,周天华.胶州湾超低频水位谱的研究.山东海洋学院学报,1984,14(4):1~6
26 陈宗镛,周天华,于宜法,汤恩祥,黄彦福.1985国家高程基准的研究.青岛海洋大学学报,1988,18(1):9~14
27 陈宗镛,汤恩祥,周天华,等."1985国家高程基准"与中国平均海面.军事测绘,1988,(6):44~49
28 郑文振.实用潮汐学.天津:海军测量部,1959
29 郑文振,等.现代海平面变化及其对策的研究,第一、二、三篇.国家海洋信息中心,1994:1~41
30 林观得,孙亨伦.海平海.北京:地质出版社,1985
31 段华琛.地倾斜固体潮所反映的地震之前应变积累异常信息.地球物理学报,1991,34(6):744~752
32 郗钦文,侯天航.新的引潮位完全展开.地球物理学报,1987,30(4):349~362
33 郗钦文.精密引潮位展开及某些诠释.地球物理学报,1991,34(2):182~194
34 郗钦文.精密引潮位展开的精度评定.地球物理学报,1992,35(2):150~153
35 张昭林,郑金涵.地倾斜固体潮 O_1 和 K_1 日波分潮的海潮效应.地球物理学报,1987,30(4):363~370
36 俞慕耕.我国沿海潮汐的特点.第一届潮汐与海平面学术讨论会论文集.天津:海洋局海洋科技情报研究所,1986:21~29
37 黄大吉,陈宗镛,苏纪兰.三维陆架模式在渤海中的应用,Ⅰ,潮流、风生环流及其相互作用.海洋学报,1996,18(5):1~13
38 黄辰虎,暴景阳,刘雁春,等.正交潮响应分析法与调和分析法在验潮站潮汐资料分析中的对比研究.海洋测绘,2004,24(2):19~23
39 黄祖珂.潮汐"波面"分析法.山东海洋学院学报,1980,10(4):1~12
40 黄祖珂,陈宗镛.潮汐响应分析.山东海洋学院学报,1983,13(2):13~20
41 黄祖珂.潮汐响应分析的非线性效应及太阳辐射潮.山东海洋学院学报,1984,14(4):7~12
42 黄祖珂,陈宗镛,任振球.重力固体潮响应分析的初步研究.山东海洋学院学报,18,2(Ⅰ),1988:15~22
43 黄祖珂.渤海的潮波系统及其变迁.青岛海洋大学学报,1991,21(2):1~12
44 黄祖珂.太阳辐射潮对月平均海面变化的影响.海洋学报,1992,14(4):1~9
45 黄祖珂,陈宗镛,陈德福.倾斜潮汐分析及海潮负荷效应.中国科学(B),1992(10):1 071~1 079
46 黄祖珂,俞光耀,罗义勇,等.东海沿岸潮致上升流的数值模拟.青岛海洋大学学报,1996,26(4):405~412

47	黄祖珂,陈宗镛,司鸿业,叶琳. 我国沿海若干验潮站的19年潮汐分析. 中国科学(D), 1997,27(2):174~179
48	黄磊等. 渤海及黄海北部的风海流数值计算及余流计算. 青岛海洋大学学报,2002,32 (5):695~700
49	黄磊. 烟台外海潮波特征的研究(青岛海洋大学硕士论文),2003
50	黄磊. 在船上进行潮流数值预报的技术研究. 中国航海,2004,59:63~65
51	程乾生. 信号数字处理的数学原理. 北京:石油工业出版社,1979
52	戴文赛,等. 天文学教程(上册). 上海:上海科学技术出版社,1962
53	小仓伸吉. 黄海北部的潮汐. 管秉贤译. 海洋与湖沼. 1958,1(2):255~268
54	Amin M. The fine vesolution of tidal harmonics. Geophys. J R Astr. Soc,1976,44:293-310
55	Amin M. Some recent investigations into the harmonic shallow water corrections method of tidal predictions. Intern. Hytrog,Rev,1977,LlV(1):87-108
56	Amin M. On analysis and prediction of tides on the west coast of Great Britain. Geophys. J R Astr. Soc,1982,68:57-78
57	Bowman M J, Esaias W E. Oceanic fronts in coastal trocesses. Springer-verlag Berlin Heidelberg. 1978
58	Backhaus J O. A Semi-implicit scheme for the shallow water equatians for application to shalf sea modeling. Continental shelf Research,1983a,2(4):243-254
59	Backhaus J O. A three-dimensional model for the simulation of shelf sea dynamics. Dt. Hydrogr,Z,1985,38:165-187
60	Cartwright D E, Catton D B. On the fourier analysis of tidal observations. Intern. Hydrogr. Rev. ,1963,40(1):113-125
61	Cartwright D E. Some further results of the "response method" of tidal analysis. Proceedings of the Symposium on Tides Organized by the International Hydrographic Bureau,Monaco,28-29, 1967: 195-201
62	Cartwright D E. A unified analysis of tides and surges round North and East Britain. Phil, Trans. Roy. Soc,Lodon:1968,A 263:1-55
63	Cartwright D E, Tayler R J. New computations of the tide-generating potential. Geophys. J R Astr. Soc,1971,23:45-74
64	Cartwright D E, Edden A C. Corrected tables of tidal harmonics. Geophys. J R Astr. Soc,1973,33:253-264
65	Cartwright D E, Amin M. The variances of tidal harmonics. Dt. hydrogr. z,39,1986. H. 6:235-285
66	Cartwright D E. Oceanic tides. Intern. Hydrogr. Rev. 1978,55(2):34-85
67	Currie R G. Perid,Qp and amplitude of the pole tide. Geophys. J R Astr. Soc,1975,43: 73-86

68 Chen Zongyong, Huang Zuke, Zhou Tianhua, et al. A j. v model for the analysis and prediction of tides. Acta Oceanologica sinca, 1990, 9(1):175-186

69 Darwin G H, Turner H H. On the correction to the equilibrium theory of the tides for the continents. Proc. Roy. Soc, London, 1886, XI

70 Darwin G H. 1883-1886: Ocean tides and lunar disturbance of gravity. Scientific Papers, I . Cambridge: at the University Press, 1907

71 Doodson A T. The harmonic development of the tide-generating potential. Proc. Roy. Soc, London. 1921 A100:305-309(See also Intern. Hydrogr. Rev. ,1954,31(1):37-61

72 Doodson A T. The analysis of tidal observations. phil, Trans. Roy. Soc, London. 1928. A227:223-279

73 Doodson A T, Warburg H D. Admiralty mannal of tides. London: published by the Hydrographic Department, Admivalty, 1941

74 Doodson A T. The analysis of high and low waters. Intern. Hydrogr. Rev. ,1951. 28(1): 13-77

75 Doodson A T. The analysis and prediction of tides in shallow water. Intern, Hydrogr. Rev. 1957. 34(1):85-126

76 Douglas B C. Global sea level rise. J Geophys. Res. ,1991,96. C4:6 981-6 992

77 Emery K C. et al. Sea levels, land levels and tide gauges, springer-verlag. New York, 1991

78 Fang Guohong. Tide and tidal Current charts for the marginal seas adjacent to China. C. J. of Oceanology and Limnology. 1986,4(1):1-16

79 Fang Yue, GHOI Byung Ho, Fang Guohong. Global ocean tides from geosat altimetry. by guasi-harmonic analysis, Chinese journal of oceanology and limnology, 2000,18(3):193-198

80 Farrell W E. Deformation of the earth by surface load, Reviews of Geophysics and space physics. 1972,10(3):761-797

81 Feng Shih-Zao. A three-dimensional nonlinear model of tides. Scientia Sinica, 1977, 20 (4):436-446

82 Foreman M G G, Neufeld E T. Harmonic tidal analyses of long time series. Intern Hydrog Rev. ,1991,LXVIII(1):85-108

83 Franco A S. Harmonic analysis of the tide by the semi-graphic method. Intern. Hydrog. Rev, 1963, 40(2):69-97

84 Franco A S, Harari J. Tidal analysis of long series. Intern. Hydrogr. Rev. ,1988,LXV (1):141-158

85 Franco A S. Speeding up tidal analyses with PC_s. Intern. Hydrog. Rev, 1993. LXX(1): 63-76

86 Franco A S, Harari J. On the stabiliy of long series tidal analyses. Intern. Hydrog. Rev,

1993,LXX(1):77-89

87 Franco A S. Rapid tidal analyses,from a 3/4 Julian years span up to a nodal cycle span, with a PC,Intern. Hydrogr. Rev. ,1995,LXXⅡ(1):59-67

88 Godin G. The Use of the admittance function for the reduction and interpretation of tidal records. manuscript reprot series,1976,41:1-46

89 Godin G. The analysis of tides. London, University of Toronto Press,1972

90 Godin G. Confirmation of the trends suspected to be present in the tide of the bay of fundy. Intern. Hydrogr. Rev. ,1994,LXXI(2):103-117

91 Groves G W, Reynolds R W. An orthogonalized convolution method of tide prediction. Journal of geophysical vesearch,1975,80(30):4 131-4 138

92 Gordeev R G. et al. The effects of loading and self-attraction on global ocean tides,the model and the results of a unmerical experiment. J. Phys. Oceanogr. ,1977,7(2):161-170

93 Guohong Fang, Yue−Kuen Kwob, Kejun Yu, Yaohua Zhu. Numerical simulation of principal tidal constituents in the South China Sea,Gulf of Tonkin and Gulf of Thailand, Continental Shelf Research, 1999, 19: 845-869

94 Hansen W. Gezeiten und Gezeitenströme der halbtägigem Hauptmondtide M_2 in der Nordsee. Dt. ltydrogr. Z. ,Erg,1952,1:1-46

95 Heaton TH H. Tidal triggering of earthquakes. Geophys. J R. Astr. Soc,1975. 43:307-326

96 He Xiang. The practical study on observed results of earth tides and earthquake. Preceedings of the twelfth international symposium on earth tides,1995,Beijing,New York, 225-231

97 Hendershott M C. The effects of solid-earth deformation on global ocean tides. Geophys. J. R. Astr. Soc,1972,29:389-403

98 Hendershott M C. Ocean tides. Trans Amer Geophys. Union,1973. 54:76-86

99 Horn W. Some recent approaches to tidal problems. Intern. Hydrogr. Rev. , 1960. 37(2):65-88

100 Hsu H T, Cheng L, Yang H. The effect of Oceanic tides on the gravity tidal observations. Acta Geophysica Sinica, 1982,25(2)

101 Huang Zuke, Chen Zongyong. Analyses of the tidal data of 19 years. Acta Oceanologica Sinica,1988,7(4):490-495

102 Janowitz G S, Pietrafesa L J. The effects of along shore variation in bottom topography on a boundary current (topographically induced upwelling). Continental Shalf Research, 1982,1(2):123-141

103 Lambert A. Earth tide analysis and prediction by the response method. Journal of geophysical research,1974,79(32):4 952-4 960

104 Leendertse J J. A water−quality simulation model for well-mixed estuaries and coastal

seas: Vol. 1, Principles of Computation. 1970 Rand corporation, RM-6 230-RC. 1-71

105 Leendertse J J, Alexander R C, Liu S K. A three-dimensional model for estuaries and coastal seas, principles of computation. The Rand corporation, R-1417-OWRR 1973, 1: 1-57

106 Loendertse J J, Liu S K. A three-dimensional model for estuaries and coastal seas, Aspects of computation, The Rand Corporation, R-1784-OWRR 1975 II :1-65

107 Luo Yiyong, Yu Guangyao, Huang Zuke. Numerical studies of upwelling in coastal areas of the East China Sea- I , The tide-induced upwelling. Acta Oceanologica Sinica, 1998,17(1):15-25

108 Mao W J. Static response of the earth under surface mass loads. Acta Geophysica Sinica,1984,27(1)

109 Melchior P. The tides of the planet earth. Brussels, Pergamon Press, 1978

110 Miller G. The flux of tidal energy out of the deep oceans. J G R, 1966,71(4):2 485-2 489

111 Munk W H, et al. The rotation of the Earth. A Geophysical Discussion. London: Cambridge University Press,1960. 29

112 Munk W H, Cartwright D E. Tidal spectroscopy and prediction, Phil. Trans. Roy. Soc, London. 1966. A259:533-581

113 Murray M T. A general method for the analysis of hourly heights of tides. Intern. Hydrogr. Rev. ,1964,XL I ,2:91-101

114 Peaceman D W, Rachford H H. The numerical solution of parabolic and elliptic differential equations. J. Soc. Industrial Appl. Math. ,1955,3(1):28

115 Pekeris C L, Accad Y. Solution of laplace's equation for the M_2 tide in the world ocean. Phil. Trans. Roy. Soc,London,1969. A265:413-436

116 Pugh D T. Tidal amphidrome movement and energy dissipation in the Irish sea. Geophys. J. R. Astr. Soc,1981,67;515-527

117 Rao D R K, Rangarajan G K. The pole-tide signal in the geomagnetic field at a low-latitude station. Geophys,J R Astr. Soc,1978,53:617-621

118 Schureman P. Manual of harmonic analysis and prediction of tides. U. S. Coast and Geodetic Survey. Special Publication No. 98,1941. U. S. Department of Commerce, Washington. D. C.

119 Van Ette A C M, Schoemaker H J. Harmonie analyses of tides-essential features and disturbing influences. Special Publication No. 2 to Vol. 1 of the Hydrographic letter, published by the Netherland Hydrographer,1966:79-107

120 Wahr J M. Body tides on an elliptical, rotating, elastic and oceanless earth. Geophys,J. R. Astr. Soc,1981,64:677-703

121 Zetler B D. Radiational Ocean Tides Along the Coasts of the United States. Journal of

Physical Ocenography. 1971,1:34-38

122 Zetler B D, Munk W H. The Optimum Wigglines of Tidal Admittances. Journal of Marine Research,1975,33:1-13

123 Zetler B D, Cartwright D E. Some comparisons of response and harmonic tide predictions. Intern. Hydregr. Rev. ,1979.56(2): 105-115

124 Zetler B D, Long E E, Ku L F. Tide predictions using satellite constituents. Intern. Hydrogr. Rev. ,1985,135-142